21世纪高职高专化学化工类规划教材

有机化学

主编 崔 鑫 韩德红

中国海洋大学出版社
·青岛·

图书在版编目(CIP)数据

有机化学/崔鑫,韩德红主编. —青岛:中国海洋大学出版社,2011.9
ISBN 978-7-81125-809-7

Ⅰ.①有… Ⅱ.①崔…②韩… Ⅲ.①有机化学－高等职业教育－教材 Ⅳ.①O62

中国版本图书馆 CIP 数据核字(2011)第 176658 号

出版发行	中国海洋大学出版社			
社　　址	青岛市香港东路 23 号		邮政编码	266071
出 版 人	杨立敏			
网　　址	http://www.ouc-press.com			
电子信箱	xianlimeng@gmail.com			
订购电话	0532－82032573(传真)			
责任编辑	孟显丽		电　　话	0532－85901092
印　　制	日照报业印刷有限公司			
版　　次	2012 年 1 月第 1 版			
印　　次	2012 年 1 月第 1 次印刷			
成品尺寸	185 mm×260 mm			
印　　张	21			
字　　数	485 千字			
定　　价	38.00 元			

"21世纪高职高专化学化工类规划教材"
指导编委会

编　委　（按英文字母先后排序）

　　　　崔　鑫　董传民　耿佃国　郭　立
　　　　高荣华　吕海金　王　峰　魏怀生
　　　　张　波　赵东风

《有机化学》编委会

主　编　　崔　鑫　韩德红
副主编　　张珊珊　魏庆云　孙玉泉　窦建芝
　　　　　马江燕　赵瑜藏　吕广宇
编　委　　默书霞　左常江　王艳丽　付耀美
　　　　　宋建华　孟祥梅　王国成　王崇妍
　　　　　胡　鹏　步召胜

前　言

　　有机化学是化工专业的重要基础理论课程。本课程的学习可培养学生的专业素质及其分析、解决问题的能力，为学生学习后续专业课程奠定理论基础。

　　本书是为适应21世纪高等职业教育的需求而编写的，可作为高职院校化工及相关专业的教学用书。教材编写过程中广泛听取一线教师的意见和建议，并吸取其他优秀教材的特点，注重以下两点：(1)以"必需、够用"为度，加强教材的实用性和系统性。本书在每一章前指出了明确的学习目标，再导入学习内容，每章后有突出重点的小结和习题，便于学生复习、练习和掌握。(2)以应用、实用为目的，注重内容的先进性和科学性。为了让学生了解相关的知识，拓宽视野，在每章后附有相关知识链接，专门介绍工业生产和日常生活中的典型例子，作为阅读材料，以提高读者的学习兴趣。

　　全书共计17章，主要内容分为两大部分。第一部分为基础知识：包括绪论、烷烃、烯烃、炔烃、二烯烃、环烷烃、芳香烃、卤代烃、醇酚、醚、醛酮、羧酸及其衍生物、含氮有机化合物、杂环化合物。第二部分为拓展知识：包括对映异构、碳水化合物、氨基酸蛋白质和核酸。本书每小节及章节之后附有精选习题，以便强化学习内容，总结所学知识，达到提升能力的目的。鉴于大部分学校都有专门的仪器分析课程，本书不再编入红外和核磁共振谱的有关内容。书中第十五、十六、十七三章，都属选学内容，不同专业视情况酌情取舍。

　　本书由潍坊科技学院崔鑫副教授任主编并编写了绪论、第五章、第七章、第八章，其他参加编写的有：张珊珊（第九章、第十三章），魏庆云（第十一章、第十五章），默书霞（第十章、第十六章、第十七章），孟祥梅（第十二章、第十四章），王艳丽（第二章、第六章），付耀美（第三章、第四章），孙玉泉、赵瑜藏（第五章、第七章）。最后由崔鑫统稿并定稿。本书在编写过程中也得到了其他兄弟院校化工系领导和老师们的关怀、鼓励和指导，在此，我们表示衷心感谢。

　　限于编者的水平，在内容选择、结构安排上一定有不足之处，恳切希望使用本书的各校教师和读者，在教学和学习过程中发现有不妥或错误之处，及时向编者提出批评和指正。我们在此也向关心这本教材的同志们致以诚挚的谢意。

编者

2012年1月

目　次

第一章　绪论
学习目标 ... 1
§1-1 有机化合物与有机化学 ... 1
§1-2 有机化合物的结构 ... 3
§1-3 有机反应类型和试剂类型 ... 8
§1-4 质子酸碱和路易斯酸碱 ... 9
§1-5 有机化合物的分类 ... 10
本章小结 ... 12
【阅读材料】碳循环 ... 13

第二章　烷烃
学习目标 ... 15
§2-1 烷烃的通式和构造异构 ... 15
§2-2 烷烃的命名 ... 16
§2-3 烷烃的结构 ... 19
§2-4 烷烃的构象 ... 21
§2-5 烷烃的物理性质 ... 23
§2-6 烷烃的化学性质 ... 26
§2-7 烷烃的天然来源 ... 29
本章小结 ... 30
【阅读材料】高效新能源——可燃冰 ... 31

第三章　烯烃
学习目标 ... 33
§3-1 烯烃的同分异构现象和命名 ... 33
§3-2 烯烃的结构 ... 37
§3-3 烯烃的来源和制法 ... 39
§3-4 烯烃的物理性质 ... 39
§3-5 烯烃的化学性质 ... 40
§3-6 C=C 双键亲电加成反应机理 ... 47
§3-7 聚乙烯和聚丙烯 ... 51
本章小结 ... 53
【阅读材料】聚丙烯腈的应用 ... 54

第四章 炔烃

学习目标 ··· 56
§4-1 炔烃的命名 ·· 56
§4-2 炔烃的结构 ·· 57
§4-3 乙炔及其他炔烃的制法 ·· 58
§4-4 炔烃的物理性质 ··· 59
§4-5 炔烃的化学性质 ··· 60
本章小结 ··· 63
【阅读材料】绿色农药与传统农药给人们带来的利与弊 ········ 64

第五章 二烯烃

学习目标 ··· 68
§5-1 二烯烃的分类和命名 ·· 68
§5-2 共轭二烯烃的结构和共轭效应 ································ 70
§5-3 1,3-丁二烯的制法 ··· 72
§5-4 共轭二烯烃的性质 ·· 73
本章小结 ··· 77
【阅读材料】齐格勒-纳塔聚合 ······································· 78

第六章 环烷烃

学习目标 ··· 80
§6-1 环烷烃的分类和命名 ·· 80
§6-2 环烷烃的性质 ·· 81
§6-3 环烷烃的结构 ·· 83
本章小结 ··· 86
【阅读材料】拜尔张力学说 ··· 87

第七章 芳香烃

学习目标 ··· 89
§7-1 苯的结构 ·· 89
§7-2 单环芳烃的构造异构和命名 ··································· 91
§7-3 单环芳烃的来源和制法 ··· 93
§7-4 单环芳烃的物理性质 ·· 94
§7-5 单环芳烃的化学性质 ·· 95
§7-6 苯环上亲电取代反应的定位规律 ····························· 102
§7-7 稠环芳烃 ·· 109

§7-8 重要的单环芳烃 ·· 113
§7-9 Huckel 规则 ·· 114
本章小结 ··· 115
【阅读材料】吸烟危害健康 ··· 117

第八章　卤代烃

学习目标 ··· 123
§8-1 卤代烃的分类和命名 ··· 123
§8-2 卤代烃的制法 ·· 126
§8-3 卤代烃的物理性质 ·· 127
§8-4 卤代烃的化学性质 ·· 128
§8-5 亲核取代反应的反应机理 ··· 132
§8-6 消除反应机理 ·· 136
§8-7 卤代烯烃和卤代芳烃 ··· 138
§8-8 重要的卤代烃 ·· 140
本章小结 ··· 141
【阅读材料】有机氟化物 ·· 143

第九章　醇酚

学习目标 ··· 149
Ⅰ 醇 ··· 149
§9-1 醇的分类和命名 ··· 149
§9-2 醇的来源和制法 ··· 151
§9-3 醇的物理性质 ·· 153
§9-4 醇的化学性质 ·· 155
§9-5 硫醇 ··· 161
§9-6 重要的醇 ·· 163
Ⅱ 酚 ··· 165
§9-7 酚的结构、分类和命名 ·· 165
§9-8 酚的物理性质 ·· 166
§9-9 酚的化学性质 ·· 167
§9-10 重要的酚 ··· 171
本章小结 ··· 173
【阅读材料】乙醇生产废渣的综合利用——利用酒糟制甲烷 ······························· 175

第十章　醚

学习目标 ··· 179
§10-1 醚的分类和命名 ·· 179

§10-2 醚的制法 ·· 180
　　§10-3 醚的物理性质 ·· 181
　　§10-4 醚的化学性质 ·· 182
　　§10-5 重要的醚 ··· 183
　　§10-6 环醚和冠醚 ··· 184
　　§10-7 硫醚 ·· 186
　　本章小结 ·· 187
　　　　【阅读材料】21世纪的绿色燃料——二甲醚 ·· 188

第十一章　醛酮

　　学习目标 ·· 191
　　§11-1 醛和酮的分类和命名法 ··· 191
　　§11-2 多官能团有机化合物的命名法 ··· 193
　　§11-3 醛和酮的制法 ·· 194
　　§11-4 醛和酮的物理性质 ·· 196
　　§11-5 醛和酮的化学性质 ·· 197
　　§11-6 重要的醛和酮 ·· 208
　　本章小结 ·· 210
　　　　【阅读材料】黄鸣龙 ··· 212

第十二章　羧酸及其衍生物

　　学习目标 ·· 215
　　§12-1 羧酸的分类和命名法 ·· 215
　　§12-2 羧酸的制法 ·· 217
　　§12-3 羧酸的物理性质 ··· 218
　　§12-4 羧酸的化学性质 ··· 219
　　§12-5 重要的羧酸 ·· 223
　　§12-6 羧酸衍生物的命名法 ·· 226
　　§12-7 羧酸衍生物的物理性质 ··· 227
　　§12-8 羧酸衍生物的化学性质 ··· 229
　　§12-9 重要的羧酸衍生物 ·· 232
　　§12-10 β-二羰基化合物在合成上的应用 ··· 234
　　§12-11 蜡与油脂 ··· 238
　　本章小结 ·· 240
　　　　【阅读材料】聚羧酸系高效减水剂知识简介 ·· 242

第十三章　含氮有机化合物

　　学习目标 ·· 245

§13-1 硝基化合物 ············ 245
§13-2 胺的分类和命名法 ············ 250
§13-3 胺的制法 ············ 252
§13-4 胺的物理性质 ············ 254
§13-5 胺的化学性质 ············ 255
§13-6 重要的胺 ············ 259
§13-7 季铵盐和季铵碱 ············ 261
§13-8 重氮和偶氮化合物 ············ 262
§13-9 腈 异氰酸酯 三聚氰胺 ············ 266
本章小结 ············ 268
【阅读材料】含氮化合物与液晶材料 ············ 269

第十四章 杂环化合物

学习目标 ············ 274
§14-1 杂环化合物的分类和命名法 ············ 274
§14-2 杂环化合物的结构 ············ 276
§14-3 杂环化合物的性质 ············ 277
本章小结 ············ 286
【阅读材料】6-巯基嘌呤在治疗儿童急性淋巴细胞白血病中的作用 ············ 288

*第十五章 对映异构

学习目标 ············ 291
§15-1 物质的旋光性与对映异构体 ············ 291
§15-2 含有一个手性碳原子的开链化合物的对映异构 ············ 294
§15-3 含有两个手性碳原子的开链化合物的对映异构 ············ 297
§15-4 异构体的分类 ············ 298
本章小结 ············ 299
【阅读材料】手性药物 ············ 300

*第十六章 碳水化合物

学习目标 ············ 303
§16-1 碳水化合物的定义和分类 ············ 303
§16-2 单糖 ············ 304
§16-3 二糖 ············ 307
§16-4 多糖 ············ 308
本章小结 ············ 311
【阅读材料】德国化学家 E·费歇尔（Emil Fischer）············ 313

*第十七章　氨基酸　蛋白质　核酸

学习目标 ··· 316
§17-1 氨基酸 ·· 316
§17-2 多肽 ··· 321
§17-3 蛋白质 ·· 322
§17-4 核酸 ··· 324
本章小结 ··· 328
【阅读材料】美国生物化学家保罗·伯格(Paul Berg) ·············· 330

参考文献 ··· 332

第一章 绪 论

学习目标

知识目标
1. 了解有机化合物和有机化学的含义、有机化学的结构特点、有机化学的发展概况、有机化合物的分类。
2. 理解有机化合物的特征性质、共价键的形成及其属性、质子酸碱和路易斯酸碱。
3. 掌握有机化学反应类型和试剂类型,重要的官能团。

能力目标
1. 能识别重要的官能团。
2. 能判断有机化学反应的类型。

§1-1 有机化合物与有机化学

一、有机化合物含义的演变

有机化学是化学的一个重要分支,它是研究有机化合物的化学。作为一门单独的学科,有机化学奠基于18世纪中叶,但直到19世纪初,化学家才将化合物按其来源进行分类:一类是从生物体(植物或动物)中获得的物质,称为有机化合物;另一类是从非生物或矿物中得到的物质,称为无机化合物。

现在,绝大多数有机物已不是从天然的有机体内取得的,但是由于历史和习惯的关系,仍保留着"有机"这个名词。像人类认识其他事物一样,人们对有机化合物的认识也是逐步深化的。

自从拉瓦锡(Lavoisier A L)和李比希(Von Liebig J F)创造有机化合物的分析方法之后,科学家们发现有机化合物均含有碳元素,绝大多数含氢元素。此外,很多的有机化合物还含氧、硫、氮等元素。于是,葛美林(Gmelin. L)凯库勒(KeKule . A)认为碳是有机化合物的基本元素,把"含碳化合物称为有机化合物"。

后来,肖莱马(Schorlemmer C)在此基础上发展了新的观点,认为碳原子的四个价键除自己相连之外,其余与氢原子结合,于是就形成了各种各样的碳氢化合物——烃,其他有机化合物都是由别的元素取代烃中的氢衍生出来的,因此,把有机化合物定义为"烃(碳氢化合物)及其衍生物",把研究有机化合物的化学称为有机化学。

二、有机化学的发展概况

有机化学是研究有机化合物的组成、结构、制备、性质及其变化规律的学科,是化学学科的一个分支,是一门理论与实验并重的学科。

"科学的发生和发展一开始就是由生产决定的。"古时候,人们利用天然有机物制成生产和生活中有实际用途的产品,如古埃及、巴比伦的染色、酿造技术给人类生活带来了很多方便。在中国的四大发明中,造纸和火药就属于化学的范畴,我们的祖先还开拓了制糖、医药等工艺。瑞典药剂师舍勒(1742—1786)首先提纯出酒石酸、柠檬酸等有机物。以后不少人进行了这方面的工作,析离出大量纯的有机物。1824年,德国化学家维勒(1800—1882)用无机物氰酸与氨水作用得到氰酸铵,这是当时公认的一种无机物,但使维勒大为吃惊的是,当这种物质受热后竟变成了一种在性质上与尿素完全相同的白色结晶,经过四年的细心研究,最后证明它就是动物机体内的代谢产物——尿素,从而证实了人工合成有机物的真实性。

从此以后,有机分析和合成得到了很大发展,积累了丰富的实践材料。1834年,法国化学家杜马(1800—1884)提出了"类型论",从分子整体出发考察分子,从而打破了"电化二元论"的局限性。1843年,法国化学家日拉尔(1816—1856)提出了"同系列"的概念,建立了有机物的分类系统。1865年,德国化学家开库勒(1829—1896)提出了苯的环状结构学说,这位天才科学家的贡献对于芳香族化合物的研究起了极大的促进作用。

19世纪初期,人们从生产焦炭和煤气的副产品——煤焦油中分离出了苯、萘和蒽等芳香族化合物,开创了煤焦油的工业利用时代。随着苯的环状结构学说的建立,染料、医药、炸药等有机合成工业迅速发展起来。经过100多年来许多伟大的科学家的探索,有机化学终于从一堆零星的、或多或少不完备的关于有机物成分的资料变成了一门真正的科学。

综上所述,根据自然科学的发展特点,当代科学正酝酿着重大突破,作为六大基础科学之一的化学也同样面临着突破。有机化学作为化学的一门基础课程是许多有关学科的理论和技术基础,通过有机化学课程的学习,可以为今后进一步掌握新的科学技术打下必需的基础。

三、有机化合物的特点

有机化合物和无机化合物并没有不可逾越的界限。实验证明,有机化合物是可以从无机化合物合成得到的。但是,无论在结构上还是性质上,无机化合物和有机化合物还是有明显差异的。从性质上来看,有机化合物具有以下特点:

(一)同分异构现象普遍存在

异构现象是指具有相同分子式但结构不同,从而性质各异的现象。在无机化合物中,同一种组成的化合物通常只有一种结构;而在有机化合物中,同一种组成的化合物可能有多种结构。例如,同为 C_2H_6O 的有机化合物就有两个:气体甲醚(CH_3—O—CH_3),液体乙醇(CH_3CH_2—OH)。

(二)熔点较低,难溶于水,易溶于有机溶剂

有机化合物的熔点较低,一般不超过 400℃;无机化合物熔点较高,常常难以熔化。绝大多数有机化合物难溶于水,易溶于酒精、乙醚、丙酮、汽油或苯等有机溶剂;而大部分无机化合物则易溶于水,不易溶于有机溶剂。这是因为水是极性化合物,而有机化合物是共价化合物,极性小,因此根据相似相溶原理,它们不溶于水、易溶于有机溶剂。

(三)对热不稳定,容易燃烧

除了极少数(如可做灭火剂的 CCl_4 等)例外,绝大多数有机化合物不稳定,受热容易分解,也很容易燃烧;而无机化合物却难以燃烧。所以,常用灼烧实验来区别有机化合物和无机化合物。

(四)反应速率比较慢,副反应多,产物复杂

无机反应多是离子型反应,一般反应速率都很快,瞬间即可完成;有机反应大部分是分子间的反应,反应过程中包括共价键旧键的断裂和新键的形成,反应速率比较慢。有机反应往往并不是按照某一反应式定量进行,常伴随着副反应的发生。

§1-2 有机化合物的结构

一、共价键的形成

有机化合物分子中各原子之间一般是以共价键结合的,对于共价键形成的理论解释,常用的方法是价键法。

(一)原子轨道

原子是由原子核和核外电子两部分组成的。电子在核外运动的几率分布就好像云雾一样,因此把这种分布形象地称为电子云。如果用一个界面把这样的分布划出一个区域,电子在这个区域内出现的几率很大。这种电子在空间可能出现的区域称为原子轨道。氢原子的 1s 原子轨道如图 1-1 所示:

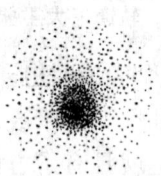

图 1-1 氢原子的 1s 原子轨道示意图

s,p 电子的原子轨道形状如图 1-2 所示:

图1-2 s、p电子的原子轨道形状

1s、2p轨道的电子云如图1-3所示：

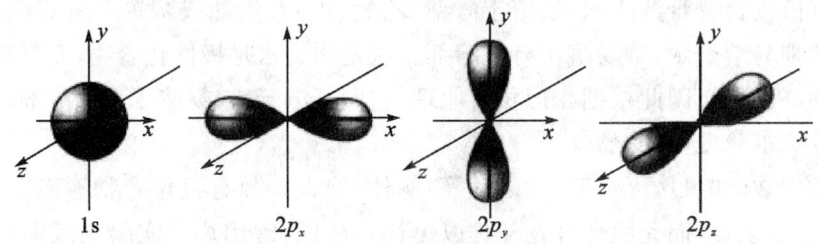

图1-3 1s、2p轨道的电子云

基态时，原子中的电子都按互不相容原理、洪特规则和能量最低原理排布在原子轨道中，每一个原子轨道只能容纳两个自旋方向相反的电子。

（二）价键理论

价键法认为，两个原子间形成的共价键可以看做两个原子的原子轨道重叠或电子的配对。形成共价键时，两个原子都有一个或多个未成对电子且自旋方向相反时，才能配对成键，形成的共价键数目等于未成对电子数目。轨道重叠越多，共价键就越牢固。所以，形成共价键时，在两个原子间距离（键长）一定的条件下，轨道总是尽可能地达到最大程度的重叠，这就是轨道最大重叠原理，如图1-4所示：

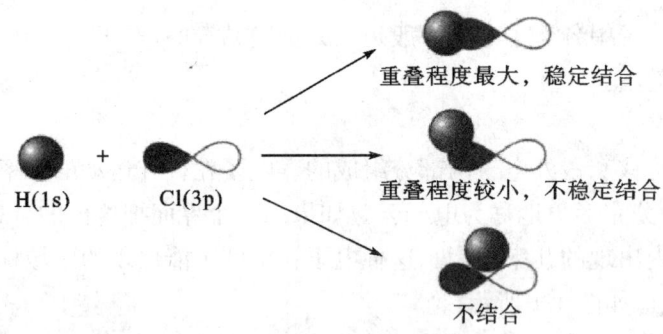

图1-4 轨道最大重叠示意图

价键法又可称为电子配对法。一个未成对电子最多只能和一个自旋方向相反的未成对电子配对成键，这就是共价键的饱和性。由于成键原子轨道不都是球形对称的，为使原子轨道最大程度地重叠，因此共价键也就具有了方向性，并且成键电子只能在成键区域内运动，从而形成了共价键的定域性。

如果是从与轨道相对应的电子云的观点看，共价键的形成则是来自电子云的重叠，电子云重叠得越多，共价键就越牢固。所以，形成共价键时，在键长一定的条件下，电子云总是尽可能地达到最大程度的重叠,这就是电子云最大重叠原理。

二、共价键的类型

按成键原子轨道重叠方式不同,共价键又可分为 σ 键和 π 键。

(一) σ 键

两个成键原子轨道沿对称轴方向相互重叠("头碰头"方式重叠)而形成的共价键叫做 σ 键。因 σ 键是沿原子轨道对称轴方向重叠形成的,重叠程度大;以 σ 键连接的原子或基团可以绕键轴自由旋转而键不致发生断裂;σ 键电子云密集在两原子核之间,分布近似圆柱形,受核束缚力大,较稳定。σ 键存在于一切共价键之中。

(二) π 键

两个成键原子轨道对称轴相互平行彼此重叠(两个 p 轨道从侧面"肩并肩"地重叠)而形成的共价键叫做 π 键。

在 π 键中无对称轴,有对称面;π 键的电子云分散在两核连线的上下方呈平面对称分布;不能单独存在,必须与 σ 键共存;π 键的形成,限制了 σ 键的自由旋转;π 键电子云离核较远,受核的束缚力较小,不稳定,易受外界的影响而发生极化。因 π 键电子云重叠程度较小,故键能较小;发生化学反应时 π 键易断裂,具有较强的化学活性。

三、共价键的属性

(一) 键长

形成共价键的两个原子核之间的平均距离称为键长。键长的单位为 nm(10^{-9} m)。一般来说,共价键键长越短,键越牢固。例如,实验测得氢分子中两个氢原子的核间距离是 0.074 nm,H—H 键的键长就是 0.074 nm。X 射线衍射法、电子衍射法、光谱法等一些物理方法,能够非常准确的测定共价键的键长。表 1-1 给出的是一些共价键的键长。

表 1-1 一些共价键的键长

键型	键长/nm	键型	键长/nm
C—C	0.154	C—N	0.147
C=C	0.134	C—F	0.141
C≡C	0.12	C—Cl	0.177
C—H	0.109	C—Br	0.191
C—O	0.143	C—I	0.212

从表 1-1 可以看出,C=C 双键的键长比 C—C 单键的短,C≡C 叁键的键长比 C=C 双键的短,这是因为 C—C 只有一个共价键(σ 键),而 C=C 则是两个共价键(σ 键和 π 键),与 C—C 单键相比,由 C=C 双键连接起来的两个 C 原子应该结合得更加牢固,所以距离较近,

键长较短;同样 C≡C 叁键(σ键、π键、π键)的键长比 C═C 双键的短,道理是一样的。

（二）键角

由于共价键具有方向性,所以出现了键角。一个两价以上的原子与其他原子成键时,两个共价键之间的夹角称为键角。现以水分子为例说明键角的含义。H_2O 分子有两个 O—H 键,这两个 O—H 键键轴之间的夹角叫做水分子的键角。实验测得水分子的键角是 104.5°。显然,双原子分子没有键角,在原子个数≥3 个的分子中才存在键角。

在有机化合物分子中,碳原子与其他原子所形成键角的情况大致有以下几种:C 原子以四个单键分别于四个原子相连时,键角接近 109.5°;C 原子以一个双键和两个单键分别与三个原子相连时,键角接近 120°;C 原子以一个三键和一个单键或两个双键分别与两个原子相连时,键角是 180°。

（三）键能（平均键能）

双原子分子的键能是指 1 mol 双原子分子(气态)离解成原子(气态)所需吸收的能量。多原子分子中,1 mol 多原子分子(气态)离解成原子(气态)吸收的能量等于多原子分子中所有共价键键能的总和,如:

$CH_4(g) \longrightarrow C(g) + 4H(g)$ 吸热 1 656.8 kJ·mol^{-1}

CH_4 分子中有四个 C—H 键,所以 C—H 键的键能就是

1 656.8 kJ·mol^{-1}/4 = 414.2 kJ·mol^{-1}

对多原子分子来说,键能是指分子中几个同类型键的离解能的平均值,所以又称为平均键能。键能可表示化学键牢固的程度相同类型的键中,键能越大,表明两个原子结合越牢固,即键越稳定。表 1-2 给出了一些共价键的键能。

表 1-2 一些共价键的键能

键型	键能/kJ·mol^{-1}	键型	键能/kJ·mol^{-1}
C—C	347.3	C—N	305.4
C═C	610.9	C—F	485.3
C≡C	836.8	C—Cl	338.9
C—H	414.2	C—Br	284.5
C—O	359.8	C—I	217.6
N—H	464.4	O—H	389.1

（四）键的极性、分子的极性

在共价键中,成键电子受到两个原子核的吸引,当两个原子核吸引电子的能力相同时(如两个同种原子之间形成的共价键),则成键电子云均匀地分布在两个原子核的周围;当两个原子的电负性不同时,则电子云可能偏向于电负性较强的原子核,即成键电子在一端出现的几率高,而在另一端出现的几率较低。这种成键电子在两个核之间分布不均匀的

共价键，称为极性共价键，或简称极性键。极性键中电子云分布的不均匀性称为键的极性。因成键两原子的电负性的差别不同以及键长的不同，键的极性也有大小的差别。除完全对称的共价键外，所有的共价键都有极性，但一般将极性较小的共价键（如烷烃中的碳氢键）视为非极性共价键。

键的极性的强弱通常用偶极矩来衡量。偶极矩（μ）可用物理方法测得，其大小等于电荷（q）和正负电荷中心之间距离（d）的乘积，即 $\mu = q \cdot d$。偶极矩的单位为 $C \cdot m$（库仑·米）。偶极矩是向量，具有方向性，其方向的规定为从正电中心指向负电中心，表示方法如下：

$$H \longrightarrow Cl \qquad \mu = 3.43 \times 10^{-30} \, C \cdot m$$

一些共价键的偶极距见表 1-3。

表 1-3　一些共价键的偶极矩

键型	偶极距/$C \cdot m$	键型	偶极距/$C \cdot m$	键型	偶极距/$C \cdot m$
H—C	1.33×10^{-30}	H—Cl	3.43×10^{-30}	C—O	5.00×10^{-30}
H—N	4.37×10^{-30}	H—Br	2.60×10^{-30}	C—Cl	7.67×10^{-30}
H—O	5.00×10^{-30}	H—I	1.26×10^{-30}	C—Br	7.33×10^{-30}
H—S	2.26×10^{-30}	C—N	3.83×10^{-30}	C—I	6.67×10^{-30}

表中虽然列出了 C—H 键的偶极矩，但很小，所以一般不把它看成是极性键，而看做非极性键。在有机化学中，常用"电子密度"来说明极性键的电子分布情况，电子出现几率较高一端，称为电子密度高，带有部分负电荷，用"δ^-"表示；另一端则电子密度较低，带有部分正电荷，用 δ^+ 表示，如：

$$\overset{\delta^-}{H} \longrightarrow \overset{\delta^+}{Cl}$$

分子的极性和键的极性密切相关。在一个分子中，如果它的正电中心和负电中心不相重合，那么，这个分子就构成了一个偶极，就有了极性。由一个极性共价键构成的双原子分子如 HF，显然就是一个具有极性的分子，键的极性就是分子的极性。对于原子个数≥3个的多原子分子来说，如果只有一个极性键，如 CH_3Cl 分子只有一个 C—Cl 极性键，一般是极性分子；如果有两个或多个极性键，分子是否有极性则取决于分子的结构。因为偶极是有方向性的，分子总的偶极矩是各极性键偶极矩的向量和。例如，CCl_4 分子中有四个 C—Cl 极性键，它们的偶极距等于 $4.90 \times 10^{-30} \, C \cdot m$，而 CCl_4 分子的偶极距为零。这是因为 CCl_4 分子是正四面体结构，四个 C—Cl 键的向量和恰好是零，极性相互抵消，所以整个分子不显极性。水分子也有两个相同的极性键 H—O，但水分子形状不是直线形，两个 O—H 间的键角为 104.5°，两个偶极不能相互抵消，所以它是极性分子，偶极距等于 $6.14 \times 10^{-30} \, C \cdot m$。

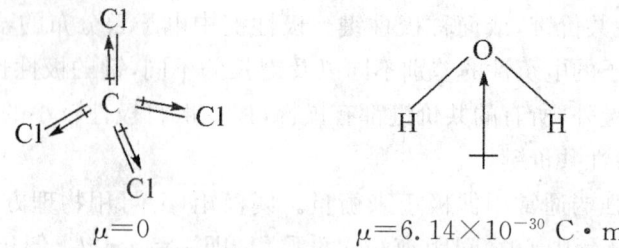

所以，键的极性和分子的极性是不相同的：某一些共价键表现有极性，而整个分子可能无极性，如上面提到的四氯化碳；也可能有极性，如一氯甲烷。

键的极性与有机物的物理性质和化学性质有着密切的关系，同时也能决定发生在这个键上的反应类型，甚至还能影响到附近键的反应活性；而分子的极性对物质的熔点、沸点和溶解度都有很大的影响。这些将在以后的章节中学习到。

§1-3 有机反应类型和试剂类型

化学反应的发生过程实际上就是旧键断裂和新键生成的过程。根据化学键的形成方式不同，可将有机反应分为三种类型：自由基反应、离子型反应、协同反应。

一、均裂反应、异裂反应与自由基试剂、离子试剂

（一）均裂反应、异裂反应

有机化合物绝大多数是共价化合物。在有机反应中，连接两个原子或基团（如 X 和 Y）之间的共价键断裂时，有两种不同的方式。一种叫均裂，也就是一个共价键断裂时，组成该键的一对电子由成键的两个原子各留一个，即：

$$X:Y \longrightarrow X\cdot + Y\cdot$$

均裂产生的带单电子的原子或基团叫做自由基（或游离基）。按均裂方式进行的反应叫做自由基反应。自由基反应多在高温、光照或过氧化物存在的条件下进行。

另一种断裂方式是异裂，是成键的一对电子保留在一个原子上，即：

$$X:Y \longrightarrow X^+ + :Y^- \text{ 或 } X:Y \longrightarrow X:^- + Y^+$$

异裂反应产生的则是正、负离子。按异裂方式进行的反应叫做离子型反应，它一般是在酸或碱的催化下，或在极性介质中，有机分子通过共价键的异裂形成一个离子型的活性中间体而完成的。

（二）自由基试剂、离子试剂

对应于自由基反应和离子型反应，反应试剂又分为自由基试剂和离子试剂。

1. 自由基试剂。

烷烃的光氯化或热氯化是自由基反应。反应时进攻烷烃的是 Cl·，即氯自由基。在这个反应中，产生氯自由基的 Cl_2，是自由基试剂。

2. 离子试剂。

离子型试剂根据反应机理的不同,又可分为亲电试剂和亲核试剂两类。

在反应过程中接受电子或共用电子(这些电子原属于另一反应物分子)的试剂称为亲电试剂。例如,金属离子、H^+、BF_3 等都是亲电试剂。由于它们缺少电子,容易进攻反应物上带部分负电荷的位置。由这类亲电试剂进攻而发生的反应称为亲电反应。例如,乙醚与三氟化硼生成乙醚—三氟化硼络合物的反应就属于亲电反应。

$$CH_3CH_2-\ddot{O}-CH_2CH_3 + BF_3 \longrightarrow CH_3CH_2-\overset{+}{\underset{BF_3}{\ddot{O}}}-CH_2CH_3$$

反之,有一类试剂如:OH^-、:NH_2^-、:CN^-、:NH_3 等能供给电子,进攻反应物中带部分正电荷的碳原子而发生反应,这类试剂称为亲核试剂。由亲核试剂进攻而发生的反应称为亲核反应。例如,1-溴丁烷的碱性水解就属于亲核反应。

$$H\bar{O}: + CH_3CH_2CH_2CH_2-Br \longrightarrow CH_3CH_2CH_2CH_2-OH + :Br^-$$

二、协同反应

协同反应不同于自由基反应与离子型反应,在反应过程中不生成活性中间体,其特点是反应过程中旧键的断裂与新键的生成是同时发生的,例如:

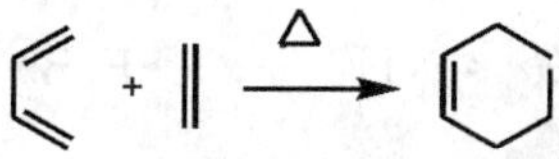

§1-4 质子酸碱和路易斯酸碱

有机化学中的酸碱理论是理解有机反应的最基本的概念之一。下面介绍两种目前应用最广泛的布朗斯特(Bronsted J N)酸碱质子理论和路易斯(Lewis G N)酸碱电子理论。

一、质子酸碱

1923 年化学家布朗斯特提出了酸碱质子理论。这个理论认为,酸是能释放出质子的物质(分子或离子),碱是能接受质子的物质(分子或离子)。这种以质子得失为标准来判定一种物质是酸还是碱的理论又称为质子酸碱。酸和碱可以通过质子的得失而相互转变,可以简单表示如下:

$$\text{酸} + H_2O \rightarrow H_3O^+ + \text{碱}$$

$$\underset{\text{共轭酸}(1)}{HCl} + \underset{\text{共轭碱}(2)}{H_2O} \longrightarrow \underset{\text{共轭酸}(2)}{H_3O^+} + \underset{\text{共轭碱}(1)}{Cl^-}$$

通过质子的得失而相互转变的一对酸碱,称为共轭酸碱。如上例中 HCl 和 Cl^-,是一对共轭酸碱:HCl 是 Cl^- 的共轭酸,Cl^- 是 HCl 的共轭碱。在有机物中,许多含有未成键电子对的含氮、含氧的化合物等都是碱,如醇、醚类化合物。

应当注意的是，按照质子酸碱的理论，一种化合物是酸还是碱，不是绝对的。有许多化合物，当和较强的碱反应时，它可以给出质子，因而是酸；而当和较强的酸相遇时，它可以接受质子，因而又是碱。例如醋酸，在水中因为它给出质子，所以是酸；而在硫酸中，它是碱，因为硫酸是更易给出质子的强酸。

$$CH_3COOH + H_2O \longrightarrow H_3O^+ + CH_3COO^-$$
共轭酸(1)　　共轭碱(2)　　　　共轭酸(2)　　共轭碱(1)

$$CH_3COOH + H_2SO_4 \longrightarrow HSO_4^- + CH_3COOH_2^+$$
共轭酸(1)　　共轭碱(2)　　　　共轭酸(2)　　共轭碱(1)

二、路易斯酸碱

1923 年路易斯提出酸碱电子理论。与质子酸碱理论不同，它是以电子变化来确定一种化合物是酸还是碱的。凡是能提供孤对电子以形成共价键的物质（任何分子或离子）称为路易斯碱；凡是能接受孤对电子而成共价键的物质（任何分子或离子）称为路易斯酸。

这是一个广义的酸碱概念。它能包括所有其他概念的酸碱，且应用范围广泛得多，特别对于路易斯酸。质子 H^+ 是酸，因为它能接受孤对电子，如 H^+ 可以与 OH^- 作用；而像 BF_3 并不含质子，也能接受孤对电子，也可称之为酸，如：

$$BF_3 + :NH_3 \longrightarrow F_3B^- - NH_3$$

$$H^+ + :NH_3 \longrightarrow NH_4^+$$

在有机反应中，路易斯酸常属亲电试剂，路易斯碱常属亲核试剂。

常见的路易斯酸有 H^+、BF_3、$AlCl_3$、$ZnCl_2$、$FeCl_3$、$SnCl_4$ 等；常见的路易斯碱有 HO^-、RO^-、NH_3、NH_2^- 等。

§1-5　有机化合物的分类

有机物数目众多，为了便于学习和研究，有必要对其进行分类。依据有机物分子的结构及官能团特点，有如下分类方式：

一、按照碳骨架分类

按照碳原子的骨架情况，可将有机物分为四大类。

（一）脂肪族化合物

脂肪族化合物最初是从动植物的油脂中获得的，所以称为脂肪族化合物。由于其分子中各碳原子连接成链状，因此又称为开链化合物，如：

$$CH_3CH_2CH_3 \qquad CH_3CH_2OH \qquad CH_2=CH_2$$
　　丙烷　　　　　　　　乙醇　　　　　　　　乙烯

(二)脂环族化合物

脂环族化合物的性质与开链化合物的性质类似,例如:

环己烷　　　　　环戊二烯　　　　　甲基环丙烷

(三)芳香族化合物

芳香族化合物是分子中一般都含有苯环或类似于苯环的环状化合物,其性质与脂肪族的化合物很不相同,如:

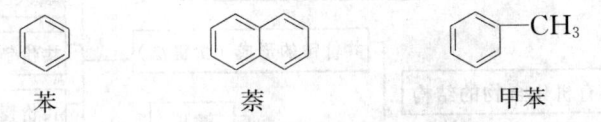

苯　　　　　萘　　　　　甲苯

(四)杂环化合物

杂环化合物中,组成环的原子除碳原子外还有其他杂原子(如 N、O、S 等),如:

噻吩　　　　　呋喃　　　　　吡咯

二、按照官能团分类

官能团是指有机化合物分子中特别容易发生反应的原子或基团。官能团对有机化合物的性质起着决定性的作用,如烯烃中的 C=C 双键、炔烃中的 C≡C 叁键等。常见的官能团及名称见表 1-4。

表 1-4　一些常见的、重要的官能团

化合物类别	官能团结构	名称	化合物类别	官能团结构	名称
烯烃	$-\mathrm{C}=\mathrm{C}-$	双键	酮	$(C)-\overset{O}{\underset{\|}{C}}-(C)$	酮基
炔烃	$-\mathrm{C}\equiv\mathrm{C}-$	叁键	羧酸	$-COOH$	羧基
卤代烃	$-X$	卤原子	硝基化合物	$-NO_2$	硝基
醇和酚	$-OH$	羟基	胺	$-NH_2$	氨基
醚	$-C-O-C-$	醚键	磺酸	$-SO_3H$	磺酸基
醛	$-\overset{O}{\underset{\|}{C}}-H$	醛基	腈	$-CN$	氰基

分类时,一般先按碳骨架分类,再按照官能团分类。本书是按照官能团来逐类介绍有机物的,因为含相同官能团的化合物具有类似的化学性质,归于一类研究不仅方便,而且有助于观察各类有机物之间的联系。

本章小结

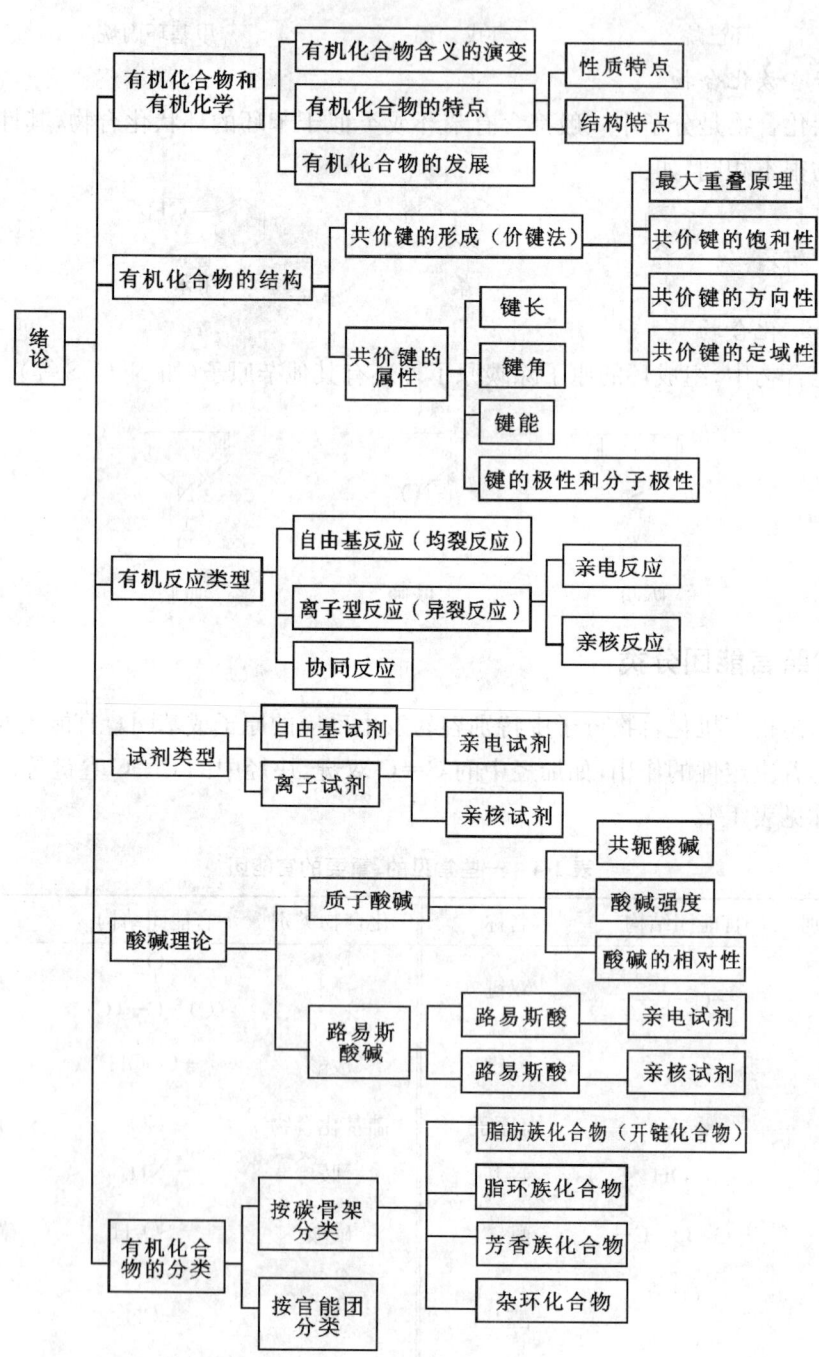

【阅读材料】

碳循环

地球上最大的两个碳库是岩石圈和化石燃料,含碳量约占地球上碳总量的99.9%。这两个库中的碳活动缓慢,实际上起着贮存库的作用。地球上还有三个碳库:大气圈库、水圈库和生物库。这三个库中的碳在生物和无机环境之间迅速交换,容量小而活跃,实际上起着交换库的作用。

碳在岩石圈中主要以碳酸盐的形式存在,总量为 $2.7×10^{16}$ t;在大气圈中以二氧化碳和一氧化碳的形式存在,总量有 $2×10^{12}$ t;在水圈中以多种形式存在;在生物库中则存在着几百种被生物合成的有机物。这些物质的存在形式受到各种因素的调节。

在大气中,二氧化碳是含碳的主要气体,也是碳参与物质循环的主要形式。在生物库中,森林是碳的主要吸收者,它固定的碳相当于其他植被类型的2倍。森林又是生物库中碳的主要贮存者,贮存量大约为 $4.82×10^{11}$ t,相当于目前大气含碳量的2/3。

植物通过光合作用从大气中吸收碳的速率,与通过动植物的呼吸和微生物的分解作用将碳释放到大气中的速率大体相等,因此,大气中二氧化碳的含量在受到人类活动干扰以前是相当稳定的。

自然界碳循环的基本过程如下:大气中的二氧化碳(CO_2)被陆地和海洋中的植物吸收,然后通过生物或地质过程以及人类活动,又以二氧化碳的形式返回大气中。

(一)有机体和大气之间的碳循环

绿色植物从空气中获得二氧化碳,经过光合作用转化为葡萄糖,再综合成为植物体的碳化合物,经过食物链的传递,成为动物体的碳化合物。植物和动物的呼吸作用把摄入体内的一部分碳转化为二氧化碳释放入大气,另一部分则构成生物的机体或在机体内贮存。动、植物死后,残体中的碳,通过微生物的分解作用也成为二氧化碳而最终排入大气。大气中的二氧化碳这样循环一次约需20年。一部分(约千分之一)动、植物残体在被分解之前即被沉积物所掩埋而成为有机沉积物。这些沉积物经过悠长的年代,在热能和压力作用下转变成矿物燃料——煤、石油和天然气等。当它们在风化过程中或作为燃料燃烧时,其中的碳氧化成为二氧化碳排入大气。人类消耗大量矿物燃料对碳循环发生重大影响。

(二)大气和海洋之间的二氧化碳交换

二氧化碳可由大气进入海水,也可由海水进入大气。这种交换发生在气和水的界面处,由于风和波浪的作用而加强。这两个方向流动的二氧化碳量大致相等,大气中二氧化碳量增多或减少,海洋吸收的二氧化碳量也随之增多或减少。

如下为碳循环示意图:

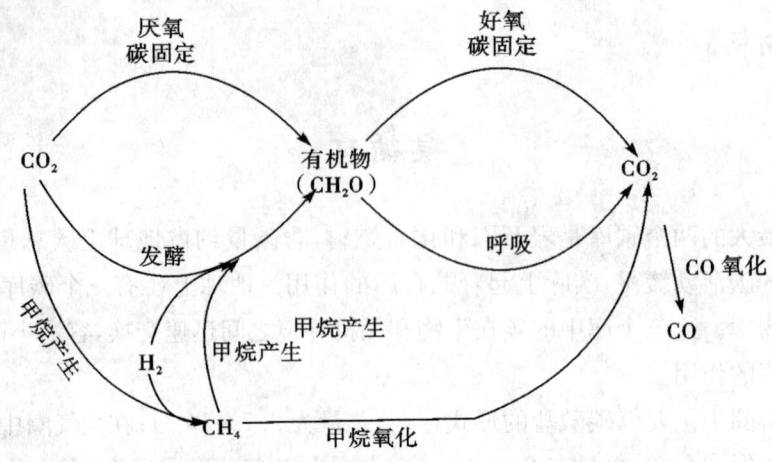

习题1 解释下列术语。
(1)有机化合物　(2)共价键　(3)键长　(4)键能　(5)偶极距
(6)官能团　(7)均裂

习题2 下列属于有机物的是(　　)。
(1)NaCN　　(2)CH_3CH_3　　(3)KOH　　(4)CH_3CH_2OH
(5)CCl_4　　(6)$NaHCO_3$

习题3 将下列物质按官能团分类。
(1)$CH_2=CH_2$　　(2)$CH_3CH_2CH_2OH$　　(3)$CH_3CH_2CH_3$
(4)$CH_3CH_2CH_2OCH_2CH_3$　　(5)$CH\equiv CH$
(6)⬡　　(7)CH_3CH_2Cl　　(8)⌬

习题4 说明有机物在性质上的特点。

第二章 烷 烃

学习目标

知识目标

1. 了解构造和构型的不同含义,构象的表达方法和构象分析,烷烃的氧化、裂化及烷烃的来源、制备方法。
2. 理解同系列及其特点,结构、构造和构象、同分异构等概念,烷烃的物理性质及其变化规律。
3. 掌握烷烃的命名方法及化学性质,烷烃卤化反应的反应机理。

能力目标

能利用烷烃化学性质的差异鉴别物质。

组成中只含有碳和氢两种元素的有机化合物叫做碳氢化合物,简称烃。根据烃分子中碳原子间的连接方式不同,烃可分为脂肪烃、脂环烃和芳香烃三大类。脂肪烃(又叫做开链烃),可分为烷烃、烯烃和炔烃。分子中碳原子间均以单键(C—C)相连而其余价键被氢原子所饱和的脂肪烃称为饱和烃或烷烃,也叫做石蜡烃。

§2-1 烷烃的通式和构造异构

最简单的烷烃是甲烷(CH_4)、乙烷(C_2H_6)、丙烷(C_3H_8)、丁烷(C_4H_{10})等都是烷烃。比较它们的分子式,可看出任何两个相邻的烷烃在分子组成上都相差 CH_2,像这样的一系列化合物叫做同系列。甲烷、乙烷、丙烷、丁烷等这一系列化合物称为烷烃同系列。同系列中的各化合物互称同系物。甲烷、乙烷、丙烷、丁烷等互称同系物。相邻的同系物在分子组成上相差的 CH_2 叫做同系列的系差。在同系列中还可以看到在每个烷烃分子中,如果 C 原子数为 n,H 原子数就是 $2n+2$,所以烷烃的通式是 C_nH_{2n+2}。

同系列是有机化学的普遍现象。同系物具有相似结构和化学性质,物理性质(如熔点、沸点、溶解度、相对密度等)一般则随着相对分子质量的变化呈现规律性变化。因此在每一个系列里,只要研究某些同系物的性质就可以推断出同系物中其他化合物的性质,这就有利于学习和研究有机物。当然,要掌握同系物的共性,也要注意它们的个性。例如,分子中碳原子数目相差较多的同系物之间,在性质上也会表现出较大的差异。因此,从分子结构上的差异来理解性质上的异同,这是学习有机化学的基本方法之一。

分子中原子间相互连接的顺序和方式叫做分子构造。表示分子构造的化学式叫做结构式。结构式是表示分子构造的最简单明了的方法。在甲烷、乙烷、丙烷分子中,碳原子之间只有一种连接方式,从丁烷开始,碳原子有不同的连接方式,如:

$$CH_2—CH_2—CH_2—CH_3 \qquad CH_3—CH—CH_3$$
$$\qquad\qquad\qquad\qquad\qquad\qquad\qquad |$$
$$\qquad\qquad\qquad\qquad\qquad\qquad\qquad CH_3$$

正丁烷　　　　　　　　　异丁烷

$$CH_3—CH_2—CH_2—CH_2—CH_3 \qquad CH_3—CH—CH_3 \qquad CH_3—\overset{\overset{\displaystyle CH_3}{|}}{\underset{\underset{\displaystyle CH_3}{|}}{C}}—CH_3$$
$$\qquad\qquad\qquad\qquad\qquad\qquad\qquad\qquad |$$
$$\qquad\qquad\qquad\qquad\qquad\qquad\qquad\qquad CH_3$$

正戊烷　　　　　　　　异戊烷　　　　　　新戊烷

从以上结构式可以看出,分子式相同,分子构造不同,这样的同分异构体称为构造异构体,这种现象称为构造异构现象。因碳架不同而形成的构造异构体称为碳架异构或碳链异构。烷烃分子中随着碳原子数目的增多,构造异构体数目迅速增加。例如,甲烷、乙烷、丙烷没有构造异构体;丁烷有两个构造异构体——正丁烷和异丁烷;戊烷有三个构造异构体——正戊烷、异戊烷和新戊烷。表 2-1 给出了 $C_5 \sim C_{10}$ 烷烃的构造异构体数目。

表 2-1　$C_5 \sim C_{10}$ 烷烃的构造异构体数目

名称	分子式	构造异构体数目
戊烷	C_5H_{12}	3
己烷	C_6H_{14}	5
庚烷	C_7H_{16}	9
辛烷	C_8H_{18}	18
壬烷	C_9H_{20}	35
癸烷	$C_{10}H_{22}$	75

习题 1　写出 7 个碳原子的开链烷烃(C_7H_{16})的所有碳链异构体。

§2-2　烷烃的命名

一、伯、仲、叔、季碳原子和伯、仲、叔、季氢原子

根据碳原子在烷烃分子链上所处的位置不同,可以将碳原子分为四种类型:与 1 个碳原子相连接的碳原子叫做伯碳原子或一级碳原子,用 1°C 表示;与 2 个碳原子相连接的碳原子叫做仲碳原子或二级碳原子,用 2°C 表示;与 3 个碳原子相连接的碳原子叫做叔碳原

子或三级碳原子,用3°C表示;与4个碳原子相连接的碳原子叫做季碳原子或四级碳原子,用4°C表示,如:

$$CH_3-\underset{\underset{CH_3}{|}}{\overset{\overset{CH_3}{|}}{C}}-CH_2-\underset{\underset{CH_3}{|}}{CH}-CH_2-CH_3$$

季4°　　叔3°　　仲2°　伯1°

而与伯、仲、叔碳原子相连的氢原子则相应的分别称为伯、仲、叔氢原子,或一级、二级、三级氢原子,分别用1°H、2°H、3°H表示。不同氢原子的反应活性不同,将在化学性质中加以讨论。

二、烷基

烃分子中去掉一个氢原子后剩下的基团称为烃基;烷烃分子中去掉一个氢原子后剩下的基团称为烷基,如甲基(CH_3-)、乙基(CH_3CH_2-)等。烷基的通式为$C_nH_{2n+1}-$,常以 R— 表示。如果去掉不同的氢原子,则形成异构的烷基。表 2-2 列出的为有机化学中常见的八大烷基。

表 2-2　有机化学中常用的八大烷基

烷烃	烷基	烷基的名称
CH_4(甲烷)	CH_3-	甲基
CH_3CH_3(乙烷)	CH_3CH_2-	乙基
$CH_3CH_2CH_3$(丙烷)	$CH_3CH_2CH_2-$	正丙基
	$CH_3\underset{\|}{CH}CH_3$	异丙基
$CH_3CH_2CH_2CH_3$(正丁烷)	$CH_3CH_2CH_2CH_2-$	正丁基
	$CH_3CH_2\underset{\|}{CH}CH_3$	仲丁基
$CH_3\underset{\underset{CH_3}{\|}}{CH}CH_3$（异丁烷）	$(CH_3)_2CHCH_2-$	异丁基
	$(CH_3)_3C-$	叔丁基

三、烷烃的命名

有机物的命名是有机化学的重要内容之一。由于有机物种类繁多、结构复杂,同时存在多种同分异构现象,必须有一套完善的命名方法才不会引起混乱。常用的烷烃的命名方法有以下三种。

（一）习惯命名法

习惯命名法的方法要点如下:把直链烷烃叫做"正"某烷,分子中碳原子数在 10 以内的,依次用甲、乙、丙、丁、戊、己、庚、辛、壬、癸表示;碳原子数在 10 以上的,直接用汉字数字十一、十二、十三等来表示,如:

$CH_3CH_2CH_2CH_3$　　　　$CH_3(CH_2)_5CH_3$　　　　$CH_3(CH_2)_{12}CH_3$

正丁烷　　　　　　　　　正庚烷　　　　　　　　　正十四烷

对于带支链的烷烃,把链端第二个碳原子上连有一个甲基的烷烃叫做"异"某烷,把链端第二个碳原子上连有两个甲基的烷烃叫做"新"某烷,如:

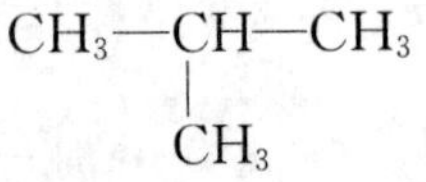

$$CH_3-CH-CH_3 \atop CH_3 \qquad CH_3-CH-CH_2-CH_3 \atop CH_3 \qquad CH_3-\underset{CH_3}{\overset{CH_3}{\underset{|}{\overset{|}{C}}}}-CH_3$$

异丁烷 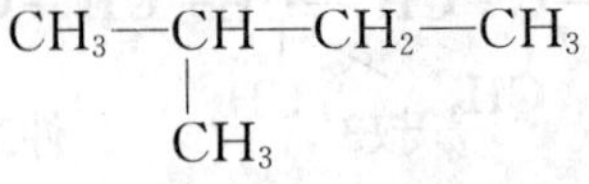　　　　　　异戊烷 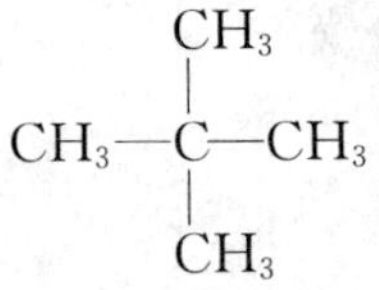　　　　　　　新戊烷

习惯命名法虽然简单,但它只适用于分子中碳原子较少的烷烃。

石油工业上用于测定汽油中辛烷值的基准物质——异辛烷,是俗名或者商品名称,不属于习惯命名法。

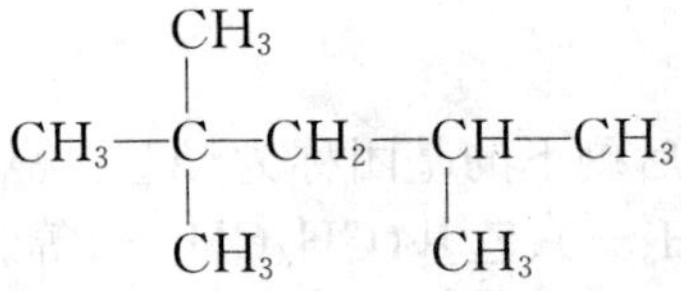

$$CH_3-\underset{CH_3}{\overset{CH_3}{\underset{|}{\overset{|}{C}}}}-CH_2-\underset{}{\overset{}{CH}}-CH_3 \atop CH_3$$

异辛烷

(二)衍生命名法

衍生物命名法是以甲烷作为"母体",把其他烷烃看做甲烷的烷基衍生物,即甲烷分子中的氢原子被烷基取代所得到的衍生物。命名时,一般把连接烷基最多的碳原子作为母体碳原子,不同烷基的排列顺序则是按照立体化学中次序规则列出的顺序:叔丁基>仲丁基>异丙基>异丁基>正丁基>正丙基>乙基>甲基(">"表示"优先于"),"较优"基团后列出,如:

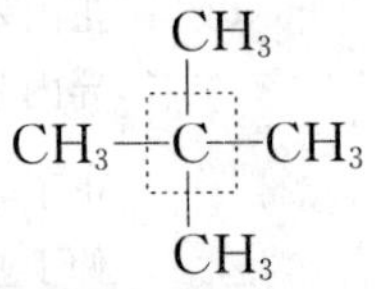

四甲基甲烷 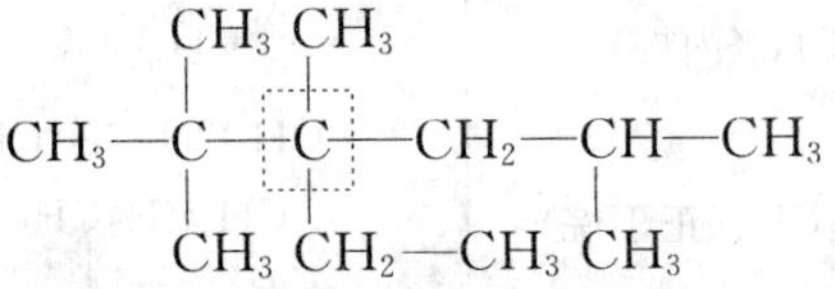　　　　　　甲基乙基异丁基叔丁基甲烷

衍生物命名法也只能适用于简单的有机物的命名;对于复杂的烷烃,涉及的烷基比较复杂,往往很难采用这种方法命名。

(三)系统命名法

系统命名法是一种普遍适用的命名方法。它是采用国际通用的 IUPAC 命名原则结合我国的文字特点而制定的一种命名方法。

对于直链烷烃,与习惯命名法相似,根据它的分子中所含有的碳原子数称为某烷,仅去掉"正"字,如:

$$CH_3(CH_2)_5CH_3 \qquad CH_3(CH_2)_{10}CH_3$$

庚烷　　　　　　　十二烷

对于带有支链的烷烃,则把它看成是直链烷烃的烷基衍生物,按照下列原则命名。

1. 确定主链:选择最长的碳链作为主链,主链以外的其他烷基看做取代基,根据主链所含碳原子数叫做某烷。如果有数条等长的碳链,则选择具有支链最多的碳链作为主链。

2. 确定主链碳原子的位次(编号):由距离支链最近的一端开始,将主链碳原子依次用阿拉伯数字1,2,3,…编号,取代基的位次用主链上的碳原子数字表示。

3. 写出全称:把取代基的名称、位次、数目写在"某烃"之前。位次的阿拉伯数字之间要用","隔开;阿拉伯数字与汉字之间要用短线"-"隔开;主链上连有几个不同的取代基时,取代基排列的先后次序,按次序规则的规定;主链上连有几个相同的取代基时,相同基团合并,用汉字数字二、三、四等表示它们的数目,如:

$$
\underset{2,2-二甲基丁烷}{\overset{1}{CH_3}-\overset{CH_3}{\underset{CH_3}{\overset{|}{C}}}-\overset{3}{CH_2}-\overset{4}{CH_3}} \qquad \underset{2-甲基-3-乙基戊烷}{\overset{1}{CH_3}-\overset{2}{\underset{CH_3}{\overset{|}{CH}}}-\overset{3}{\underset{CH_2}{\overset{|}{CH}}}-\overset{4}{CH_2}-\overset{5}{CH_3}} \qquad \underset{2-甲基戊烷}{\overset{1}{CH_3}-\overset{2}{\underset{CH_3}{\overset{|}{CH}}}-\overset{3}{CH_2}-\overset{4}{CH_2}-\overset{5}{CH_3}}
$$

如果碳链从不同方向编号得到两种(或两种以上)不同编号系列时,则采用最低系列原则,即顺次逐项比较各系列的不同位次,最先遇到的位次较小者为最低系列,如:

$$
\overset{8}{CH_3}-\overset{7}{\underset{CH_3}{\overset{|}{CH}}}-\overset{6}{CH_2}-\overset{5}{\underset{CH_2}{\overset{|}{CH}}}-\overset{4}{CH_2}-\overset{3}{\underset{CH_3}{\overset{|}{CH}}}-\overset{2}{CH_2}-\overset{1}{CH_3}
$$

从左端编号,命名为:2,7-二甲基-4-乙基辛烷(Ⅰ)

从右端编号,命名为:2,7-二甲基-5-乙基辛烷(Ⅱ)

对两个系列逐项比较,名称(Ⅰ)中第一个取代基的位次为2,名称(Ⅱ)中第一个取代基的位次也为2,两者相同,因此需比较第二个取代基的位次。名称(Ⅰ)中第二个取代基的位次为4,名称(Ⅱ)中第二个取代基的位次为5,所以名称(Ⅰ)是正确的命名方式。如果第二个取代基的位次仍相同的话,则顺次比较第三个取代基的位次,依次类推。

习题 2 指出下列4种化合物的命名中不正确的地方,并予以重新命名。

(1) 2,4-二甲基-6-乙基庚烷   (2) 4-乙基-5,5-二甲基戊烷

(3) 3-乙基-4,4-二甲基己烷   (4) 5,5,6-三甲基辛烷

---

§2-3 烷烃的结构

有机物结构复杂,有机物的结构式只能表示分子中原子的连接方式和次序不同,而不能说明分子中原子在空间的排列方式,也不能表示出分子的立体形状。因此,在研究有机物时,还必须掌握有机物的立体结构。

1874年范特荷夫(Van't Hoff JH)根据大量实验事实,提出了碳原子的正四面体结构模型。他认为:在有机化合物分子中,与碳原子相连的四个原子或原子团在正四面体的四个顶点上,由中心碳原子向四个顶点所作的连线就是碳的四个价键的分布方向。甲烷分子的构型是正四面体。此理论得到了公认,现代物理方法如电子衍射光谱也证明了这一

点。四个C—H键完全相同,键长是110 pm,键角为109°28'。甲烷的结构如图2-1所示。

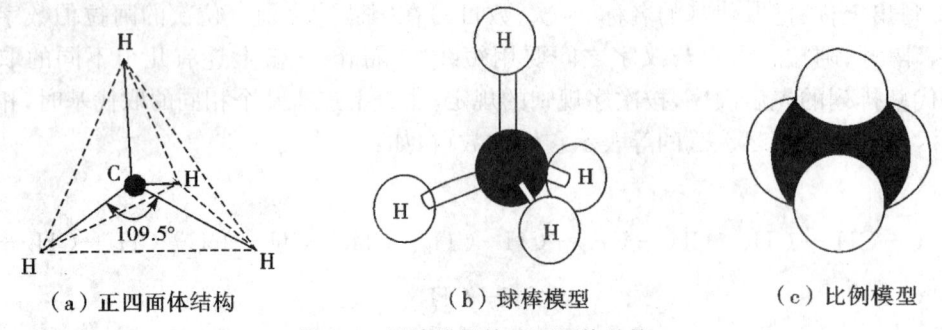

（a）正四面体结构　　　　（b）球棒模型　　　　（c）比例模型

图2-1　甲烷分子的正四面体结构

杂化轨道理论解释了CH_4的正四面体结构。C原子的外层价电子为$2s^2 2p_x^1 2p_y^1$。形成分子的过程中,一个电子从2s轨道激发到空的$2p_z$轨道上,之后一个2s轨道和三个2p轨道杂化,形成四个能量等同的sp^3杂化轨道。每一个杂化轨道含有$\frac{1}{4}$s轨道成分和$\frac{3}{4}$p轨道成分,其形状如图2-2(a)所示。碳原子的四个sp^3杂化轨道完全相同,彼此间的夹角为109.5°,这时排斥力最小,状态最稳定,其形状如图2-2(b)所示。在甲烷分子中,碳原子的四个sp^3杂化轨道分别与四个氢原子1s的轨道沿着轨道的对称轴方向重叠,形成完全等同的四个C—Hσ键,其形状如图2-2(c)所示。

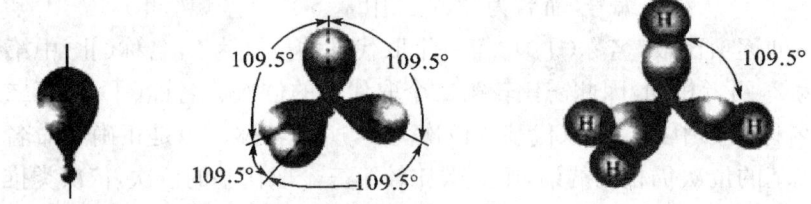

(a)sp^3杂化轨道形状　　(b)碳原子轨道的sp^3杂化　　(c)由sp^3杂化碳原子形成的甲烷分子

图2-2　甲烷分子的形成

其他烷烃的结构同甲烷相似,也都是正四面体结构,如乙烷分子中的碳原子也是sp^3杂化。因此,乙烷分子中除了每个碳原子形成的三个C—Hσ键外,还有一个C—Cσ键,其键角都是109.5°。其形状如图2-3所示。

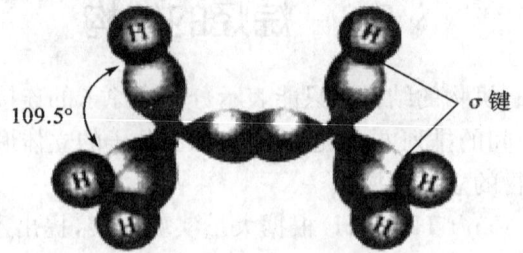

图2-3　由两个sp^3杂化碳原子形成的乙烷

需要注意的是,由于烷烃分子中的碳原子都是四面体构型,所以其他烷烃分子中的碳链并不是排布在一条直线上,而是呈锯齿形,如图 2-4 所示戊烷的球棒模型。但为了书写方便,一般仍写成直链的形式。

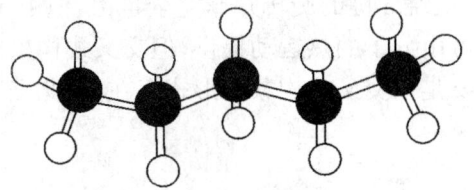

图 2-4　戊烷的球棒模型

§2-4　烷烃的构象

当围绕烷烃分子中的 C—Cσ 键旋转时,分子中的氢原子或烷基在空间的排列方式即分子的立体形象不断地变化。这种由于围绕 σ 键旋转所产生的分子的各种立体形象称为构象。

一、乙烷的构象

理论上,分子的构象是无穷多的,在乙烷分子的无穷多个构象中,存在两种最极端的构象:一种是两个碳上的氢原子彼此相距最近的构象,也就是两个甲基互相重叠的构象,称为重叠式构象;一种是从重叠式构象出发,一个甲基不动,另一个甲基绕着 C—C 单键转动,当转到 60°时,两个碳原子上的氢原子相距最远,也就是两个甲基正好互相交叉,此时的构象称为交叉式构象。继续使甲基绕着 C—C 单键转动,转动的角度为 120°、240°、360°时,为重叠式构象;转动的角度为 180°、300°时为交叉式构象。

常用来表达构象的书面方式有透视式和纽曼(Newman M S)投影式两种。透视式是表示从斜面看到的乙烷分子模型的形象,而纽曼投影式则是在碳碳键轴的延长线上观察到的分子模型形象。离观察者最远的碳原子用空心圆圈表示,圆圈边缘上向外伸展 3 条短线,每条线接 1 个氢原子。离观察者近的碳原子,用圆圈中心点表示,从该点发出 3 条线段,末端各接 1 个氢原子。在同一碳原子上的 3 个碳氢键,在投影图中互成 120°的夹角。图 2-5 列出的是乙烷的交叉式构象的透视式和纽曼投影式。从乙烷的交叉式构象开始,沿 C—C 键的键轴旋转 60°,则由交叉式构象转变为重叠式构象,如图 2-6 所示。

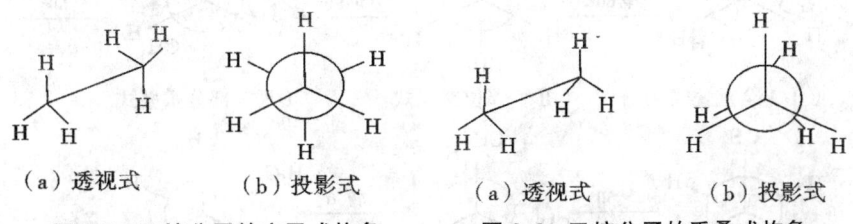

图 2-5　乙烷分子的交叉式构象　　图 2-6　乙烷分子的重叠式构象

由于重叠式中两个碳原子上的氢原子两两相对,碳氢键上的 σ 键之间及氢原子之间的距离相距最近,成键电子间会产生一种很大的排斥力,称为扭转张力,使体系内能升高,分子变得不稳定;而在交叉式构象中,两个碳原子之间的距离最远,相互间的排斥力最小,体系的内能最低,较稳定。研究乙烷构象与能量间的关系表明:重叠式构象比交叉式构象的能量高约 12.6 kJ·mol^{-1},所以由一个交叉式变成另一个交叉式,必须越过一个能垒(图 2-7)。由此可见,分子围绕 σ 键的旋转并非完全自由,但由于两种构象间能量差别很小,在室温下此能量完全可由分子的热运动提供,但交叉式构象出现的几率较大。所以在通常状况下,乙烷分子主要是以交叉式构象的形式存在,因此交叉式构象又称为优势构象或稳定构象。

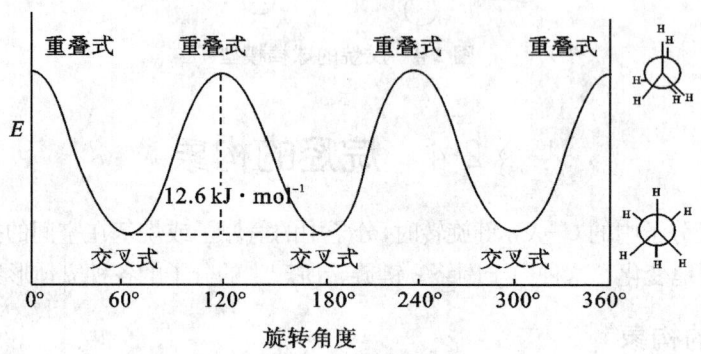

图 2-7 乙烷分子不同构象的能量曲线图

二、正丁烷的构象

如果把正丁烷的结构式简写为 $\overset{1}{C}H_3-\overset{2}{C}H_2-\overset{3}{C}H_2-\overset{4}{C}H_3$,当绕 C_2-C_3 键轴转动时,情况较乙烷要复杂,有四种典型构象;用 Newman 投影式表示,四种构象分别称为:①对位交叉式;②部分重叠式;③邻位交叉式;④全重叠式。

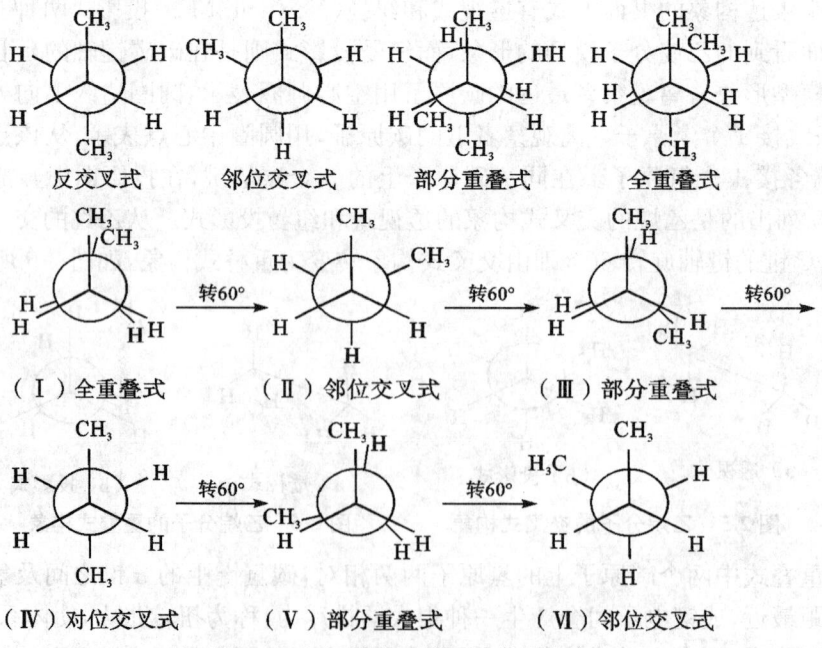

图 2-8 正丁烷分子的四种典型构象

四种构象的稳定性次序为:对位交叉式＞邻位交叉式＞部分重叠式＞全重叠式。各种构象的稳定性大小还表现在它们的分子内能差别上;分子内能是可以计算的,内能越高,就越不稳定。正丁烷4种典型构象的分子内能差如图2-9所示。

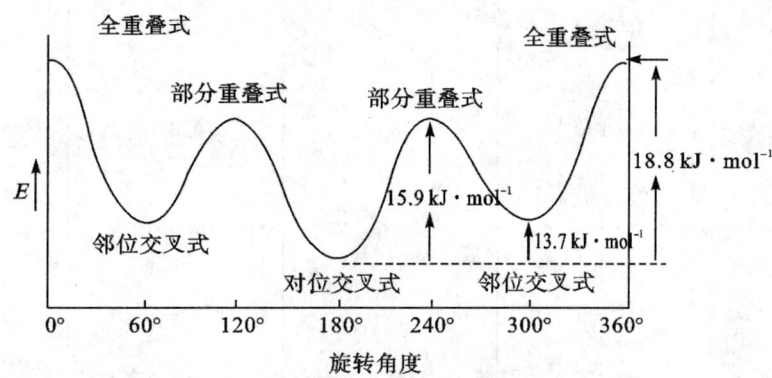

图 2-9　正丁烷分子不同构象的能量曲线图

由图 2-9 可见,全重叠式构象(Ⅰ)的内能比最稳定的对位交叉式构象(Ⅳ)的内能高 18.8kJ·mol^{-1},因而最不稳定。应当指出,虽然各构象间存在着明显的内能差,在一般条件下,这样的能量差别不足以阻止 C_2—C_3 单键的自由旋转。因而像乙烷一样,不能把某种丁烷的构象单独分离出来。丁烷是以无数种它的构象体混合存在的。只是它的优势构象在混合物中占有很大比例。正丁烷的构象能量变化如图 2-9 所示。

正丁烷的优势构象是对位交叉式,室温时对位交叉式约占 72%,邻位交叉式约占 28%,其他两种重叠式含量极少;其中,最不稳定的全重叠式构象,实际上是不存在的。

其他脂肪族化合物的构象都与乙烷和正丁烷的构象相似,占优势的构象通常是对位交叉式,即分子中两个最大的基团处于对位。

习题 3　用 Newman 投影式表示 2-甲基丁烷沿 C_2 与 C_3 间旋转的典型构象式。

§2-5　烷烃的物理性质

在常温常压(25℃、1.013×10^5 kPa)下,分子中含 1～4 个碳原子的正烷烃是气体,分子中含 5～17 个碳原子的正烷烃是液体,分子中含 17 个以上碳原子的正烷烃是固体。表 2-3 列出一些正烷烃的物理常数。从表中可以看出,随着烷烃分子中碳原子数的递增,物理性质呈现出规律性的变化。

表 2-3　一些正烷烃的物理常数

名称	熔点/℃	沸点/℃	相对密度/d_4^{20}	折射率/n_d^{20}
甲烷	−183	−162		
乙烷	−172	−88.5		

(续表)

名称	熔点/℃	沸点/℃	相对密度/d_4^{20}	折射率/n_D^{20}
甲烷	−183	−162		
丙烷	−187	−42		
正丁烷	−138	0		
正戊烷	−130	36	0.626	1.357 7
正己烷	−95	69	0.659	1.375 0
正庚烷	−90.5	98	0.684	1.387 7
正辛烷	−57	126	0.703	1.397 6
正壬烷	−54	151	0.718	1.405 6
正癸烷	−30	174	0.730	1.412 0
正十一烷	−26	196	0.740	1.417 3
正十二烷	−10	216	0.749	1.421 6
正十三烷	−6	234	0.757	
正十四烷	5.5	252	0.764	
正十五烷	10	266	0.769	
正十六烷	18	280	0.775	
正十七烷	22	292		
正十八烷	28	308		
正十九烷	32	320		
正二十烷	36			

  随着分子中碳原子数目的递增,正烷烃的沸点(bp)逐渐升高。对碳原子数相近的两种烷烃,低级烷烃的沸点相差较大;随着碳原子的增加,沸点升高的幅度逐渐变小。这是因为对低级烷烃而言,每增加一个亚甲基($-CH_2$),其相对分子质量的变化幅度很大,沸点相差也大;而对高级烷烃来说,增加一个亚甲基,其相对分子质量变化幅度较小,其沸点差也小。由于这种性质差别,低级烷烃较易分离,而高级烷烃的分离就很困难了。

  沸点的高低取决于分子间作用力的大小。烷烃是非极性分子,分子间的作用力(范德华引力)主要是色散力,这种力是很微弱的。色散力与分子中原子数目及分子的大小成正比,这是由于相对分子质量大的分子运动需要的能量也大。多一个亚甲基时,原子数目和分子体积都增大了,色散力也增大,沸点即随之升高。同样是增加一个亚甲基,对整个分子来说,低级烷烃的变化幅度比高级烷烃要大得多,所以沸点的变化也就要大些。

  色散力是一种近程力,它只有在近距离内才能有效地发挥作用,随着分子间距离的增大而迅速减弱。带有支链的烷烃分子,由于支链的阻碍,分子间不能像直链烷烃那样紧密地靠在一起,分子间距离增大了,分子间的色散力减弱,所以支链烷烃的沸点比直链烷烃要低；支链越多，沸点越低。表 2-4 中戊烷的三种碳链异构体沸点的比较，可证实这一变化规律。

表 2-4　戊烷各异构体的熔沸点

名称	结构式	沸点/℃	熔点/℃
正戊烷	$CH_3—CH_2—CH_2—CH_2—CH_3$	36.1	-129.7
异戊烷	$CH_3—CH_2—CH—CH_3$ 　　　　　　$|$ 　　　　　　CH_3	27.9	-159.9
新戊烷	CH_3 　　　　　$|$ $CH_3—C—CH_3$ 　　　　　$|$ 　　　　CH_3	9.5	-16.6

随着分子中碳原子数目的递增，正烷烃的熔点(mp)逐渐升高。但偶数碳原子的烷烃熔点增高的幅度比奇数碳原子的要大一些，形成一条锯齿形的曲线。若分别将偶数和奇数碳原子的熔点连接起来，则得到两条曲线：偶数碳原子的在上，奇数的在下；随着相对分子质量的增加，两条曲线逐渐靠拢。烷烃的熔点曲线如图 2-10 所示。

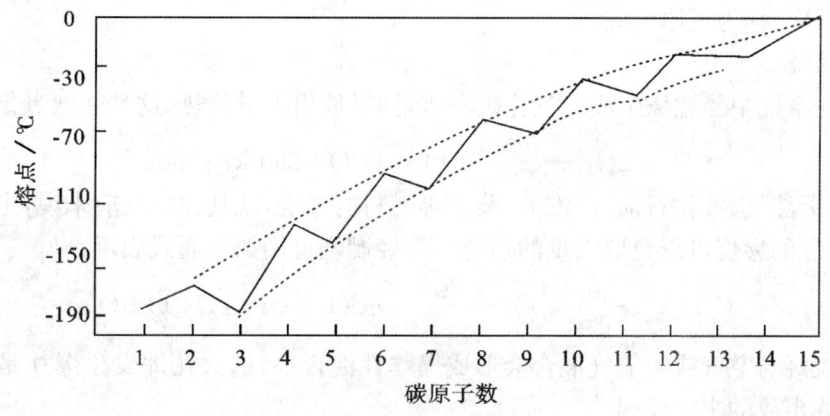

图 2-10　直链烷烃的熔点曲线图

烷烃的熔点也主要是由分子间的色散力所决定的。固体分子的排列很有秩序，分子排列紧密，色散力强。固体分子间的色散力，不仅取决于分子中原子数目的多少，而且也取决于它们在晶体中的排列状况。X 射线结构分析证明：固体直链烷烃的晶体中，碳链为锯齿形的；由奇数碳原子组成的锯齿状链中，两端的甲基处在一边，由偶数碳原子组成的锯齿状链中，两端的甲基处在相反的位置，即偶数碳原子的烷烃有较大的对称性，因而使偶数碳原子链比奇数碳原子链更为紧密，链间的作用力增大，所以偶数碳原子的直链烷烃的熔点要高一些。

对于分子中含有相同碳原子数的烷烃来说，分子的对称性越好，其熔点也越高。因分子愈对称，它们在晶格中的排列愈紧密，分子间的色散力也愈大，则熔点愈高。在戊烷的三种碳链异构体中,新戊烷的对称性最好,正戊烷次之,异戊烷最差,因此新戊烷的熔点最高,异戊烷的熔点最低。表 2-4 列出了这一变化情况。

由于烷烃分子间的作用力很弱,排列疏松,单位体积内所容纳的分子数少,因此密度较低。烷烃是有机化合物中密度最小的一类化合物,无论是液态烷烃还是固态烷烃,密度均小于水。随着烷烃分子中碳原子数目的增加,烷烃的密度也逐渐增大。

烷烃是非极性分子,又不能与水形成氢键,根据相似相溶的经验规律,烷烃不溶于极性大的水,而溶于非极性或弱极性有机溶剂,如苯、四氯化碳、氯仿等。

§2-6　烷烃的化学性质

烷烃是饱和烃,分子只有 C—C σ 键和 C—H σ 键,键能较高,又不易极化,因此与其他各类有机化合物相比,烷烃(特别是直链烷烃)的化学性质是最不活泼的。在常温下,烷烃与强酸、强碱、活泼金属、强氧化剂和强还原剂等都不发生反应,只能在特定条件下才会发生化学反应。

一、氧化反应

在有机化学中,把有机物分子中引入氧或脱去氢的反应,称为氧化反应;把失去氧或引入氢的反应,称为还原反应。

(一)燃烧

烷烃在空气中易燃烧生成二氧化碳和水,同时放出大量的热,这是强烈氧化反应,如:

$$CH_4 + 2O_2 \xrightarrow{\text{点燃}} CO_2 + H_2O + 890 \text{ kJ} \cdot \text{mol}^{-1}$$

沼气、天然气、液化石油气、汽油、柴油等燃料的燃烧,就其化学反应来说,主要是烷烃的燃烧,烷烃的燃烧可以获取大量的热能。烷烃燃烧可用如下通式表示:

$$C_nH_{2n+2} + \frac{3n+1}{2}O_2 \xrightarrow{\text{点燃}} nCO_2 + (n+1)H_2O + Q$$

气体烷烃与空气或纯氧气混合会形成爆炸性混合物,遇火花即发生爆炸是煤井和厨房发生爆炸事故的主要原因。

甲烷的不完全燃烧产生一氧化碳,这是发生煤气中毒的主要原因。

(二)被氧化剂氧化

烷烃很难被氧化剂氧化,但高级烷烃在特定催化剂作用下,控制反应条件,可以发生部分氧化,生成各种含氧有机化合物——醇、醛、酮和羧酸。例如,石蜡(分子中含 20~40 个碳原子的高级烷烃的混合物)在有二氧化锰存在的条件下被氧化成高级脂肪酸。

$$RCH_2CH_2R' + O_2 \xrightarrow[107℃\sim110℃]{MnO_2} RCOOH + R'COOH$$

工业上用此反应得到分子中含 12~18 个碳原子的高级脂肪酸来代替天然油脂生产肥皂。

二、裂化和裂解

在一定条件下,烷烃分子中的碳碳键或碳氢键发生断裂,生成较小的分子(烷烃、烯烃和氢气等),这种反应称为裂化反应。裂化反应可分为热裂化和催化裂化。

(一)热裂化

烷烃在隔绝空气的条件下加热、加压,发生的热分解反应(500℃~700℃)称为热裂化,如:

$$CH_3-CH_3 \xrightarrow{600℃} \begin{cases} CH_2=CH_2 + H_2 \\ CH_4 + H_2 + C \end{cases}$$

$$CH_3-CH_2-CH_2-CH_3 \xrightarrow{500℃} \begin{cases} CH_4 + CH_2=CH-CH_3 \\ CH_3-CH_3 + CH_2=CH_2 \\ CH_2=CH-CH_2-CH_3 + H_2 \end{cases}$$

(二)催化裂化

在较低的温度(450℃~500℃)和常压下,使用催化剂使烷烃裂化,称为催化裂化,如:

$$C_{20}H_{42} \xrightarrow{AlCl_3} C_{10}H_{20} + C_{10}H_{22}$$

利用裂化反应,可以提高汽油的质量。一般由原油经分馏而得到的汽油只占原油的10%~20%,且质量较差。炼油工业中利用加热的方法,将原油中含碳原子较多的烷烃裂化成更有用的汽油组分(C_6~C_9)。热裂化虽可以提高汽油的产量,但对汽油质量的提高并不理想。通过催化裂化既可以提高汽油的产量,也可以提高汽油的质量。

为了得到更多的化学工业基本原料如乙烯、丙烯、丁烯等低级烯烃,化学工业将石油馏分在更高的温度(>700℃)下进行深度裂化。这种以得到更多低级烯烃为目的的裂化过程,称为"裂解"。裂解和裂化从有机化学上讲是同一种反应,但在石油化学工业上是有特殊意义的。裂解的主要目的是为了获得低级烯烃等化工原料,而不是简单地只为了提高油品的质量和产量,这是裂化和裂解的区别所在。

三、异构化反应

异构化反应是在催化剂作用下,使烷烃碳骨架重新排列的一种化学反应,是同分异构体之间的相互转化,如正丁烷在酸性催化剂存在下可转变为异丁烷。

$$CH_3-CH_2-CH_2-CH_3 \xrightleftharpoons[27℃]{AlBr_3, HBr} CH_3-\underset{\underset{CH_3}{|}}{CH}-CH_3$$

烷烃的异构化反应主要用于石油加工工业中,使直链烷烃转变成支链烷烃,可以提高汽油的辛烷值,即提高汽油的质量。辛烷值是汽油抗爆性的表示单位,是评价汽油质量的指标;辛烷值越大,抗爆性越好。一般人为规定正庚烷的辛烷值为0、异辛烷的辛烷值为100,二者的混合物则以其中异辛烷的体积分数为其辛烷值。在规定条件下,将汽油样品与一系列辛烷值不同的标准燃料(正庚烷和异辛烷的混合物)相比,若二者抗爆性相同,则标准燃料中异辛烷的体积分数即为该汽油的辛烷值。例如,93号汽油则代表它的辛烷值为93。

烷烃的异构化反应是可逆的,受热力学平衡控制,低温有利于支链异构体的生成。为达到此目的,可以对催化剂进行深入研究和改进,如采用 Ni 载于 Al_2O_3 等的双效催化剂以及 $Pt-Al_2O_3$ 和 $AlCl_3$ 等组成的低温双效催化剂均已开发,效果良好。

四、取代反应

分子中某个或某几个原子或原子团被其他原子或原子团所代替的反应称为取代反应。烷烃分子中的氢原子被卤素原子取代的反应称为卤代反应。

(一) 甲烷的卤代反应

烷烃和卤素在室温和黑暗的条件下并不反应,但在高温或光照的条件下,甲烷分子中的氢原子可根据控制的反应条件逐步被卤素原子取代,生成卤甲烷的混合物,如:

$$CH_4 + Cl_2 \xrightarrow[\text{或加热}]{\text{光照}} CH_3Cl + HCl + 102.4 \text{ kJ} \cdot \text{mol}^{-1}$$

反应难以停留在这一阶段,生成的 CH_3Cl 继续被氯化,发生如下反应。

$$CH_3Cl + Cl_2 \xrightarrow{\text{光照}} CH_2Cl_2 + HCl$$

$$CH_2Cl_2 + Cl_2 \xrightarrow{\text{光照}} CHCl_3 + HCl$$

$$CHCl_3 + Cl_2 \xrightarrow{\text{光照}} CCl_4 + HCl$$

卤代反应的产物通常为这四种氯化物的混合物。工业上常用这种混合物作为有机溶剂或合成原料使用。若调节甲烷和氯气的比例,控制反应条件,可使其中一种产物为主。工业上采用加热氯化的方法,温度控制在 400℃～500℃,使甲烷与氯气的投料比为 10：1,则主要产物为 CH_3Cl。若使甲烷与氯气之比为 0.263：1,则主要产物为 CCl_4。卤代烷的混合物难以分离,可直接用做溶剂等。

各种卤素的反应活性不同,活性顺序为氟＞氯＞溴＞碘。氟最活泼,与烷烃混合,在 $-80℃$ 时即可自动发生反应,反应激烈,难以控制。碘不活泼,烷烃一般不易发生碘代反应。能够顺利发生卤代反应的只有氯和溴。

反应物转变为产物所经历的途径叫做反应机理或反应历程。烷烃的卤代反应是自由基反应。下面以甲烷的氯代反应为例来说明反应历程。自由基的反应一般分为链引发、链传递、链终止三个阶段。

甲烷和氯的反应需要能量,这个能量是用来使 C—C 键断发生均裂反应的,均裂生成氯自由基。

$$Cl:Cl \xrightarrow[\text{或加热}]{\text{光照}} 2Cl\cdot \qquad ①$$

氯自由基非常活泼,具有强烈的成键倾向。当氯自由基与甲烷分子充分靠近而发生碰撞时,就会发生如下反应:

$$Cl\cdot + CH_4 \longrightarrow \cdot CH_3 + HCl \qquad ②$$

生成的甲基自由基 $\cdot CH_3$ 也非常活泼,当它与氯分子碰撞时又会发生如下反应:

$$\cdot CH_3 + Cl_2 \longrightarrow \cdot CH_3Cl + Cl\cdot \qquad ③$$

生成的新的氯自由基又可重复进行反应②,生成新的甲基自由基又可重复进行反应③。像这种每步反应都生成一个新的自由基,因而使反应可以不断继续进行下去的反应叫做链反应,又叫链锁反应。因为这是由自由基参加而进行的链反应,所以又叫做自由基反应,或称自由基链反应。反应①称为链引发阶段,反应②和反应③称为链增长阶段或链传递阶段。只要还有甲烷和氯分子存在,反应②和反应③就会一直重复进行下去。当体系的自由基不断增多时,各种自由基之间碰撞的几率也就增加。

$$Cl\cdot + Cl\cdot \longrightarrow Cl_2$$
$$CH_3\cdot + CH_3\cdot \longrightarrow CH_3CH_3$$
$$CH_3\cdot + Cl\cdot \longrightarrow CH_3Cl$$

两个自由基的结合生成了反应活性小的分子,这样就消耗了自由基,使反应②和反应③不能继续进行,反应至此终止,这个阶段称为链终止阶段。

(二)其他烷烃的卤代反应

其他烷烃的卤代反应比甲烷的卤代反应产物要复杂得多。实验表明:烷烃不同部位的氢原子被卤素取代的难易程度是不同的,氢原子的反应活性顺序为:3°>2°>1°

$$CH_3CH_2CH_2CH_3 + Cl_2 \longrightarrow CH_3CH_2CH_2CH_2Cl + CH_3CHCH_2CH_3$$
$$\qquad\qquad\qquad\qquad\qquad\qquad\qquad\qquad\qquad\qquad\qquad\qquad\qquad |$$
$$\qquad\qquad\qquad\qquad\qquad\qquad\qquad\qquad\qquad\qquad\qquad\qquad\qquad Cl$$
$$\qquad\qquad\qquad\qquad\qquad\qquad\text{1-氯丁烷}(28\%)\quad\text{2-氯丁烷}(72\%)$$

这是由于自由基的稳定性顺序不同,自由基的稳定性顺序如下:

$$(CH_3)_3C\cdot > (CH_3)_2CH\cdot > CH_3CH_2\cdot > CH_3\cdot$$

工业上常利用烷烃的氯代反应来制备氯代烷,作为溶剂使用。另外,氯代烷也是洗涤剂、增塑剂、农药等的原料。例如,用十二烷经氯代反应制取氯代十二烷,是合成洗涤剂十二烷基苯磺酸钠的原料之一;沸点范围在240℃~360℃的液状石蜡,氯化后得到的氯化石蜡,可用做聚氯乙烯、橡胶的助增塑剂以及塑料、合成纤维的阻燃剂。

习题 4 解释甲烷氯化反应中观察到的下列现象。
(1)甲烷和氯气的混合物在室温下和黑暗中可以长期保存而不发生反应;
(2)将氯气先用光照射,然后迅速在黑暗中与甲烷混合,可以得到氯化产物;
(3)将氯气用光照射后,在黑暗中放置一段时间再与甲烷混合,不发生氯化反应;
(4)将甲烷先用光照射后,立即在黑暗中与氯气混合不发生氯化反应;
(5)甲烷和氯气在光照下发生反应时,每吸收一个光子,可产生许多氯代甲烷分子。

---

§2-7 烷烃的天然来源

烷烃主要来源于石油和天然气,某些动、植物体内也含有少量高级烷烃。

一、石油

石油是非常重要的能源之一,也是有机化学工业最重要的原料。从地下开采出来未经加工的石油称为原油;一般为黏稠的液体,颜色因地域不同而有显著的差异,通常是淡黄色、褐色、暗绿色或黑色,有特殊气味,比水轻。

石油的组成和质量虽然因产地不同而成分不同,但其主要成分是各类烃的混合物,包括烷烃、环烷烃、芳香烃,此外还有少量的含硫、含氮、含氧等有机物。

石油经炼制可做轻质燃料,也是有机化工的基本原料;石油还可以通过细菌等微生物"加工"得到更多更有用的化合物和石油蛋白,所以石油是工业的"血液"。

目前,开发和研究的新型绿色能源"生物柴油"(脂肪酸甲酯)是优质的石油柴油代用品。生物原料合成油是目前全世界正在研究的热点课题。

二、天然气

天然气是蕴藏在地下的可燃气体,是除石油和煤以外的最重要的矿物燃料。天然气的主要成分是甲烷,根据甲烷含量不同,天然气可以分为两种:一种是干性天然气(干气);另一种是湿性天然气(湿气),此种气体中除主要成分为甲烷外,还含有乙烷、丙烷、丁烷等气体,有的则含有氮气、二氧化碳和硫化氢等气体。

天然气除用于动力燃料外,还是合成氯仿、四氯化碳、甲醛和甲醇,制造炭黑、水煤气,合成氨肥,生产乙炔等化工产品的重要原料。

本章小结

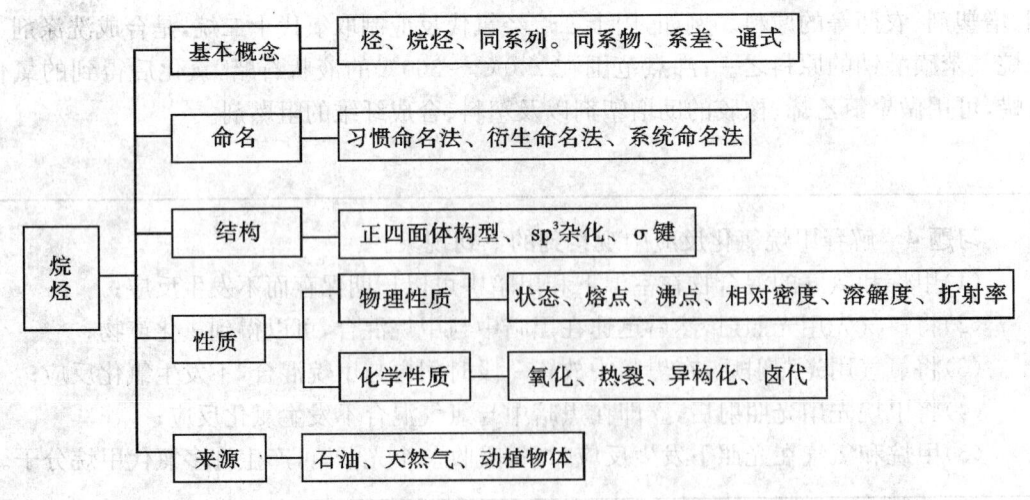

【阅读材料】

高效新能源——可燃冰

"可燃冰"是深藏于海底的含天然气(甲烷)水合物。在深海的高压低温条件下,水分子通过氢键紧密缔合成三维网状体,能将海底沉积的古生物遗体所分解的甲烷等气体分子纳入网体中形成水合甲烷。这些水合甲烷就像一个个淡灰色的冰球,故称可燃冰。这些冰球一旦从海底升到海面就会砰然而逝。

据专家估计,全世界石油总储量在$(2\ 700\sim 6\ 500)\times 10^8$ t。按照目前的消耗速度,再有 50~60 年,全世界的石油资源将消耗殆尽。可燃冰的发现,让陷入能源危机的人类看到新希望。

可燃冰是一种潜在的能源,储量很大。目前,国际科技界公认的全球可燃冰总能量是所有煤、石油、天然气总和的 2~3 倍。据国际地质勘探组织估算,地球深海中水合甲烷的蕴藏量足以超过 2.84×10^{21} m³,是常规气体能源储存量的 1 000 倍;并且,在这些可燃冰层下面还可能蕴藏着 1.135×10^{20} m³ 的气体,有望取代煤、石油和天然气,成为 21 世纪的新能源。有专家认为,水合甲烷一旦得到开采,将使人类的燃料使用史延长几个世纪。

海底可燃冰的存在很可能使海床不稳定,常会导致大规模的海底泥流,对海底管道和通信电缆有严重的破坏作用。更严重的是,如果地震中海底地层断裂,游离的气体和水合甲烷分解产生的气体就会喷出海面,或在海水表层及水面上形成许多高度集中的易燃气泡,这不仅会对过往行船有影响,也会给低空飞行的飞机带来厄运。有学者认为,近几个世纪,在位于佛罗里达、百慕大群岛和波多黎各之间的百慕大三角区海域发生过的许多船只和飞机神秘失踪事件,即所谓百慕大之谜,就可能与此有关。

值得注意的是,可燃冰作为一种新能源虽具有开发应用前景,但甲烷是一种高效的温室效应气体,可燃冰的开采如果方法不当,释放出的甲烷扩散到大气中,会增强地球的温室效应,导致地球上永久冻土和两极冰山融化而使地球变暖。安全合理地开发可燃冰,必须同时考虑环境保护。

海底可燃冰的开采涉及复杂的技术问题,所以目前仍在发展阶段,估计需要 10~30 年的时间才能投入商业开采。中国、美国、加拿大、印度、韩国和日本已开始各自的可燃冰研究计划;其中,日本建成 7 口探井,期望在 2010 年投入商业开采,美国近年也急起立追,希望 2015 年对海床或永久冻土进行商业开采。

我国从 1993 年起成为纯石油进口国,预计到 2010 年,石油净进口量将增至约 1×10^8 t,2020 年将增至 2×10^8 t 左右。因此,查清可燃冰家底及开发可燃冰资源,对我国的后续能源供应和经济的可持续发展,战略意义重大。在未来 10 年,我国将投入 8.1 亿元对这项新能源的资源量进行勘测,有望 2015 年进行可燃冰试开采。

为开发这种新能源,国际上成立了由 19 个国家参与的地层深处海洋地质取样研究联合机构,50 名科技人员乘坐一艘有先进实验设施的轮船从美国东海岸出发进行海底可燃冰勘探。这艘可燃冰勘探专用轮船的 7 层船舱都装备着先进的实验设备,是当今世界上唯一的一艘能从深海下岩石中取样的轮船,船上装备有能用于研究沉积层学、古人种学、岩石学、地球化学、地球物理学等的实验设备。这艘专用轮船由得克萨斯州 AM 大学主管，英国、德国、法国、日本、澳大利亚、美国科学基金会及欧洲联合科学基金会为其提供经济援助。

可见，可燃冰带给人类的不仅是新的希望，同样也有新的困难；只有合理、科学地开发和利用，可燃冰才会真正的为人类造福。

习题 5 写出辛烷的所有构造异构体，并用系统命名法命名。

习题 6 写出符合下列条件的分子结构式。
(1) 只含有伯、仲氢的戊烷
(2) 同时含有伯、仲、叔氢的己烷
(3) 含有一个季碳原子的己烷
(4) 一氯代物只有一种，且分子式为 C_5H_{12}

习题 7 什么叫做自由基反应？用什么方法能引发自由基反应？

习题 8 排列下列顺序：
(1) 在光照下氟、氯、溴、碘取代烷烃中同种氢（伯或仲或叔）的反应速度顺序。
(2) 伯氢、仲氢、叔氢被氯原子取代的反应速度顺序。

习题 9 写出下列各烷烃的结构式：
(1) 2,3-二甲基丁烷
(2) 2,2,3,4-四甲基戊烷
(3) 2,2-二甲基-3,4-二乙基己烷
(4) 4-叔丁基庚烷
(5) 三甲基甲烷
(6) 甲基乙基异丙基甲烷

习题 10 某烷烃的相对分子质量为 114，发生氯化反应时只能得到一种一卤代产物，推断该烷烃的结构式。

习题 11 用系统命名法命名下列各化合物。

(1) 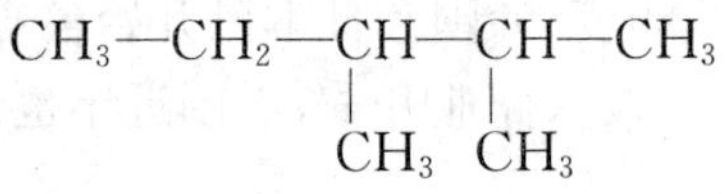 $CH_3-CH_2-CH-CH-CH_3$
　　　　　　　　　　　 | 　 |
　　　　　　　　　　CH_3 CH_3

(2) $CH_3-\underset{\underset{CH_3}{|}}{\overset{\overset{CH_3}{|}}{C}}-CH_2-CH_3$

(3) $CH_3-\underset{\underset{CH_2CH_3}{|}}{\overset{\overset{CH_2CH_3}{|}}{C}}-CH_3$

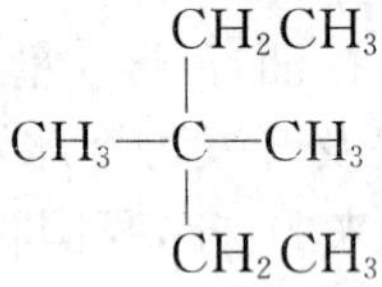

(4) 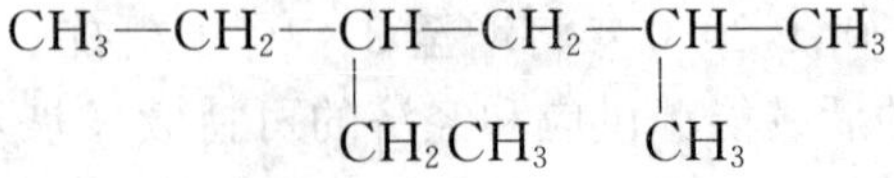 $CH_3-CH-CH-CH_2-CH_3$
　　　　　　 | 　 |
　　　　CH_2CH_3 CH_3

(5) 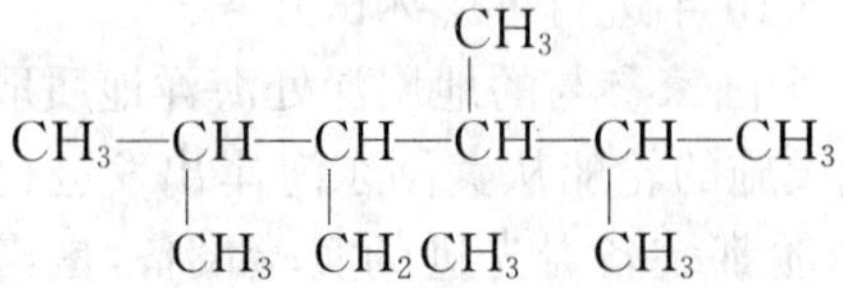 $CH_3-CH-CH-CH-CH_3$
　　　　 | 　 | 　 |
　　　CH_3 CH_2CH_3 CH_3
（中间上方为 CH_3）

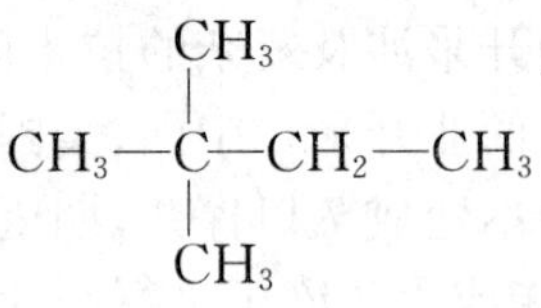

第三章 烯 烃

学习目标

知识目标

1. 了解烯烃的物理性质、制法及聚合反应。
2. 掌握 sp^2 杂化的特点，形成 π 键的条件以及 π 键的特性。
3. 掌握烯烃的命名方法，了解次序规则的要点及 Z/E 命名法。
4. 掌握烯烃的重要反应（加成反应、氧化反应、α-H 的反应）。
5. 掌握烯烃的亲电加成反应历程，马氏规则和过氧化物效应。

能力目标

1. 会应用碳正离子的相对稳定性解释亲电加成反应规律。
2. 能写出烯烃发生化学反应的主要产物。
3. 初步学会根据结构推测其性质。

脂肪烃分子内含有碳碳双键（C=C）的烃，称为烯烃。由于分子中具有双键，因此烯烃分子要比分子中含相同碳原子数的烷烃少两个氢原子。烯烃的通式是 C_nH_{2n}，C=C 双键是烯烃的官能团。

§3-1 烯烃的同分异构现象和命名

一、烯烃的同分异构现象

由于烯烃分子中有双键，其异构现象较烷烃复杂，它包括碳链异构、双键位置不同引起的位置异构以及由于双键两侧的基团在空间的位置不同引起的顺反异构。例如，丁烷只有正丁烷和异丁烷两种异构体，而丁烯就有三种异构体。

$$CH_3CH_2CH=CH_2 \qquad CH_3CH=CHCH_3 \qquad H_2C=\underset{\underset{CH_3}{|}}{C}-CH_3$$

1-丁烯　　　　　　　2-丁烯　　　　　　2-甲基丙烯

前两者是官能团位置的不同引起的异构。

此外，由于双键不能自由旋转又产生了另一个异构现象——顺反异构，如 2-丁烯有两种情况：

顺-2-丁烯

两个相同基团在双键的一边称为顺式(cis-)

反-2-丁烯

两个相同基团分处在双键的两边称为反式(trans-)

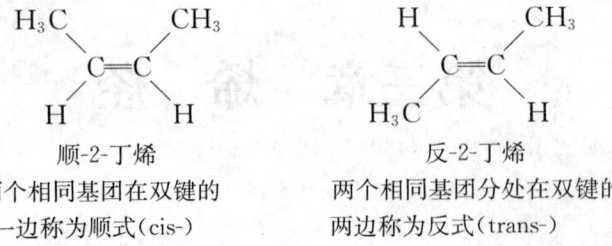

顺、反异构现象在烯烃中很普遍，只要双键碳原子上连接的两个原子或基团不相同，就有顺、反异构现象。顺反异构体主要有以下三种类型：

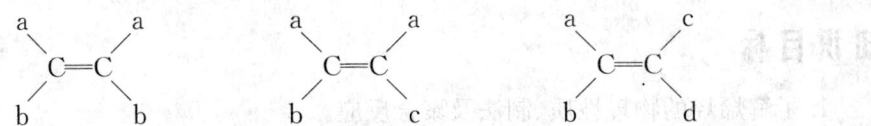

如果双键两个碳原子，其中有一个连接的两个原子或基团相同，则这种分子就没有顺、反异构体。因为它的空间排列只有一种，如：

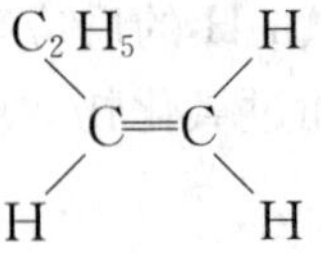

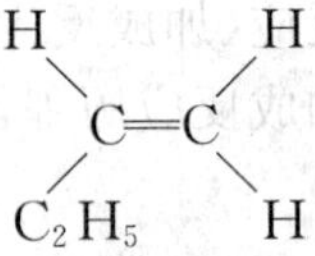

反之，当双键的两个碳原子各连接两个不同基团时，就有顺反异构现象。下列化合物都有顺反异构体存在。

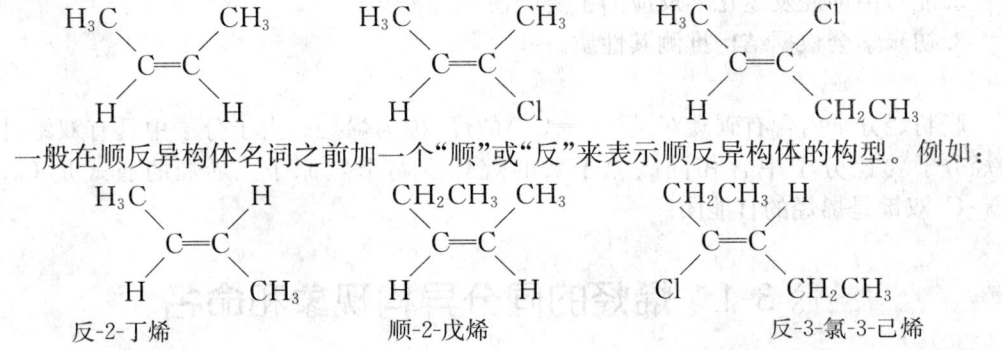

一般在顺反异构体名词之前加一个“顺”或“反”来表示顺反异构体的构型。例如：

反-2-丁烯

顺-2-戊烯

反-3-氯-3-己烯

二、烯烃的命名

烯烃通常是以衍生命名法和系统命名法来命名的，只有个别烯烃才有习惯名称，如异丁烯 $(CH_3)_2C{=}CH_2$ 。

（一）烯基

烯烃去掉一个氢原子后剩下的一价基团叫做烯基，如：

$CH_3CH{=}CH{-}$　　1-丙烯基

$CH_2{=}CH{-}CH_2{-}$　　2-丙烯基（烯丙基）

$CH_2{=}C(CH_3){-}$　　1-甲基乙烯基（异丙烯基）

(二)衍生命名法

衍生命名法是以乙烯作为母体,把其他烯烃看做乙烯的衍生物来命名。衍生物命名法一般只适用于比较简单的烯烃,如:

$$H_2C=CH-CHCH_3$$
$$\qquad\qquad\quad |$$
$$\qquad\qquad\;\; CH_3$$

异丙基乙烯

$$H_2C=CH-CHCH_2CH_3$$
$$\qquad\qquad\quad |$$
$$\qquad\qquad\;\; CH_3$$

仲丁基乙烯

$$H_3C-HC=CH-CH_3$$

对称的二甲基乙烯

$$H_3C-HC=CH_2$$
$$\qquad\quad\; |$$
$$\qquad\; CH_3$$

不对称的二甲基乙烯

(三)烯烃的系统命名

烯烃的系统命名法基本上与烷烷相似。

1. 选主链:选择一个含双键的最长的碳链为主链。

$$\boxed{CH_3-C=CH-CH_2CH_3} \quad\longleftarrow\quad 母体己烯主链$$
$$\qquad\;\; |\qquad\quad$$
$$\qquad CH_3\;CH_3$$

2. 编号:从最靠近双键的一端起,把主链碳原子依次编号。

3. 命名:双键的位次必须标明出来,只写双键两个碳原子中位次较小的一个,放在烯烃名称的前面,如:

$$\overset{1}{C}H_3-\overset{2}{C}=\overset{3}{C}H\overset{4}{C}H\overset{5}{C}H_2\overset{6}{C}H_3$$
$$\qquad\;\; |\qquad\;\; |$$
$$\qquad CH_3\;\;CH_3$$

2,4-二甲基-2-己烯

$$CH_3-\overset{3}{C}H-\overset{2}{C}=\overset{1}{C}H_2$$
$$\qquad\quad\;\; |\quad\;\; |$$
$$\qquad\;\; CH_3\; C_2H_5$$

3-甲基-2-乙基-1-丁烯

(四)烯烃的顺反异构体命名法

1. 顺-反命名法。

对于 abC=Cac 和 abC=Cab 这两类化合物,经常是用顺—反命名法命名。相同的两个原子或基团在双键的同侧,叫做顺式;相同的两个原子或基团在双键的两侧,叫做反式,如:

$$\begin{array}{cc} H_3C & H \\ \;\;\;\diagdown\;\;\diagup\;\; \\ C=C \\ \;\;\;\diagup\;\;\diagdown\;\; \\ H & CH_2CH_3 \end{array}$$

反-2-戊烯

$$\begin{array}{cc} CH_3CH_2 & CH_3 \\ \;\;\;\diagdown\;\;\diagup\;\; \\ C=C \\ \;\;\;\diagup\;\;\diagdown\;\; \\ H & H \end{array}$$

顺-2-戊烯

2. Z,E 命名法。

当双键两个碳上所连接的四个基团中,有两个是相同的基团,一般顺反的命名不会混淆。但是,如果顺反异构体的双键碳原子上没有相同的基团,这时顺反的命名就会发生困难。为解决这个问题,IUPAC 命名法规定了用(Z)和(E)两个字母分别标记顺反异构体的方法,这就是 Z、E 命名法。字母 Z 是德文 Zusammen 的字头,指"同一侧"的意思。E 是德文 Entgegen 的字头,指"相反"的意思。一个化合物的构型是 Z 型还是 E 型,要由"次序规则"来决定。"次序规则"是按照优先的次序排列原子或基团的几项规定。这几项规定可以概括为:

(1)将双键碳原子所连接的原子或基团按其原子序数的大小排列,大者为"较优"基团

("较优"基团排在前面),同位素则按原子量大小次序排列。

$$I > Br > Cl > S > P > F > O > N > C > D > H$$

当与双键 C_1 所连接的两个原子或基团中原子序数大的与 C_2 所连原子序数大的原子或基团处在平面同一侧时为(Z)构型,命名时在名称的前面附以(Z)字,如:

$$\underset{H}{\overset{H_3C}{\diagdown}}\underset{1}{C}=\underset{2}{C}\underset{H}{\overset{CH_3}{\diagup}} \qquad (Z)\text{-2-丁烯}$$

反之,若不在同一侧的则为(E)构型,命名时在名称前面附以(E)字,如:

$$\underset{H}{\overset{H_3C}{\diagdown}}\underset{1}{C}=\underset{2}{C}\underset{CH_3}{\overset{H}{\diagup}} \qquad (E)\text{-2-丁烯}$$

(2)如果与双键碳原子连接的基团第一个原子相同而无法确定次序时,则应看基团的第二个原子的原子序数,依次类推,按照次序规则(Sequence rule)先后排列。例如,$-CH_3$ 和 $-CH_2CH_3$ 直接连接的都是碳原子,但是,在 $-CH_3$ 中与这个碳原子相连接的是三个氢原子(H,H,H);而在 $-CH_2CH_3$ 中则是一个碳原子和两个氢原子(C,H,H),外推比较,碳原子的原子序数大于氢原子的原子序数,所以 $-CH_2CH_3 > -CH_3$。因此,几个简单烷基的优先次序是:

$$-C(CH_3)_3 > -CH(CH_3)_2 > -CH_2CH_3 > -CH_3$$

同理,$-CH_2OH > -CH_2CH_3$,$-CH_2Br > -CH_2Cl$,$-CH_2OH > -CH_2NH_2$。

(3)如果基团是不饱和的,也就是含有双键和叁键,则把双键分开成为两个单键,每个键合原子重复一次;叁键分开成为三个单键,每个键合原子重复两次,然后进行比较。可以认为,双键和叁键原子连着两个或三个相同的原子,苯基可认为连接三个碳原子,如:

$$-CH=CH_2 \text{ 相当于 } \underset{(C)\ H}{\overset{H\ (C)}{-\overset{|}{\underset{|}{C}}-\overset{|}{\underset{|}{C}}-H}} \qquad -C\equiv CH \text{ 相当于 } \underset{(C)(C)}{\overset{(C)(C)}{-\overset{|}{\underset{|}{C}}-\overset{|}{\underset{|}{C}}-H}}$$

这样处理后,再进行比较,因此:

$$-C_6H_5 > -C\equiv CH > -C=CH_2$$

采用 Z、E 命名法时,按照次序规则,比较两个碳碳双键碳原子上所连接的原子或基团的优先次序,当碳碳双键的两个碳原子上优先的两个原子或基团处于碳碳双键的同一侧时为"Z"构型,在异侧时为"E"构型。然后,将 Z 或 E 加括号放在烯烃的名称之前,同时用"-"线与烯烃名称相连,即得全称,如:

$$CH_3>H \quad \underset{H}{\overset{H_3C}{\diagdown}}C=C\underset{CH_3}{\overset{C_2H_5}{\diagup}} \quad C_2H_5>CH_3 \qquad CH_3>H \quad \underset{H}{\overset{H_3C}{\diagdown}}C=C\underset{C_2H_5}{\overset{CH_3}{\diagup}} \quad C_2H_5>CH_3$$

(Z)-3-甲基-2-戊烯 \qquad\qquad\qquad (E)-3-甲基-2-戊烯

值得一提的是,顺—反命名法与 Z、E 命名法是两种不同的命名法,不存在对应关系。顺、反异构体的命名指的是相同原子或基团在双键平面同一侧时为"顺",在异侧时为"反"。Z、E 构型指的是原子序数大的原子或基团在双键平面同一侧时为"Z",在异侧时为"E"。例如,

$$\begin{array}{c}Cl\quad\quad Br\\ \diagdown C=C \diagup \\ \diagup \quad\quad \diagdown \\ H\quad\quad Cl\end{array}$$

,按顺反命名法为,反-1,2-二氯-1-溴乙烯;而按 Z、E 命名法则为(Z)-1,2-二氯-1-溴乙烯。由此可见,顺式不一定是 Z 构型,反式也不一定是 E 构型。

习题 1 写出下列化合物的结构式。
(1) 2,3-二甲基-2-戊烯
(2) (Z)-3-甲基-4-乙基-3-辛烯
(3) 顺-3,4-二甲基-2-戊烯

习题 2 命名下列化合物。
(1) $CH_3CHCH_2=CHCH_3$
       $\quad\quad |$
       $\quad\quad CH_3$

(2) $\begin{array}{c}C_2H_5\quad\quad CH_3\\ \diagdown C=C \diagup \\ \diagup \quad\quad \diagdown \\ CH_3\quad\quad CH_2CH_2CH_3\end{array}$

(3) $\begin{array}{c}\quad\quad\quad C_2H_5\quad\quad CH_3\\ \quad\quad\quad\diagdown C=C \diagup \\ \quad\quad\quad\diagup \quad\quad \diagdown \\ CH_3CH_2CH_2CH_2\quad\quad CH(CH_3)_2\end{array}$

习题 3 2,4-庚二烯是否有顺反异构现象?如有,写出它们所有的顺反异构体,并以顺反和 Z、E 两种命名法命名之。

§3-2 烯烃的结构

碳碳双键是烯烃的官能团,也是烯烃的结构特征。讨论烯烃的结构主要是讨论碳碳双键的结构。现以乙烯为例来说明碳碳双键的结构。

乙烯是最简单的烯烃,室温下是气体,分子式为 C_2H_4,结构式为 $H_2C=CH_2$,分子中含有一个 C=C 双键。事实证明,碳碳双键是由一个 σ 键和一个 π 键构成。现代物理方法证明,乙烯分子是平面型分子。也就是说,乙烯分子的两个碳原子和四个氢原子都在同一平面上,每个碳原子只和三个原子相连,其中 H—C—C 键角约为 121°。H—C—H 键角约为 118°,如图 3-1 所示。

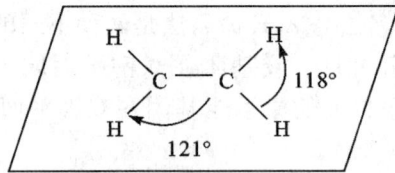

图 3-1　乙烯分子的平面构型

杂化轨道理论认为,碳原子在形成双键时,由一个 2s 轨道和两个 2p 轨道进行杂化,形成了三个等同的 sp^2 杂化轨道(简称 sp^2 轨道)。这三个 sp^2 轨道对称轴分布在同一平面上并以碳原子为中心,分别指向三角形的三个顶点,两个轨道间的夹角约为 120°,三个轨道呈平面三角形。此外,每个碳原子还剩下一个未参与杂化的 2p 轨道,其对称轴垂直于 sp^2 轨道所在的平面,如图 3-2 所示。

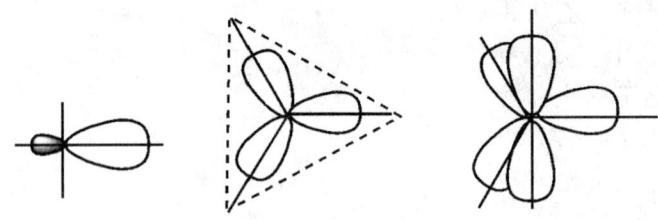

图 3-2　碳原子的 sp^2 杂化轨道

在乙烯分子中,两个碳原子各以一个 sp^2 轨道重叠形成一个 C—C σ 键,又各以两个 sp^2 轨道和四个氢原子的 1s 轨道重叠,形成四个 C—H σ 键,五个 σ 键都在同一平面上,如图 3-3 所示。

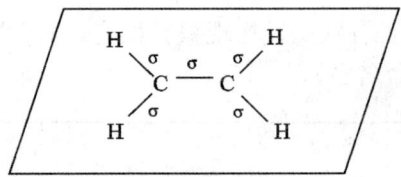

图 3-3　乙烯分子中的 σ 键

同时,每个碳原子还各自剩下的一个未杂化的 2p 轨道。这两个 2p 轨道的对称轴都垂直于乙烯分子 σ 键所在的平面且彼此平行,它们侧面相互交盖形成了另一种键,叫做 π 键,如图 3-4 所示。

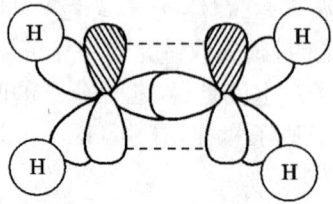

图 3-4　乙烯分子中的 π 键

在碳碳双键中，σ 和 π 键不同；π 键不能单独存在，只能与 σ 键共存，所以碳碳双键与单键不同，是不能自由旋转的，当碳碳双键绕键轴转动时，则平行被破坏，这时 π 键必将减弱或断裂。由于 π 键是 p 轨道从侧面重叠形成的，重叠程度比较小，所以 π 键不如 σ 键牢固，容易断裂。也正是由于这个原因，烯烃的化学性质比烷烃活泼。

其他烯烃的结构与乙烯相似，分子中也都含有碳碳双键，构成碳碳双键的碳原子也是 sp^2 杂化，碳碳双键也都是由一个 σ 键和一个 π 键组成的。

§3-3 烯烃的来源和制法

一、烯烃的工业来源和制法

乙烯、丙烯和丁烯等低级烯烃都是化学工业的重要原料。过去，它们主要是从石油炼制过程中产生的炼厂气和热裂气中分离得到的；随着石油化学工业迅速的发展，现在低级烯烃主要通过石油的各种馏分裂解和原油直接裂解获得，如：

$$C_6H_{14} \xrightarrow{700℃\sim 900℃} CH_4 + CH_2\!\!=\!\!CH_2 + CH_3CH\!\!=\!\!CH_2 + 其他$$
$$\phantom{C_6H_{14} \xrightarrow{700℃\sim 900℃}} 15\% \quad\quad 40\% \quad\quad\quad 20\% \quad\quad\quad 25\%$$

原料不同或裂解条件不同（热裂解或催化裂解，以及裂解温度和催化剂的不同等），得到各种烯烃的比例也不同。石油化工是指以石油裂解获得烯烃，然后进一步以烯烃为原料制造各种化工产品的工业。石油化工企业的规模也以乙烯的产量来衡量。例如，我国近年建立的多套 30 万吨乙烯装置都具有较大规模。

二、烯烃的实验室制法

（一）以醇为原料

1. 酸催化脱水：

$$RCH_2CH_2OH \xrightarrow{H^+} RCH\!\!=\!\!CH_2 + H_2O$$

2. 三氧化二铝催化脱水：

$$CH_3CH_2OH \xrightarrow[360℃]{Al_2O_3} CH_2\!\!=\!\!CH_2 + H_2O$$

（二）卤代烃脱卤化氢

$$\underset{\underset{H}{|}\underset{Br}{|}}{CH_3CH\!\!-\!\!CHCH_2CH_3} + KOH \xrightarrow{CH_3CH_2OH} \underset{\text{2-戊烯}}{CH_3CH\!\!=\!\!CHCH_2CH_3} + KBr + H_2O$$

§3-4 烯烃的物理性质

在常温下，分子中碳原子数为 2～4 个的烯烃为气体，分子中碳原子数为 5～16 个的烯烃为液体，分子中碳原子数在 17 个以上的烯烃为固体。末端烯烃（即双键位于链端的烯烃，又称 α-烯烃）的沸点和双键位于碳链中间的异构体相比较，前者低一些。直链烯烃的沸点和带有支链的异构体相比较,前者略高一些。但这些差别都不大,一般只有几摄氏度的差别。顺式异构体一般都具有比反式异构体较高的沸点和较低的熔点,如:

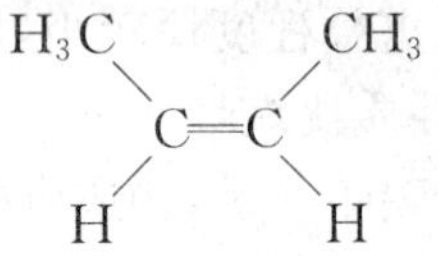

顺-2-丁烯	反-2-丁烯
(Z)-2-丁烯	(E)-2-丁烯
沸点:3.7℃	0.88℃
熔点:-138.9℃	-105.6℃

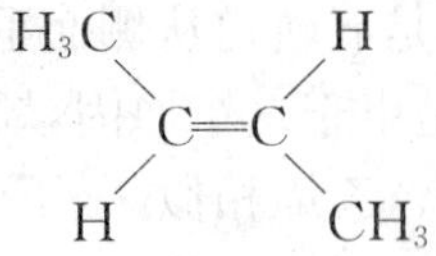

烯烃的相对密度都小于1。烯烃几乎不溶于水,但可溶于非极性溶剂如戊烷、四氯化碳和乙醚等。常见烯烃的物理常数见表3-1。

表3-1 烯烃的物理常数

名称	结构式	熔点/℃	沸点/℃	相对密度(20℃)
乙烯	$CH_2=CH_2$	-169	-102	0.570
丙烯	$CH_3CH=CH_2$	-185	-48	0.610
1-丁烯	$CH_3CH_2CH=CH_2$	-130	-6.5	0.625
1-戊烯	$CH_3(CH_2)_2CH=CH_2$	-166	3.0	0.643
1-己烯	$CH_3(CH_2)_3CH=CH_2$	-138	63.5	0.675
1-庚烯	$CH_3(CH_2)_4CH=CH_2$	-119	93	0.698
1-辛烯	$CH_3(CH_2)_5CH=CH_2$	-104	122.5	0.716

§3-5 烯烃的化学性质

烯烃的化学性质较活泼,可以和很多试剂作用,主要发生在碳碳双键上,能发生加成、氧化、聚合等反应。此外,由于双键的影响,与双键直接相连的碳原子(α-碳原子)上的氢(α-H)也可发生一些反应。

一、加成反应

碳碳双键中π键较易断裂,在双键的两个碳原子上各加一个原子或基团,形成两个σ键的反应称为加成反应。这是碳碳双键最普遍最典型的一个反应。

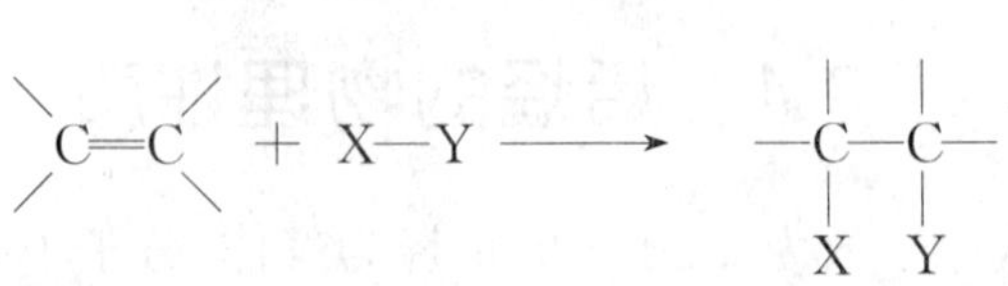

$$\text{C=C} + \text{X—Y} \longrightarrow \text{—C—C—} \atop \text{X Y}$$

(一)催化加氢

烯烃在催化剂铂、钯或镍等金属催化剂的存在下,可以与氢加成而生成烷烃。

$$RCH=CH_2 + H_2 \xrightarrow{\text{催化剂}} RCH_2CH_3$$

这种加氢反应是在催化剂表面进行的。催化剂能化学吸附氢气和烯烃,在金属表面上金属氢化物的一个氢原子和双键碳原子先结合,得到的中间体再与另一金属氢化物的氢原子生成烷烃,最后烷烃脱离催化剂表面。

碳碳双键的催化加氢既可在气相中进行,也可在液相中进行;在液相中进行时,实验室中常用乙醇作为溶剂。

烯烃的加氢可用于精制汽油和其他石油产品。石油产品中的烯烃易受空气氧化,生成的有机酸具有腐蚀作用。它还容易聚合生成树脂状物质,影响油品的质量。加氢后,因除掉烯烃可提高油品的质量。在某些精细合成中,常用加氢方法除去不需要的双键。利用加氢反应,也可以测定某些化合物的不饱和程度等。

(二)与卤素加成

烯烃能与卤素发生加成反应,生成邻二卤代物,如:

$$CH_2=CH_2 + Cl_2 \longrightarrow \underset{\underset{Cl}{|}}{CH_2}\underset{\underset{Cl}{|}}{CH_2}$$

1,2-二氯乙烷

$$CH_2=CHCH_3 + Br_2 \longrightarrow \underset{\underset{Br}{|}}{CH_2}\underset{\underset{Br}{|}}{CH}CH_3$$

1,2-二溴丙烷

卤素的反应活性次序为:

$$F_2 > Cl_2 > Br_2 > I_2$$

氟与烯烃的反应太剧烈,往往使碳链断裂;碘与烯烃难于起反应,故烯烃的加卤素实际上是指加氯或加溴。

碳碳双键与氯或溴加成时,烯烃的活性顺序是:

$$CH_2=C(CH_3)_2 > CH_2=CHCH_3 > CH_2=CH_2$$

碳碳双键与氯或溴加成,既可在气相中进行,也可在液相中进行。反应在液相中进行时,四氯化碳、1,2-二氯乙烷等是常用的溶剂,有时也加入一些催化剂,如无水氯化铁。

$$CH_2=CH_2 + Cl_2 \xrightarrow[\text{在} CH_2ClCH_2Cl \text{中}]{FeCl_3, \sim 40℃} CH_2ClCH_2Cl$$

这是工业上和实验室中制备连二氯化合物和连二溴化合物最常用的一种方法。

碳碳双键与溴加成是检验碳碳双键的一个方法。把溴的四氯化碳溶液加到分子中含有碳碳双键的有机物或其溶液中,碳碳双键就迅速地与溴加成生成连二溴化合物,而使溴的红棕色消失,且并不产生溴化氢气体。

(三)与卤化氢加成

烯烃能与卤化氢(氯化氢、溴化氢或碘化氢)发生加成反应生成卤代烷,如:

$$CH_2=CH_2 + HBr \longrightarrow \underset{\underset{H}{|}}{CH_2}\underset{\underset{Br}{|}}{CH_2}$$

溴乙烷

$$CH_2=CHCH_3 + HBr \longrightarrow CH_2CH_2CH_3$$
$$\hspace{4cm} | \hspace{0.3cm} |$$
$$\hspace{4cm} H \hspace{0.2cm} Br$$
2-溴乙烷

不对称烯烃与卤化氢加成时显然可以生成两种产物,如:

$$CH_2=CHCH_3 + HBr \longrightarrow \begin{cases} CH_2CHCH_3 \\ |\ \ \ | \\ Br\ \ H \\ \text{1-溴丙烷} \\ CH_2CHCH_3 \\ |\ \ \ | \\ H\ \ Br \\ \text{2-溴丙烷} \end{cases}$$

实验发现,生成的产物主要是 2-溴丙烷。凡不对称烯烃与卤化氢加成时,卤化氢分子中的氢原子主要加在碳碳双键含氢较多的那个碳原子上,卤原子则加在含氢较少的那个碳原子上。这是 1869 年马尔科夫尼科夫(Markovnikov V)根据一些实验结果总结出来的一条经验规则,叫做马尔科夫尼科夫规则,简称马氏规则。加成产物"符合"马尔科夫尼科夫规则的,叫做马尔科夫尼科夫加成。应用马氏规则可以预测不对称烯烃加成的主要产物。

碳碳双键与卤化氢加成时,烯烃的活性顺序与卤素加成相同。卤化氢的活性顺序是:

$$HI > HBr > HCl$$

烯烃与氯化氢的加成在工业上用来生产个别的氯代烷。例如,用乙烯与干燥的氯化氢加成来生产氯乙烷。

$$CH_2=CH_2 + HCl \xrightarrow[\text{在 } CH_2ClCH_2Cl \text{ 中}]{\text{无水 } AlCl_3, 30℃\sim40℃, 0.3\sim0.4\ MPa} CH_3CH_2Cl$$

反马尔科夫尼科夫加成——过氧化物效应 不对称烯烃与卤化氢的加成反应一般遵循马氏规则,但如果是在过氧化物的存在下进行时,则不服从马氏规则。例如,丙烯与溴化氢在过氧化物存在时的加成:

$$CH_2=CHCH_3 + HBr \xrightarrow{\text{过氧化物}} CH_2—CH—CH_3$$
$$\hspace{6cm} | \hspace{0.5cm} |$$
$$\hspace{6cm} Br \hspace{0.3cm} H$$
1-溴丙烷

这种"反常"现象是由于过氧化物的存在而引起的。过氧化物一般是指含有"—O—O—"键的化合物。有机过氧化物通常是指过氧化氢中的一个或两个氢原子被有机基团取代后(如 R—O—O—R)的产物。它容易分解而产生自由基,通过自由基的引发而发生自由基加成反应。由于反应历程不同,因此出现了不服从马氏规则的"反常"现象。由于存在过氧化物而引起的加成定位的改变,叫做过氧化物效应。烯烃与卤化氢的加成中,只有溴化氢有过氧化物效应。

(四)与水加成

在强酸催化下,烯烃与水加成生成醇,这是醇的制备方法之一。加成的取向也服从马氏规则,如:

$$CH_2=CHCH_3 + OH-H \xrightarrow[\text{硅藻土}]{H_3PO_4} CH_3\underset{OH}{CH}CH_3$$
异丙醇

烯烃直接加水制备醇叫做烯烃直接水合法。这是工业上生产乙醇、异丙醇的重要方法。直接水合法的优点是避免了硫酸对设备的腐蚀和酸性废水的污染，节省了投资；但直接水合法对烯烃的纯度要求较高，需要达到 97% 以上。

(五) 与硫酸加成

烯烃能与硫酸加成生成硫酸氢酯，加成的取向也服从马氏规则，如：

$$CH_2=CHCH_3 + HO-\underset{\underset{O}{\|}}{\overset{\overset{O}{\|}}{S}}-OH \longrightarrow CH_3\underset{H\ \ OSO_2OH}{CH CH_3}$$

（应为 $CH_2\text{—}CHCH_3$ 中 H 接在CH_2端，OSO_2OH 接在中间 C 上）

硫酸氢酯是无机酸酯，它能水解生成相应的醇。

$$CH_3\underset{OSO_2H}{CH}CH_3 + H_2O \longrightarrow CH_3\underset{OH}{CH}CH_3 + H_2SO_4$$

烯烃与硫酸加成时，烯烃的活性顺序与卤素、卤化氢加成时相同。例如，常温时，异丁烯可被约 65% H_2SO_4 吸收，吸收丙烯则需要约 87% H_2SO_4，而约 95% H_2SO_4 仍不能把乙烯吸收完全。

工业上已利用这个反应，用相应烯烃为原料制备低级醇，如乙醇、异丙醇等。此法称为烯烃的间接水合法，或称硫酸法。

利用烯烃与硫酸反应的性质可分离某些不与硫酸作用又不溶于硫酸的有机物，如烷烃、卤代烃等。在石油工业中，可将含有少量烯烃的烷烃与适量浓硫酸一起振荡，则烯烃与硫酸作用生成可溶于浓硫酸的烷基硫酸氢酯，烷烃则不与硫酸作用而浮在上面，这样，便可以除去烷烃中的烯烃。

(六) 与次卤酸加成

烯烃也可以与次卤酸（HOX）发生加成反应，生成卤代醇。这个反应也是一种亲电加成反应。反应的第一步不是质子的加成，而是卤素正离子的加成。所以，当不对称烯烃发生"次卤酸加成"时，按照马尔科夫尼科夫规律，带正电的卤素应加到连有较多氢原子的双键碳上，羟基则加在连有较少氢原子的双键碳上，如：

$$CH_2=CHCH_3 + HO-Cl \longrightarrow \underset{Cl\ \ \ OH}{CH_2-CH-CH_3}$$

由于次卤酸不稳定，所以工业生产上是用氯气和水与烯烃反应制备卤代醇的，如：

$$CH_2=CHCH_3 + H_2O + Cl_2 \longrightarrow \underset{Cl\ \ \ OH}{CH_2-CH-CH_3} + HCl$$

(七) 与乙硼烷加成

$$B_2H_6 \rightleftharpoons 2BH_3$$

$$CH_3CH=CH_2 \xrightarrow{1/2\ B_2H_6} CH_3CH_2CH_2BH_2 \xrightarrow{CH_3CH=CH_2} (CH_3CH_2CH_2)_2BH$$
　　　　　　　　　　　　　　　　　一丙基硼　　　　　　　　　　　　二丙基硼

$$\xrightarrow{CH_3CH=CH_2} (CH_3CH_2CH_2)_3B$$
　　　　　　三丙基硼

不对称烯烃加硼烷时,硼原子加到含氢较多的双键碳原子上。

$$CH_3CH=CH_2 + H-BH_2 \longrightarrow CH_3CH_2CH_2BH_2 + CH_3CHCH_3$$
$$\qquad\qquad\qquad\qquad\qquad\qquad\qquad\qquad\qquad\qquad\qquad\qquad\qquad|$$
$$\qquad\qquad\qquad\qquad\qquad\qquad\qquad\qquad\qquad\qquad\qquad\qquad\qquad BH_2$$
$$\qquad\qquad\qquad\qquad\qquad\qquad 99\% \qquad\qquad\qquad\qquad 1\%$$

三烷基硼烷与过氧化物(H_2O_2)的氢氧化钠(NaOH)溶液作用,立即被氧化,同时水解为醇。这一步与硼氢化一步合在一起,总称为硼氢化-氧化反应,将烯烃转化为醇,如:

$$6CH_2=CHCH_3 \xrightarrow[\text{硼氢化}]{B_2H_6} 2(CH_3CH_2CH_2)_3B \xrightarrow[\text{氧化}]{6H_2O_2,OH^-,25℃\sim 30℃}$$
$$6CH_3CH_2CH_2OH + 2B(OH)_3$$

这一反应与烯烃与水加成不同的是:前者加成位置是反马氏规则的,而后者是遵守马氏规则的。如用末端烯烃(又称为α—烯烃)硼氢化—氧化,可以得到伯醇,且操作简单、副反应少、产率高。在有机合成上有重要的应用价值。硼氢化反应是美国化学家布朗于1957年发现的,由此布朗获得了1979年的诺贝尔化学奖。

二、聚合反应

烯烃在少量引发剂或催化剂作用下,键断裂而互相加成,形成高分子化合物的反应称为聚合反应。聚合生成的产物叫做高聚物。

烯烃最重要的聚合反应是由千百个烯烃分子聚合生成高分子化合物或高分子聚合物(高聚物)的聚合反应。例如,乙烯聚合生成聚乙烯。

$$nCH_2=CH_2 \longrightarrow -(H_2C-CH_2)_n-$$

三、氧化反应

烯烃易被氧化,主要在双键位置上发生反应。按所用氧化剂和反应条件的不同,得到各种氧化产物。氧化时,首先是碳碳双键中的π键断裂,反应条件强烈时,σ键也可断裂。

(一)高锰酸钾氧化

烯烃容易被高锰酸钾等氧化剂氧化,氧化反应主要发生在双键上。

如果用冷的中性或弱碱性的高锰酸钾稀溶液作氧化剂,则烯烃的π键断裂,生成二元醇,如:

$$CH_2=CH_2 + KMnO_4 + H_2O \xrightarrow[\text{冷}]{\text{中性或弱碱性}} H_2C-CH_2 + MnO_2 + KOH$$
$$\qquad\qquad\qquad\qquad\qquad\qquad\qquad\qquad\qquad\qquad |\quad\ |$$
$$\qquad\qquad\qquad\qquad\qquad\qquad\qquad\qquad\qquad\quad OH\ OH$$

其他烯烃在同样条件下也生成二元醇,高锰酸钾溶液的紫色褪去,生成棕色或棕褐色的二氧化锰沉淀。反应较为复杂,生成的二元醇容易进一步氧化,反应难于控制,因此产率不高。在实验室中可用此反应来检验碳碳双键的存在。

如果用酸性的高锰酸钾溶液做氧化剂,不仅 π 键断裂,σ 键也断裂,与双键相连的碳上的氢也被氧化,氧化产物视双键两端的结构不同而异,如:

$$RCH=CH_2 \xrightarrow{KMnO_4/H^+} RCOOH + HCOOH$$
$$\longrightarrow CO_2 + H_2O$$

$$\underset{H_3C}{\overset{H_3C}{>}}C=CH-CH_3 \xrightarrow{KMnO_4/H^+} CH_3\overset{O}{\underset{\|}{C}}CH_3 + CH_3COOH$$

根据不同的氧化产物,可以推断双键的位置和烯烃的分子结构。分子中有"$CH_2=$"基的,生成二氧化碳和水;有"$R-CH=$"基的,生成羧酸;有"$R_2C=$"基的,生成酮。

(二)臭氧氧化

臭氧是很强的氧化剂。将含有臭氧(6%~8%)的氧气通入液体烯烃或烯烃的非水溶液(如用四氯化碳做溶剂)中,臭氧能迅速而定量地与烯烃反应,生成臭氧化物。

$$\underset{烯烃}{\overset{}{>}C=C<} + O_3 \longrightarrow \underset{臭氧化物}{\overset{O}{\underset{O-O}{>C-C<}}}$$

臭氧化物为黏稠液体,很不稳定,容易爆炸;一般不将它分离出来,可以直接水解。臭氧化物在原来双键处断裂生成醛或酮,如:

$$\underset{H_3C}{\overset{H_3C}{>}}C=C\underset{H}{\overset{CH_3}{<}} + O_3 \longrightarrow \underset{H_3C}{\overset{H_3C}{>}}\overset{O}{\underset{O-O}{C-C}}\overset{CH_3}{\underset{H}{<}} \xrightarrow[Zn/HAC]{H_2O} CH_3\overset{O}{\underset{\|}{C}}CH_3 + CH_3CHO$$

不同的烯烃经臭氧氧化再还原水解,可得到不同的醛或酮。烯烃分子中有"$CH_2=$"基的,得到甲醛;有"$R-CH=$"基的,得到醛;有"$R_2C=$"基得到酮。这样,可以通过对反应产物的测定而推断原来烯烃的结构。用此法鉴定双键位置,比用 $KMnO_4$ 法更为可靠。

(三)空气氧化

在银或氧化银存在的条件下,乙烯可被空气氧化生成环氧乙烷(又称氧化乙烯)。

$$2CH_2=CH_2 + O_2 \xrightarrow[250℃]{Ag} \underset{环氧乙烷}{\overset{O}{\underset{}{H_2C-CH_2}}}$$

这是工业上生产环氧乙烷的方法之一。由于氧化后所得的产物是一个含氧环状化合物,因此这种氧化反应也称为环氧化反应。

四、α-氢原子的反应

前面讨论的都是在烯烃碳碳双键上发生的反应,而大多数烯烃分子中还有烷基存在,这些烷基仍会发生烷烃的典型反应如卤代反应等。烯烃的卤代反应主要发生在与双键碳直接相连的碳原子(称为 α-碳原子)上。这是由于与 α-碳原子相连的 α-氢原子受到双键的影响变得活泼,容易被取代和氧化。

(一)取代反应

烯烃与卤素不仅能发生加成反应,也能发生 α-H 原子被卤原子取代的反应,这主要取决于反应温度的高低。在较低温度下主要发生加成反应;在较高温度下,则主要发生取代反应。例如,丙烯和氯气在常温下发生加成反应,而在 500℃~600℃ 下,主要发生取代反应。

$$CH_2=CHCH_3 + Cl_2 \begin{array}{c} \xrightarrow{\text{常温}}_{\text{CCl}_4\text{溶液}} CH_2CHCH_3 \\ | | \\ Cl Cl \\ \xrightarrow{500℃\sim 600℃}_{\text{气相}} CH_2=CHCH_2Cl \end{array}$$

丙烯与氯气在常温下发生亲电加成反应,但在高温下主要发生 α-氢的自由基取代反应。

(二)氧化反应

α-H 原子不仅易被卤素取代,也容易被氧化。在不同的催化剂条件下,用空气或氧气作为氧化剂,氧化反应也发生在 α-碳原子上。例如,丙烯用空气经催化氧化生成丙烯醛。

$$CH_2=CHCH_3 + O_2 \xrightarrow[350℃,0.25\text{ MPa}]{Cu_2O} CH_2=CHCHO + H_2O$$

这是工业上生产丙烯醛的主要方法。

在硝酸铋或磷钼酸铋的催化下,丙烯高温氧化生成丙烯酸。

$$3CH_2=CHCH_3 + 2O_2 \xrightarrow[300℃\sim 400℃]{\text{催化剂}} CH_2=CHCOOH + 3H_2O$$

这是工业上生产丙烯酸的主要方法。

习题 4 写出异丁烯与下列化合物反应的化学方程式。
(1) H_2/Ni (2) Br_2 (3)冷高锰酸钾(OH^-)
(4)热高锰酸钾(H^+) (5)HBr(过氧化物) (6)Cl_2/500℃

习题 5 试以丙烯为原料,并选用必要的无机试剂制备下列化合物。
(1)2-溴丙烷 (2)1-溴丙烷 (3)异丙醇
(4)正丙醇 (5)1,2,3-三氯丙烷 (6)聚丙烯腈

习题 6 用指定原料合成下列化合物。

(1) $CH_3\underset{\underset{Br}{|}}{C}HCH_3 \longrightarrow CH_3CH_2\underset{\underset{Br}{|}}{C}H_2$

(2) $CH_3CH_2CH_2OH \longrightarrow CH_3\underset{\underset{Br}{|}}{C}H\underset{\underset{Br}{|}}{C}H_2$

(3) $CH_3CH_2\underset{\underset{Br}{|}}{C}H_2 \longrightarrow CH_3\underset{\underset{Cl}{|}}{C}H\underset{\underset{OH}{|}}{C}H_2$

(4) 环己烯 → 1-氯-2,3-二溴环己烷

习题 7 某化合物催化加氢,1 mol 能吸收 1 mol 氢,与过量的酸性高锰酸钾溶液作用则生成丙酸(CH_3CH_2COOH)。写出该化合物可能的结构式。

§3-6 C═C 双键亲电加成反应机理

一、原子或基团的电子效应和立体效应

在有机物分子中,氢原子被其他原子或基团取代后,这些原子或基团对整个分子的性质显然会产生影响。这种影响主要决定于取代基的两类不同的效应:一类是电子效应,另一类是立体效应。立体效应也叫做空间效应,电子效应又分为诱导效应和共轭效应。

（一）电子效应

1. 诱导效应。

说明原子或基团的诱导效应的典型例子是脂肪酸和卤代脂肪酸的酸性强弱。氯乙酸的酸性比乙酸强,就是来自氯原子的吸电子诱导效应。

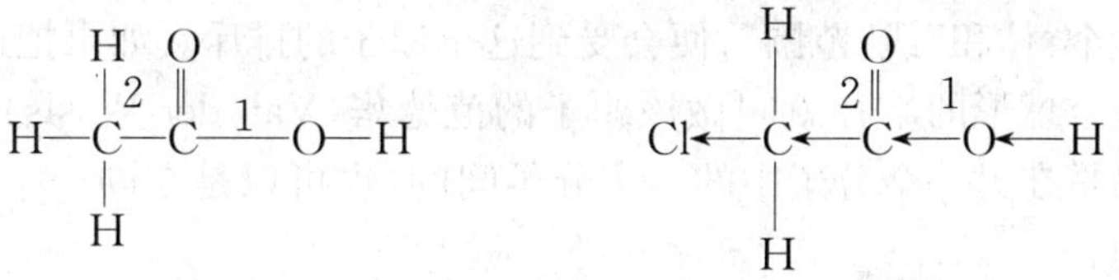

乙酸
pKa=4.74

氯乙酸
pKa=2.86

Cl 的电负性(3.0)明显地比 H(2.1)的大,氯原子吸电子的能力明显的比 H 原子的强。在氯乙酸分子中,由于 Cl 原子较强的吸电子能力,碳氯键 σ 电子就向 Cl 原子方面偏移(偏移的方向用箭号←表示),从而使氯乙酸分子中的 C^2 原子与乙酸分子中相应的 C^2 原子相比电性变得较正。在氯乙酸分子中,Cl 原子的这种吸电子作用,通过 C^2 原子影响 C^1 原子,再通过 C^1 原子影响 O 原子,结果是 O—H 键 σ 电子如箭号所示偏向 O 原子,从而有利于 H 原子解离为质子,导致氯乙酸的酸性比乙酸的酸性强。

如上所述,在氯乙酸分子中,Cl 原子较强的吸电子性所产生的影响不仅仅局限于C—Cl 键这个范围内,而是沿着 σ 键传递到整个分子中,从而影响分子的性质,这种效应叫做诱导效应（I 效应）。Cl 原子的诱导效应是吸电子的,即 －I 效应。

对比 H—COOH(pKa=3.77)和 CH_3—COOH(pKa=4.74)的酸性强度可以看出,甲基的诱导效应与氯原子相反,是斥电子的,即 ＋I 效应。甲基和其他烷基都表现出较弱的 ＋I 效应。

原子或基团是吸电子的还是斥电子的,与元素的电负性有关。以氢原子为标准,当原子所属元素或基团的电负性大于氢原子时,该原子或基团具有吸电子性,叫做吸电子基;由吸电子基引起的电子效应,叫做吸电子诱导效应（－I）,即这样的基团具有 －I 效应。当原子所属元素或基团的电负性小于氢原子时,该原子或基团具有斥电子性,叫做推电基;由斥电子基引起的诱导效应,叫做斥电子诱导效应（＋I）,即这样的原子或基团具有＋I 效应。

实验测定结果表明,一些吸电子基的 －I 效应由强到弱的次序是:

$\overset{+}{N}R_3 > \overset{+}{N}H_3 > NO_2 > CN > COOH > F > Cl > Br > I > OAr > COOR > OR > COR > SH > SR > OH > Ph > 乙烯基 > H$

一些斥电子基的 +I 效应由强到弱的次序是：

$O^- > COO^- > C(CH_3)_3 > CH(CH_3)_2 > CH_2CH_3 > CH_3 > H$

一般来说，取代基的 +I 效应是较小的。

由于诱导效应是以静电诱导的方式沿着 σ 键依次从一个原子到次一个原子由近而远地传递下去，因此，距离越远，受到的影响也就越小；一般是经过三四个原子后，常常就微不足道了。

2. 共轭效应。

原子或基团的共轭效应将在二烯烃中讲述。

(二) 立体效应——范德华半径

一个原子对于非键连的其他原子都占有一个有效的"空间体积"，或者说"势力范围"。其他原子挤入这个"体积"或"范围"，便会受到这个原子的排斥。如果把这个"体积"或"范围"看成球形，这个球形的半径就叫做该原子的范德华(Van der Wssls)半径。上面所说的其他原子可以是在另一个分子中的——分子间的，也可以是在同一个分子中另一部分的——分子内的。

分子间力也叫做范德华力。当分子间或分子内两个非键连原子互相接近时，如果它们之间的范德华引力超过斥力，就会促使它们进一步接近。当它们正好"接触"时，也就是它们的核间距离恰好等于它们的范德华半径之和时，它们之间的范德华引力和斥力恰好平衡。如果迫使它们再接近，挤入彼此的有效的"空间体积"或"势力范围"之内，它们之间的范德华斥力就会超过引力，就会发生排斥。移去外力，它们之间的斥力将使它们恰好恢复到"接触"的情况。因此，可以这样说，非键连原子"愿意"互相"接触"，但是非常"不愿意"彼此"拥挤"。

范德华半径可以用来衡量原子或基团"体积"的大小，它是研究原子或基团立体效应的重要数据。有机物分子中原子或基团"体积"的大小，也就是范德华半径的大小，对有机化合物的性质也有影响。这是原子或基团的立体效应。烷基立体效应大小的顺序显然是：

$(CH_3)_3C > (CH_3)_2CH > CH_3CH_2 > CH_3$

二、C=C 双键亲电加成反应机理

(一) 碳正离子的相对稳定性

在阐述 C=C 双键亲电加成反应机理以前，先介绍碳正离子的相对稳定性。

碳正离子的特征是缺电子碳原子上带有正电荷。根据静电学定律，带电体的稳定性随着电荷的分散而增大，因此，碳正离子的稳定性主要决定于缺电子碳上正电荷分布的情况。任何有利于分散缺电子碳上的正电荷使之转移到碳正离子其他部分的结构因素，都能降低碳正离子的能量，增大碳正离子的稳定性。

比较碳正离子的稳定性时，是以甲基正离子作为标准的，把其他碳正离子看做取代的甲基正离子。与氢比较，如果取代基 Y 是斥电子的，那么由于斥电子，取代基 Y 会降低缺电子碳上的正电荷，而把这部分正电荷转移到（或者说分散到）取代基 Y 上。电荷分散的结果，降低了碳正离子的能量，增大了碳正离子的稳定性。如果取代基 Y 是吸电子的，那么，取代基 Y 就会通过吸电子效应，增强、集中碳正离子缺电子碳上的正电荷，结果是升高了碳正离子的能量，减小了碳正离子的稳定性。

由于甲基是斥电子的，显然，烷基正离子稳定性大小的顺序是：

$$CH_3 \overset{CH_3}{\underset{CH_3}{-\overset{+}{C}-}} \quad > \quad CH_3 \overset{CH_3}{\underset{H}{-\overset{+}{C}-}} \quad > \quad CH_3 \overset{H}{\underset{H}{-\overset{+}{C}-}} \quad > \quad \overset{+}{C}H_3$$

叔(3°)   仲(2°)   伯(1°)

也就是：

叔烷基正离子 > 仲烷基正离子 > 伯烷基正离子 > 甲基正离子

习题 8 按照稳定性从大到小的顺序，排列下列碳正离子并说明原因。

(1) CH_3^+ (1) CF_3^+ (1) $CF_3CH_2^+$

（二）反应机理

实验表明，C=C 双键与卤化氢的加成是分成两步进行的（以溴化氢为例）。

$$\underset{}{\overset{}{C}}=\underset{}{\overset{}{C}} + H-Br \xrightarrow[\text{慢}]{①} -\overset{+}{\underset{}{C}}-\underset{H}{\overset{}{C}}- + :Br^-$$

$$-\overset{+}{\underset{}{C}}-\underset{H}{\overset{}{C}}- + :Br^- \xrightarrow[\text{快}]{②} -\underset{Br}{\overset{}{C}}-\underset{H}{\overset{}{C}}-$$

第一步是慢的一步，是控制反应速率的一步——速控步骤。这一步反应的结果是 C=C 双键与 H⁺ 加成，生成碳正离子和 :Br⁻。H⁺ 是亲电试剂，提供 H⁺ 的 HBr 也是亲电试剂，所以，C=C 双键与 HBr 的加成是亲电加成。这一步活化能较高，反应较慢。第二步是碳正离子与 :Br⁻ 结合，生成产物。碳正离子是高活性物种，与 :Br⁻ 结合生成产物时，活化能很低，反应很快。

C=C 双键亲电加成机理的确立，解释了加成的定位问题——马尔科夫尼科夫规则。如丙烯与溴化氢的加成：

$$CH_3-CH=CH_2 + HBr \begin{array}{c} \longrightarrow CH_3-\overset{+}{CH}-CH_3 \xrightarrow{Br^-} CH_3-CH-CH_3 \\ | \\ Br \\ ① \\ \longrightarrow CH_3-CH_2-\overset{+}{CH}_2 \xrightarrow{Br^-} CH_3-CH-CH_3 \\ | \\ Br \\ ② \end{array}$$

与伯烷基正离子($CH_3CH_2CH_2^+$)相比，仲烷基正离子($CH_3-\overset{+}{CH}-CH_3$)的能量较低，稳定性较大，较易生成，结果是①是主要产物，从而解释了马氏规则。

C=C 双键亲电加成机理的确立，也解释了加成的速率问题——与卤化氢加成，丙烯比乙烯反应快。乙烯和丙烯与卤化氢加成慢的一步(以溴化氢为例)为：

$$CH_2=CH_2 + HBr \xrightarrow{慢} \underset{\underset{H}{|}}{\overset{+}{C}H_2CH_2} + :Br^-$$

$$CH_2=CHCH_3 + HBr \xrightarrow{慢} \underset{\underset{H}{|}}{\overset{+}{C}H_2CHCH_3} + :Br^-$$

与乙烯生成 $CH_3\overset{+}{C}H_2$ 离子(伯烷基正离子)相比，丙烯生成 $CH_3\overset{+}{C}HCH_3$ 离子(仲烷基正离子)较为容易，所以，与卤化氢的加成，丙烯比乙烯快。

三、不对称加成规则的理论解释

对于烯烃的亲电加成反应来说，决定反应速率的是第一步，也就是说，取决于碳正离子的相对稳定性。碳正离子的稳定性可从静电分散性来理解，即碳正离子的稳定性与它分散电荷的能力有关，分散电荷能力越强，碳正离子的稳定性越强。分散电荷的能力又与碳正离子所连的取代基有关。取代基产生的作用有两种，一种是斥电子的，把电子推向碳正离子，起到了分散电荷的作用，使碳正离子更稳定；另一种是吸电子的，把电子从碳正离子吸向取代基，使碳正离子的正电性更强，碳正离子不稳定。

对于不对称烯烃来说，H^+ 往往进攻双键连接含氢原子较多的碳原子，另一个连接氢原子较少的碳原子形成较稳定的碳正离子。以丙烯与卤化氢的加成为例来说明。

在丙烯分子中，甲基碳是 sp^3 杂化，而与其相连的双键碳原子为 sp^2 杂化，由于吸电子能力：$sp^2 > sp^3$，使得甲基碳原子与双键碳原子之间的 σ 键电子云偏向于双键碳原子，甲基表现出给电子性。甲基的给电子诱导效应，使得双键上 π 电子云向远离甲基的方向偏移，π 电子云变形，双键发生极化，使双键碳原子分别带有部分正、负电荷：$CH_3 \longrightarrow \overset{\delta+}{C}H=\overset{\delta-}{C}H_2$，当与 HCl 等极性试剂反应时，质子加到带有部分负电荷的双键碳原子上，而卤负离子加到另一个碳原子上。

$$\text{CH}_3 \xrightarrow{\delta^+} \text{HC} = \overset{\delta^-}{\text{CH}_2} + \text{HX} \longrightarrow \text{CH}_3\text{CHCH}_2 \atop \phantom{\text{CH}_3\text{CHCH}}|| \atop \phantom{\text{CH}_3\text{CHCH}}\text{X}\text{H}$$

其他烷基与双键碳原子直接相连时也呈现给电子性，如：

$$(\text{C}_2\text{H}_5)_2\text{C}=\text{CHCH}_3 + \text{HI} \longrightarrow (\text{C}_2\text{H}_5)_2\text{CCH}_2\text{CH}_3 \atop \phantom{(\text{C}_2\text{H}_5)_2\text{CCH}_2\text{CH}}|\atop \phantom{(\text{C}_2\text{H}_5)_2\text{CCH}_2\text{CH}}\text{I}$$

显然，烷基越多，给电子能力越强，连接含氢原子较多的双键碳原子上所连的烷基少，显负电性，所以和卤化氢加成时，氢原子加到氢原子较多的双键碳原子上。

不对称烯烃的加成规则也可以从反应中生成的碳正离子的稳定性来解释。碳正离子越稳定，形成时所需的活化能越低，越容易生成，反应速率也相应较大。丙烯和 HBr 加成时，第一步生成两种碳正离子：

$$\text{CH}_3-\text{CH}=\text{CH}_2 + \text{HBr} \begin{array}{l} \longrightarrow \text{CH}_3-\overset{+}{\text{CH}}-\text{CH}_3 \quad ① \\ \longrightarrow \text{CH}_3-\text{CH}_2-\overset{+}{\text{CH}}_2 \quad ② \end{array}$$

①比②稳定，更容易生成。

由此可见，马尔科夫尼科夫规则是受碳正离子的稳定性支配的，即亲电加成的定位是由形成较稳定的碳正离子控制的。

习题 9 C=C 与 Br_2 加成是亲电加成。下列化合物与 Br_2 加成时哪一个较快？为什么？

(1) $\text{CH}_3\text{CH}=\text{CH}_2$ 和 $\text{CH}_2=\text{CH}_2$

(2) $\text{CHCl}=\text{CHCl}$ 和 $\text{CH}_2=\text{CHCl}$

(3) $\text{CH}_2=\text{CHCl}$ 和 $\text{CH}_2=\text{CH}_2$

习题 10 3,3-二甲基-1-丁烯与氯化氢加成时，主要产物是 2,3-二甲基-2-氯丁烷而不是 2,2-二甲基-3-氯丁烷，试解释原因。

§3-7　聚乙烯和聚丙烯

一、聚乙烯

聚乙烯是由乙烯聚合生成的线性高分子化合物，通常用 $+(\text{H}_2\text{C}-\text{CH}_2)_n$ 表示。生产聚乙烯的方式主要有两种：一种是以过氧化物为引发剂，在 150～160 MPa、约 200℃ 时，由乙烯聚合生成聚乙烯。此聚合是在高压下进行的，工业上叫做高压聚合法，生产的聚乙烯就叫做高压聚乙烯。高压聚乙烯的相对分子质量一般为25 000,最高可达50 000,熔点为105℃～110℃。另一种是在配位催化剂(如三乙基铝-四氯化钛)的催化下,在加氢汽油溶剂(不含烯烃的汽油)中,在常压1 MPa、60℃～70℃时,由乙烯聚合生成聚乙烯。由于聚合是在常压或稍高于常压下进行的,工业上就叫做低压聚合法,生产的聚乙烯称为低压聚乙烯。低压聚乙烯的相对分子质量为300 000～350 000,熔点为125℃～135℃。

聚乙烯常温时是乳白色半透明物质,熔化后是无色透明液体。聚乙烯是憎水性物质,对水的抵抗能力很强,水蒸气的透过率很小,是良好的防潮材料。从分子构造来看,聚乙烯基本上是相对分子质量很大的烷烃,化学性质稳定,可耐酸(如硫酸、盐酸、氢氟酸等)、碱(如氢氧化钠、氢氧化钾等)、无机酸盐的腐蚀作用。但是,聚乙烯不耐硝酸的腐蚀作用,硝酸能缓慢地把聚乙烯氧化,使聚乙烯的介电性能遭到破坏、机械强度降低。

聚乙烯具有良好的电绝缘性能。聚乙烯可以加工成各种形状的聚乙烯塑料制品。聚乙烯塑料应用很广,广泛地应用于工业、农业和国防,如薄膜、管件、电线、电缆以及电工部件的绝缘材料、食品容器、药品容器等。由于聚乙烯的耐腐蚀性能,在化工厂也经常用聚乙烯做防腐材料。

二、聚丙烯

聚丙烯 $-(\underset{\underset{CH_3}{|}}{\overset{\overset{H}{|}}{C}}-CH_2)_n-$ 表示。从分子结构来看,聚丙烯基本上是相对分子质量很大的、带有许多甲基支链(—CH$_3$)的烷烃。聚丙烯常温时是乳白色半透明物质,熔点是176℃,熔化后是无色透明液体。聚乙烯的相对密度为0.91～0.92,是已知合成树脂中最轻的。聚丙烯是憎水性物质,对酸(如硫酸、盐酸、氢氟酸等)、碱(如氢氧化钠、氢氧化钾等)也具有抗腐蚀能力。聚丙烯的机械性能、电绝缘性能也较好。总之,聚丙烯在相对密度、耐热性、机械强度、电绝缘性能、耐化学品性能等方面较好,但是,其耐冲击强度较小、耐自然老化与耐寒性较差。聚丙烯用于制造薄膜、薄板、挤压成型用品、电线和电缆的绝缘层以及纤维(聚丙烯纤维)等。

本章小结

一、化学性质提要

1. 加成反应：

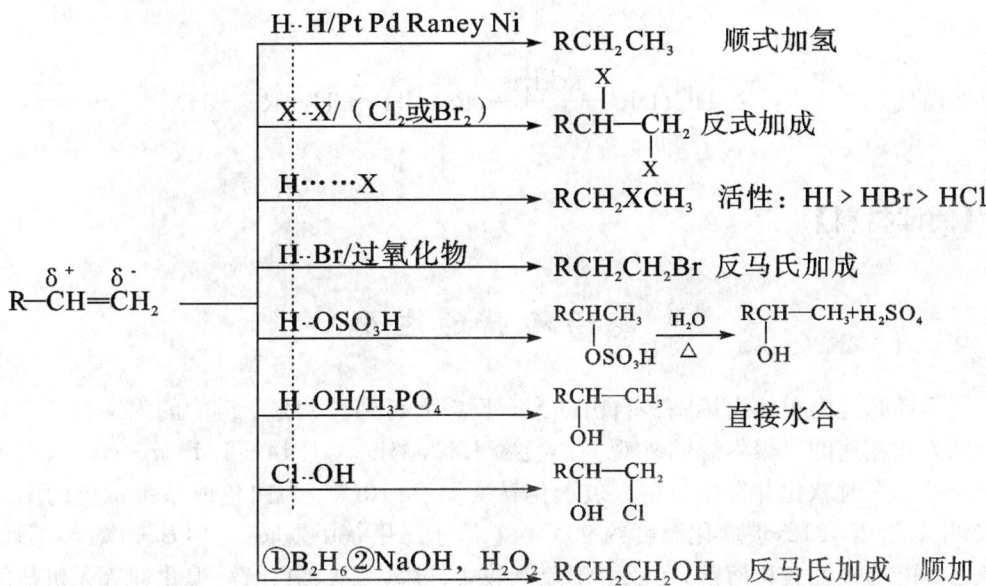

活性顺序：①加氢：$CH_2=CH_2 > CH_3CH=CH_2 > (CH_3)_2C=CH_2$　空间位阻
　　　　　②加 X_2：$(CH_3)_2C=CH_2 > CH_3CH=CH_2 > CH_2=CH_2$　C^+机理

2. 氧化反应：

(1) $KMnO_4$ 氧化：

① $\underset{}{C=C}$ $\xrightarrow{\text{稀、冷、少量、碱性}KMnO_4}$ 顺式氧化（产物：两个 OH 顺式加成）

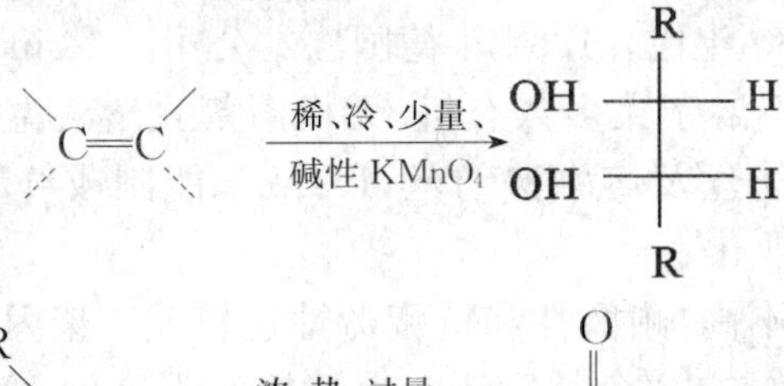

② $\underset{R}{\overset{R}{C}}=CH_2$ $\xrightarrow{\text{浓、热、过量、碱性}KMnO_4}$ $R-\overset{O}{\underset{}{C}}-R' + \boxed{HCOOH} \longrightarrow H_2O + CO_2$

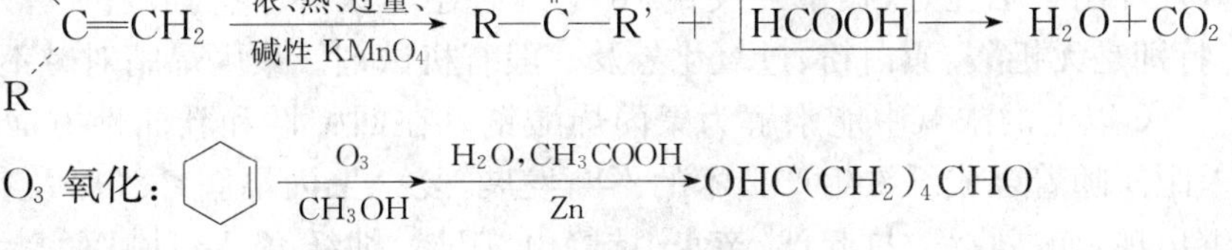

(2) O_3 氧化：环己烯 $\xrightarrow[CH_3OH]{O_3}$ $\xrightarrow[Zn]{H_2O, CH_3COOH}$ $OHC(CH_2)_4CHO$

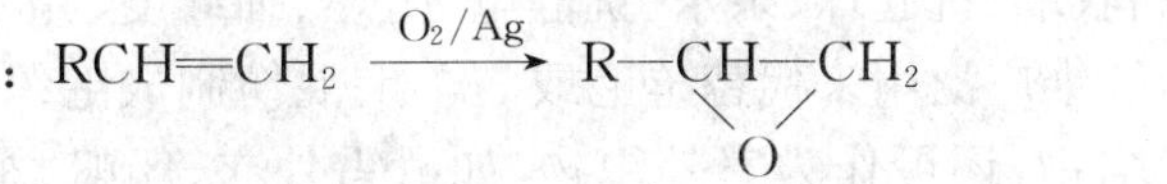

(3) 催化氧化：$RCH=CH_2$ $\xrightarrow{O_2/Ag}$ $R-CH-CH_2$（环氧，O）

3. 聚合反应。

4. α-H 的卤化反应：

$$CH_3CH=CH_2 \xrightarrow[>500℃]{Cl_2} CH_2Cl-CH=CH_2$$

二、制法

1. 醇脱水：$RCH(OH)CH_2R' \xrightarrow[\text{或} Al_2O_3(\text{不重排})]{\text{浓硫酸}(\text{可重排})} RCH=CH-R' + H_2O$

2. 卤代烃脱 HX：$RCH(X)CH_2R' \xrightarrow[\Delta]{KOH, \text{醇}} R-CH=CH-R' + HX$

【阅读材料】

聚丙烯腈的应用

聚丙烯腈是由单体丙烯腈经自由基聚合反应而得到。大分子链中的丙烯腈单元是接头—尾方式相连的。聚丙烯腈外观为白色粉末状，密度为 1.14～1.15 g·cm^{-3}，加热至 220℃～300℃时软化并发生分解。玻璃化转变温度：104℃，为白色或略带黄色的不透明粉末；相对密度 1.12，玻璃化温度约 90℃。它溶于二甲基甲酰胺、二甲基亚砜、环丁砜、硝酸亚乙基酯等极性有机溶剂，还能溶于硫氰酸盐、过氯酸盐、氯化锌、溴化锂等无机盐的浓水溶液，以及浓硝酸等特殊溶剂。它的软化温度和分解温度很接近，加热至 200℃ 以上也不熔化，而是逐渐着色，以至碳化。聚丙烯腈主要用于制聚丙烯腈纤维。聚丙烯腈纤维（俗称腈纶）的强度并不高，耐磨性和抗疲劳性也较差。聚丙烯腈纤维的优点是耐候性和耐日晒性好，在室外放置 18 个月后还能保持原有强度的 77%。它还耐化学试剂，特别是无机酸、漂白粉、过氧化氢及一般有机试剂。

聚丙烯腈纤维的研究始于 20 世纪 30 年代。1931 年德国法本公司的 Rain 首次制造了聚丙烯腈(PAN)，但由于此种聚合物不溶于大多数有机、无机溶剂且熔融温度高于分解温度，所以无法采用当时已知的溶液纺丝及熔融法纺丝，PAN 未能制成纤维。40 年代，PAN 纤维首先由杜邦公司实现了工业化。

聚丙烯腈纤维（俗称腈纶）的强度并不高，耐磨性和抗疲劳性也较差。聚丙烯腈纤维的优点是耐候性和耐日晒性好，在室外放置 18 个月后还能保持原有强度的 77%。它还耐化学试剂，特别是无机酸、漂白粉、过氧化氢及一般有机试剂。聚丙烯腈对碱不稳定，遇碱易着色，在 80℃ 以上的浓碱中能水解为聚丙烯酸钠。在回弹性和卷曲性方面，与羊毛存在很大的差距。随着合成纤维生产技术的不断发展，复合聚丙烯腈纤维以及各种改性聚丙烯腈相继出现，如高收缩、抗起球、亲水、抗静电、阻燃、细纤度、异型截面等品种都已有商品生产。聚丙烯腈纤维广泛用来代替羊毛或与羊毛混纺制成毛织物等，可代替部分羊毛制作毛毯和地毯等织物，还可作为室外织物，如滑雪外衣、船帆、军用帆布、帐篷等。聚丙烯腈中空纤维膜具有透析、超滤、反渗透和微过滤等功能，可用于医用器具、人工器官、超纯水制造、污水处理和回用等。

聚丙烯腈主要用于制造合成纤维(如腈纶)。用85%以上的丙烯腈和其他第二、第三单体共聚的高分子聚合物仿制的合成纤维。聚丙烯腈纤维的中国商品名。俗称人造羊毛。美国杜邦公司于20世纪40年代研制成功纯聚丙烯腈纤维(商品名为"奥纶"),因染色困难、易原纤化,一直未投入工业化生产。后来在改善聚合物的可仿性和纤维的染色性的基础上,腈纶才得以实现工业化生产。各个国家有不同的商品名,如美国有奥纶、阿克利纶、克丽斯纶、泽弗纶,英国有考特尔,日本有毛丽龙、开司米纶、依克丝兰、贝丝纶等。腈纶密度一般为 $1.16\sim1.18\ g\cdot cm^{-3}$,标准回潮率为 $1.0\%\sim2.5\%$。纤维的特点是蓬松性和保暖性好,手感柔软,并具有良好的耐气候性和防霉、防蛀性能;主要用做人造纤维(俗称人造羊毛),制毛线、针织物(纯纺或与羊毛混纺)和机织物,尤其适宜做室内装饰布如窗帘等。在材料学中,常以聚丙烯腈为基体来合成多空材料,如 PAN 基活性炭。

习题 11 写出己烯(C_6H_{12})的构造异构体,命名之并指出哪些有顺反异构体。

习题 12 写出下列各基团或化合物的结构式。
(1)乙烯基　　(2)丙烯基　　(3)烯丙基　　(4)异丙烯基
(5)4-甲基-顺-2-戊烯　　(6)(E)-3,4-二甲基-3-庚烯

习题 13 试给出经臭氧氧化、锌粉水解后生成下列产物的烯烃的结构式。

(1)CH_3CH_2CHO 和 $HCHO$　　(2)$CH_3CH_2\overset{\overset{O}{\|}}{C}CH_3$ 和 CH_3CHO

(3)CH_3CHO,CH_3COCH_3 和 $H_2C\overset{\displaystyle CHO}{\underset{\displaystyle CHO}{\diagdown\!\!\!\diagup}}$

习题 14 化合物 A,B,C 均为庚烯的异构体,A 经臭氧还原水解成 CH_3CHO 和 $CH_3CH_2CH_2CH_2CHO$;用同样的方法处理 B 得到 CH_3COCH_3 和 $CH_3CH_2COCH_3$;用同样的方法处理 C 生成 CH_3CHO 和 $CH_3CH_2COCH_2CH_3$。试写出 A,B,C 的结构式。

习题 15 一化合物分子式为 C_8H_{16},它可以使溴水褪色,也可溶于浓硫酸;经臭氧化反应后并在锌粉存在下水解只得到一种产物:丁酮 $CH_3CH_2COCH_3$。写出该烯烃的可能结构式。

第四章 炔烃

学习目标

知识目标

1. 掌握炔烃的结构及化学性质,了解炔烃的物理性质。
2. 掌握炔烃的命名。
3. 理解炔烃与烯烃加成反应的差异。
4. 掌握炔烃的制备,了解一些重要炔烃用途。

能力目标

1. 能将炔烃的化学特性应用于化学鉴别中。
2. 能写出炔烃发生反应的主要产物。

炔烃是分子中含有 —C≡C— 的不饱和烃,其组成通式为 C_nH_{2n-2}。—C≡C— 是炔烃的官能团,炔烃也形成一个同系列。

§4-1 炔烃的命名

炔烃的系统命名法与烯烃相同,只是将"烯"字改为"炔"字,如:

$$CH_3C≡CH \qquad CH_3C≡CCH_3 \qquad (CH_3)_2CHC≡CH$$
丙炔   2-丁炔   3-甲基-1-丁炔

分子中同时含有双键和叁键的化合物,称为烯炔类化合物。命名时,选择包括双键和叁键均在内的碳链为主链,编号时应遵循最低系列原则,书写时先烯后炔。

$$CH_3-CH=CH-C≡CH \qquad CH_2=CH-CH=CH-C≡CH$$
3-戊烯-1-炔   1,3-己二烯-5-炔

双键和叁键处在相同的位次时,应使双键的编号最小。

$$CH≡C-CH_2-CH=CH_2$$
1-戊烯-4-炔(不叫 4-戊烯-1-炔)

在炔烃分子中,叁键处于末端的,如 RC≡CH、HC≡CH,叫做末端炔烃;处于中间的,叫做非末端炔烃,如 $R_1C≡CR_2$。在末端炔烃分子中,C≡C 叁键上的氢原子叫做炔氢。

习题 1 命名下列炔烃。
(1) $(CH_3)_2CHC\equiv CCH(CH_2)_2$
(2) $CH_2=CH-CH_2-C\equiv CH$
(3) $CH_3-CH-C\equiv CH$
         $|$
         CH_3
(4) $CH_3-CH_2-C\equiv CCHCH_3$
                        $|$
                        CH_2CH_3

习题 2 写出下列化合物的结构式。
(1) 4-甲基-1-戊炔   (2) 3-甲基-3-戊烯-1-炔
(3) 1,5-己二炔   (4) 乙基叔丁基乙炔

§4-2 炔烃的结构

炔烃的结构特征是分子中含有碳碳叁键。下面以乙炔为例,说明叁键的结构。乙炔是最简单的炔烃,分子式为 C_2H_2,结构式为 $HC\equiv CH$。现代物理方法证明,乙炔分子里碳碳叁键与 C—H 键的夹角是 180°,乙炔分子的四个原子在一条直线上,碳碳叁键的键长为 0.12 nm,比碳碳双键的键长短。这是由于两个碳原子之间的电子云密度较大,使两个碳原子较之乙烯更为靠近(图 4-1)。但叁键的键能只有 836.8 kJ·mol^{-1},比三个单键的键能和(345.6 kJ·mol^{-1}×3)要小。

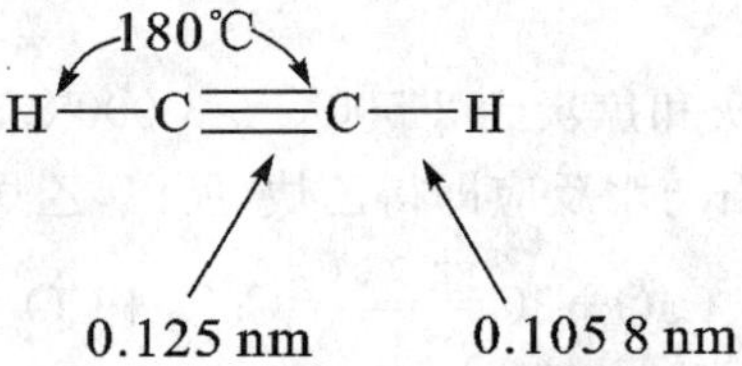

H—C≡C—H   180°

0.125 nm   0.105 8 nm

图 4-1 乙炔分子的直线型结构

根据杂化轨道理论,乙炔分子中的碳原子在形成碳碳叁键时,是以 sp 杂化方式参与成键,两个碳原子各以一条 sp 杂化轨道互相重叠形成一个碳碳 σ 键,每个碳原子又各以一个 sp 轨道分别与一个氢原子的 1s 轨道重叠,各形成一个碳氢 σ 键,这三个 σ 键在同一条直线上。

此外,两个碳原子还各有两个相互垂直的未杂化的 2p 轨道,其对称轴彼此平行,相互"肩并肩"重叠形成两个相互垂直的 π 键,从而构成了碳碳叁键。两个 π 键电子云对称地分布在碳碳 σ 键周围,呈圆筒形,如图 4-2 所示。

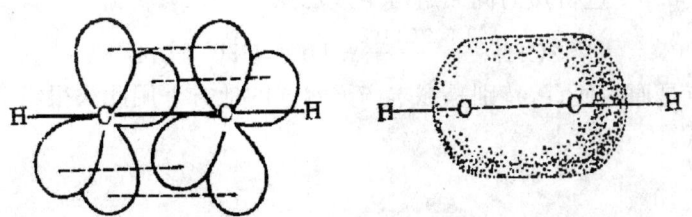

图 4-2 乙炔分子中 π 键的形成及电子云分布

其他炔烃中的叁键,也都是由一个 σ 键和两个 π 键组成的。

乙炔分子的立体模型,如图 4-3 所示。由于叁键的几何形状为直线形,叁键碳原子上只可能连有一个取代基,因此炔烃不存在顺反异构现象,炔烃异构体的数目比分子中含相同碳原子数的烯烃少。

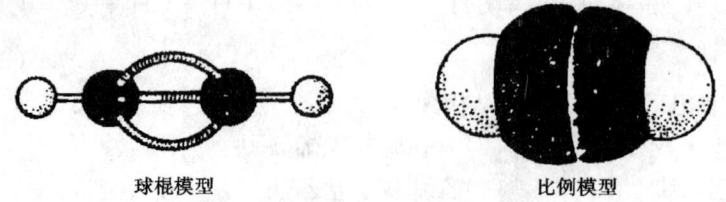

球棍模型　　　　　　　　　　比例模型

图 4-3　乙炔的立体模型示意图

§4-3　乙炔及其他炔烃的制法

一、乙炔的制法

乙炔是有机化学工业的一个基础原料,用于生产乙醛、乙酸、乙酐以及氯丁橡胶等。此外,乙炔在氧中燃烧时生产的氧乙炔焰能达到 3 000℃ 以上的高温,工业上常用来焊接或切断金属材料。

工业上生产乙炔有两种方法。

(一)以电石为原料

在高温电炉中加热生石灰和焦炭到 2 500℃～3 000℃,生石灰即与焦炭反应生成碳化钙。碳化钙俗名电石。电石与水反应即得乙炔,所以,乙炔俗名电石气。

$$CaO + 3C \xrightleftharpoons{2\,500℃} CaC_2 + CO$$

$$\begin{array}{c} HO—H \\ HO—H \end{array} \quad Ca\begin{Vmatrix} C \\ \ \\ C \end{Vmatrix} \longrightarrow HC≡CH\uparrow + Ca(OH)_2$$

乙炔中含有的硫化氢、磷化氢等杂质在实验室或工业上一般是采用氧化法除去。把乙炔通入次氯酸钠水溶液中,硫化氢、磷化氢等就被氧化成为硫酸盐、磷酸盐等而除去。

由上述方法得到的乙炔纯度较高,生产流程简单,但耗电量大、成本高、污染严重。

(二)以天然气为原料

天然气在 1 500℃ 进行短时间裂解可生成乙炔。

$$2CH_4 \xrightarrow{1\,500℃\ 电弧} HC≡CH + 3H_2$$

此法的优点是原料便宜,特别是在丰产天然气的地方采用此法很经济,但用此法得到的乙炔纯度较低。

二、其他炔烃的制法

(一)邻二卤代烷脱卤化氢制备

$$R-\underset{X}{CH}-\underset{X}{CH}-R' \xrightarrow{KOH(醇)} R-CH=\underset{X}{C}-R' \xrightarrow[\text{或}KOH(醇),\Delta]{NaNH_2} R-C\equiv C-R'$$

二卤代烷脱去第一分子卤化氢是比较容易的,是制备不饱和卤代烃的一个常见的方法。脱去第二分子卤化氢较困难,需使用较激烈的条件用热的 KOH 或 NaOH(醇)溶液,或使用较强的碱如 $NaNH_2$ 才能形成炔烃。

(二)由炔化物制备(见§4-5)

$$RC\equiv CNa + R'Br \xrightarrow{液氨} RC\equiv CR'$$

炔化物(炔化钠等)和伯卤代烷作用就得到了碳链增长的炔烃。

$$NaC\equiv CNa + 2RBr \xrightarrow{液氨} RC\equiv CR$$

实验室中从乙炔制备其他炔烃时普遍采用此法。

§4-4 炔烃的物理性质

纯净的乙炔是无色、无臭的气体。乙炔的临界温度为 36.5℃,临界压力为 6.17 MPa。常温在乙炔的临界温度以下,所以常温时增大压力可使乙炔液化。液态乙炔受到震动会发生爆炸,所以在乙炔钢瓶中既要填入多孔性物质如硅藻土、石棉等,又要加入丙酮作为溶剂,这样存储、运输、使用可以避免危险。

乙炔与空气组成爆炸性的混合气体。空气中含有 3%~81%(体积分数)的乙炔时,点火就会发生爆炸。乙炔与空气组成的爆炸气体的组成范围比其他烃类要大得多。在生产、使用乙炔时必须注意这一点,防止发生爆炸。

简单炔烃的沸点、熔点以及相对密度,一般比分子中碳原子数相同的烷烃和烯烃高一些。这是由于炔烃分子较短小、细长,在液态和固态中分子可以彼此靠得很近,分子间的范德华力很强。炔烃分子极性略比烯烃强,不易溶于水,而易溶于石油醚、乙醚、苯和四氯化碳等有机溶剂中。

常见炔烃的物理常数见表 4-1。

表 4-1 炔烃的物理常数

名称	结构简式	熔点/℃	沸点/℃	相对密度(20℃)
乙炔	$HC\equiv CH$	−81.8	−83.4	0.618
丙炔	$HC\equiv CCH_3$	−101.5	−23	0.617
1-丁炔	$HC\equiv CCH_2CH_3$	−122.5	8.5	0.668
1-戊炔	$HC\equiv C(CH_2)_2CH$	−98	39.7	0.695
1-己炔	$HC\equiv C(CH_2)_3CH$	−124	71.4	0.719
1-庚炔	$HC\equiv C(CH_2)_4CH$	−80.9	99.8	0.733

§4-5 炔烃的化学性质

叁键是炔烃的官能团,所以炔烃的化学性质和烯烃相似,也能发生加成、氧化和聚合等反应。但由于炔烃中的π键和烯烃中的π键在强度上有差异,两者在化学性质上有所差别,即炔烃的亲电加成反应活泼性不如烯烃,且炔烃叁键碳上的氢显示一定的酸性。

炔烃的主要化学反应如下:

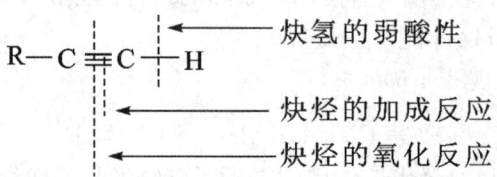

一、加成反应

(一) 催化加氢

在常用的催化剂如铂、钯的催化下,炔烃和足够量的氢气反应生成烷烃,反应难以停止在烯烃阶段。

$$R-C\equiv C-R' \xrightarrow{H_2}{Pd} R-CH=CH-R' \xrightarrow{H_2}{Pd} R-CH_2$$

如果只希望得到烯烃,可使用活性较低的催化剂。常用的是林德拉(Lindlar)催化剂(钯附着于碳酸钙上,加少量醋酸铅和喹啉使之部分毒化,从而降低催化剂的活性),在其催化下,炔烃的氢化可以停留在烯烃阶段。这表明,催化剂的活性对催化加氢的产物有决定性的影响。部分氢化炔烃的方法在合成上有广泛的用途。

$$R-C\equiv C-R' + H_2 \xrightarrow{Lindlar 催化剂} R-CH=CH-R'$$

(二) 与卤素加成

炔烃也能和卤素(主要是氯和溴)发生亲电加成反应。反应是分步进行的,1 mol 炔烃先加 1 mol 卤素生成二卤代烯,然后继续加成得到四卤代烷烃。

$$CH_3-C\equiv CH \xrightarrow{Br_2/CCl_4} CH_3-\underset{Br}{\underset{|}{C}}=\underset{Br}{\underset{|}{CH}} \xrightarrow{Br_2/CCl_4} CH_3-\underset{Br}{\overset{Br}{\underset{|}{\overset{|}{C}}}}-\underset{Br}{\overset{Br}{\underset{|}{\overset{|}{CH}}}}$$

              1,2-二溴丙烯   1,1,2,2-四溴丙烷

与烯烃一样,炔烃与红棕色的溴溶液反应生成无色的溴代烃,所以此反应可用于炔烃的鉴别。

但炔烃与卤素的亲电加成反应活性比烯烃小,反应速度慢。例如,烯烃可使溴的四氯化碳溶液立刻褪色,炔烃却需要几分钟才能使之褪色,乙炔甚至需在光或三氯化铁催化下才能加溴。所以,当分子中同时存在双键和叁键时,首先进行的是双键加成。例如,在低温、缓慢地加入溴的条件下,叁键可以不参与反应。

$$CH_2=CH-CH_2-C\equiv CH + Br_2 \longrightarrow \underset{\underset{Br}{|}}{CH_2}-\underset{\underset{Br}{|}}{CH}-CH_2-C\equiv CH$$
4,5-二溴-1-戊炔

(三) 与卤化氢加成

炔与烯烃一样,可与卤化氢加成,并遵循马氏规则。反应是分两步进行的,控制试剂的用量可只进行一步反应,生成卤代烯烃。

$$CH\equiv CH \xrightarrow{HI} CH_2=CHI \xrightarrow{HI} CH_3-CHI_2$$
碘乙烯   1,1-二碘乙烷

$$CH_3CH_2C\equiv CH \xrightarrow{HBr} \underset{\underset{Br}{|}}{CH_3CH_2C}=CH_2 \xrightarrow{HBr} CH_3CH_2\underset{\underset{Br}{|}}{\overset{\overset{Br}{|}}{C}}-CH_3$$
2-溴-1-丁烯   2,2-二溴丁烷

乙炔和氯化氢的加成要在氯化汞催化下才能顺利进行,如:

$$CH\equiv CH \xrightarrow[HgCl_2]{HCl} CH_2=CHCl \xrightarrow[HgCl_2]{HCl} CH_3-CHCl_2$$
氯乙烯   1,1-二氯乙烷

氯乙烯是合成聚氯乙烯塑料的单体。

(四) 与水加成

在稀硫酸水溶液中,用汞盐做催化剂,炔烃可以和水发生加成反应。例如,乙炔在10%硫酸和5%硫酸汞水溶液中发生加成反应生成乙醛,这是工业上生产乙醛的方法之一。

$$CH\equiv CH + HOH \xrightarrow[H_2SO_4]{HgSO_4} [CH_2=CH-OH] \xrightarrow{重排} CH_3-CHO$$
乙烯醇   乙醛

反应时,首先是叁键与一分子水加成,生成羟基与双键碳原子直接相连的加成产物,称为烯醇;具有这种结构的化合物很不稳定,容易发生重排,形成稳定的羰基化合物。

炔烃与水的加成遵从马氏规则,因此除乙炔得到乙醛外,其他炔烃与水加成均得到酮。

$$RC\equiv CH + HOH \xrightarrow[H_2SO_4]{HgSO_4} \left[\underset{\underset{OH}{|}}{RC}=CH_2\right] \xrightarrow{重排} R-\overset{\overset{O}{\|}}{C}-CH_3$$

由于汞盐有剧毒,因此很早已开始非汞催化剂的研究并已取得很大进展。

(五) 与氢氰酸加成

乙炔可与 HCN、RCOOH 等含有活泼氢的化合物发生加成反应,反应的结果可以看做这些试剂的氢原子被乙烯基($CH_2=CH-$)所取代,因此这类反应通称为乙烯基化反应。其反应机理不是亲电加成,而是亲核加成。烯烃不能与这些化合物发生加成反应。

$$CH\equiv CH + HCN \xrightarrow{Cu_2Cl_2} CH_2=CH-CN$$
丙烯腈

丙烯腈是工业上合成腈纶和丁腈橡胶的重要单体。

二、聚合反应

乙炔在催化剂作用下,也可以发生聚合反应。与烯烃不同,它一般不聚合成高聚物,在氯化亚铜和氯化铵的作用下,可以发生二聚或三聚作用,这种聚合反应可以看做乙炔的自身加成反应,如:

$$CH\equiv CH + CH\equiv CH \xrightarrow[NH_4Cl]{CuCl_2} CH_2=CH-C\equiv CH \xrightarrow[NH_4Cl]{CuCl_2} CH_2=CH-C\equiv C-CH=CH_2$$

乙烯基乙炔　　　　　　　　二乙烯基乙炔

三、氧化反应

(一) 高锰酸钾氧化

炔烃可被高锰酸钾等氧化剂氧化,生成羧酸或二氧化碳。

$$RC\equiv CH \xrightarrow[H^+]{KMnO_4} R-\overset{O}{\underset{}{C}}-OH + CO_2 + H_2O$$

$$RC\equiv CR' \xrightarrow[H^+]{KMnO_4} R-\overset{O}{\underset{}{C}}-OH + R-\overset{O}{\underset{}{C}}-OH$$

反应后高锰酸钾溶液的紫色消失,因此,这个反应可用来检验分子中是否存在叁键。根据所得氧化产物的结构,还可推知原炔烃的结构。

(二) 臭氧氧化

炔烃与烯烃相似,能被臭氧氧化裂解,水解产物是羧酸,根据生成的羧酸的结构可确定叁键的位置。

$$RC\equiv CH \begin{cases} \xrightarrow{1.\ O_3}_{2.\ H_2O} RCOOH + HCOOH \\ \xrightarrow{KMnO_4} RCOOH + CO_2\uparrow \end{cases}$$

$$RC\equiv CR' \begin{cases} \xrightarrow{1.\ O_3}_{2.\ H_2O} RCOOH + R'COOH \\ \xrightarrow{KMnO_4} RCOOH + R'COOH \end{cases}$$

四、炔氢的反应

(一) 与氨基钠反应

硫酸的酸性强度比醋酸大很多,因此醋酸根负离子可以定量地把硫酸转变为硫酸氢根负离子。同理,乙炔($pKa=25$)的酸性强度比氨($pKa=34$)大很多,氨基负离子可以定量地把乙炔转变为乙炔基负离子。

$$CH\equiv CH + NaNH_2 \xrightarrow[-33℃]{液氨} CH\equiv C^-Na^+ + NH_3$$

在液氨中,用氨基钠(1 mol)处理乙炔是实验室中制备乙炔钠普遍采用的方法。

$$NaNH_2 \begin{cases} \xrightarrow{HC\equiv CH} HC\equiv CNa + NH_3 \\ \xrightarrow{RC\equiv CH} RC\equiv CNa + NH_3 \end{cases}$$

(二)炔银、炔亚铜的生成

末端炔烃分子中的炔氢可被 Ag^+ 或 Cu^+ 取代生成炔银或炔亚铜。例如,把乙炔通入硝酸银的氨溶液中,立即生成白色乙炔银沉淀。

$$\underset{\text{硝酸银氨溶液}}{CH\equiv CH + 2[Ag(NH_3)_2]NO_3} \longrightarrow \underset{\text{乙炔银(白色)}}{AgC\equiv CAg\downarrow} + 2NH_4NO_3 + 2NH_3$$

把乙炔通入氯化亚铜的氨溶液中,则立即生成棕红色乙炔亚铜沉淀。

$$\underset{\text{氯化铜氨溶液}}{CH\equiv CH + 2[Cu(NH_3)_2]Cl} \longrightarrow \underset{\text{乙炔亚铜(棕红色)}}{CuC\equiv CCu\downarrow} + 2NH_4NO_3 + 2NH_3$$

这是具有 $C\equiv C-H$ 结构的末端炔烃的一个特征反应。反应非常灵敏,在实验室中和生产上经常用于乙炔以及其他末端炔烃的分析、鉴定。

炔亚铜和炔银不与水反应,也不溶于水,但是它们可以被稀硝酸分解,重新生成末端炔烃。这个性质在实验室中可以用来分离、精制末端炔烃。

炔亚铜和炔银在干态受热和振动容易爆炸,应注意安全。

本章小结

一、化学性质提要

1. 加成反应:

$$R-C\equiv CR' \xrightarrow{\text{马氏加成}} \begin{cases} \xrightarrow{H_2/\text{Lindlar Pd}} \underset{H}{\overset{R}{>}}C=C\underset{H}{\overset{R'}{<}} \xrightarrow{H_2/Pt} RCH_2CH_2R' \\ \xrightarrow{X_2(X_2=Br_2,Cl_2)} \underset{X}{\overset{R}{>}}C=C\underset{R'}{\overset{X}{<}} \xrightarrow{X_2} RCX_2CX_2R' \\ \xrightarrow{HX/HgX_2} RC=CHR' \\ | \\ X \end{cases} \xrightarrow{HX} \begin{matrix} X \\ | \\ RC-CH_2R' \\ | \\ X \end{matrix}$$

$$\xrightarrow{HgSO_4, H^+} \underset{OH}{RC=CHR'} \longrightarrow \underset{O}{R-C-CH_2R'}$$

2. 聚合反应。

3. 氧化反应：

$$RC\equiv CR' \xrightarrow{\text{过量 } KMnO_4} RCOOH + R'COOH$$

$$RC\equiv CH \begin{cases} \xrightarrow{1.\ O_3}_{2.\ H_2O} RCO_2H + HCO_2H \\ \xrightarrow{KMnO_4} RCOOH + CO_2\uparrow \end{cases}$$

$$RC\equiv CR' \begin{cases} \xrightarrow{1.\ O_3}_{2.\ H_2O} RCOOH + R'COOH \\ \xrightarrow{KMnO_4} RCOOH + R'COOH \end{cases}$$

4. 炔氢的反应：

(1) 炔钠：$HC\equiv CH \xrightarrow{NaNH_2,\text{液氨}} HC\equiv CNa \xrightarrow{CH_3CH_2Br,\text{液氨}} HC\equiv CCH_2CH_3$

(2) 炔银、炔亚铜：

$$CH\equiv CH \xrightarrow{Ag(NH_3)_2NO_3} AgC\equiv CAg\downarrow (\text{白色沉淀}) \xrightarrow{HNO_3} CH\equiv CH$$

$$CH\equiv CH \xrightarrow{Cu(NH_3)_2Cl} CuC\equiv CCu\downarrow (\text{砖红色沉淀}) \xrightarrow{HNO_3} CH\equiv CH$$

二、制法

1. 二卤代烷脱 HX：

$$\underset{\underset{X}{|}}{R}CH-\underset{\underset{X}{|}}{C}H_2 \xrightarrow[\Delta]{2KOH,\text{醇}} RC\equiv CH$$

2. 炔钠与卤代烷反应：

$$CH\equiv CH \xrightarrow{NaNH_2,\text{液氨}} CH\equiv CNa \xrightarrow{RX} RC\equiv CH$$

3. 乙炔的制法：

$$CaO + 3C \xrightarrow{\text{电炉}} CaC_2 + CO$$

$$CaC_2 + 2H_2O \longrightarrow Ca(OH)_2 + HC\equiv CH\uparrow$$

【阅读材料】

绿色农药与传统农药给人们带来的利与弊

农药是指具有杀虫、杀菌、杀病毒、除草等功能的化学药物。现代农药还包括植物生长调节剂。1994 年，美国环保局又将转基因作物列入农药的范畴，并建立相应法规及登记程序。

一、人类对农药的需要

20 世纪以来，世界人口增长的速度逐渐加快：1930 年为 20 亿，1960 年达到 30 亿，

1974年达到40亿，1987年7月11日世界人口总数达到50亿，1999年突破60亿。造成人口快速增长的因素有很多，而粮食产量的增长无疑是重要因素之一。由于耕地有限，粮食产量的增加只能靠提高单产。病虫害和杂草历来是农业生产的大敌。历史上曾经发生过很多次大灾害，如1845年由于马铃薯晚疫病大流行所造成的震惊世界的爱尔兰大饥荒，1870～1880年间由于葡萄霜霉病大流行所导致的法国葡萄种植业的崩溃以及葡萄酒酿造业的倒闭，我国历史上十多次由于"南螟北蝗"造成的全国大饥荒等，都是由于缺乏有效的防治手段的结果。

历史和现实都证明，农药是防治病虫害、提高粮食单产的重要物质。由于使用化学农药有效控制了农作物的病、虫、草害，全世界每年挽回农作物总产量30%～40%的损失，挽回经济损失3 000亿美元，20多种由昆虫、蜱螨引起的严重威胁人类健康的疾病也得到了有效的控制。据世界卫生组织报道，采用DDT防治疟蚊，在1948年至1970年间，使5 000万人免于死亡，减少各种疫病患者10亿之多。

我国由于使用农药，一些常见的病虫草害得到了有效的防治，每年可挽回粮食损失3 150万吨左右，棉花损失115万吨，油料损失150万吨，挽回经济损失300亿元。

农药在大规模使用过程中虽然挽回了大量的经济损失，但也出现了各种问题。

（一）农药引起的急性中毒

据世界卫生组织（WHO）统计，全世界每年发生50万起农药急性中毒事故，涉及200万人，其中大约4万人死亡。每10万个接触农药的农业人口中，每年有6～79个发生农药中毒事故，且75.4%的急性中毒系由有机磷引起。

我国目前使用的农药大多属于中等毒性或低毒品种，使用比较安全，只有少数农药如甲胺磷、对硫磷、甲基对硫磷、磷胺、久效磷等属于高毒农药品种，使用不当会发生急性中毒，对人的神经系统、循环系统、血液系统、消化系统、泌尿系统、生殖系统等产生损害。

我国1992～1996年间共发生农药中毒事故247 349例，死亡人数24 612人。中毒原因和途径多种多样，有生产性中毒和投毒、自杀、误服、误触中毒。此外，因食用被农药污染的农副产品而中毒伤亡的事故也屡屡发生。

（二）农药对环境和土壤的污染

半个多世纪以来由于农药的大量、大面积使用，不当滥用，以及农药的不可降解性，已对地球造成严重的污染，并由此威胁着人类的安全。

由于农药的施用通常采用喷雾的方式，农药中的有机溶剂和部分农药飘浮在空气中，污染大气；残留土壤中的农药一方面可通过渗透作用到达地层深处，从而污染地下水，另一方面可被雨水冲刷进入江河，进而污染海洋。这样，农药就由气流和水流带到世界各地。在远离农业活动的南极和北极地区，以及地球之巅——喜马拉雅山顶上，均发现有DDT和六六六的残留。可以说，目前在地球上已经找不到一块没有被农药污染过的地方了。

土壤是农药在环境中的主要"贮藏库"，田间施用的农药大部分最终都进入土壤中，且主要集中在地表0～30 cm的土壤中。据统计，中国每年农药使用面积达1.8亿公顷次，20世纪50年代以来使用的六六六达到400万吨、DDT 50多万吨，受污染农田1 330万公顷。

(三) 农药对生态的破坏

传统化学农药结构稳定，难以降解，加上农药的不当滥用，导致害虫、病菌的抗药性。据统计，世界上产生抗药性的害虫从1991年的15种增加到目前的800多种，我国也至少有50多种害虫产生抗药性。抗药性的产生造成用药量的增加，乐果、敌敌畏等常用农药的稀释浓度已由常规的1/1 000提高到1/400～1/500，某些菊酯类农药稀释倍数也由3 000～5 000倍提高到1 000倍左右。

农药用药量的增加还会杀死有益生物，如天敌、鸟类、鱼、蛙、蚯蚓等生物，破坏了自然界的生态平衡，使过去未构成严重危害的病虫害大量发生，如红蜘蛛、介壳虫、叶蝉及各种土传病害。这种使用农药的恶性循环，不仅使防治成本增高、效益降低，更严重的是造成人畜中毒事故增加。

(四) 农药对粮食和果蔬的污染

农药的使用不可避免地造成粮食和果蔬的污染。而生产者缺乏安全用药意识和知识，频繁使用农药，并当病菌和害虫对一些常用农药产生抗药性后擅自提高浓度，增加喷药次数，更进一步加剧了农药对粮食和果蔬的污染。据报道，我国粮食中有机氯的检出率为100%，小麦中666含量超标率为95%。由于化学农药残留量超标，影响了我国农产品出口贸易。1998年，我国向日本出口了300吨茶叶，经检验化学农药残留量超标，对方拒收退货，直接经济损失近1亿元人民币。近8年来，我国农产品出口因农药残留而受到影响的退货损失达74亿美元。

20世纪90年代初，由于菜农违规使用甲胺磷，在供港蔬菜中发生甲胺磷残留量严重超标事件，引发200多人食用后中毒，造成震惊香港的毒菜事件。

二、绿色农药

绿色农药是指对防治病菌、害虫高效而对人畜、害虫天敌、农作物安全，在环境中易分解、在农作物中低残留或无残留的农药。

过去几年，科学家发现一种名为"Metarhizium"的真菌，既能杀灭蝗虫，又不伤害其他生物。为此，世界银行的农业研究机构在将这种真菌大规模生产后，制成了新型灭蝗农药。现在普遍使用的灭蝗农药滴滴涕杀灭蝗虫的效果虽然也较好，但它也会威胁到人类的健康；而其他的原有的滴滴涕的替代品，不仅灭蝗效果欠佳，毒性也较大。这种新型生物灭蝗农药高效、安全，每季只需喷洒一次便能达到预期的灭蝗效果，而其他杀虫剂每季则需喷洒3次才能将蝗虫消灭。

据参与该药试验的尼日利亚热带农业国际研究所的专家指出，农民对使用这种新型灭蝗农药普遍反映较好，认为对人体健康危害较小，唯一的缺陷是它的黏性较大，往往不容易进行喷洒。

最近，设在美国华盛顿的世界银行的农业研究机构，经过多年的研究，开发出一种安全低毒的新型灭蝗农药，并已在非洲的尼日利亚成功地进行了大面积的喷洒试验。这种名为"绿色杀手"的能杀灭蝗虫的新型生物杀虫剂有安全、高效的特点；其外观是油基液体，既可用手动喷雾器在小范围内喷洒，又可用飞机进行大面积喷洒。

习题 3 为什么乙炔的氢原子比乙烯和乙烷的氢原子都活泼？

习题 4 鉴别下列各组化合物。
(1) 1-丁炔和 2-丁炔　　　　　　　(2) 丁烷、1-丁炔和 1-丁烯

习题 5 以电石为原料合成下列化合物。
(1) 对称四氯乙烷　　　　　　　(2) 1,2-二氯-1,2-二溴乙烷
(3) 1,1,2-三氯乙烷

习题 6 以丙炔为原料并选用必要的无机试剂合成下列化合物。
(1) 丙酮　　　　　　　　　　(2) 2-溴丙烷
(3) 2,2-二溴丙烷

习题 7 写出下列化合物的结构式，并用系统命名法命名之。
(1) 烯丙基乙炔　　　　　　　(2) 丙烯基乙炔
(3) 二叔丁基乙炔　　　　　　(4) 异丙基仲丁基乙炔

习题 8 从乙炔出发合成下列化合物，其他试剂可以任选。
(1) 氯乙烯　　　　(2) 1,1-二溴乙烷　　　(3) 1,2-二氯乙烷
(4) 1-戊炔　　　　(5) 2-己炔　　　　　　(6) 乙醛

习题 9 完成下列反应式。

(1) $CH_2=CHCH_2C\equiv CH + Br_2(1\ mol) \longrightarrow ?$

(2) $CH_3CH_2C\equiv CH + H_2O \xrightarrow[\text{稀 } H_2SO_4]{HgSO_4} ?$

(3) 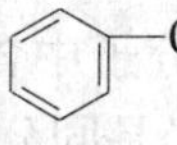 $\text{C}_6\text{H}_5\text{—}C\equiv CH + H_2O \xrightarrow[\text{稀 } H_2SO_4]{HgSO_4} ?$

(4) $HC\equiv CH + HCl \xrightarrow{HgCl_2} ?$

(5) $HC\equiv CH + HCN \xrightarrow{CuCl_2} ?$

习题 10 有化合物(A)和(B)，互为构造异构体，都能使溴的四氯化碳溶液褪色。(A)与 $Ag(NH_3)_2NO_3$ 反应生成沉淀，用 $KMnO_4$ 溶液氧化生成丙酸和 CO_2；(B)不与 $Ag(NH_3)_2NO_3$ 反应，用 $KMnO_4$ 溶液氧化只生成一种羧酸。试推测(A)和(B)的结构。

第五章 二烯烃

学习目标

知识目标

1. 掌握二烯烃的命名、结构及化学性质。
2. 理解共轭 π 键概念、类型、共轭效应及其对分子性质的影响。
3. 掌握共轭二烯烃的加成反应规律，双烯合成反应。
4. 了解二烯烃的分类；橡胶的种类及其应用。

能力目标

1. 会识别共轭 π 键的类型。
2. 初步学会应用电子效应来解释结构与性质的关系。
3. 能写出 1,3-丁二烯发生化学反应的主要产物。

分子中含有两个或两个以上双键的碳氢化合物称为多烯烃。其中，分子中含有两个双键的称为二烯烃或双烯烃，通式为 C_nH_{2n-2}，与分子中碳原子数相同的炔烃是同分异构体。

§5-1 二烯烃的分类和命名

一、二烯烃的分类

根据二烯烃分子中两个双键的相对位置不同，可将二烯烃分为以下三种类型。

（一）累积二烯烃

两个双键连在同一个碳原子上，即具有 $-C=C=C-$ 结构的二烯烃称为累积二烯烃，如丙二烯：

$$CH_2=C=CH_2$$

（二）隔离二烯烃

两个双键被两个或两个以上的单键隔开，即具有 $-C=CH(CH_2)_nCH=C-(n\geqslant 1)$ 结构的二烯烃称为隔离二烯烃，它们的性质与一般烯烃相似，如 1,4-戊二烯：

$$CH_2=CH-CH_2-CH=CH_2$$

（三）共轭二烯烃

两个双键被一个单键隔开，即具有 $-C=CH-CH=C-$ 结构的二烯烃称为共轭二烯烃。由于两个双键的相互影响，它们有一些独特的物理性质和化学性质，在理论研究和生产上都具有重要价值，如 1,3-丁二烯：

$$CH_2=CH-CH=CH_2$$

二、二烯烃的命名

二烯烃的系统命名法与单烯烃相似。命名时，取含双键最多的最长碳链为主链，称为某几烯，主链碳原子的编号从距离双键最近的一端开始。

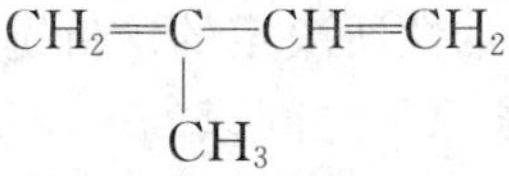

$$CH_2=C-CH=CH_2 \qquad CH_2=CH-CH=CH-CH=CH_2$$
$$\underset{CH_3}{|}$$

  2-甲基-1,3-丁二烯   1,3,5-己三烯
  （俗名　异戊二烯）

与单烯烃一样，多烯烃的双键两端连接的原子或基团各不相同时，也存在顺反异构现象。命名时要逐个标明其构型。例如，3-甲基-2,4-庚二烯有四种构型式：

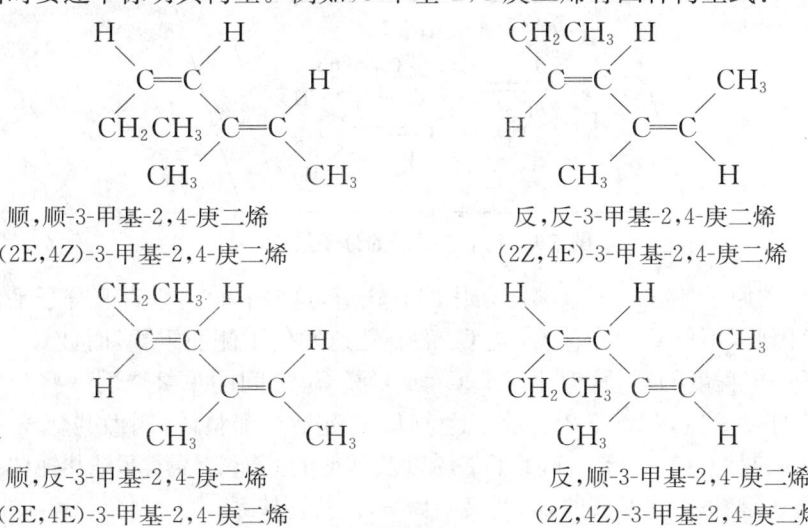

顺,顺-3-甲基-2,4-庚二烯   反,反-3-甲基-2,4-庚二烯
(2E,4Z)-3-甲基-2,4-庚二烯   (2Z,4E)-3-甲基-2,4-庚二烯

顺,反-3-甲基-2,4-庚二烯   反,顺-3-甲基-2,4-庚二烯
(2E,4E)-3-甲基-2,4-庚二烯   (2Z,4Z)-3-甲基-2,4-庚二烯

习题 1　写出下列化合物的结构式。
(1) 异戊二烯   (2) 顺,顺-2,4-庚二烯
(3) 3-甲基-2,4-己二烯   (4) 2-甲基-4-乙基-己二烯

习题 2　命名下列化合物。

(1) 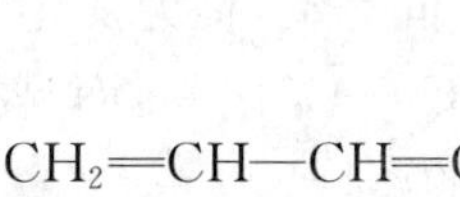 $H_2C=\underset{\underset{C_2H_5}{|}}{C}CH=CH_2$ (2) $CH_3-\underset{\underset{CH_3}{|}}{C}=CH-\underset{\underset{CH_3}{|}}{C}=CH_2$

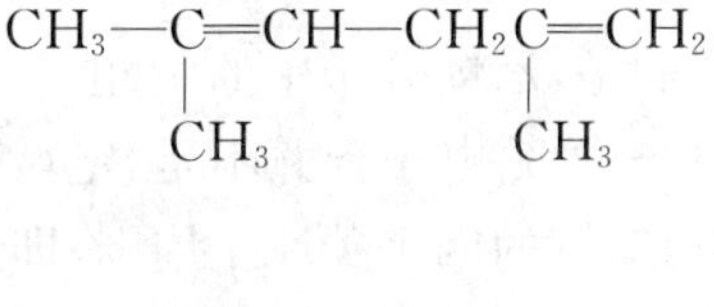

(3) $CH_2=CH-CH=CHCH_2CH_3$

§5-2 共轭二烯烃的结构和共轭效应

共轭二烯烃在结构和性质上都表现出一系列的特性。1,3-丁二烯是最简单的共轭二烯烃,下面以它为例来说明共轭二烯烃的结构特点。

实验证明,1,3-丁二烯分子中的碳碳双键的键长是 0.137 nm,比一般的碳碳双键稍长;碳碳单键键长是 0.146 nm,比一般的碳碳单键短。另外,它的一些物理性质和化学性质也有别于单烯烃和其他二烯烃,这是由其分子结构的特殊性所决定的。价键理论认为,在 1,3-丁二烯分子中,四个碳原子都是 sp^2 杂化的,相邻碳原子之间以 sp^2 杂化轨道相互轴向重叠形成三个 C—C σ 键,其余的 sp^2 杂化轨道分别与氢原子的 1s 轨道重叠形成六个 C—H σ 键。这些 σ 键都处在同一平面上,即 1,3-丁二烯的四个碳原子和六个氢原子都在同一个平面上,如图 5-1 所示。

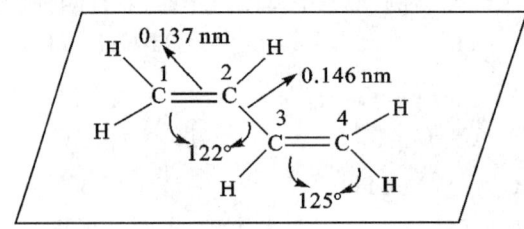

图 5-1　1,3-丁二烯的分子结构

此外,每个碳原子还有一个未参与杂化的 p 轨道,这些 p 轨道垂直于分子平面且彼此间相互平行。因此,不仅 C_1 与 C_2、C_3 与 C_4 的 p 轨道发生了侧面重叠,而且 C_2 与 C_3 的 p 轨道也发生了一定程度的重叠(但比 C_1—C_2 或 C_3—C_4 之间的重叠要弱一些),形成了包含四个碳原子的大 π 键,如图 5-2 所示。这个大 π 键是一个整体,叫做共轭 π 键。具有共轭 π 键的体系叫做共轭体系。1,3-丁二烯以及其他的共轭二烯烃都是共轭体系。这种共轭体系是由 π 键和 π 键形成的,因此又叫做 π,π-共轭体系。

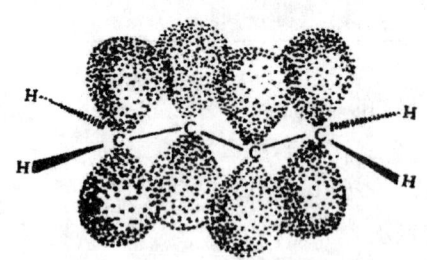

图 5-2　1,3-丁二烯分子中 p 轨道重叠示意图

与乙烯不同的是,乙烯分子中的 π 电子是在两个碳原子间运动,称为 π 电子定域,而在 1,3-丁二烯分子中,π 电子云并不是"定域"在 C_1—C_2 和 C_3—C_4 之间,而是扩展(或称离域)到整个共轭双键的四个碳原子周围,即发生了 π 电子的离域。

按照分子轨道理论的概念,1,3-丁二烯分子中四个碳原子的四个未杂化的 p 轨道线性组合形成四个分子轨道：两个成键轨道 ψ_1、ψ_2 和两个反键轨道 ψ_3、ψ_4，如图 5-3 所示。图形中的虚线表示垂直于分子平面的节面。

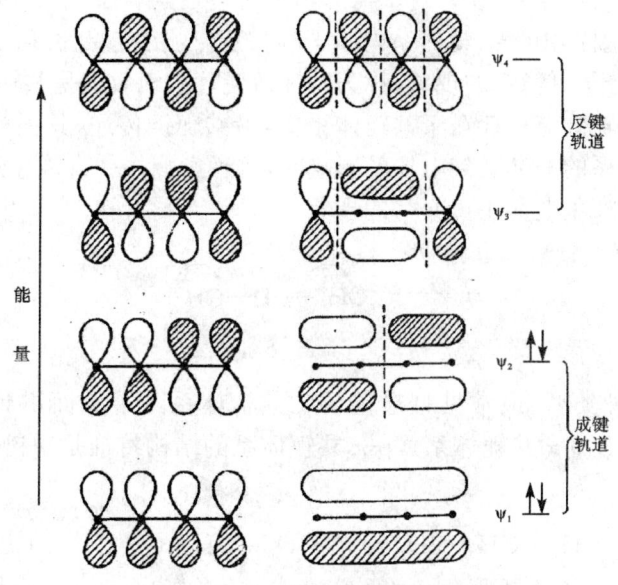

图 5-3　1,3-丁二烯的分子轨道

从图可以看出，ψ_1 分子轨道在垂直于碳碳 σ 键轴方向没有节面，ψ_2、ψ_3 和 ψ_4 轨道分别有一个、两个和三个节面。节面上电子云密度等于零，节面数目越多轨道能量越高。ψ_1 能量最低，ψ_2 能量稍高，它们的能量均比原来的原子轨道的能量低，都是成键轨道。ψ_3 和 ψ_4 的能量依次增高，它们的能量均比原来的原子轨道的能量高，都是反键轨道。

基态时，1,3-丁二烯分子中的四个 π 电子占有能量较低的 ψ_1 和 ψ_2 成键轨道，能量较高的反键轨道 ψ_3 和 ψ_4 中没有电子。成键 π 电子的运动范围不再仅局限于构成双键的两个碳原子之间，而是扩展到整个分子的四个碳原子之间的 π 分子轨道中，这种现象称为电子的离域。π 分子轨道 ψ_1 和 ψ_2 的叠加，不但使 C_1 与 C_2、C_3 与 C_4 之间的电子云密度增大，也部分地增大了 C_2 与 C_3 之间的电子云密度，使之与一般的碳碳 σ 键不同，具有了部分双键的性质。

由于 π 电子的离域，使得共轭分子中单、双键的键长趋于平均化。例如，1,3-丁二烯分子中 C_1—C_2、C_3—C_4 的键长为 0.133 7 nm，与乙烯的双键键长 0.134 nm 相近；而 C_2—C_3 的键长为 0.147 nm，比乙烷分子中的 C—C 单键键长 0.154 nm 短，显示了 C_2—C_3 键具有某些"双键"的性质。

同样，由于电子离域的结果，使共轭体系的能量显著降低，稳定性明显增加。这可以从氢化热的数据中看出。例如，1,3-戊二烯（共轭体系）和 1,4-戊二烯（非共轭体系）分别加氢时，它们的氢化热是明显不同的。

$CH_2\!=\!CH\!-\!CH\!=\!CH\!-\!CH_3 + 2H_2 \longrightarrow CH_3CH_2CH_2CH_2CH_3$　　氢化热 226 kJ·mol^{-1}

$CH_2\!=\!CH\!-\!CH_2\!-\!CH\!=\!CH_2 + 2H_2 \longrightarrow CH_3CH_2CH_2CH_2CH_3$　　氢化热 254 kJ·mol^{-1}

两个反应的产物相同，1,3-戊二烯的氢化热比 1,4-戊二烯的低 28 kJ·mol^{-1}，说明

1,3-戊二烯的能量比 1,4-戊二烯的低。这种能量差值是由于共轭体系内电子离域引起的,故称为离域能或共轭能。共轭体系越长,离域能越大,体系的能量越低,化合物越稳定。

像 1,3-丁二烯这样,由于共轭体系内原子的相互影响引起键长和电子云分布的平均化、体系能量降低、分子更稳定的现象,称为共轭效应。共轭效应是共轭体系的内在性质。与诱导效应不同,共轭效应只存在于共轭体系中,沿共轭链传递,其强度不因共轭链的增长而减弱;当共轭体系的一端受到电场的影响时,这种影响将一直传递到共轭体系的另一端,同时在共轭链上产生电荷正负交替的现象。

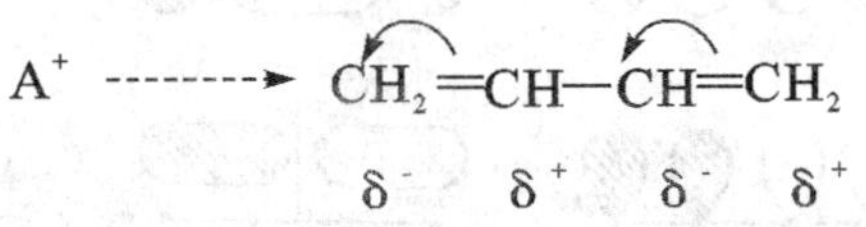

$$A^+ \text{-----} \rightarrow \underset{\delta^-\ \ \delta^+\ \ \delta^-\ \ \delta^+}{CH_2=CH-CH=CH_2}$$

共轭体系有多种类型,最常见且最重要的共轭体系除了上面讲到的 π-π 共轭体系(1,3-丁二烯)外,还有 p-π 共轭体系。p-π 共轭体系的结构特征是单键的一侧是 π 键,另一侧有平行的 p 轨道,如:

$CH_2=CH-\ddot{C}l$　　$CH_2=CH-CH_2^+$　　$CH_2=CH-CH_2^-$　　$CH_2=CH-CH_2\cdot$
　氯乙烯　　　　　　烯丙基正离子　　　　　烯丙基负离子　　　　　烯丙基自由基

§5-3　1,3-丁二烯的制法

1,3-丁二烯是无色可燃气体,沸点为 $-4.4℃$,在空中的爆炸范围为 $2.0\%\sim11.5\%$(体积分数),不溶于水,易溶于汽油、苯等有机溶剂。由于它在合成橡胶工业中的特殊地位,人们一直在研究它的大规模制法,从乙醇为原料到现在以石油裂解气为原料,一直不断更新它的合成方法。工业上生产 1,3-丁二烯的主要方法如下。

一、从石油裂解气中分离

将含有 1,3-丁二烯的石油裂解气的 C_4 馏分,在 $-5℃\sim-10℃$ 的温度下及一定的压力下,通入到醋酸铜氨溶液中,将溶液加热到 $55℃\sim60℃$ 时,可得到 1,3-丁二烯,收率在 98% 以上。从石油裂解气的 C_4 馏分提取 1,3-丁二烯常用的溶剂有 N,N-二甲基甲酰胺、N-甲基吡咯烷酮、乙腈、二甲基亚砜、糠醛和醋酸铜氨溶液等。

二、丁烷或丁烯脱氢

将丁烷和 1-丁烯、2-丁烯进行催化脱氢,可以转化成 1,3-丁二烯。

(一) 丁烷催化脱氢

$$CH_3CH_2CH_2CH_3 \xrightarrow[500℃\sim600℃]{Al_2O_3-CrO_3} \begin{cases} CH_3CH=CHCH_3+H_2 \\ CH_2=CH-CH_2CH_3+H_2 \end{cases}$$

$$CH_3CH=CHCH_3 \xrightarrow[600℃\sim650℃]{MgO-Fe_2O_3} CH_2=CHCH=CH_2+H_2$$

正丁烷二步法转化率较高,生产上广泛使用,但为吸热反应。

(二)丁烯催化脱氢

$$\left.\begin{array}{l}CH_3CH=CHCH_3\\ CH_3CH_2CH=CH_2\end{array}\right\} + \frac{1}{2}O_2 \xrightarrow[600℃\sim650℃]{MgO-Fe_2O_3} CH_2=CHCH=CH_2 + H_2O$$

三、卤代烃脱 HX

(一)二卤代烃脱 HX

$$CH_3-\underset{X}{CH}-CH_2-\underset{X}{CH_2} \xrightarrow[\Delta]{2KOH,醇} CH_2=CH-CH=CH_2$$

(二)烯丙基卤脱 HX

$$CH_2=CH-\underset{X}{CH}-CH_3 \xrightarrow[\Delta]{KOH,醇} CH_2=CH-CH=CH_2$$

§5-4 共轭二烯烃的性质

共轭二烯烃除具有单烯烃的性质外,由于是共轭体系,还表现出一些特殊的化学性质。

一、共轭二烯烃的 1,2-加成和 1,4-加成

与单烯烃相似,共轭二烯烃也容易与卤素、卤化氢等亲电试剂进行亲电加成反应,也可催化加氢,加成产物一般为两种。

$$CH_2=CH-CH=CH_2 + Br_2 \longrightarrow \underset{\underset{Br}{|}\quad\underset{Br}{|}}{CH_2-CH-CH=CH_2} + \underset{\underset{Br}{|}\qquad\underset{Br}{|}}{CH_2-CH=CH-CH_2}$$
$$\qquad\qquad\qquad\qquad\qquad\qquad 1,2\text{-加成} \qquad\qquad 1,4\text{-加成}$$

$$CH_2=CH-CH=CH_2 + Br_2 \longrightarrow \underset{\underset{Br}{|}\quad\underset{Br}{|}}{CH_2-CH-CH_2-CH_3} + \underset{\underset{Br}{|}\qquad\underset{Br}{|}}{CH_2-CH=CH-CH_3}$$

共轭二烯烃与一分子亲电试剂加成时,有两种加成方式:一种是断开一个 π 键,亲电试剂的两部分加到双键的两端,另一双键不变,这称为 1,2-加成;另一种是试剂加在共轭双烯两端的碳原子上,同时在 C_2—C_3 原子之间形成一个新的 π 键,这称为 1,4-加成。

共轭二烯烃的亲电加成反应也是分两步进行的。例如,1,3-丁二烯与溴化氢的加成,第一步是亲电试剂 H^+ 的进攻,加成可能发生在 C_1 或 C_2 上,生成两种正碳离子①或②:

$$CH_2=CH-CH=CH_2 + H^+Br^- \begin{array}{l} \longrightarrow CH_2=CH-\overset{+}{C}H-CH_3 + Br^- \quad ①\\ \\ \longrightarrow CH_2=CH-CH_2-\overset{+}{C}H_2 + Br^- \quad ② \end{array}$$

在正碳离子①中,带正电荷的碳原子为 sp^2 杂化,它的空 p 轨道可以和相邻 π 键的 p

轨道发生重叠,形成包含三个碳原子的缺电子大π键,因为这三个碳原子只有两个π电子,导致π电子离域,使正电荷得到分散,体系能量降低。

$$\overset{+}{\overbrace{CH_2\text{---}CH\text{---}CH}}\text{---}CH_3$$

而在碳正离子②中,带正电荷的碳原子的空p轨道不能和π键的p轨道发生重叠,所以正电荷得不到分散,体系能量较高。因此,碳正离子①比碳正离子②稳定,加成反应的第一步主要是通过形成碳正离子①进行的。

由于共轭体系内正负极性交替的存在,在碳正离子①中的π电子云不是平均分布在这三个碳原子上,而是正电荷主要集中在C_2和C_4上,所以反应的第二步,Br^-既可以与C_2结合,也可以与C_4结合,分别得到1,2-加成产物和1,4-加成产物。

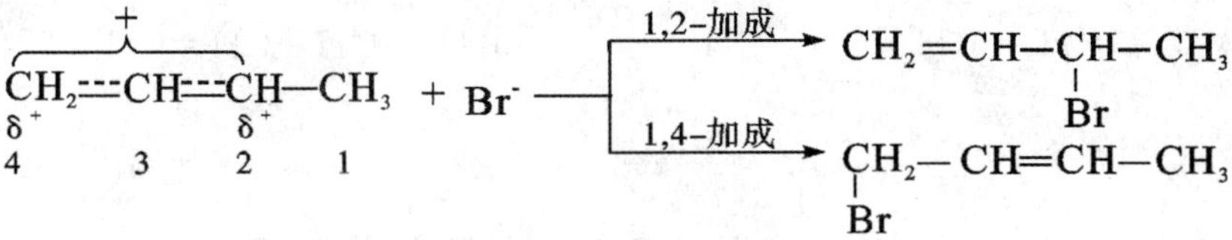

$$\underset{4\ \ 3\ \ 2\ \ 1}{\overset{+}{\overbrace{CH_2\text{---}CH\text{---}CH}}\text{---}CH_3} + Br^- \begin{array}{c}\xrightarrow{1,2\text{-加成}}\\ \\ \xrightarrow{1,4\text{-加成}}\end{array} \begin{array}{c}CH_2=CH-\underset{Br}{CH}-CH_3\\ \\ \underset{Br}{CH_2}-CH=CH-CH_3\end{array}$$

共轭二烯烃的1,2-加成和1,4-加成是同时发生的,产物的比例与反应物的结构、反应温度等有关;一般随反应温度的升高和溶剂极性的增加,1,4-加成产物的比例增加。

二、狄尔斯-阿尔德反应

1928年,德国化学家狄尔斯(Diels O)和阿尔德(Alder K)发现,共轭二烯烃与含有双键或叁键的化合物能发生1,4-加成反应,生成六元环状化合物,这类反应称为Diels-Alder反应,又称双烯合成。

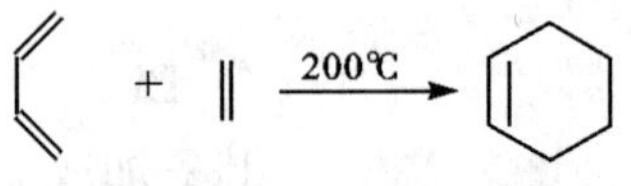

环己烯

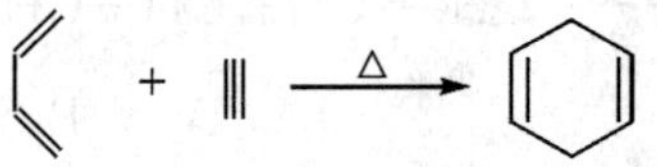

1,4-环己二烯

在这类反应中,旧键的断裂与新键的生成同时进行,双烯合成反应中,通常将共轭二烯烃称为双烯体,与双烯体反应的不饱和化合物称为亲双烯体。实践证明,亲双烯体上连有吸电子取代基(如硝基、羧基、羰基等)和双烯体上连有斥电子取代基时,反应更容易进行。

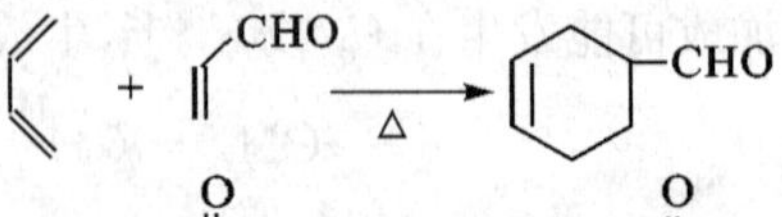

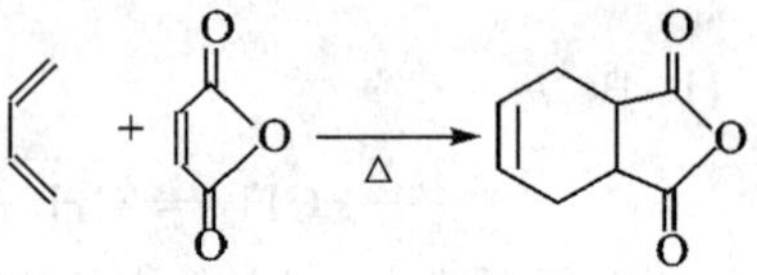

狄尔斯—阿尔德反应是共轭二烯烃的一个特征反应。它既不是离子反应,也不是自由基反应,而是协同反应。其反应特征是:新键的生成和旧键的断裂同时发生并协同进行,反应是一步完成的,没有活性中间体(碳正离子或自由基等)生成,反应不需要催化剂,一般只要求在光或热的作用下发生反应。双烯合成反应是由直链化合物合成环状化合物的方法之一,应用范围广泛,在理论上和生产上都占有重要的地位。

习题 3　指出下列 4 种化合物的命名中不正确的地方,并予以重新命名。
(1) 2,4-二甲基-6-乙基庚烷　　　　(2) 4-乙基-5,5-二甲基戊烷
(3) 3-乙基-4,4-二甲基己烷　　　　(4) 5,5,6-三甲基辛烷

习题 4　在 1,3-丁二烯与 HBr 的亲电加成反应中,第一步是 1,3-丁二烯与 H^+ 反应生成活性中体碳正离子。试写出碳正离子可能的结构,并指出反应通常按生成哪种中间体的途径进行。

习题 5　(1) 1,3-丁二烯与 HBr 的和 1,4 加成,哪个速度快?为什么?(2) 为什么 1,4 加成产物比 1,2 加成产物稳定?

习题 6　指出下列化合物可由哪些原料通过双烯合成制得。

(1) 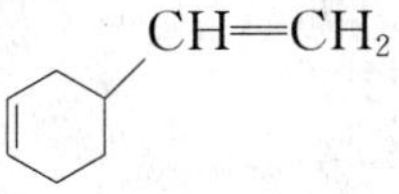 环己烯-CH=CH₂　　　　(2) 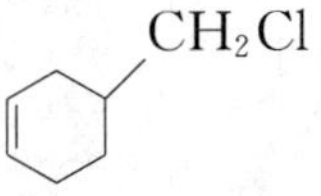 环己烯-CH₂Cl

(3) 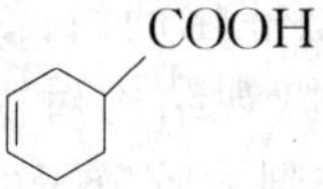 环己烯-COOH　　　　(4) 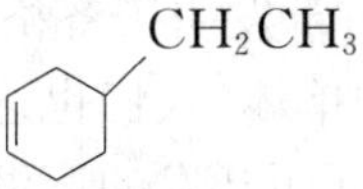 环己烯-CH₂CH₃

三、聚合反应和橡胶

(一) 聚合反应

共轭二烯烃比较容易发生聚合反应生成高分子化合物,工业上利用这一反应来生产合成橡胶,如:

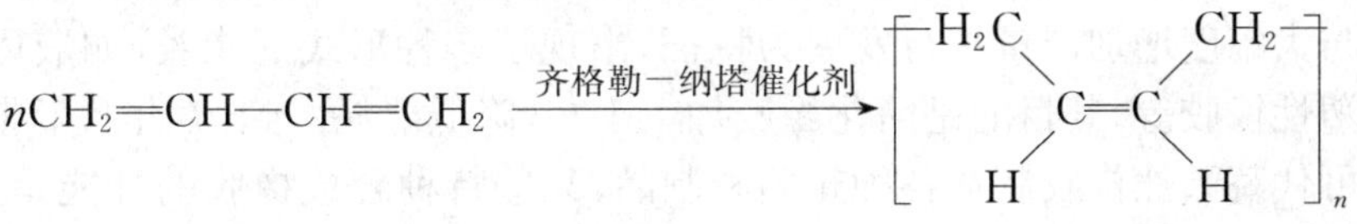

$$n CH_2=CH-CH=CH_2 \xrightarrow{\text{齐格勒—纳塔催化剂}} \left[\begin{array}{c} H_2C \\ \diagdown \\ H \end{array} C=C \begin{array}{c} CH_2 \\ \diagup \\ H \end{array} \right]_n$$

共轭二烯烃既可以进行 1,2-加成聚合,也可以进行 1,4-加成聚合,或两种聚合反应同时发生。其中 1,4-加成聚合反应是制备橡胶的基本反应。上述反应就是按 1,4-加成方式,首尾相接生成橡胶的反应。橡胶是一类具有高弹性的高分子化合物,因结构不同,性质不同,用途也不相同。橡胶分为天然橡胶和合成橡胶两大类。

(二) 天然橡胶

橡胶是具有高弹性的高分子化合物,用途极为广泛。20 世纪初,世界上只有天然橡胶,它主要来源于野生的或人工种植的橡胶树。它的化学成分是顺式或反式 1,4-聚异戊

二烯。人们通常说的天然橡胶主要是指顺式1,4-聚异戊二烯,它具有优良的弹性、机械性能、抗曲挠性、气密性和绝缘性。反式的橡胶各种性能均不及顺式的。

$$\left[\begin{array}{c}CH_3\\\\CH_2\end{array}C=C\begin{array}{c}H\\\\CH_2\end{array}\right]_n \qquad \left[\begin{array}{c}CH_3\\\\CH_2\end{array}C=C\begin{array}{c}CH_2\\\\H\end{array}\right]_n$$

顺-1,4-聚异戊二烯　　　　　　　反-1,4-聚异戊二烯

(三)合成橡胶

天然橡胶无论是在数量或是质量上都不能满足现代工业对橡胶制品的大量需要,因此出现了模拟天然橡胶的结构,主要以1,3-丁二烯、异戊二烯或2-氯-1,3-丁二烯等为单体的聚合物,都称之为合成橡胶。

$$n CH_2=C-CH=CH_2 \xrightarrow{聚合} \left[\begin{array}{c}CH_2\\\\CH_3\end{array}C=C\begin{array}{c}CH_2\\\\H\end{array}\right]_n$$
$$\qquad\quad |$$
$$\qquad CH_3$$

异戊橡胶

$$n CH_2=CH-C=CH_2 \xrightarrow{聚合} \left[CH_2-CH=C-CH_2\right]_n$$
$$\qquad\qquad\quad |\qquad\qquad\qquad\qquad\qquad\quad |$$
$$\qquad\qquad\quad Cl\qquad\qquad\qquad\qquad\qquad\quad Cl$$

氯丁橡胶

20世纪50年代中期,由于发明了齐格勒-纳塔和锂系等新型催化剂;石油工业为合成橡胶提供了大量高品级的单体;人们也逐渐认识了橡胶分子的微观结构对橡胶性能的重要性;加上配合新型催化剂而开发的溶液聚合技术,使有效地控制橡胶分子的立构规整性成为可能。这些因素使合成橡胶工业进入生产立构规整橡胶的崭新阶段。代表性的产品有60年代初投产的高顺式-1,4-聚异戊二烯橡胶,简称异戊橡胶又称合成天然橡胶;高反式-1,4-聚异戊二烯,又称合成杜仲胶及高顺式、中顺式和低顺式-1,4-聚丁二烯橡胶,简称顺丁橡胶。此外,尚有溶液丁苯和乙烯、丙烯共聚制得的乙丙橡胶等。在此期间,特别橡胶也获得了相应的发展,合成了耐更高温度、耐多种介质和溶剂或兼具耐高温、耐油的胶种。其代表性品种有氟橡胶和新型丙烯酸酯橡胶等。60年代,合成橡胶工业以继续开发新品种与大幅度增加产量平行发展为特征,出现了多种形式的橡胶,如液体橡胶、粉末橡胶和热塑性橡胶等,其目的是简化橡胶加工工艺,降低能耗。到70年代后期,合成橡胶已基本上可代替天然橡胶制造各种轮胎和制品,某些特种合成橡胶的性能是天然橡胶所不具备的。

习题 7 完成下列反应。

(1) 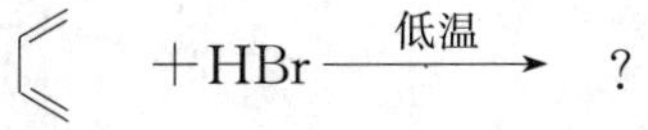 CH₂=CH-CH=CH₂ + HBr $\xrightarrow{\text{低温}}$?   (2) 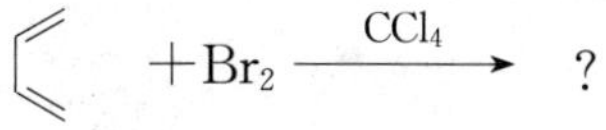 CH₂=CH-CH=CH₂ + Br₂ $\xrightarrow{\text{CCl}_4}$?

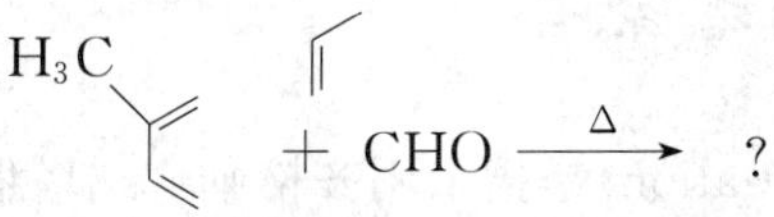

(3)
$$\text{CH}_2=\text{C(CH}_3\text{)-CH=CH}_2 + \text{CH}_2=\text{CH-CHO} \xrightarrow{\Delta} ?$$
(4) CH₃O-CH=CH-CH=CH₂ + CH₂=CH-CHO $\xrightarrow{\Delta}$?

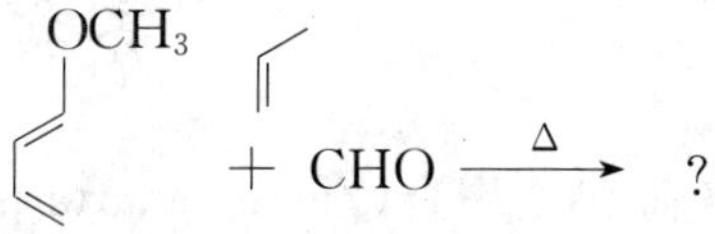

习题 8 以四个碳原子及以下烃为原料合成下列化合物。

(1) 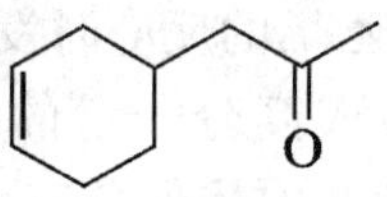 环己烯基-CH₂-CO-CH₃   (2) 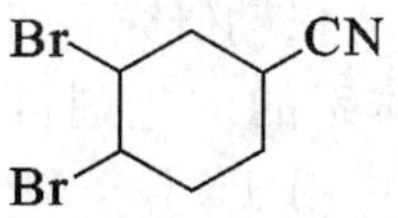 3,4-二溴环己基腈

本章小结

一、化学性质提要

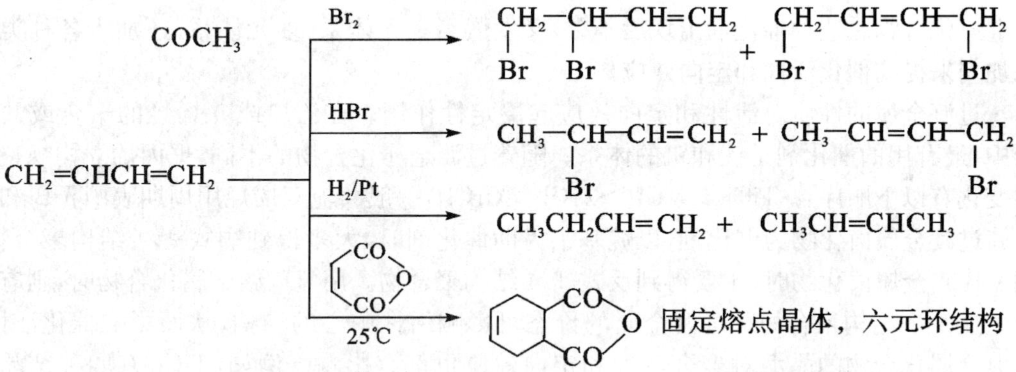

$$CH_2=CHCH=CH_2 \begin{cases} \xrightarrow{Br_2} CH_2\text{(Br)}-CH\text{(Br)}-CH=CH_2 + CH_2\text{(Br)}-CH=CH-CH_2\text{(Br)} \\ \xrightarrow{HBr} CH_3-CH\text{(Br)}-CH=CH_2 + CH_3-CH=CH-CH_2\text{(Br)} \\ \xrightarrow{H_2/Pt} CH_3CH_2CH=CH_2 + CH_3CH=CHCH_3 \\ \xrightarrow[25^\circ C]{\text{顺丁烯二酸酐}} \text{固定熔点晶体，六元环结构} \end{cases}$$

二、制法

1. 二卤代烃脱 HX：

$$CH_3-CH(X)-CH_2-CH_2(X) \xrightarrow[\Delta]{2KOH, 醇} CH_2=CH-CH=CH_2$$

2. 烯丙基卤脱 HX：

$$CH_2=CH-CH(X)-CH_3 \xrightarrow[\Delta]{2KOH, 醇} CH_2=CH-CH=CH_2$$

【阅读材料】

齐格勒-纳塔聚合

齐格勒-纳塔聚合(Ziegler-Natta polymeri-zation)是指采用齐格勒－纳塔催化剂进行的聚合反应。这种聚合的特点是能够形成立构规整性聚合物。它已用于高密度聚乙烯、全同立构的聚 α-烯烃以及高顺式-1,4-聚双烯烃(顺丁橡胶、异戊橡胶)等的生产。

1953 年德国化学家 K·齐格勒研究有机金属化合物与乙烯的反应时发现,在常压下用 $TiCl_4$ 和 $Al(C_2H_5)_3$ 二元体系的催化剂可以使乙烯聚合成高分子量的线型聚合物。1954 年意大利化学家 G·纳塔用 $TiCl_3$ － $Al(C_2H_5)_3$ 催化剂使丙烯聚合成全同立构的结晶聚丙烯,从此开创了定向聚合的新领域,它就是齐格勒－纳塔催化剂。1963 年两人共获诺贝尔化学奖。

齐格勒－纳塔催化剂是指由元素周期表中ⅣB 到ⅧB 族的过渡金属盐和ⅠA 到ⅢA 族的金属烷基化合物、卤化烷基化合物或氢化烷基化合物组成的催化体系,其典型代表是 $TiCl_4$ 或 $TiCl_3$ 与 $Al(C_2H_5)_3$ 组成的体系。最重要的过渡金属盐是钛、钒、锆、铬、钴、镍的卤化物、低价卤化物和卤氧化物,也可用羧酸基、烷氧基、乙酰丙酮基和环戊二烯基等的过渡金属化合物。这种催化剂出现后不久,又发展了三元体系、多元体系,还加入各种类型添加剂来提高催化活性和定向效应。

过渡金属的性质对活性和定向效应起决定性作用。在乙烯或 α-烯烃的聚合或共聚合中,最有用的催化剂是钛和钒的体系。随着过渡金属化合物的不同,聚丙烯立构规整度的变化有以下顺序:$\alpha\text{-}TiCl_3 > VCl_3 > ZrCl_3 > CrCl_3$,一般共轭双烯烃用周期表中ⅣB 和ⅧB 族过渡金属卤化物为催化剂,以烷基铝为助催化剂时,大多得到顺式-1,4 结构聚合物。用ⅤB 族金属卤化物时,主要得到反式-1,4 结构聚合物。用ⅥB 族金属化合物时,则有利于生成1,2 结构聚合物。过渡金属的价态可影响活性中心的结构,从而影响催化活性。过渡金属化合物的晶型对聚合活性和定向效应也都有影响。例如,$TiCl_3$ 有四种结晶变体,其中 α、γ、δ 型是层状结构、β 型是链状结构;前三种使丙烯聚合得全同立构聚丙烯,使双烯烃聚合成反式-1,4 结构聚双烯烃,β 型则利于形成顺式-1,4 结构聚双烯烃。

与过渡金属结合的负离子配位体的类型对催化剂呈均相或非均相起决定性作用,而且对生成聚合物的结构也起决定性作用。例如,在丁二烯聚合中,卤化物导致形成 1,4-聚丁二烯,醇化物、酰胺或乙酰丙酮基则导致形成 1,2-聚丁二烯。

烷基金属和过渡金属盐的摩尔比对聚合物的结构、相对分子质量、相对分子质量分布和催化体系的活性常有很大影响,但体系不同,影响也不一样。例如,异戊二烯用 $TiCl_4$ － R_3Al 催化聚合,当(Al/Ti)>1 时得顺式-1,4-聚异戊二烯,当(Al/Ti)<1 时得反式-1,4 结构的聚合物。用稀土体系催化剂时,Al/Ln(Ln 代表稀土元素)的物质的量之比对聚双烯烃结构的影响则很小。另外,由于齐格勒－纳塔催化剂对杂质特别敏感,在操作过程中必须注意隔绝空气和湿气。催化聚合机理 一般认为,过渡金属盐首先被烷基金属烷基化而形成过渡金属－碳键而成为活性中心。纳塔最早提出双金属机理,他认为单体先在

钛上配位,然后在铝上增长,并提出双金属活性中心(如图)。式中:X 代表卤素或烷基,Pn 代表聚合物增长链。

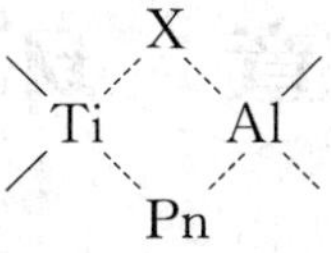

$$\begin{array}{c} X \\ Ti \diagdown Al \\ Pn \end{array}$$

由于纳塔分离出了多种稳定的桥式双金属络合物,当时许多人接受了双金属机理。但是后来的许多实验表明,增长是在过渡金属原子上而不是在铝原子上进行的,所以人们逐渐倾向于单金属机理。20 世纪 60 年代初,P·科塞和 E·J·阿尔曼在量子化学和过渡金属卤化物结晶学的基础上提出单金属机理,认为增长过程是在单一的过渡金属原子上发生的。活性中心由过渡金属烷基化合物组成,呈八面体构型(如图)。式中,Mt 代表过渡金属;R 代表烷基或聚合物增长链;$X_1 \sim X_4$ 一般为 $Cl-$;□是空位。

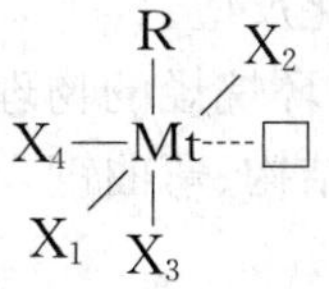

$$\begin{array}{c} R \quad X_2 \\ X_4 — Mt \cdots \square \\ X_1 \quad X_3 \end{array}$$

按照科塞的假设,单体在空位处配位,然后插入增长链中腾出空位,增长链又移回到原来的位置,生成全同立构聚合物。

自从齐格勒－纳塔催化剂发现以来,在研制新型的催化剂、革新聚合方法、提高催化效率和改进聚合物性能等方面做了大量工作,并取得了很大进展。值得提出的有两点:第一是发展了乙烯或丙烯聚合的高效催化剂,即所谓第二代齐格勒－纳塔催化剂,使催化效率提高了几百倍;第二是我国首先发现的稀土催化体系,对共轭双烯烃的聚合具有很高的立构规整性和催化活性,能制得顺式-1,4 结构含量很高的和性能优良的聚双烯烃橡胶,使齐格勒－纳塔催化剂中的过渡金属元素扩展到周期表ⅢB族。

习题 9 写出分子式为 C_5H_8 的二烯烃的构造异构体,并用系统命名法命名。

习题 10 某二烯烃与 1 mol 溴加成后得到 2,5-二溴-3-己烯,该二烯烃应具有怎样的结构?

习题 11 某二烯烃和一分子 Br_2 加成的结果生成 2,5-二溴-3-己烯,该二烯烃经臭氧化还原分解而生成两分子 CH_3CHO 和一分子乙二醛。

(1)写出某二烯烃的结构式。

(2)若 1 mol 上述二溴加成物再加 1 mol 溴单质,得到的产物是什么?

第六章 环烷烃

学习目标

知识目标

1. 了解环烷烃的分类、氧化和裂化反应。
2. 理解环己烷的构象、分子张力,环烷烃的物理性质及其变化规律。
3. 掌握环烷烃的命名、环丙烷的结构、弯曲键、小环烷烃的开环加成反应。

能力目标

1. 能运用轨道最大重叠原理说明小环化合物的不稳定性。
2. 能利用小环烷烃化学性质上的差异鉴别两类物质。

脂环烃是指具有环状碳架,而且性质和脂肪烃相似的烃类,在自然界中广泛存在。例如,在石油中含有环己烷、环戊烷、甲基环戊烷等;植物香精油中也含有脂环化合物。它们大都具有生理活性。

饱和的脂环烃称为环烷烃,单环烷烃的分子通式为 C_nH_{2n},与烯烃相同,比相应的开链烷烃分子中少2个氢原子。

§6-1 环烷烃的分类和命名

一、分类

根据分子中组成环的碳原子数目,环烷烃分为小环(三元环、四元环)、常见环(五元环、六元环)、中环(七元环至十二元环)及大环(多于12个碳原子所形成的环)四类。

环丙烷　　环丁烷　　环己烷

根据分子中所含碳环的数目,环烷烃还可分为单环、双环和多环环烷烃。

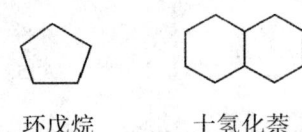

环戊烷　　十氢化萘

通常所指的环烷烃都是单环烷烃。

二、命名

单环烷烃以环碳原子总数相应的烃命名，前面冠以前缀"环"字，环碳原子以顺时针或逆时针的方向编号，使环上取代基的位次最小。如：

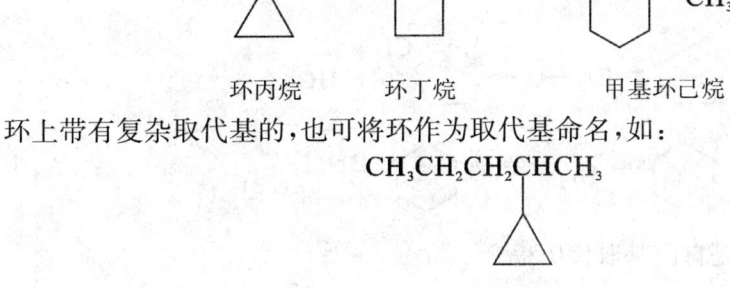

环丙烷　　环丁烷　　甲基环己烷

环上带有复杂取代基的，也可将环作为取代基命名，如：

CH₃CH₂CH₂CHCH₃

2-环丙基戊烷

习题 1　写出分子式为 C_5H_{10} 的环烷烃的构造异构体，并用系统命名法命名。

§6-2　环烷烃的性质

一、环烷烃的物理性质

环烷烃是无色，具有一定气味的物质。在环烷烃中，环丙烷及环丁烷在常温常压下为气体，环戊烷为液体，高级同系物为固体。环烷烃中的单键旋转受到一定的限制，因此环烷烃分子具有一定的对称性和刚性；沸点、熔点和相对密度都比相应的开链烷烃高。此外，环烷烃与开链烷烃一样，都不溶于水。表 6-1 列出了一些环烷烃的物理常数。

表 6-1　一些环烷烃的物理常数

名称	分子式	熔点/℃	沸点/℃	相对密度(d_4^{20})
环丙烷	C_3H_6	−127	−32	0.720(−79℃)
环丁烷	C_4H_8	−80	11	0.703(0℃)
环戊烷	C_5H_{10}	−94	49.5	0.745
环己烷	C_6H_{12}	6.5	80.7	0.779
环庚烷	C_7H_{14}	−12	117	0.81
环辛烷	C_8H_{16}	11.5	148	0.836

二、环烷烃的化学性质

环烷烃的化学性质与相应的烷烃类似,但由于具有环状结构且环有大有小,所以还有一些环状结构的特殊性质。

(一)取代反应

在光或热的引发下,环烷烃可以发生卤代反应生成相应的卤代物,如:

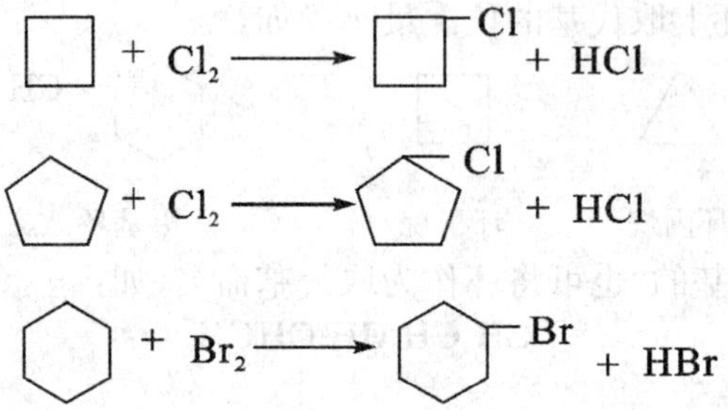

$$\square + Cl_2 \longrightarrow \square\text{-Cl} + HCl$$

$$\pentagon + Cl_2 \longrightarrow \pentagon\text{-Cl} + HCl$$

$$\hexagon + Br_2 \longrightarrow \hexagon\text{-Br} + HBr$$

其反应机理同样也是自由基取代历程。

(二)开环反应

环烷烃中的小环化合物,特别是三碳环化合物,与一些试剂作用时容易发生环破裂而与试剂相结合的反应。这些反应常叫做开环反应,有时也叫做加成反应。

1. 催化加氢。

在催化剂铂、钯或镍的作用下,环丙烷和环丁烷与氢发生开环加成反应。

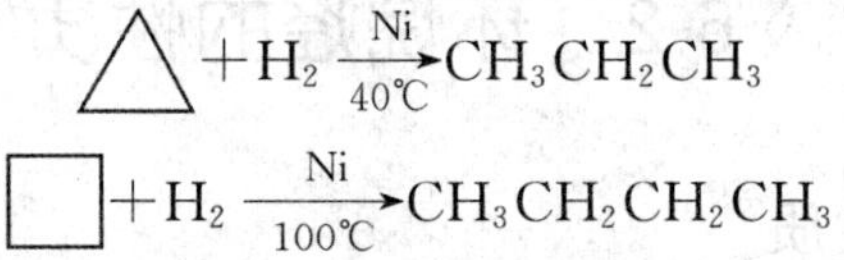

$$\triangle + H_2 \xrightarrow[40℃]{Ni} CH_3CH_2CH_3$$

$$\square + H_2 \xrightarrow[100℃]{Ni} CH_3CH_2CH_2CH_3$$

环戊烷、环己烷等要在活性高的 Pt 做催化剂、温度更高的条件下才可以加氢开环。

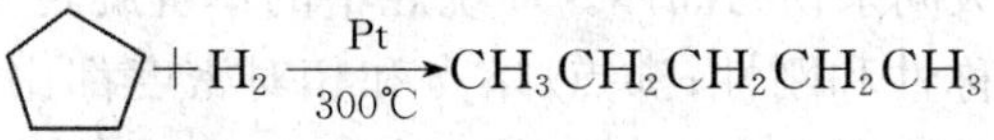

$$\pentagon + H_2 \xrightarrow[300℃]{Pt} CH_3CH_2CH_2CH_2CH_3$$

2. 加卤素。

在室温下,溴就可使环丙烷开环生成 1,3-二溴丙烷,所以环丙烷也可以使溴的四氯化碳溶液褪色。

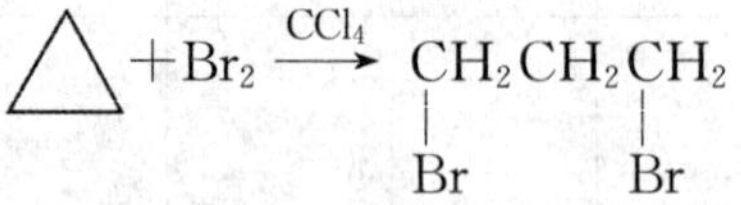

$$\triangle + Br_2 \xrightarrow{CCl_4} \underset{\underset{Br}{|}}{CH_2}CH_2\underset{\underset{Br}{|}}{CH_2}$$

环丁烷在室温下加成比较困难,但可在加热的条件下与溴发生开环加成反应。

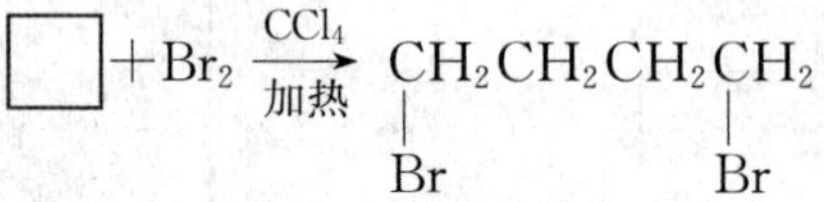

$$\square + Br_2 \xrightarrow[\text{加热}]{CCl_4} \underset{\underset{Br}{|}}{CH_2}CH_2CH_2\underset{\underset{Br}{|}}{CH_2}$$

环戊烷以上的环烷烃一般不与卤素发生加成反应。

3. 加卤化氢。

环丙烷能与卤化氢发生反应而开环,生成 1-卤丙烷,如:

$$\triangle + HBr \longrightarrow CH_3CH_2CH_2Br$$

取代环丙烷与卤化氢加成时,环的破裂发生在取代基最多和取代基最少的碳原子之间,氢原子加在连氢较多的碳原子上,如:

$$\triangle\!\!\!-\!\!\! + HBr \longrightarrow CH_3CHCH_2CH_2Br$$
$$\qquad\qquad\qquad\qquad\quad |$$
$$\qquad\qquad\qquad\qquad\ Br$$

$$\qquad\qquad\qquad\qquad\quad CH_3$$
$$\qquad\qquad\qquad\qquad\quad |$$
$$\triangle\!\!\!=\!\!\! + HBr \longrightarrow CH_3-C-CH-CH_3$$
$$\qquad\qquad\qquad\qquad\quad |\ \ \ |$$
$$\qquad\qquad\qquad\qquad\ Br\ CH_3$$

环丁烷、环戊烷等不与卤化氢发生此类反应。

(三) 氧化反应

在常温下,环烷烃与一般氧化剂(如高锰酸钾、臭氧等)不起反应,即使环丙烷常温下也不能使高锰酸钾溶液褪色。但是,在加热时与强氧化剂作用,或在催化剂存在下用空气氧化,环烷烃可以被氧化生成各种氧化产物。例如,用热的浓 HNO_3 氧化环己烷,则环破裂生成己二酸。

$$\bigcirc \xrightarrow{HNO_3} HOOCCH_2CH_2CH_2CH_2COOH$$

$$\xrightarrow[150℃\sim 160℃, 0.8\sim 1\ MPa]{O_2,钴催化剂} \bigcirc\!\!-\!OH + \bigcirc\!\!=\!O$$

习题 2 写出 1,1-二甲基环丙烷与溴化氢加成反应的产物。

§6-3 环烷烃的结构

环烷烃(常见环、中环和大环)的结构与烷烃类似,这里主要讨论小环环烷烃的结构特点。

一、环的张力—张力分子

1883 年由柏琴(Perhn)首次合成了含有三元环和四元环的碳环化合物,并发现三元环比四元环活泼。两年后,拜尔(Baeyer)提出了张力学说。他假设环烷烃的碳原子是排列在同一平面内,排成正多边形,并计算不同大小环烷烃中 C—C—C 键角与碳正四面体所要求的键角 $109°28'$ 的偏差程度,如环丙烷键角的偏转度为 $(109°28'-60°)/2 = +24°44'$,环丁烷、环戊烷向内偏转度分别为 $+9°44'$ 和 $+44'$,而环己烷向外偏转了

−55°26′("−"表示向外偏转),这些偏差均会产生张力,如图 6-1 所示。

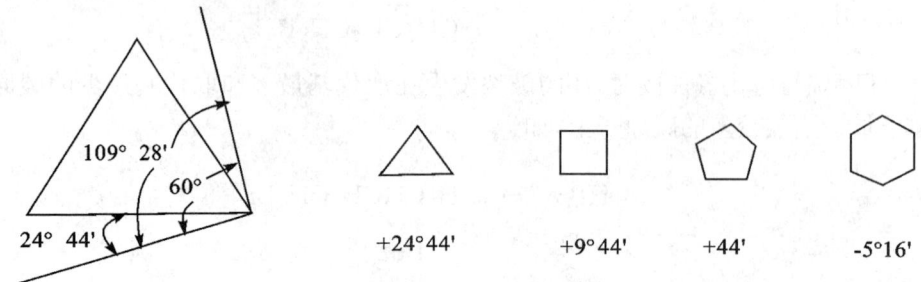

图 6-1 环烷烃分子中键角的偏转度

根据 Baeyer 的张力学说,环烷烃碳原子间的键角必须向内偏转或向外偏转,使每个碳环都有恢复正常键角的力,称为角张力。角张力的存在使环变得不稳定;角张力越大,环越不稳定。环丙烷角张力最大,最不稳定;环戊烷角张力较小,较稳定。这是张力学说合理之处。但按张力学说,环己烷应不如环戊烷稳定,环己烷以后的亦应越来越不稳定,但实际上环己烷是很稳定的,中环和大环亦较稳定。造成以上矛盾的原因是拜尔把环碳原子都看成在同一平面上的假设是不符合实际的。后来证明只有环丙烷的三个碳原子为共平面。

二、环己烷的椅式构象和船式构象

环己烷是一种重要的碳环化合物,这个结构单元广泛存在于天然药物和合成药物中。

拜尔提出张力学说不久,有人开始用棒球模型将六个碳原子连结成环己烷的两种立体模型(图 6-2):一种称椅式,另一种称船式。在这两种模型中,C—C—C 之间的键角都是 109.5°,后来哈塞尔(Hassel)用物理方法证明了环己烷各个键角都接近 109.5°。

椅式　　　　　　　　　　　　　　船式

图 6-2 环己烷分子的两种构象模型

环己烷的椅式构象透视式和 Newmann 投影式可用图 6-3 表示。从该图可清楚地看出在椅式构象中任何两个相邻碳原子上的 C—H 间和 C—C 间都处于交叉式构象,它既没角张力,又没有扭转张力,是无张力环,是环己烷多种构象中最稳定的构象。

在船式构象中,C_2、C_3、C_5、C_6 在同一平面上,看做"船底"。C_1、C_4 在这个平面的上方,一个碳作为"船头",另一个碳作为"船尾",它虽然也没有角张力,但在两个船边碳碳键(C_2—C_3 及 C_5—C_6 键)上,存在四对重叠的氢原子,引起扭转张力;此外,两个船头碳(C_1 和 C_4)上有伸向环内侧的两个氢原子(称其为旗杆氢),它们间的距离只有 183 pm,已远小于两个氢原子半径之和(250 pm),因而存在空间拥挤引起的斥力,亦称跨环张力。由于存在这两种张力,船式构象不如椅式构象稳定,其能量约比椅式构象高 29.7 kJ·mol^{-1}。

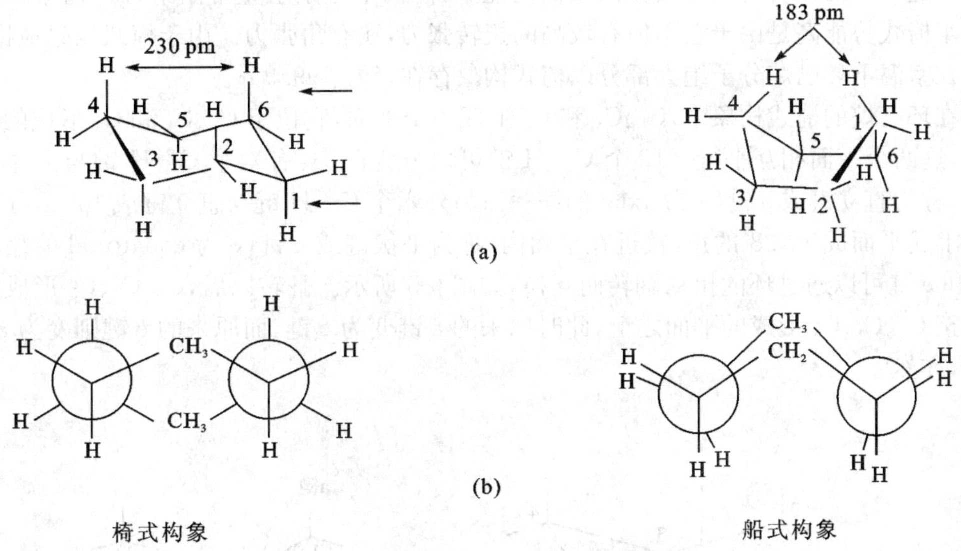

椅式构象　　　　　　　　　　　　　　船式构象

(a)透视式　　　　(b)Newman投影式

图 6-3　环己烷的椅式构象和船式构象

若转动船式构象中船底碳原子,使 C_3 和 C_6 翻转下去、C_2 和 C_5 翻转上来,其结果是 C_1 和 C_4 上旗杆氢间的距离拉开,C_2 和 C_3 以及 C_5 和 C_6 的氢有所靠近;当与旗杆氢间的距离一样时,停止转动,此时分子的构象称为扭船式构象。在这种构象中,每对氢原子的构象不再是重叠式,亦不是完全的交叉式,其扭转角为30°,使船底中的四对重叠 C—H 键所起的扭转张力得到缓解。旗杆氢之间的距离比船式大(图 6-4),因此扭船式构象比船式构象内能稍低(低 7 kJ·mol^{-1}),稍稳定。

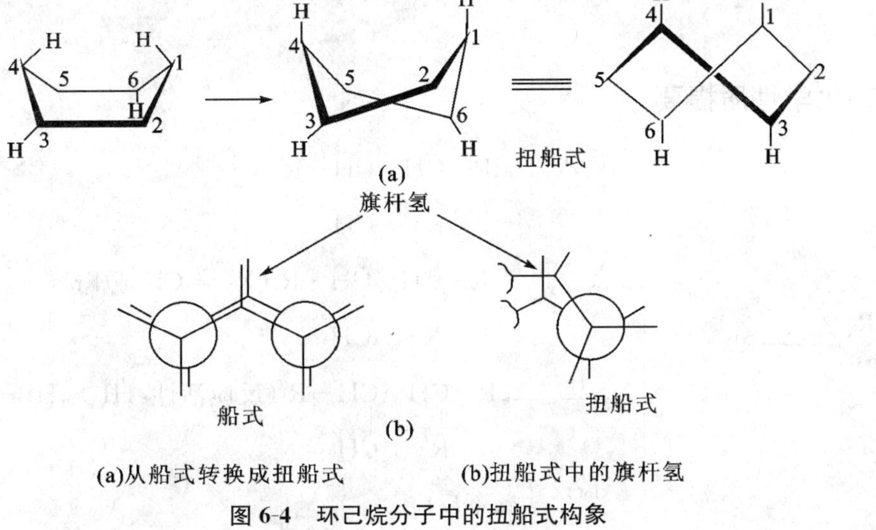

扭船式

旗杆氢

船式　　　　　　扭船式

(a)从船式转换成扭船式　　　(b)扭船式中的旗杆氢

图 6-4　环己烷分子中的扭船式构象

环己烷的椅式和船式构象间在室温下能快速的不断转换,在转换中要经半椅式和扭船式构象。在这几种构象中,椅式构象是最稳定;半椅式构象的势能最高,比椅式高 46 kJ·mol^{-1},这是环己烷各种构象转换间最高的能垒,但仍不足于阻止常温下各种构象间的转换。半椅式势能高是由于它不但有较高的扭转张力,还有角张力。由于椅式构象最稳定,因此在室温下环己烷分子绝大部分以椅式构象存在,约占 99.9%。

在环己烷的椅式构象中,C_1、C_3 和 C_5 形成一个平面,它位于 C_3、C_4 和 C_6 形成的平面之上,这两个平面相互平行。12 个 C—H 键可以分为两类:有六个 C—H 键与上述平面垂直,称为直立键或 a 键(a 为 axial 的缩写);另外六个 C—H 键与直立键成 109°28′ 的角,即与上述平面成 19°28′ 的角,接近在平面内,称为平伏键或 e 键(e 为 equatorial 的缩写)。a 键和 e 键可以通过环的扭动翻转而互换,如图 6-5 所示。翻转以后,C_1、C_3、C_5 形成的平面转至 C_2、C_4、C_6 形成的平面之上,此时原来的 a 键变为 e 键,而原来的 e 键则变为 a 键;反之,亦然。

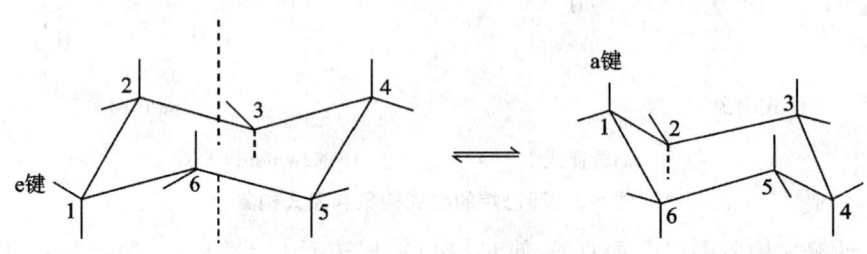

图 6-5 环己烷分子椅式构象的翻转

本章小结

一、环烷烃的分类和命名

略

二、化学性质提要

1.

$$\text{环丙烷衍生物} \begin{cases} \xrightarrow{H_2/Pt} R-\underset{R'}{\underset{|}{C}}H-\underset{CH_3}{\underset{|}{C}}H-R'' \\ \xrightarrow{X_2,室温} R-\underset{R'}{\underset{|}{C}}H-\underset{CH_2X}{\underset{|}{C}}H-R'' (X_2 = Cl_2 \text{ 或 } Br_2) \\ \xrightarrow{HX} R-\underset{R'}{\underset{|}{C}}H-\underset{CH_3}{\underset{|}{C}}H-R'' (反应活性:HI > HBr > HCl) \\ \xrightarrow{KMnO_4,室温} 不反应 \end{cases}$$

2. ⬡ $\xrightarrow[\text{紫外线或}\Delta]{X_2}$ ⬡—X + HX

三、环己烷的构象

略

【阅读材料】

拜尔张力学说

拜尔张力学说是由阿道夫·冯·拜尔于1885年用以解释不同环烷烃的稳定性而提出的一个理论。这个学说认为，所有环状化合物都具有环平面结构，由于键角（即多边形内角）与sp^3杂化轨道正常键角（109°28′）有差别，因此所有环系都存在角张力。这个偏转角可以用（sp^3杂化轨道正常键角 — 多边形内角）÷2来计算。

各常见环烷烃的偏转角可以依此计算出来，见下表。根据这些数据，可以认定大环化合物与小环化合物一样，环系越偏出五元环，偏转角越大，张力越大。由于张力越大，分子能量越高，分子越不稳定，故小环的环丙烷环系容易开环。这便是拜尔张力学说对不同环烷烃稳定性的解释。

环烷烃	环丙烷	环丁烷	环戊烷	环己烷	环庚烷	环辛烷
偏转角	+29°44′	+9°44′	+0°44′	−5°16′	−10°3′	−12°46′

事实上，大环化合物是稳定的。除三元环和芳香环具有平面结构外，其他环都不是真正的平面结构，因此自然也就不存在所谓"偏转角"，拜尔张力学说是错误的。但它所提出的当分子内键角偏离正常键角时会产生张力的现象，却是存在的，这种张力称为角张力。

阿道夫·拜尔——Adolf Baeyer von，德国化学家。1835年10月31日生于柏林，1917年8月20日卒于斯特尔堡。曾在海德堡大学学习化学，是R·W·本生和F·A·凯库勒的学生。1858年在柏林大学获博士学位，1860年任该校化学讲师。数年后任柏林工业研究所化学研究室主任。1872年任斯特拉斯堡大学化学教授。1875年任慕尼黑大学教授。他的第一项成就是1863年发现了巴比土酸——巴比妥类安眠药的母体。1865年，他开始了靛蓝染料的研究工作，1880年合成了靛蓝，1883年确定其结构。1885年拜尔根据碳原子正四面体的模型建立了张力学说。1881年英国皇家学会授予他戴维奖章，表彰他在靛蓝方面的成就。1905年他因研究有机染料和氢化芳香族化合物的贡献而获诺贝尔化学奖。同年，他的科学论文集出版。

拜尔的父亲约翰·佐柯白，原是普鲁士总参谋部的陆军中将，由于刻苦自学，76岁高龄时被聘为柏林地质研究院院长；母亲是一位名门闺秀，见多识广，通晓事理，对拜耳的成长有重要影响。由于父母和家庭的良好教育，拜尔自幼勤奋好学，成绩一直名列前茅。

中学毕业后，拜尔考入著名的柏林大学，开始主攻物理和数学，不久即转向化学研究。1856年，他发表了科学论文《有机化合物凝结作用综合研究》，受到专家们的一致赞赏；同年，他获得柏林大学博士学位，当时年仅23岁。4年之后，他被皇家学会推选出任欧洲规模最大的柏林国家化验所主任。

拜尔一个个奇迹般的研究成果,引起了普鲁士国王腓德烈·威谦四世的浓厚兴趣,特地邀请拜耳到皇宫去做客。当国王见到这位科学家时,不禁大吃一惊:"没想到,这位誉满全欧的大学者,原来是个小青年。"

拜尔毕生从事有机化学方面的科学研究,尤其在有机染料、芳香剂、合成靛蓝和含砷物的研究方面,取得了卓越的成就。他第一个研究和分析了靛青、天蓝、绯红三种现代基本染素的性质与分子结构,创建了第一流的新型化学实验室,建立了著名的贝耶尔碳环种族理论。他研究和合成的种种染料与芳香剂,使世界上的妇女们能打扮得比以往更漂亮、更动人。当我们今天置身于那色彩斑斓、如花似锦的纺织品世界和香气扑鼻的化妆品世界时,怎么能忘记这位为美化人类生活而辛劳一生的科学家呢?

为了表彰拜尔在研究染料和有机化合物等方面的卓越贡献,1905 年,当他 70 岁时,瑞典皇家科学院授予他诺贝尔化学奖。拜耳的研究成果,使世界上建起了无数个化工厂。从此,世界有机化学工业进入了一个新的发展阶段。晚年,拜耳仍孜孜不倦地致力于科学研究工作,直至 82 岁逝世。

习题 3 化合物 A(C_6H_{10})能使稀、冷的高锰酸钾水溶液和溴的四氯化碳溶液褪色,但是,在汞盐催化下不和稀硫酸反应。A 经臭氧氧化,还原水解得到分子式为 $C_6H_{10}O_2$ 的没有支链的开链化合物。推测 A 可能的结构,并且写出相关的反应式。

习题 4 完成下列反应。

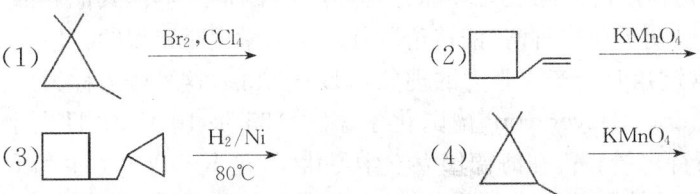

习题 5 写出符合下列条件的、分子式为 C_5H_{10} 的环烷烃的所有结构式并命名。
(1)只含有仲氢原子　　(2)只含有伯氢和仲氢原子
(3)含有一个叔氢原子　(4)含有两个叔氢原子

第七章 芳香烃

学习目标

知识目标
1. 了解苯及其同系物的物理性质；芳烃的来源。
2. 理解苯和萘的结构；苯环上亲电取代反应机理；休克尔规则和芳香性。
3. 掌握单环芳烃的构造异构和命名法；苯及其同系物和萘的化学性质；苯环上和萘环上亲电取代反应的定位规律。

能力目标
1. 能应用苯环和萘环上的亲电取代反应的定位规律预测反应的主要产物。
2. 能选择正确路线合成苯的衍生物。

芳烃，也叫做芳香烃，一般是指分子中含苯环结构的碳氢化合物。"芳香"二字最初是指从天然树脂(香精油)中提取而得、具有芳香气味的物质。随着有机化学的发展，许多实验证明芳香族化学物不一定具有香味，也不一定含有苯环结构，而是具有芳香性的一类环状化合物。

芳烃可分为苯系芳烃和非苯系芳烃两大类。

苯系芳烃根据苯环的多少和连接方式不同可分为单环芳烃、多环芳烃及稠环芳烃。

多环芳烃是指分子中含有两个或者两个以上独立苯环的芳烃，如：

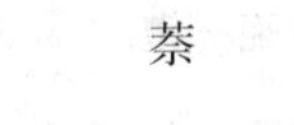

联苯 　　　　　二苯基甲烷

稠环芳烃是指分子中含有两个或两个以上苯环，苯环之间通过共用相邻两个碳原子的芳烃，如：

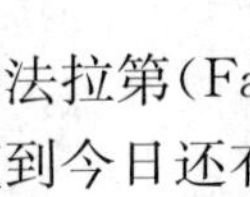

萘 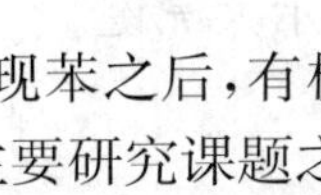　　　　　菲

§7-1 苯的结构

自从1825年英国的法拉第(Faraday)首先发现苯之后，有机化学家对它的结构和性质做了大量研究工作，直到今日还有人把它作为主要研究课题之一。在此期间，也有不少人提出过各种苯的结构式的表示方法，但都不能圆满的表达苯的结构。1865年凯库勒从

苯的分子式出发,根据苯的一元取代物只有一种说明六个氢原子是等同的事实,提出了苯的环状结构式(凯库勒式)。

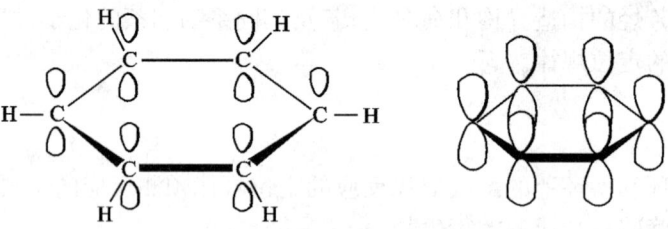

现代物理方法(如 X 射线法,光谱法等)证明了苯分子是一个平面正六边形构型,键角都是 120°,碳碳键的键长都是 0.139 7 nm。如图 7-1 所示,苯分子中各个碳,氢均处于同一平面中。

图 7-1 苯分子的结构

按照轨道杂化理论,苯分子中六个碳原子都以 sp^2 杂化轨道互相沿对称轴的方向重叠形成六个 C—Cσ 键,组成一个正六边形,如图 7-2(a)所示。每个碳原子各以一个 sp^2 杂化轨道分别与氢原子 1s 轨道沿对称轴方向重叠形成六个 C—Hσ 键,如图 7-2(b)所示。由于是 sp^2 杂化,键角都是 120°,所有碳原子和氢原子都在同一平面上。每个碳原子还有一个垂直于 σ 键平面的 p 轨道,每个 p 轨道上有一个 p 电子,六个 p 轨道组成了大 π 键。

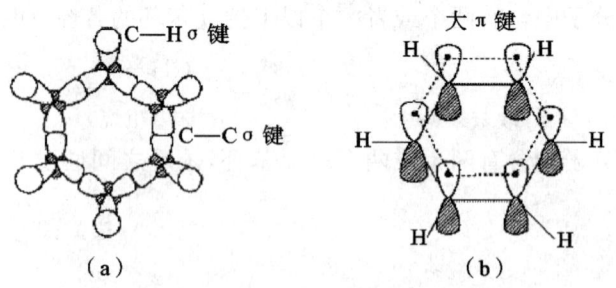

图 7-2 苯分子中的 σ 键和共轭 π 键

目前一般仍采用凯库勒式,但在使用时不能误认为苯分子中有单双键之分。也有用一个带有圆圈的正六角形来表示苯环的,在六角形的每个角都表示每个碳连有一个氢原子,直线表示 σ 键,圆圈表示大 π 键。

§7-2 单环芳烃的构造异构和命名

单环芳烃是指分子中只含有一个苯环的芳烃。可以看做苯环上的氢原子被烃基取代的衍生物。

一、一烃基苯

一烃基苯只有的一种，没有异构体。

1. 简单烃基苯命名是以苯环作为母体，称为某烃基苯（"某"字可略去），如：

甲苯　　　　　乙苯　　　　　异丙苯

2. 如烃基较复杂，即取代基较多，或有不饱和键时，也可以把链烃当作母体，苯环当做取代基，如：

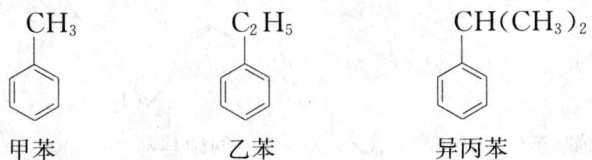

苯乙烯　　　　二苯乙烯　　　　2,3-二甲基-1-苯基-己烯

二、二烃基苯

二烃基苯有三种异构体，可以用系统命名法，也可用邻、间、对来表示烃基的相对位置，如：

邻二甲苯　　　　间二甲苯　　　　对二甲苯

三、三烃基苯

三烃基苯，若三个取代基相同也有三种异构体，一般情况下用连、偏、均表示烃基的相对位置，如：

连三甲苯　　　　偏三甲苯　　　　均三甲苯

四、芳基

当芳烃分子消去一个氢原子所剩下的原子团叫芳基(Aryl),用 Ar 表示。C_6H_5—叫苯基(Phenyl)。可用 Ph—表示。$C_6H_5CH_2$—叫做苄基(苯甲基),可用 Bz—表示。

五、芳烃衍生物

1. 某些取代基(硝基—NO_2,亚硝基—NO,卤素—X 等)通常只做取代基而不做母体。具有这些取代基的芳烃衍生物命名时,芳烃为母体,叫做某取代芳烃,如:

      硝基苯   氯苯   间硝基苯

2. 当取代基为—NH_2,—OH,—CHO,—COOH,—SO_3H 等,则把它们看作一类化合物,如:

  苯胺   苯酚   苯磺酸   苯甲醛   苯甲酸

习题 1 写出分子式为 C_9H_{12} 单环芳烃的所有异构体,并命名。

习题 2 命名下列基团。

(1) C_6H_5—   (2) $C_6H_5CH_2$—   (3) $(C_6H_5)_2CH$—

(4) $C_6H_5CH_2CH_2$—   (5) $C_6H_5\overset{CH_3}{\underset{}{C}}H$—

习题 3 命名下列化合物。

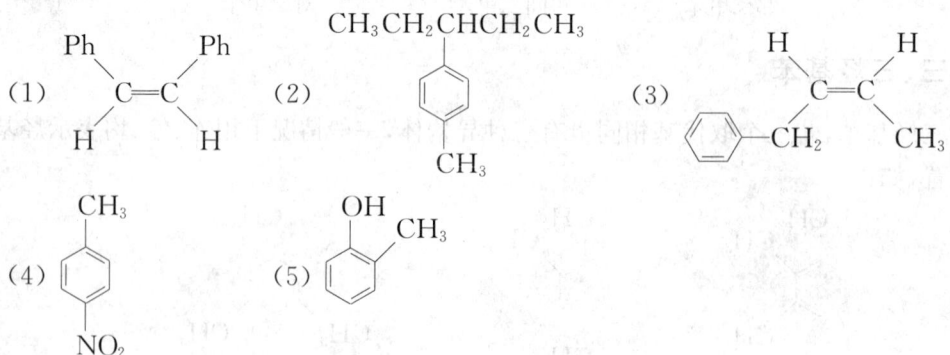

§7-3 单环芳烃的来源和制法

芳烃在工业上主要从煤加工及石油加工过程中得到。近年来,苯及其同系物主要由石油化工来提供,但萘和蒽主要来自煤焦油。

一、炼焦副产物中回收芳烃

煤经干馏得到黑色黏稠状液体称为煤焦油,其中约有1万种以上有机物,已被鉴定的只是极少一部分。将煤焦油进行分馏,各馏分所含的主要烃类见表7-1。采用萃取、分子筛吸附、磺化等方法可进一步从各馏分中分离芳烃。焦炉气中含有一定量的氨和苯、甲苯等。将焦炉气经水吸收得氨水,再用重油吸收溶解苯、甲苯等。将重油分馏可得粗苯,其中含苯50%~70%、甲苯15%~22%、二甲苯4%~8%。

表7-1 煤焦油分馏得芳烃

馏分	沸点范围/℃	含量/%(质量)	主要成分	可得产物
轻油	<170	0.4~0.8	芳香烃	苯、甲苯、二甲苯
酚油	180~210	1.0~1.5	酚、甲酚 20%~30% 萘 5%~10% 吡啶碱类 4%~6%	苯酚和甲酚 萘 吡啶
萘油	210~230	10~13	萘 70%~80% 酚、甲酚、二甲酚 4%~6% 重吡啶碱类 3%~4%	萘 二甲酚 喹啉
洗油	230~300	4.5~6.5	甲酚、二甲酚及高沸点酚 3%~5% 重吡啶碱类 4%~6% 萘 <15% 甲基萘、苊、芴等	萘 喹啉
蒽油	300~360	20~28	蒽 16%~20% 萘 2%~4% 高沸点酚 1%~3% 重吡啶碱类 2%~4%	粗蒽
沥青	>360	54~56		

二、从石油裂解产物中分离芳烃

以石油为原料裂解制备乙烯、丙烯时,所得副产物中含有芳烃。将副产物进行分馏可得裂解汽油和裂解重油。裂解汽油中主要含有苯、甲苯和二甲苯。裂解重油中含有萘、蒽等稠环芳烃。

三、石油芳构化

直馏汽油(60℃~130℃)的主要成分是烷烃和环烷烃，其辛烷值很低。在一定的温度和压力下，通过催化剂铂、铼使链烷烃和环烷烃转变成芳香烃，称为重整芳构化。重整的结果可使芳烃含量由2%提高到50%~60%。重整芳构化过程很复杂，主要包括下列化学反应。

环烷烃脱氢生成芳烃，如：

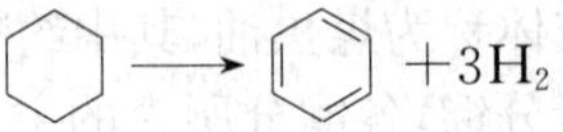

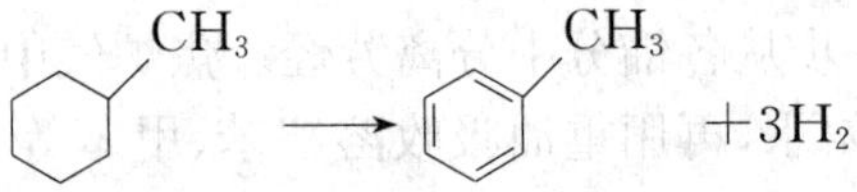

环烷烃 → 苯 + 3H$_2$

甲基环己烷 → 甲苯 + 3H$_2$

环烷烃扩环、脱氢生成芳烃，如：

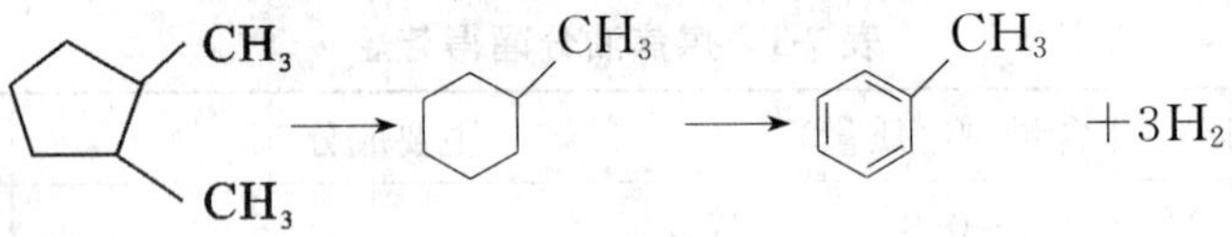

1,2-二甲基环戊烷 → 甲基环己烷 → 甲苯 + 3H$_2$

链烷烃环化、脱氢生成芳烃，如：

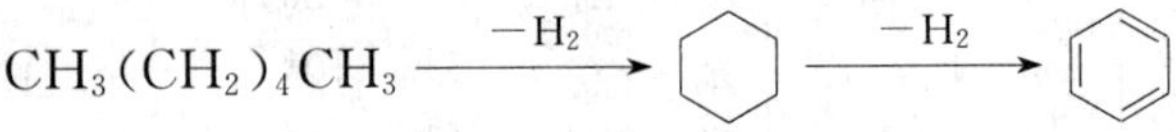

$CH_3(CH_2)_4CH_3$ $\xrightarrow{-H_2}$ 环己烷 $\xrightarrow{-H_2}$ 苯

§7-4 单环芳烃的物理性质

单环芳烃有特殊的气味，蒸汽有毒，对呼吸道、中枢神经和造血器官产生损害。有的稠环芳烃对人体有致癌作用。与苯长期接触会导致慢性中毒。由于苯及其同系物中含碳量比较多，燃烧时火焰带有黑烟。

苯及其同系物多数为液体，不溶于水，易溶于有机溶剂。特别是二甘醇、环丁砜、N-甲基吡咯烷-2-酮、N,N-二甲基甲酰胺等对芳烃有很好的选择性溶解，因此，工业上用它们从烃的混合物中萃取(抽提)芳烃。

单环芳烃的相对密度小于1，但比分子中同碳数的脂肪烃和脂环烃大，一般在0.8~0.9之间。

苯的同系物中每增加一个CH_2单位，沸点平均增高约25℃，如苯、甲苯、乙苯、正丙苯和正丁苯的沸点分别为80.1℃、110.6℃、130℃、159.2℃和183℃。含同碳数的各种异构体的沸点很接近，如邻、间和对二甲苯的沸点分别为144.4℃，139.1℃和138.2℃，可以用高效精馏塔把邻二甲苯分离出来，而很难把间、对位异构体分开。

在同分异构体中，结构对称的异构体具有较高的熔点。例如，邻、间、对二甲苯的熔点分别为-25.5℃、-47.9℃和13.3℃，可用低温结晶的方法使对二甲苯分离出来。一些常见单环芳烃的物理性质见表7-2。

表 7-2 一些常见单环芳烃的物理性质

化合物	熔点/℃	沸点/℃	相对密度
苯	5.5	80	0.879
甲苯	−95	111	0866
邻二甲苯	−25	144	0.881
间二甲苯	−48	139	0.884
对二甲苯	13	138	0.861
六甲基苯	165	264	
乙苯	−95	136	0.8669
正丙苯	−99	159	0.8621
异丙苯	−96	152	0.864

§7-5 单环芳烃的化学性质

一、取代反应

苯环上的氢易被卤素、硝基、磺酸基、烷基、酰基等基团取代发生如下反应：

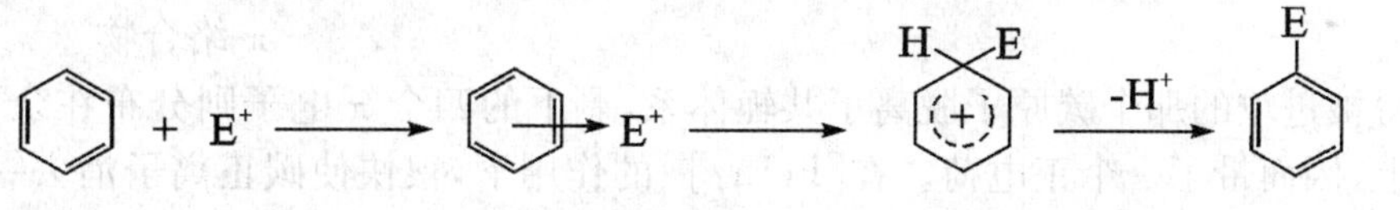

$$\text{苯} + E^+ \longrightarrow \pi\text{-配合物} \longrightarrow \sigma\text{-配合物} \xrightarrow{-H^+} \text{产物}$$

亲电试剂　　　　　　π-配合物　　　　　σ-配合物

（一）硝化反应

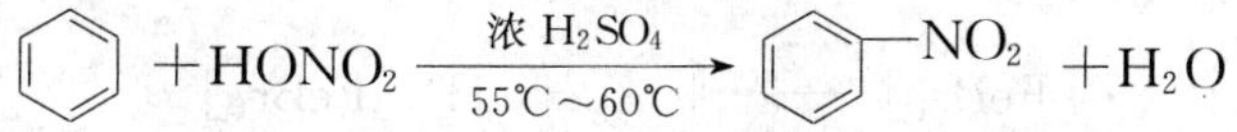

$$\text{C}_6\text{H}_6 + \text{HONO}_2 \xrightarrow[55℃\sim60℃]{\text{浓 H}_2\text{SO}_4} \text{C}_6\text{H}_5\text{NO}_2 + \text{H}_2\text{O}$$

硝基苯(98%)

硝基苯为浅黄色液体，剧毒，能与血液中的血红素作用

如果提高反应的温度和硝酸的浓度，硝化反应则可以继续进行得到间二硝基苯，甚至均三硝基苯。

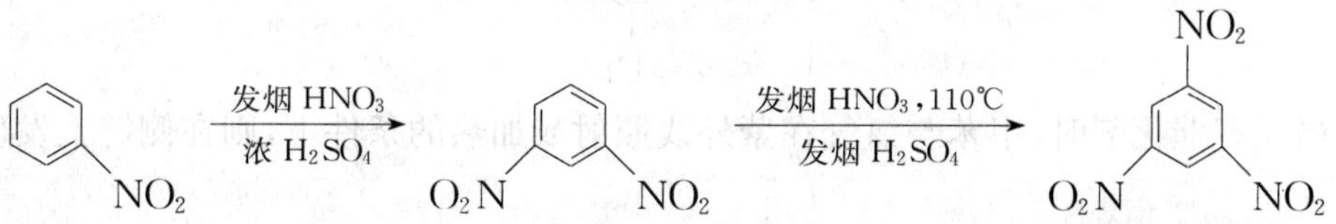

$$\text{C}_6\text{H}_5\text{NO}_2 \xrightarrow[\text{浓 H}_2\text{SO}_4]{\text{发烟 HNO}_3} \text{间二硝基苯} \xrightarrow[\text{发烟 H}_2\text{SO}_4]{\text{发烟 HNO}_3,110℃} \text{均三硝基苯}$$

间硝基苯(88%)　　　　　　极少量

如果以甲苯进行硝化，在30℃就可以反应，主要得到邻硝基甲苯和对硝基甲苯，并可以进一步硝化可以得到2,4,6-三硝基甲苯，即炸药 TNT。硝化反应就一个放热反应，引

进一个硝基,放出约 152.7 kJ·mol^{-1} 的热量,因此,必须使硝化反应缓慢进行。

$$\text{C}_6\text{H}_5\text{CH}_3 + \text{HNO}_3 \xrightarrow[30℃]{\text{H}_2\text{SO}_4} \text{邻-硝基甲苯} + \text{对-硝基甲苯} \longrightarrow \text{2,4,6-三硝基甲苯}$$

(二)卤化反应

1. 在铁或三卤化铁等催化下,苯与卤素作用生成卤(代)苯。

$$\text{C}_6\text{H}_6 + \text{Cl}_2 \xrightarrow[40\sim60℃]{\text{FeCl}_3} \text{C}_6\text{H}_5\text{Cl} + \text{HCl} \xrightarrow[\text{FeCl}_3]{\text{Cl}_2} \text{邻-二氯苯} + \text{对-二氯苯}$$

注意:第二个卤素原子进入第一个卤素原子的邻、对位。

氯或溴本身不能与苯起取代反应,必须在 Lewis 酸的帮助下才能使氯或溴分子极化。因此,卤化的第一步是苯环形成 π 络合物,在 Lewis 酸 FeBr$_3$ 帮助下进一步生成 σ 络合物,苯环的两个 π 电子与 Br$^+$ 生成 C—Br 键。

$$\text{C}_6\text{H}_6 \xrightarrow{\text{Br}_2} [\pi\text{络合物}] \xrightarrow{\overset{\delta^+}{\text{Br}}-\overset{\delta^-}{\text{Br}} \quad \text{FeBr}_3} [\sigma\text{络合物}]\cdot[\text{FeBr}_4]^-$$

π-络合物

因而使得被进攻的那个碳原子脱离了共轭体系,剩下的四个 π 电子则分布在余下的五个碳原子上,因而带了一个正电荷。在[FeBr$_4$]$^-$ 的作用下,很快使碳正离子消去一个质子,恢复了原来的苯环。

$$[\sigma\text{络合物}]\cdot[\text{FeBr}_4]^- \longrightarrow \text{C}_6\text{H}_5\text{Br} + \text{H}^+[\text{FeBr}_4]^- \longrightarrow \text{HBr} + \text{FeBr}_3$$

$$\text{C}_6\text{H}_5\text{CH}_3 + 2\text{Cl}_2 \xrightarrow{\text{Fe 或 FeX}_3} \text{对-氯甲苯} + \text{邻-氯甲苯} + \text{HCl}$$

2. 当没有催化剂时,甲苯与氯气在紫外线照射或加热的条件下,则在侧链上发生取代反应:

$$\text{C}_6\text{H}_5\text{CH}_3 \xrightarrow[\text{hv 或 }\Delta]{\text{Cl}_2} \text{C}_6\text{H}_5\text{CH}_2\text{Cl} \longrightarrow \text{C}_6\text{H}_5\text{CHCl}_2 \longrightarrow \text{C}_6\text{H}_5\text{CCl}_3$$

由此可见，反应条件不同，产物也就不同。

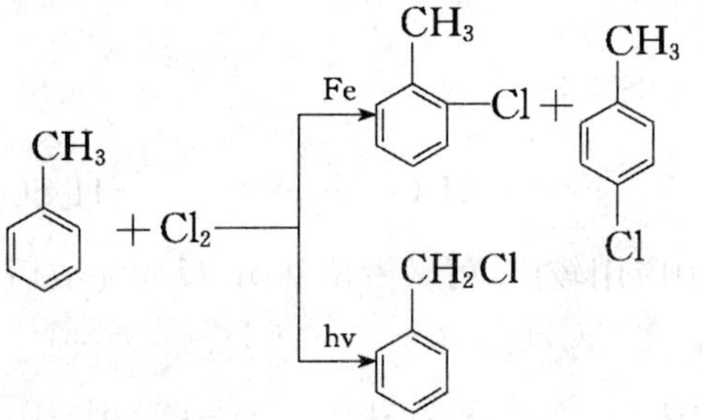

$$C_6H_5CH_3 + Cl_2 \xrightarrow{Fe} \text{邻-氯甲苯} + \text{对-氯甲苯}$$

$$C_6H_5CH_3 + Cl_2 \xrightarrow{h\nu} C_6H_5CH_2Cl$$

侧链较长的芳烃光照卤代主要发生在 α 碳原子上。

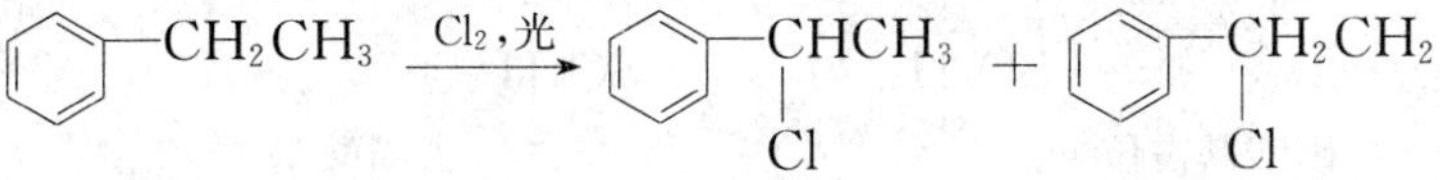

$$C_6H_5CH_2CH_3 \xrightarrow{Cl_2, 光} C_6H_5CHClCH_3 \; (91\%) + C_6H_5CH_2CH_2Cl \; (9\%)$$

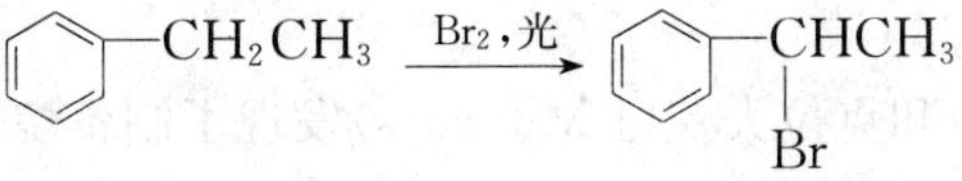

$$C_6H_5CH_2CH_3 \xrightarrow{Br_2, 光} C_6H_5CHBrCH_3 \; (100\%)$$

$$C_6H_5CH_2CH_2CH(CH_3)_2 \xrightarrow{Br_2, 光} C_6H_5CHBrCH_2CH(CH_3)_2$$

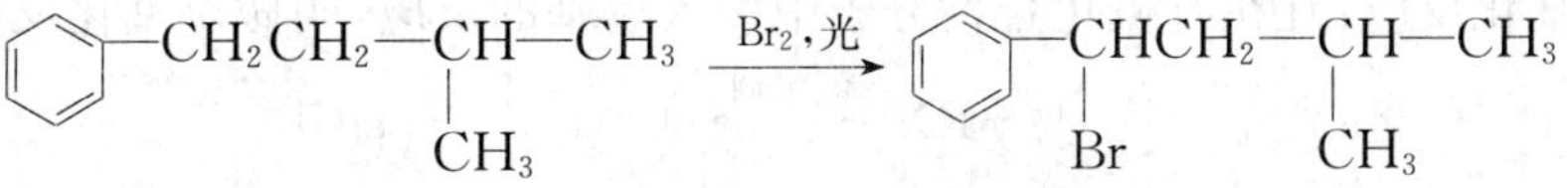

习题 4 写出 C_6H_5—$CH_2CH_2CH_3$ 与溴分别在 Fe 粉催化和光照或加热条件下的反应产物和反应式。

(三) 磺化反应

苯及其同系物与浓硫酸发生磺化反应，在苯环上引入磺酸基（—SO_3H），生成芳磺酸。

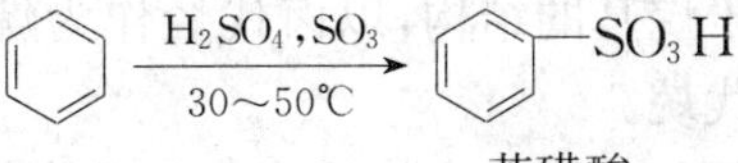

$$C_6H_6 \xrightarrow[30\sim 50℃]{H_2SO_4, SO_3} C_6H_5\text{—}SO_3H$$

苯磺酸

苯磺酸再磺化比苯困难，须采用发烟硫酸并在较高温度下进行。再磺化的产物主要是间苯二磺酸。

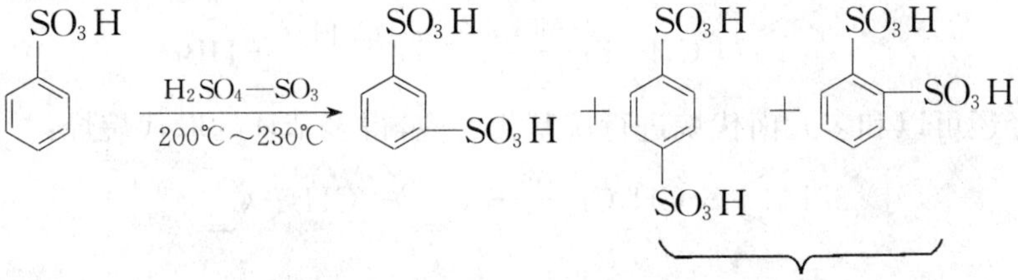

$$C_6H_5SO_3H \xrightarrow[200℃\sim 230℃]{H_2SO_4\text{—}SO_3} \text{间-苯二磺酸}(72\%) + \text{对-苯二磺酸} + \text{邻-苯二磺酸} \; (28\%)$$

磺化反应是可逆反应，苯磺酸在过热水蒸气作用下与稀硫酸或稀盐酸共热时可水解脱下磺酸基。

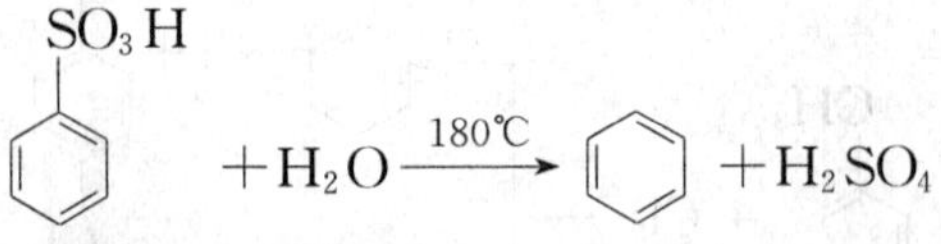

$$C_6H_5SO_3H + H_2O \xrightarrow{180℃} C_6H_6 + H_2SO_4$$

故磺化反应在有机合成中应用较广，可做占位基团，反应完成后再脱去磺酸基，如：

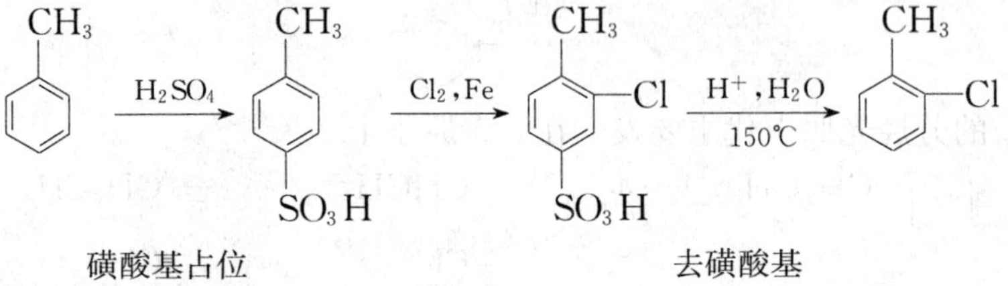

甲苯 $\xrightarrow{H_2SO_4}$ 对甲基苯磺酸 $\xrightarrow{Cl_2, Fe}$ 2-氯-4-甲基苯磺酸 $\xrightarrow{H^+, H_2O}{150℃}$ 邻氯甲苯

　　　　磺酸基占位　　　　　　　　　　去磺酸基

用磺酸基占位的策略，避免了甲苯直接氯化生成对氯甲苯。

（四）傅瑞德尔-克拉夫茨反应

在1877年傅瑞德尔（C Fridedl）和克拉夫茨（J M Crafts）发现了制备烷基苯和芳酮的反应，常常简称为傅—克反应。

1. 烷基化反应：凡在有机化合物分子中引入烷基的反应，叫做烷基化反应。

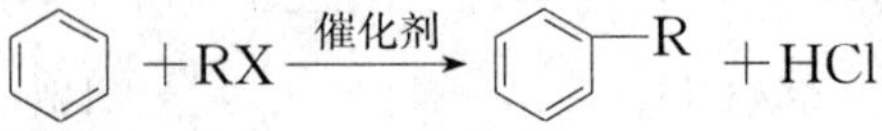

$$C_6H_6 + RX \xrightarrow{催化剂} C_6H_5-R + HCl$$

常见的催化剂有 $AlCl_3$、$FeCl_3$、$ZnCl_2$、$SnCl_4$、BF_3、无水 HF、H_2SO_4（95%）、P_2O_5、H_3PO_4 等；其中，以 $AlCl_3$ 最常用。

常用烷基化试剂：RX、ROH、ROR、$RCH=CH_2$ 等，如：

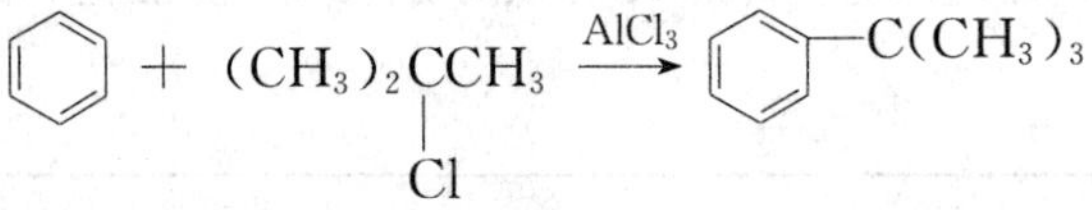

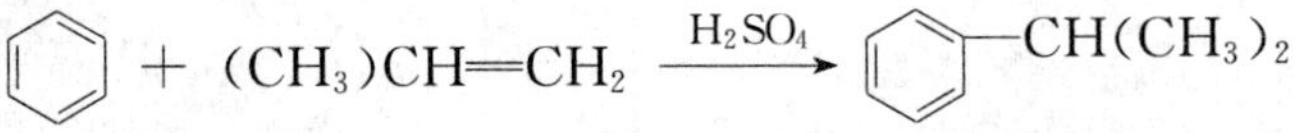

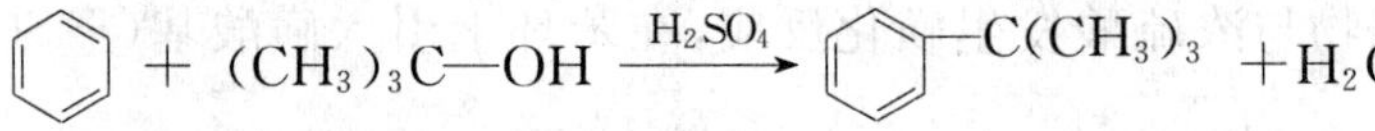

$$C_6H_6 + (CH_3)_2CClCH_3 \xrightarrow{AlCl_3} C_6H_5-C(CH_3)_3$$

$$C_6H_6 + (CH_3)CH=CH_2 \xrightarrow{H_2SO_4} C_6H_5-CH(CH_3)_2$$

$$C_6H_6 + (CH_3)_3C-OH \xrightarrow{H_2SO_4} C_6H_5-C(CH_3)_3 + H_2O$$

烷基化的难易主要取决于烷基的结构，以卤代烃作为烷基化试剂为例，活性顺序为：叔卤代烷＞仲卤代烷＞伯卤代烷。

傅瑞德尔－克拉夫茨烷基化反应还应该注意以下几个问题：

（1）烷基化反应往往不能停留在一元取代的阶段，因此，要想得到一元取代产物可严格控制反应条件和原料加入的方式及配比，如：

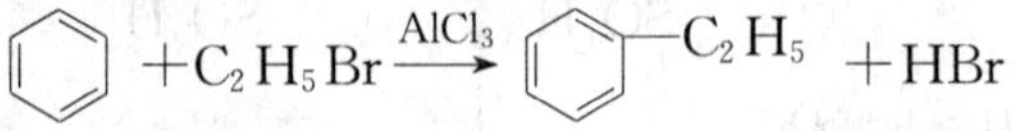

$$C_6H_6 + C_2H_5Br \xrightarrow{AlCl_3} C_6H_5-C_2H_5 + HBr$$

（2）芳烃还可以和多元卤代烷进行烷基化反应，得多苯环的取代烷烃：

$$2\ C_6H_6 + CH_2Cl_2 \xrightarrow{AlCl_3} C_6H_5-CH_2-C_6H_5$$

$$3\ \text{C}_6\text{H}_6 + \text{CHCl}_3 \xrightarrow{\text{AlCl}_3} (\text{C}_6\text{H}_5)_3\text{CH}$$

四氯化碳只有三个氯可以被芳基取代，这可能是由于空间阻碍的关系。

(3) 反应时的温度和催化剂对产物也有关系。一般地讲，高温和用强的催化剂时，常常产生间位异构体；相反，则生成邻、对位异构体。例如，用 AlCl₃ 时，得间位二元取代物：

$$\text{C}_6\text{H}_5\text{CH}_3 + \text{RCl} \xrightarrow{\text{AlCl}_3} m\text{-CH}_3\text{C}_6\text{H}_4\text{R} + \text{H}_2\text{O}$$

$$\text{C}_6\text{H}_6 \xrightarrow[3\text{CH}_3\text{Cl}]{\text{AlCl}_3} \begin{cases} \text{1,2,4-三甲苯} & (0\,°\text{C}) \\ \text{1,3,5-三甲苯} & (100\,°\text{C}) \end{cases}$$

用三氟化硼时，主要产物是对位：

$$\text{C}_6\text{H}_5\text{CH}_3 + \text{ROH} \xrightarrow{\text{BF}_3} p\text{-CH}_3\text{C}_6\text{H}_4\text{R} + \text{H}_2\text{O}$$

(4) 当所用的卤代烷具有三个碳或更多碳原子时，经常发生重排，如：

$$\text{C}_6\text{H}_6 + \text{CH}_3\text{CH}_2\text{CH}_2\text{Cl} \xrightarrow{\text{AlCl}_3} \text{C}_6\text{H}_5\text{CH}(\text{CH}_3)_2 + \text{HCl}$$

(5) 芳环上如有吸电子基团（—NO₂ 等），烷基化反应不易进行，以至不反应。例如，硝基苯就不起傅-克烷基化反应，可以用硝基苯作烷基化反应的溶剂。

2. **酰基化反应**：在无水三氯化铝等路易斯酸的催化作用下，苯还能与酰氯或酸酐进行类似的反应得到酮。

$$\text{C}_6\text{H}_6 + \text{CH}_3\text{CH}_2\text{COCl} \xrightarrow{\text{AlCl}_3} \text{C}_6\text{H}_5\text{COCH}_2\text{CH}_3 + \text{HCl}$$

$$\text{C}_6\text{H}_6 + (\text{CH}_3\text{CO})_2\text{O} \xrightarrow{\text{AlCl}_3} \text{C}_6\text{H}_5\text{COCH}_3 + \text{CH}_3\text{COOH}$$

芳烃和酰氯发生傅-克反应，产量很好。当一个酰基取代苯环后，苯环的活性就降低了，反应即行停止，产物一般是一取代物，不会生成多元取代物的混合物，并且酰基化反应没有异构化产物,这点是和烷基化反应的一个主要不同之点。当苯环上有致钝基团时,不发生反应。

习题 5 完成下列反应。

(1) 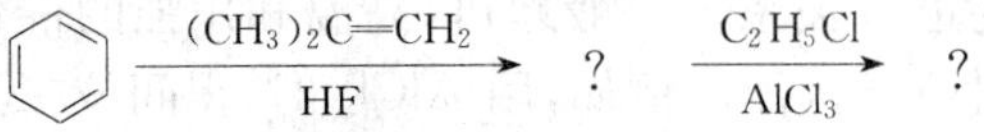 ⌬$\xrightarrow[\text{HF}]{(CH_3)_2C=CH_2}$? $\xrightarrow[\text{AlCl}_3]{C_2H_5Cl}$?

(2) ⌬ + 丁二酸酐 $\xrightarrow{\text{AlCl}_3}$?

(3) ⌬(过量) + CH_2Cl_2 $\xrightarrow{\text{AlCl}_3}$ 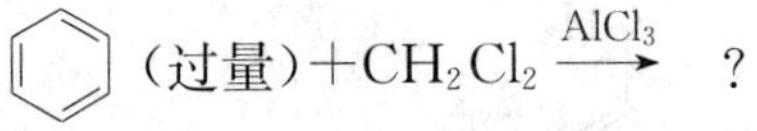 ?

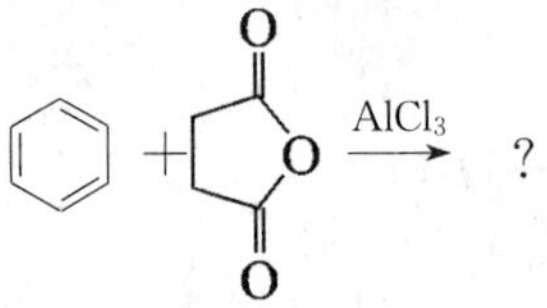

二、加成反应

芳烃容易起取代反应而难于加成,这就是化学家早期在实践中反复观察到的"芳香性",但在一定条件,如催化剂、高温、高压和其他影响下,仍然可以发生加成反应。

(一) 加氢

在铂、钯、雷内镍等催化剂作用下,芳烃与氢气可发生加成反应,如:

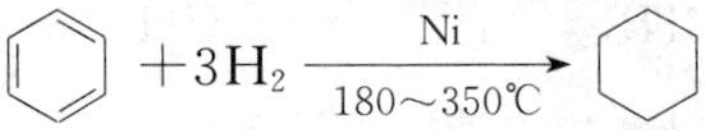

⌬ + $3H_2$ $\xrightarrow[180\sim350℃]{\text{Ni}}$ ◯

这是工业生成环己烷的方法,产品纯度高。苯的氢化无法分离出中间产物,即六个氢原子是一次加上去的,在反应体系中不是苯就是环己烷。

(二) 加氯

在日光或紫外光的照射下,苯能和氯加成,生成六氯环己烷。

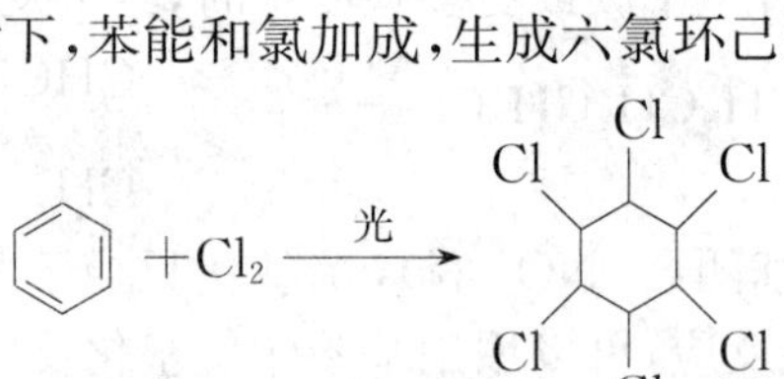

⌬ + Cl_2 $\xrightarrow{\text{光}}$ 六氯环己烷

六氯环己烷,俗称六六六是杀虫剂。由于结构稳定,不易分解,残留期很长,施用后污染环境、危害人体健康,目前已停止使用。

三、氧化反应

(一) 苯环的氧化

苯环很稳定,不容易被氧化,只是在催化剂存在下,高温时才能氧化开环,如:

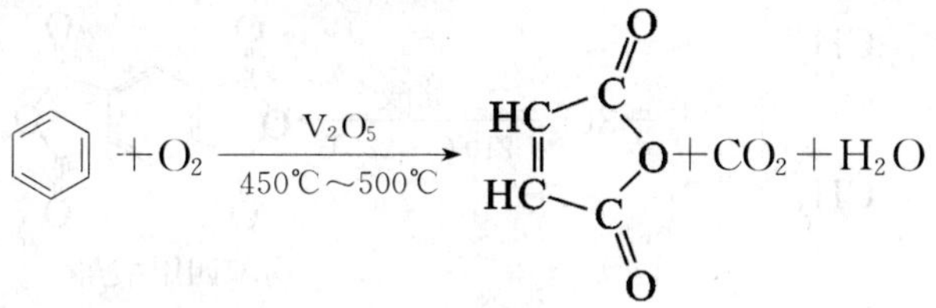

$$\text{C}_6\text{H}_6 + \text{O}_2 \xrightarrow[450℃\sim 500℃]{V_2O_5} \begin{array}{c}\text{HC—C}\diagdown\\ \phantom{\text{HC—}} \text{O} \\ \text{HC—C}\diagup\end{array} \begin{array}{c}\text{O}\\ \phantom{\text{HC}}\\ \text{O}\end{array} + CO_2 + H_2O$$

邻二甲苯和臭氧也可以发生苯环上的氧化反应,生成三个化合物:丁二酮、丙醛酮和乙二醛。

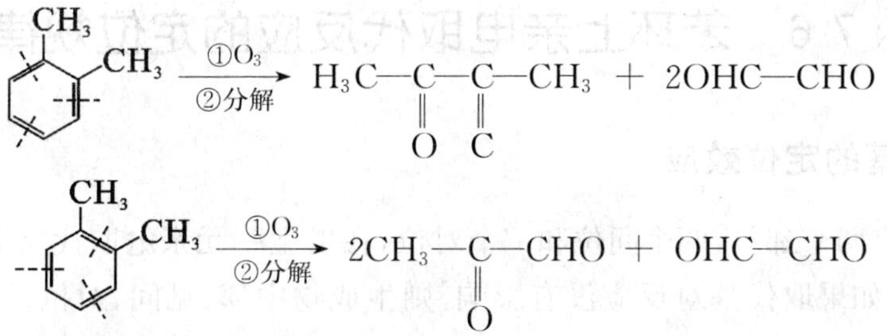

$$\text{邻二甲苯} \xrightarrow[\text{②分解}]{①O_3} H_3C-\underset{\underset{O}{\|}}{C}-\underset{\underset{O}{\|}}{C}-CH_3 + 2OHC-CHO$$

$$\text{邻二甲苯} \xrightarrow[\text{②分解}]{①O_3} 2CH_3-\underset{\underset{O}{\|}}{C}-CHO + OHC-CHO$$

(二)芳香环侧链的氧化

烷基苯比苯容易氧化,氧化主要发生在侧链上。含有 α-H 的烃基苯侧链可被高锰酸钾或重铬酸钾的酸性或碱性溶液或稀硝酸氧化,并在与苯环直接相连的碳氢键开始反应,如果与苯环直接相连的碳上没有氢时则不被氧化。氧化时,不论烷基的长短,最后的氧化产物一般都是苯甲酸,如:

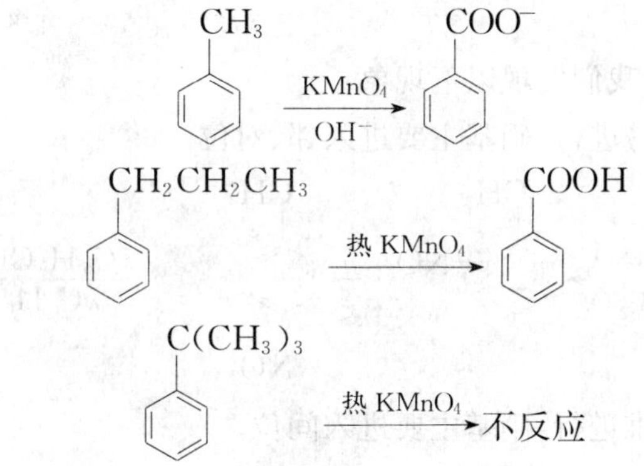

$$C_6H_5CH_3 \xrightarrow[OH^-]{KMnO_4} C_6H_5COO^-$$

$$C_6H_5CH_2CH_2CH_3 \xrightarrow{\text{热 } KMnO_4} C_6H_5COOH$$

$$C_6H_5C(CH_3)_3 \xrightarrow{\text{热 } KMnO_4} \text{不反应}$$

当苯环上含有两个不等长的碳链取代基时,碳链较长的先被氧化。

(三)邻位烷基苯的氧化

当含有 α-H 的侧链互为邻位时,气相高温催化氧化条件下,得到酸酐,如:

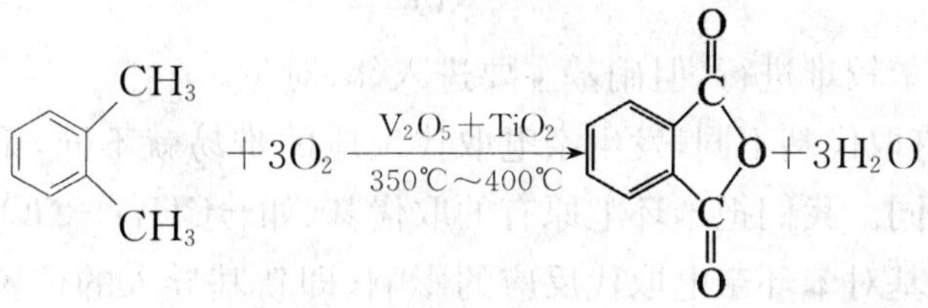

$$\text{邻二甲苯} + 3O_2 \xrightarrow[350℃\sim 400℃]{V_2O_5 + TiO_2} \text{邻苯二甲酸酐} + 3H_2O$$

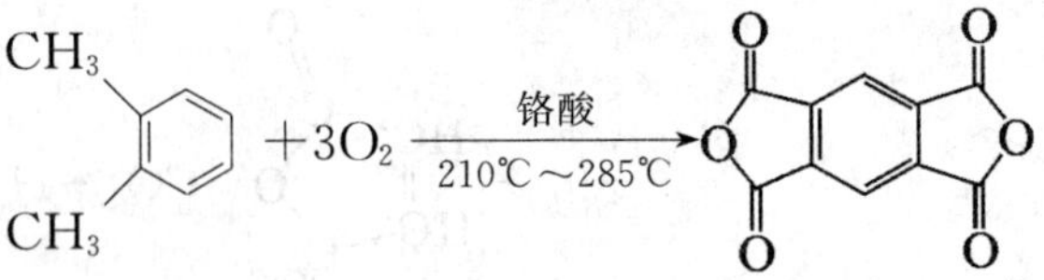

$$\text{邻二甲苯} + 3O_2 \xrightarrow[210℃\sim285℃]{铬酸} \text{均苯四甲酸酐}$$

邻苯二甲酸酐可作染料、药物的中间体,均苯四甲酸二酐可做环氧树脂的固化剂。

§7-6 苯环上亲电取代反应的定位规律

一、取代基的定位效应

一取代苯有两个邻位,两个间位和一个对位,在发生一元亲电取代反应时,都可接受亲电试剂进攻,如果取代基对反应没有影响,则生成物中邻、见间、对位产物的比例应为 2∶2∶1。

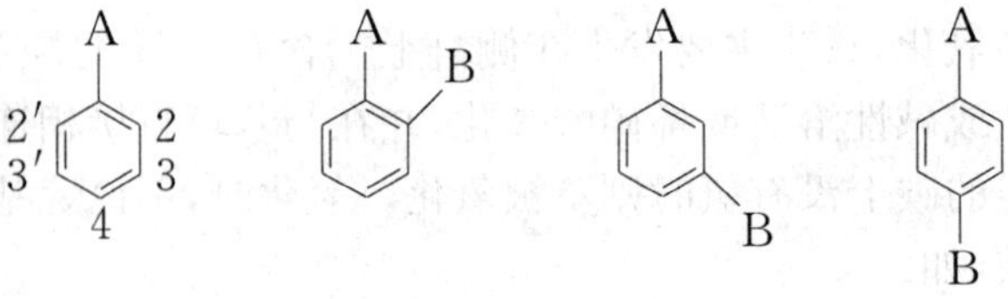

（邻位 2/5，间位 2/5，对位 1/5）

但是,通过研究实验,我们发现以下现象:

1. 甲苯硝化,比苯容易进行,硝基主要进入邻、对位。

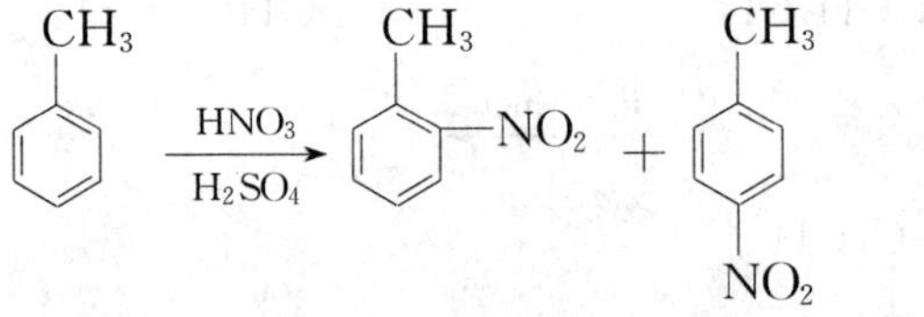

$$\text{甲苯} \xrightarrow[H_2SO_4]{HNO_3} \text{邻硝基甲苯} + \text{对硝基甲苯} \qquad \frac{kC_6H_5CH_3}{kC_6H_6} > 1$$

2. 硝基苯硝化,比苯难进行,硝基主要进入间位。

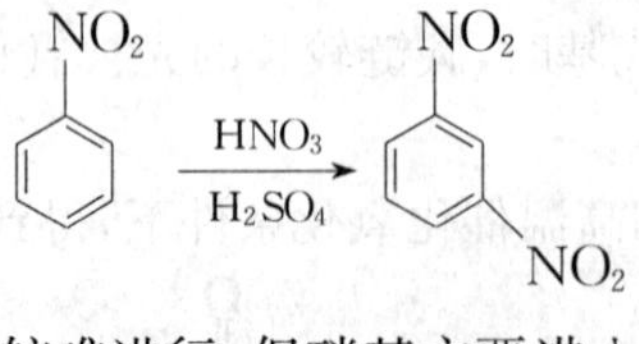

$$\text{硝基苯} \xrightarrow[H_2SO_4]{HNO_3} \text{间二硝基苯} \qquad \frac{kC_6H_5CH_3}{kC_6H_6} < 1$$

3. 氯苯硝化比苯较难进行,但硝基主要进入邻、对位。

由此可知,原有取代基不同,发生亲电取代反应的难易就不同,第二个取代基进入苯环的相对位置也不同。我们把苯环上原有的取代基(如—CH_3、—NO_2、—Cl 等)称为定位基。根据原有取代基对苯环亲电取代反应的影响(即新基导入的位置和反应的难易),可将取代基分成两类,见表 7-3。

表 7-3 苯环亲电取代反应中的两类取代基

强度	邻对位定位基				间位定位基		
	强烈活化	中等活化	较弱活化	较弱钝化	强烈钝化	中等钝化	
取代基	—O— —OH —NR —NHR —NH$_2$	—OR —OCOR —NHCOR	—C$_6$H$_5$ —R	—F —Cl —Br —I —CH$_2$Cl	—NO$_2$ —CF$_3$ —CCl$_3$ —CO$_2$R	—CN —SO$_3$H —COR —COH —COOH —NH$_3^+$ —CONH$_2$	

此外,当苯环上已有一个邻对位定位基时,产物中邻位和对位取代的比例还与原有定位基及新引入基的体积有关。例如:

(1)烷基苯硝化反应时异构体的分布。

化合物	苯环上原有取代基	异构体分布×100		
		邻位	对位	间位
甲苯	—CH$_3$	58.5	37.2	4.3
乙苯	—CH$_2$CH$_3$	45.0	48.5	4.5
异丙苯	—CH(CH$_3$)$_2$	30.0	62.3	7.7
叔丁苯	—C(CH$_3$)$_3$	15.8	72.7	11.5

可见,随着苯环上原有取代基体积的增大,产物中对位异构体的比例增加。

(2)甲苯烷基化时异构体的分布。

引入基团	异构体分布×100		
	邻位	对位	间位
—CH$_3$	53.8	28.8	17.4
—CH$_2$CH$_3$	45.0	25.0	30.0
—CH(CH$_3$)$_2$	37.5	32.7	29.8
—C(CH$_3$)$_3$	0	93.0	7.0

可见,随着引入基团体积的增大,产物中对位异构体的比例增加。

(3)空间拥挤程度大,稳定性低。例如,叔丁基苯和溴苯在进行磺化反应时,由于叔丁基和溴基的空间效应,磺酸基几乎不可能引入到邻位上。

$$\underset{}{\text{C}_6\text{H}_5\text{-C(CH}_3)_3} \xrightarrow{\text{浓 H}_2\text{SO}_4} \underset{\sim 100\%}{\text{4-(CH}_3)_3\text{C-C}_6\text{H}_4\text{-SO}_3\text{H}}$$

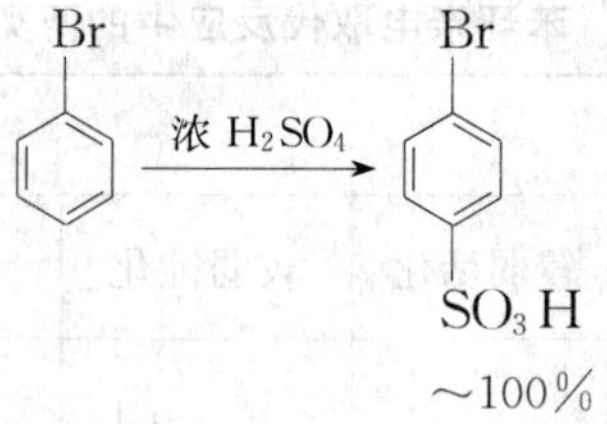

习题 6 写出下列各化合物一次硝化的主要产物。

(1)  C₆H₅—NHCOCH₃ (2) 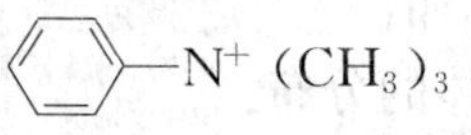 C₆H₅—N⁺(CH₃)₃ (3) C₆H₅—CO—O—C₆H₅

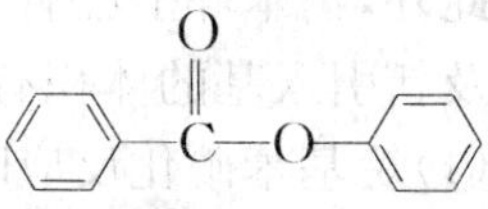

(4) 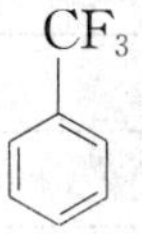 C₆H₅—CF₃ (5) 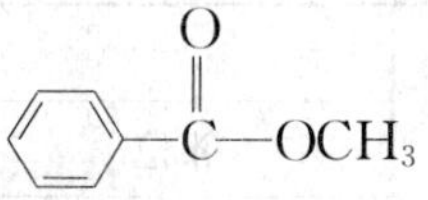 C₆H₅—COOCH₃ (6) 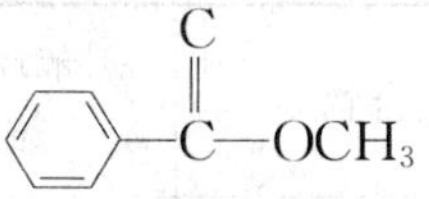 C₆H₅—C(=CH₂)—OCH₃

(7) 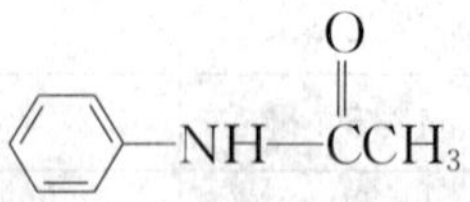 C₆H₅—NH—CO—CH₃ (8) 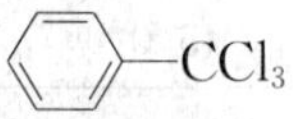 C₆H₅—CCl₃

习题 7 下列各组反应中，不能进行反应的是哪一个？

(1) A. C₆H₅—NO₂ + CH₃CHClCH₃ $\xrightarrow{AlCl_3}$?

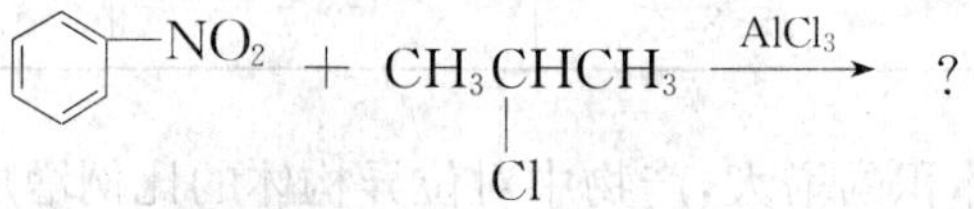

B. 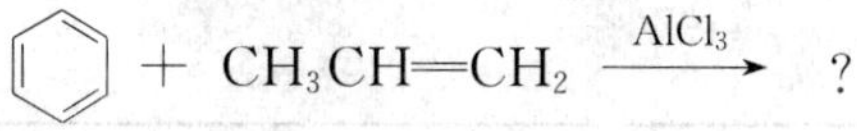 C₆H₆ + CH₃CH=CH₂ $\xrightarrow{AlCl_3}$?

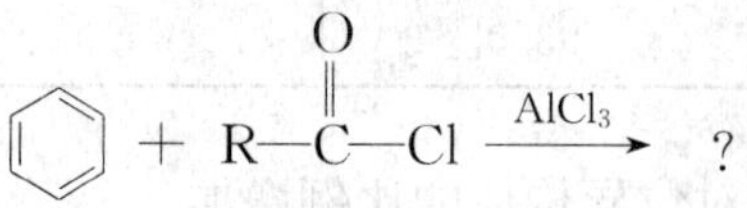

C. 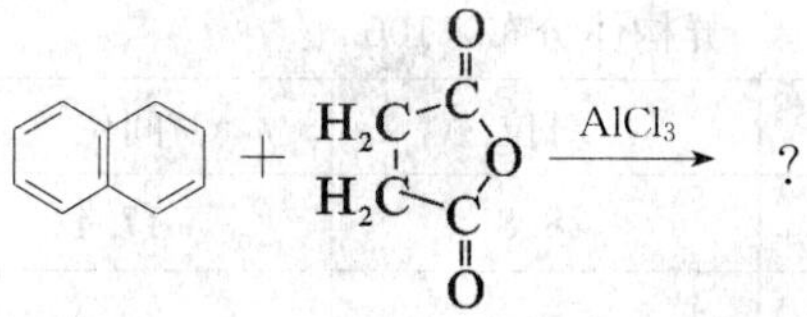 萘 + 丁二酸酐 $\xrightarrow{AlCl_3}$?

D. 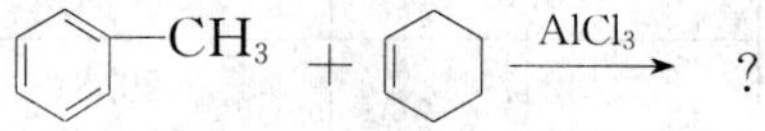 C₆H₅—CH₃ + 环己烯 $\xrightarrow{AlCl_3}$?

(2) A. C₆H₆ + R—CO—Cl $\xrightarrow{AlCl_3}$?   B. 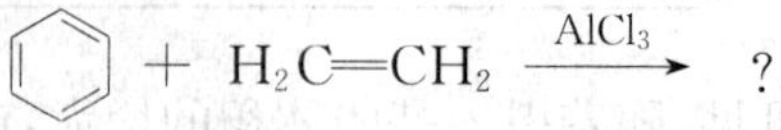 C₆H₆ + H₂C=CH₂ $\xrightarrow{AlCl_3}$?

C. 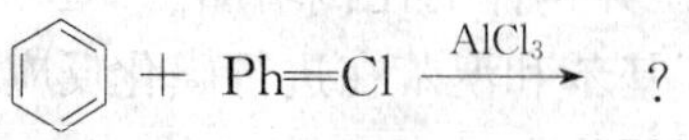 C₆H₆ + Ph=Cl $\xrightarrow{AlCl_3}$?   D. 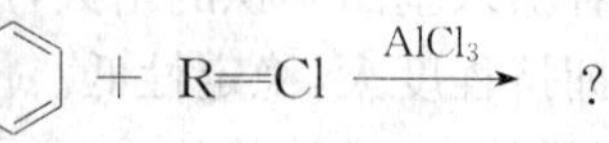 C₆H₆ + R=Cl $\xrightarrow{AlCl_3}$?

二、二元取代苯的定位规律

当苯环上已有二个取代基时，第三个基团进入苯环位置主要同原来的两个取代基的性质决定。

1. 原有基团是同类时，以强者为主。

若原有两个取代基是同一类的定位基，则第三个取代进入的位置主要受强的定位基的支配。同类定位基的定位效能顺序如下：

邻、对位定位基：
$-O^->-N(CH_3)_2>-NH_2>-OH>-OCH_3>-NHCOCH_3>-CH_3>-OCOCH_3>-Cl>-Br>-I$

间位定位基：
$-N(CH_3)_3^+>-NO_2>-CN>-SO_3H>-COCH_3>-COOH>-COOCH_3$

例如：

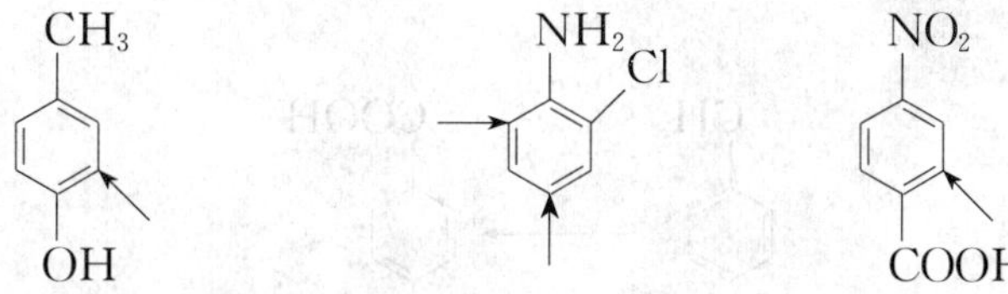

$-OH>-CH_3 \qquad -NH_2>-Cl \qquad -NO_2>-COOH$

如果芳环上有两个烷基，取代一般发生在位阻较小的位置上。

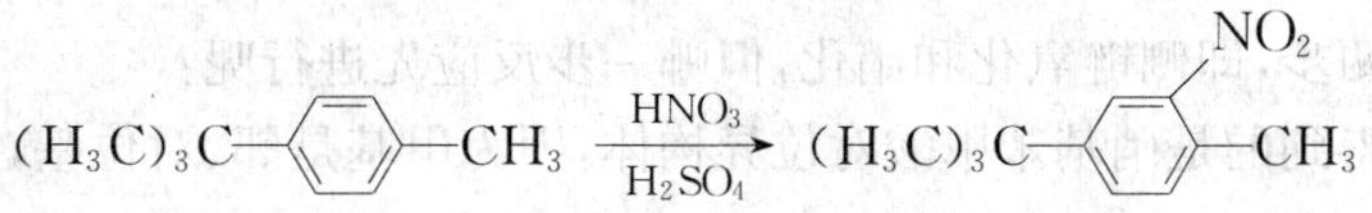

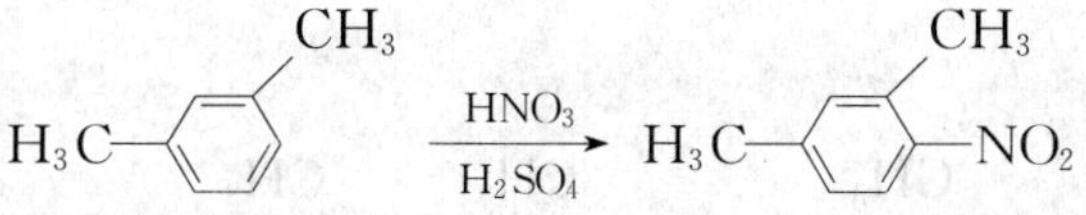

2. 若原有两个取代基不是同一类，第三个取代基进入的位置一般受邻、对位定位基的支配，因为这类定位基大都活化苯环，使反应速度大于间位基。

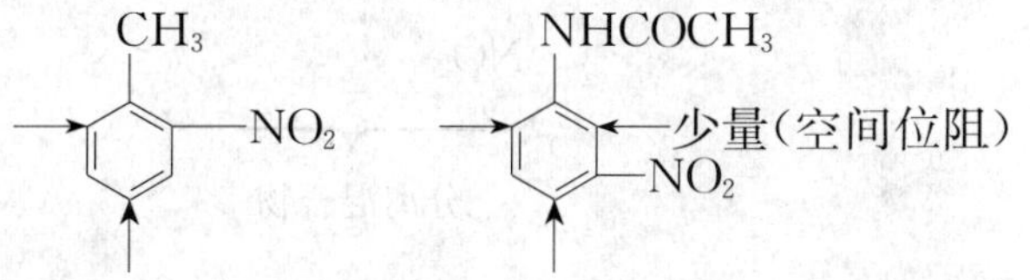

少量（空间位阻）

三、取代定位效应的应用

（一）预测反应的主要产物

根据定位基的性质，可判断新导入取代基的位置；如果苯环上已经有了两个取代基时，第三个取代基进入苯环的位置就取决于原有两个取代基的性质和位置。

【例1】

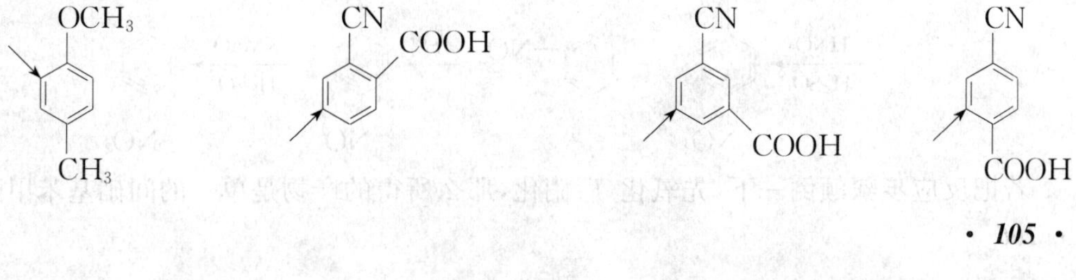

【例2】

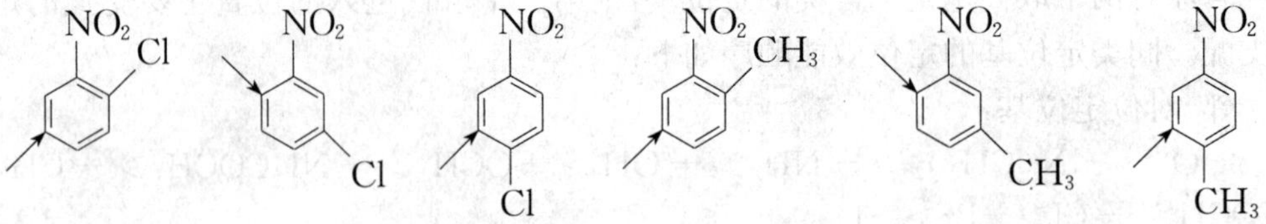

（二）选择适当的合成路线

对于任何一个芳香化合物的合成，两种知识必须掌握：首先了解一个给定取代基引入芳环的各种方法；其次，必须知道环上已经存在的取代基对将要引入的基团的定位作用，如：

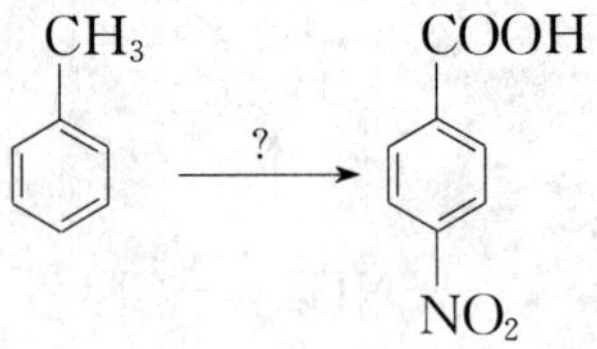

比较这两个结构，可见到两个明显的差别，侧链（CH_3）被氧化成 COOH 和引入了一个硝基，所以要经过两步，即侧链氧化和硝化，但哪一步反应先进行呢？

注意：若要得到的是硝基苯甲酸对位异构体，因为甲基是邻、对位基，所以硝化必须先进行。

1. 硝化：

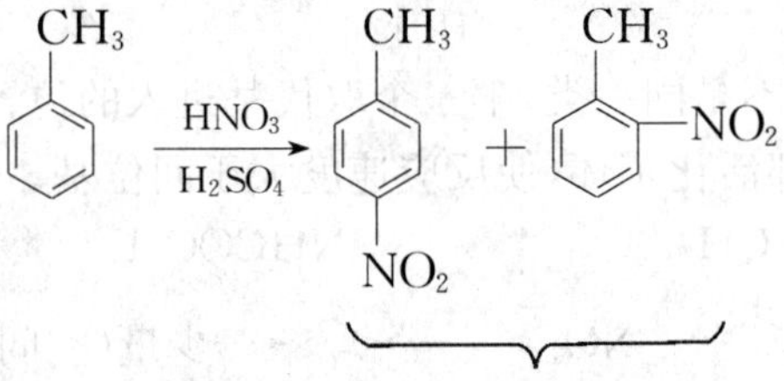

2. 侧链氧化：

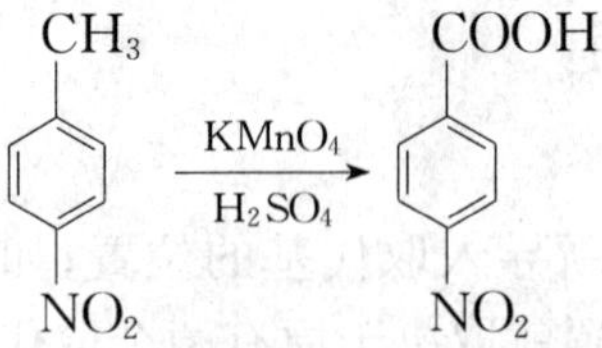

所以，正确的步骤是先硝化、后氧化，才能获得预期的产物。概括如下：

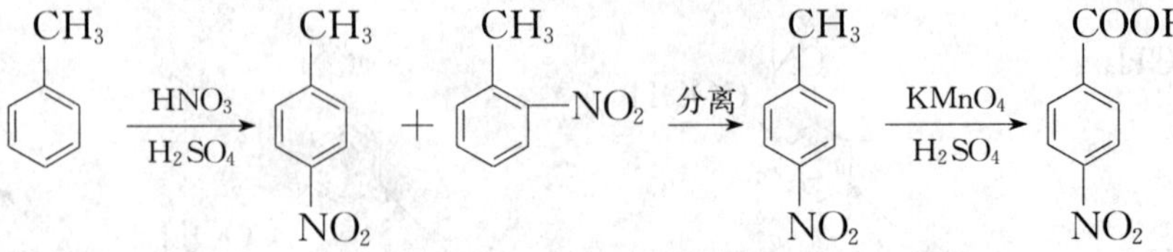

若把反应步骤颠倒一下，先氧化，后硝化，那么所得的产物是单一的间硝基苯甲酸

$$\underset{}{\text{C}_6\text{H}_5\text{CH}_3} \xrightarrow[\text{H}_2\text{SO}_4]{\text{KMnO}_4} \underset{}{\text{C}_6\text{H}_5\text{COOH}} \xrightarrow[\text{H}_2\text{SO}_4]{\text{HNO}_3} \text{3-NO}_2\text{-C}_6\text{H}_4\text{COOH}$$

所以如果希望获得所需的产物，使用正确的反应步骤是重要的。

【例3】 以苯为原料，制备邻、间、对三种硝基氯苯。

邻、对位产物：先氯化，后硝化：

$$\text{C}_6\text{H}_6 \xrightarrow[\text{Fe},\Delta]{\text{Cl}_2} \text{C}_6\text{H}_5\text{Cl} \xrightarrow[\text{H}_2\text{SO}_4,\Delta]{\text{HNO}_3} \text{o-Cl-C}_6\text{H}_4\text{NO}_2 + \text{p-Cl-C}_6\text{H}_4\text{NO}_2$$

间位产物：先硝化，后氯化：

$$\text{C}_6\text{H}_6 \xrightarrow[\text{H}_2\text{SO}_4,\Delta]{\text{HNO}_3} \text{C}_6\text{H}_5\text{NO}_2 \xrightarrow[\text{Fe},\Delta]{\text{Cl}_2} \text{m-Cl-C}_6\text{H}_4\text{NO}_2$$

【例4】 以甲苯为原料，制备邻、间、对三种硝基苯甲酸。

邻、对位产物：先硝化，后氧化。

$$\text{C}_6\text{H}_5\text{CH}_3 \xrightarrow[\text{H}_2\text{SO}_4,\Delta]{\text{HNO}_3} \text{p-O}_2\text{N-C}_6\text{H}_4\text{CH}_3 + \text{o-O}_2\text{N-C}_6\text{H}_4\text{CH}_3 \xrightarrow[\text{H}_2\text{SO}_4]{\text{KMnO}_4} \text{p-O}_2\text{N-C}_6\text{H}_4\text{COOH} + \text{o-O}_2\text{N-C}_6\text{H}_4\text{COOH}$$

间位产物：先氧化，后硝化。

$$\text{C}_6\text{H}_5\text{CH}_3 \xrightarrow[\text{H}_2\text{SO}_4]{\text{KMnO}_4} \text{C}_6\text{H}_5\text{COOH} \xrightarrow[\text{H}_2\text{SO}_4,\Delta]{\text{HNO}_3} \text{m-O}_2\text{N-C}_6\text{H}_4\text{COOH}$$

【例5】 由苯合成间硝基对氯苯磺酸：

$$\text{C}_6\text{H}_6 \xrightarrow[\text{Fe},\Delta]{\text{Cl}_2} \text{C}_6\text{H}_5\text{Cl} \xrightarrow[95℃\sim100℃]{浓 \text{H}_2\text{SO}_4} \text{p-Cl-C}_6\text{H}_4\text{SO}_3\text{H} \xrightarrow[20℃\sim4.0℃, 0.5\sim1\text{h}]{67\% \text{H}_2\text{NO}_3} \text{间硝基对氯苯磺酸}$$

【例6】 由苯分别合成下列化合物：

对-BrC₆H₄COCH₃，间-BrC₆H₄COCH₃，间-O₂N-C₆H₄COCH₃

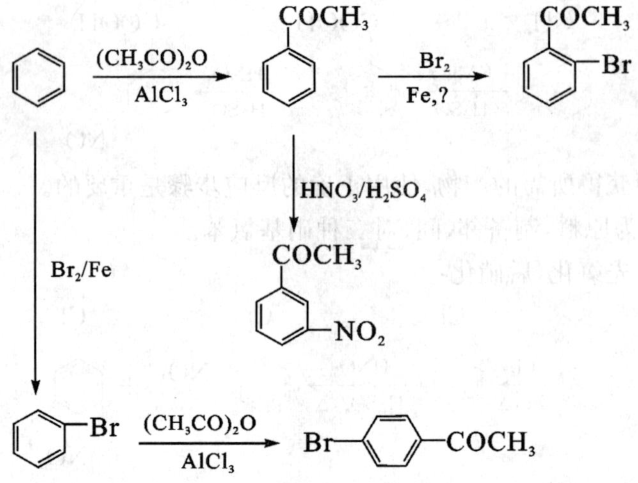

有机化学

$$\text{benzene} \xrightarrow[\text{AlCl}_3]{(CH_3CO)_2O} \text{PhCOCH}_3 \xrightarrow[\text{Fe, ?}]{Br_2} \text{2-Br-C}_6\text{H}_4\text{COCH}_3$$

$$\text{PhCOCH}_3 \xrightarrow{HNO_3/H_2SO_4} \text{3-NO}_2\text{-C}_6\text{H}_4\text{COCH}_3$$

$$\text{benzene} \xrightarrow{Br_2/Fe} \text{PhBr} \xrightarrow[\text{AlCl}_3]{(CH_3CO)_2O} \text{4-Br-C}_6\text{H}_4\text{COCH}_3$$

习题 8 写出下列各化合物一次硝化的主要产物。

(1) 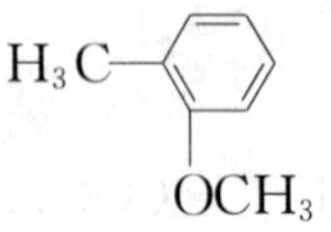 2-甲基苯甲醚（H₃C-C₆H₄-OCH₃，邻位）

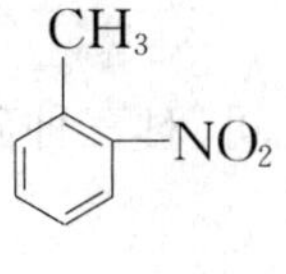

(2) 邻硝基甲苯（CH₃, NO₂ 邻位）

(3) 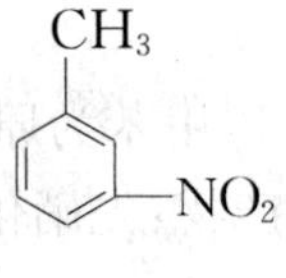 间硝基甲苯（CH₃, NO₂ 间位）

(4) 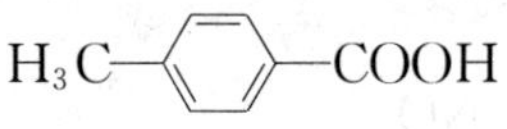 对甲基苯甲酸 H₃C-C₆H₄-COOH

(5) 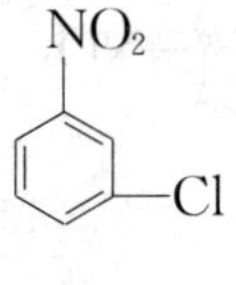 间硝基氯苯（NO₂, Cl 间位）

(6) 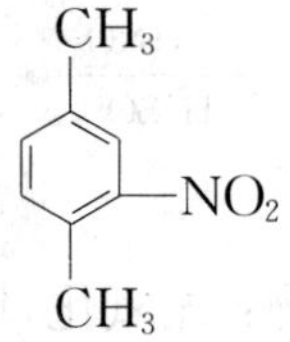 2,5-二甲基硝基苯

(7) 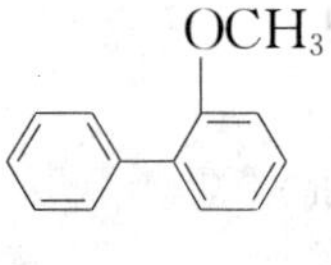 2-甲氧基联苯

(8) 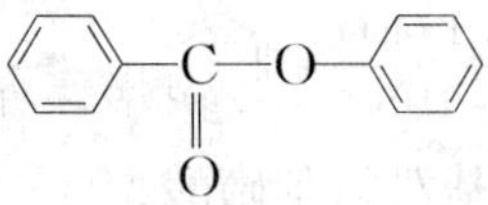 苯甲酸苯酯 PhCO-O-Ph

(9) 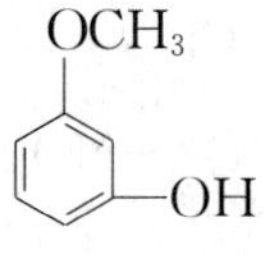 3-甲氧基苯酚

(10) 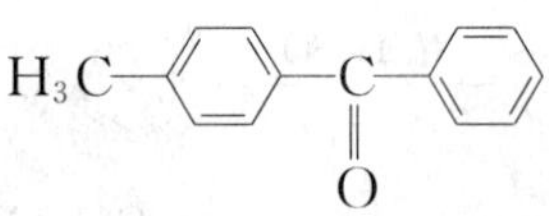 4-甲基二苯甲酮 H₃C-C₆H₄-CO-C₆H₅

§7-7 稠环芳烃

一、萘

萘是煤焦油中含量最多的一种化合物,分子式是 $C_{10}H_8$,有光亮的白色片状晶体,熔点 80.2℃,沸点 218℃,不溶于水,易溶于乙醇、乙醚和苯等有机溶剂。燃烧时光亮弱、烟多。萘挥发性大,易升华,有特殊气味,具有驱虫防蛀作用,过去曾用于制作"卫生球"。近年来研究发现,萘可能有致癌作用,现使用樟脑取代萘制造卫生球。萘在工业上主要用于合成染料、农药等。萘的来源主要是煤焦油和石油。

萘分子中的两个苯环在同一平面上,每个碳原子的 sp^2 杂化形成 C—C σ 键,各碳原子的 p 轨道侧面互相重叠形成一个共轭体系。9、10 位两个碳原子的 p 轨道除了彼此重叠之外,并分别和 1、8 和 4、5 位碳原子 p 轨道重叠。萘分子中的 π 电子云不是均匀分布在 10 个碳上,各碳原子之间的键长也有所不同。

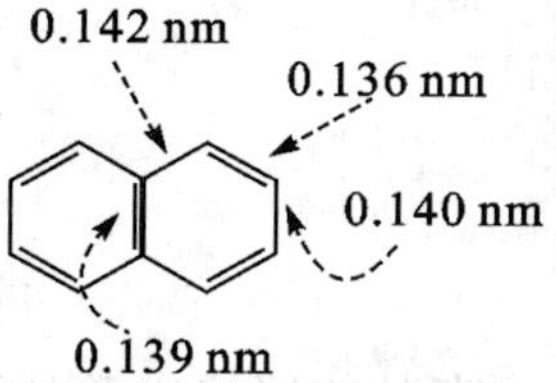

通常:
C—C 键长:0.154 nm
C=C 键长:0.134 nm

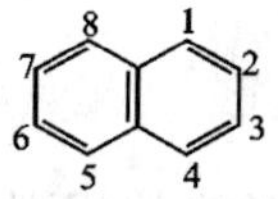

其中:1,4,5,8—— α 位
2,3,6,7—— β 位
9,10 —— γ 位

萘比苯更易发生亲电取代反应。根据测定,萘环的 α-位电子云密度比 β-位高,因此亲电取代主要发生在 α-位。但由于 β-位取代产物的热力学稳定性大于 α-位取代产物,所以当温度较高时,主要为 β-位取代产物。

(一)取代反应

1. 卤代反应:萘和氯气在三氯化铁的催化作用下,发生反应,生成 α-氯萘。

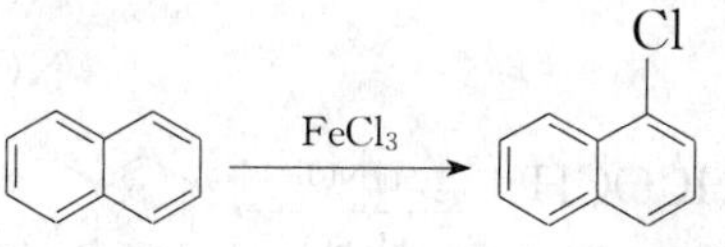

α-氯萘(95%)

2. 硝化反应:萘与混酸在常温下就可以反应,几乎全是 α-硝基萘。

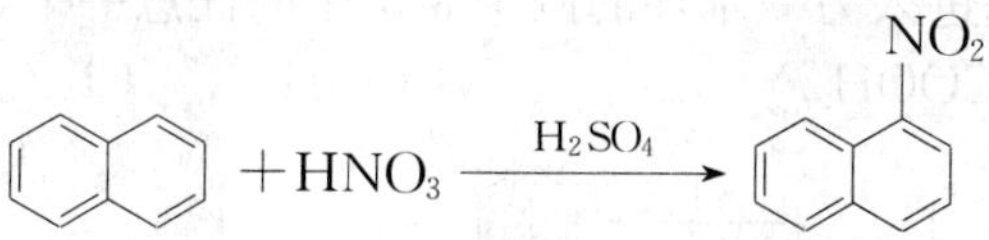

α-硝基萘(90%~95%)

3. 磺化反应:萘在较低温度(80℃)下与浓硫酸发生磺化反应,生成产物主要是 α-萘磺酸;反应温度升至 165℃,主要产物则是 β-萘磺酸。

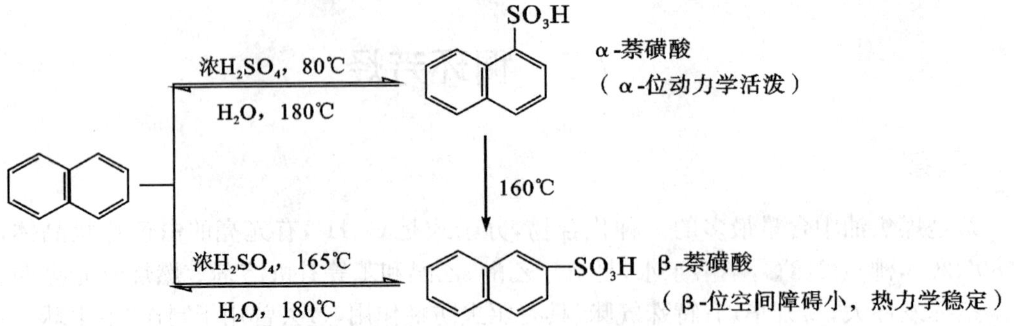

萘 $\xrightarrow[\text{H}_2\text{O}, 180℃]{\text{浓H}_2\text{SO}_4, 80℃}$ α-萘磺酸（α-位动力学活泼）

α-萘磺酸 $\xrightarrow{160℃}$ β-萘磺酸

萘 $\xrightarrow[\text{H}_2\text{O}, 180℃]{\text{浓H}_2\text{SO}_4, 165℃}$ β-萘磺酸（β-位空间障碍小，热力学稳定）

4. 酰基化：萘的付瑞德尔—克拉夫茨酰基化反应得 α 位和 β 位取代的混合物，两种取代物的比例取决于反应条件。当用 $AlCl_3$ 作催化剂，CS_2 做溶剂时，主要得到 α-取代物；当用硝基苯作溶剂时，则主要得到 β-取代物。

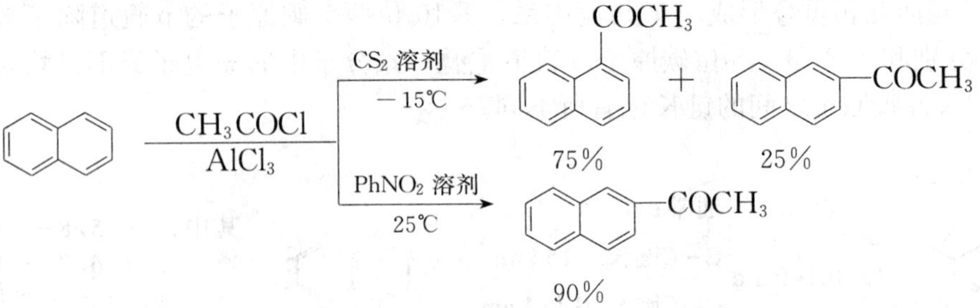

萘 $\xrightarrow[AlCl_3]{CH_3COCl}$
- CS_2 溶剂，$-15℃$：1-乙酰基萘 (75%) + 2-乙酰基萘 (25%)
- $PhNO_2$ 溶剂，$25℃$：2-乙酰基萘 (90%)

5. 萘环上二元取代反应的定位规则：

（1）萘环上原取代基为第一类定位基，第二个取代基进入原有基的邻位或者对位的那个 α 位。

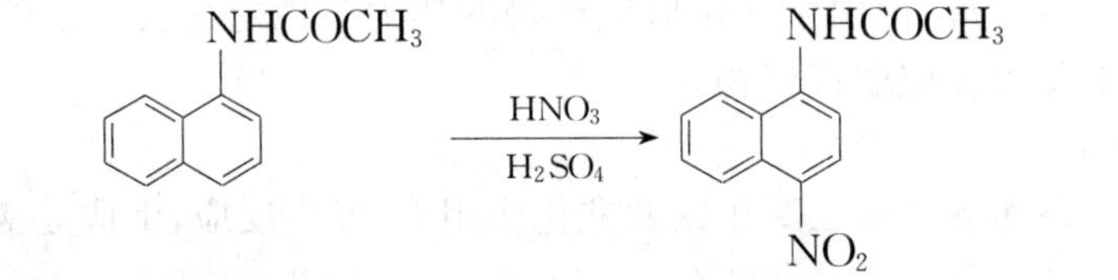

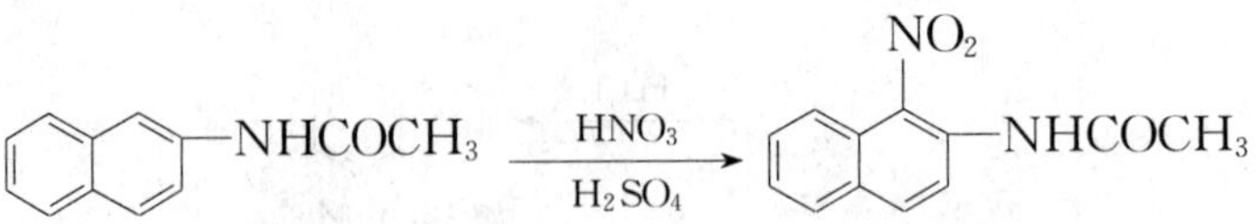

1-NHCOCH$_3$-萘 $\xrightarrow[\text{H}_2\text{SO}_4]{HNO_3}$ 1-NHCOCH$_3$-4-NO$_2$-萘

2-NHCOCH$_3$-萘 $\xrightarrow[\text{H}_2\text{SO}_4]{HNO_3}$ 1-NO$_2$-2-NHCOCH$_3$-萘

（2）萘环上原取代基为第二类定位基，无论原取代基在萘环的 α 位还是 β 位，则发生异环取代，第二个取代基进入另一苯环的两个 α 位中的任意一个，得到两种产物。

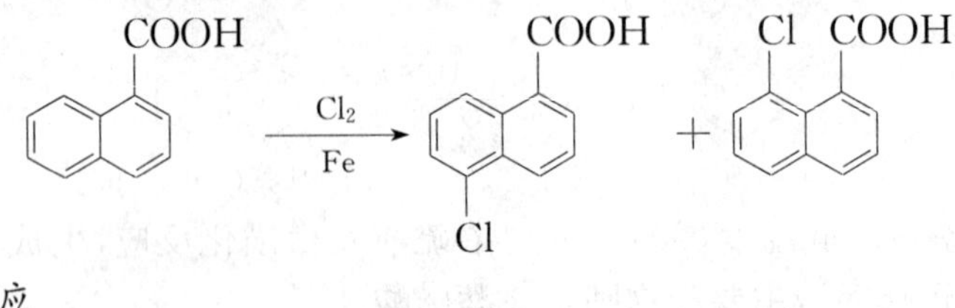

1-COOH-萘 $\xrightarrow[Fe]{Cl_2}$ 1-COOH-5-Cl-萘 + 1-COOH-8-Cl-萘

（二）加成反应

萘比苯容易加成，在不同条件下可以发生部分加氢或全部加氢。

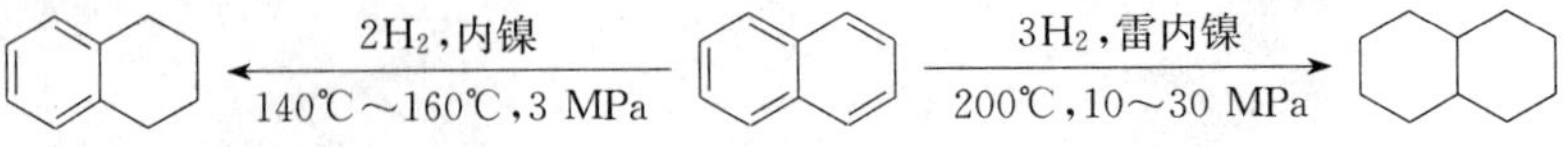

四氢萘 $\xleftarrow[140℃\sim160℃, 3\text{ MPa}]{2\text{H}_2, \text{内镍}}$ 萘 $\xrightarrow[200℃, 10\sim30\text{ MPa}]{3\text{H}_2, \text{雷内镍}}$ 十氢萘

以上的反应说明苯环有特殊的稳定性!

(三)氧化反应

萘比苯易氧化,不同的氧化条件,得不同的氧化产物。

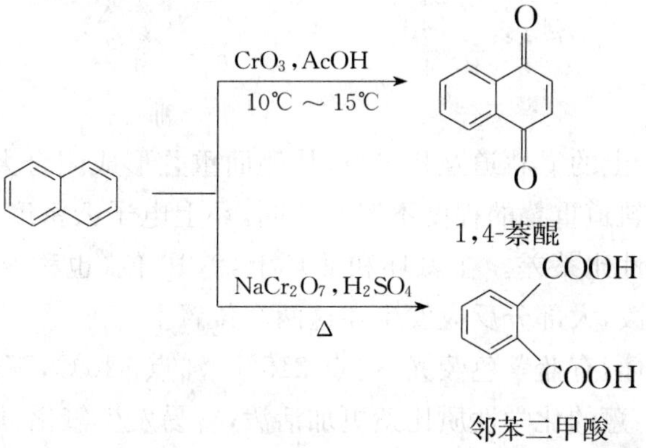

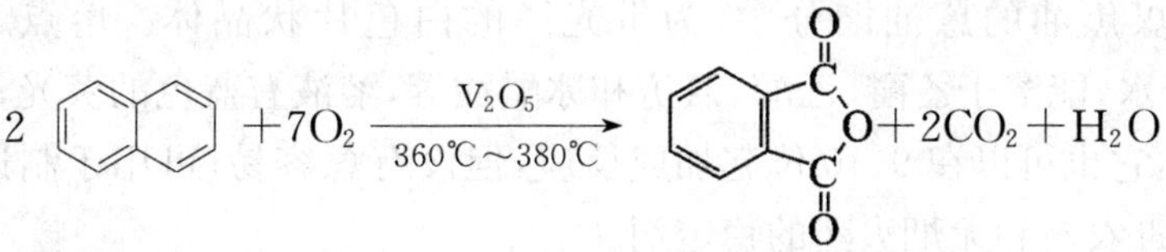

萘 $\xrightarrow[10℃\sim15℃]{CrO_3,AcOH}$ 1,4-萘醌

萘 $\xrightarrow[\Delta]{NaCr_2O_7,H_2SO_4}$ 邻苯二甲酸

2 萘 $+ 7O_2 \xrightarrow[360℃\sim380℃]{V_2O_5}$ 邻苯二甲酸酐 $+ 2CO_2 + H_2O$

这是邻苯二甲酸酐的一个工业制法,也是萘的主要用途。目前约有 2/3 的萘用于生产邻苯二甲酸酐。

习题 9 完成下列反应式。

(1) 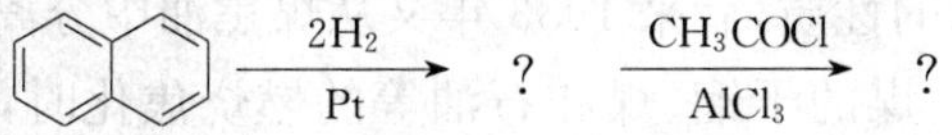 萘 $\xrightarrow[Pt]{2H_2}$? $\xrightarrow[AlCl_3]{CH_3COCl}$?

(2) 1-甲基萘 $\xrightarrow[H_2SO_4]{HNO_3}$?

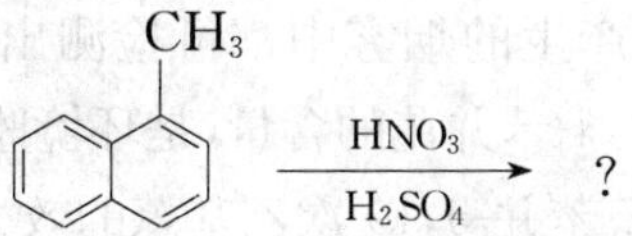

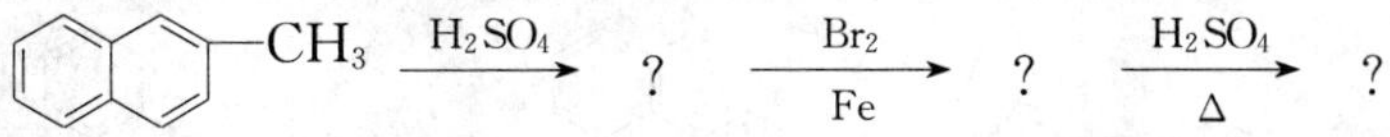

(3) 2-甲基萘 $\xrightarrow{H_2SO_4}$? $\xrightarrow[Fe]{Br_2}$? $\xrightarrow[\Delta]{H_2SO_4}$?

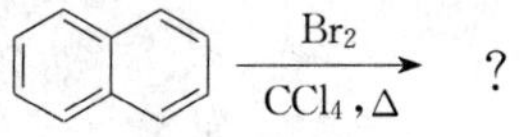

(4) 萘 $\xrightarrow[CCl_4,\Delta]{Br_2}$?

(5) 1-硝基萘 $\xrightarrow[H_2SO_4]{HNO_3}$?

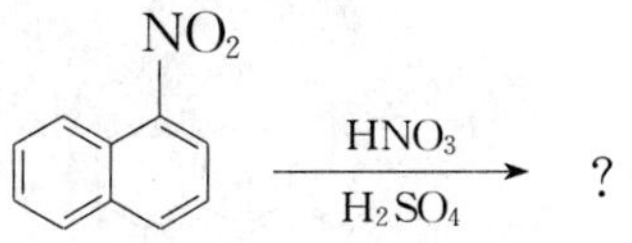

二、蒽和菲

蒽和菲的分子式都是 $C_{14}H_{10}$,互为同分异构体。它们都是由三个苯环稠合而成的,

并且三个苯环都处在同一平面上。不同的是,蒽的三个苯环的中心在一条直线上,而菲的三个苯环的中心不在一条直线上。

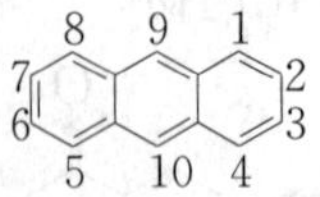

蒽 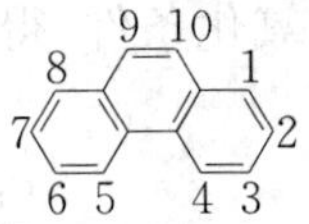　　　　　　菲

蒽、菲每个碳原子上的 p 轨道互相平行,从侧面重叠形成闭合大 π 键,因此它们都具有芳香性。但各个 p 轨道重叠的程度不完全等同,环上电子云密度分布比萘环更加不均匀,所以蒽、菲的芳香性比萘差。在蒽环和菲环上,9,10 位(也称 γ-位)的电子云密度最高,使得 9,10 位最活泼,大部分反应发生在这两个位置上。

蒽为无色片状晶体,有蓝紫色荧光,熔点 215℃,沸点 340℃,不溶于水,难溶于乙醇、乙醚等,易溶于热苯。蒽的化学性质比萘更加活泼,容易发生氧化、加成及亲电取代反应。

菲存在于煤焦油的蒽油馏分中,为带光泽的白色片状晶体。熔点 100.5℃,沸点 340℃,不溶于水,能溶于乙醚、乙醇、氯仿和冰醋酸等,溶液有蓝色的荧光;其化学性质界于萘和蒽之间,它也可以在 9、10 位起加成反应,但没有蒽容易;可用于制造农药和塑料,也用做高效低毒农药和无烟火药的稳定剂。

三、其他稠环芳烃

多环芳烃是个尚未很好开发的领域,而且来源丰富,大量存在于煤焦油和石油中。现在已从焦油中分离出好几百种稠环芳烃,有待研究利用。

很久以前就注意到,如在动物体上长期涂抹煤焦油,可以引起皮肤癌,经长期的实验,发现合成的 1,2,5,6-二苯并蒽具有致癌的性质,后来 1933 年又从煤焦油中分离出一个致癌的物质:3,4-苯并芘(为浅黄色晶体)。煤的干馏、煤和石油等的燃烧焦化时,都可产生 3,4-苯并芘,在煤烟和汽车尾气污染的空气以及吸烟产生的烟雾中都可检测出 3,4-苯并芘,这是环境化学值得注意的严重问题。测定空气中 3,4-苯并芘的含量,是环境监测项目的重要指标之一。现在已知的致癌物质中,以 6-甲基-1,2-苯并-5,10-次乙基蒽的效力最强。

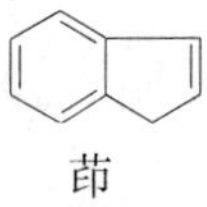

茚 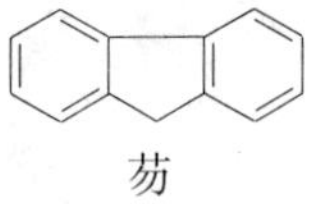　　　芴 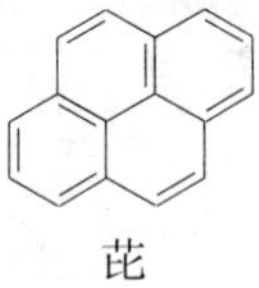　　　芘　　　䓛

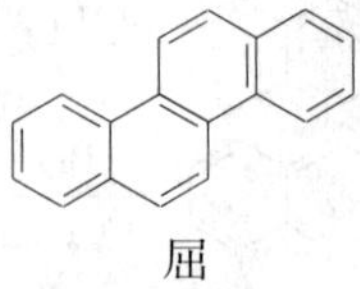

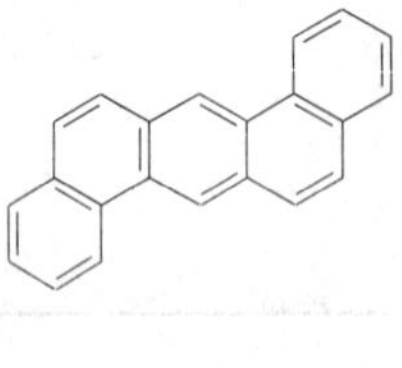

1,2,5,6-二苯并蒽 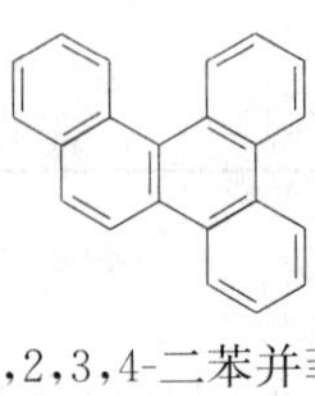　　　1,2,3,4-二苯并菲 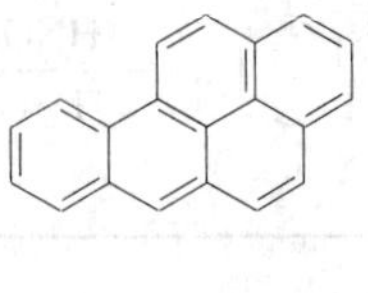　　　3,4-苯并芘

§7-8 重要的单环芳烃

一、苯

苯是一种无色、具有特殊芳香气味的液体,沸点为80.1℃,因此很容易挥发到空气中。苯的危害性大,为强致癌物质,慢性苯中毒还会引起不同程度的白血病,是室内环境的隐性杀手。轻度苯中毒会造成嗜睡、头痛、头晕、恶心、胸部紧束感等,并可有轻度黏膜刺激症状;重度苯中毒可出现视物模糊、呼吸浅而快、心律不齐、抽搐和昏迷。苯主要来源:合成纤维、油漆、各种油漆涂料的添加剂和稀释剂、各种溶剂型胶粘剂、防水材料等。《室内空气质量标准》(GB50325—2001)规定:Ⅰ、Ⅱ类民用建筑工程苯浓度应小于或等于 0.09 mg·m^{-3}。

二、甲苯

甲苯在催化剂(主要是钼、铬、铂等)反应温度为350℃~530℃、压力为1~1.5 MPa条件下,能发生歧化反应生成苯和二甲苯。

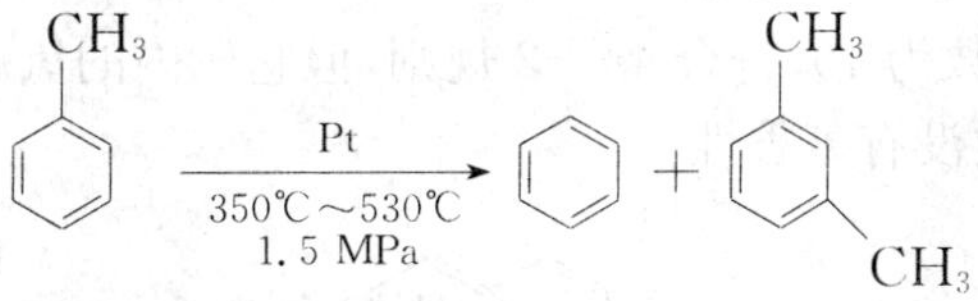

$$\text{C}_6\text{H}_5\text{CH}_3 \xrightarrow[1.5\text{ MPa}]{\text{Pt}, 350℃\sim530℃} \text{C}_6\text{H}_6 + \text{C}_6\text{H}_4(\text{CH}_3)_2$$

三、二甲苯

二甲苯有三个同分异构体,它们都存在于煤焦油中,大量的是从石油产品歧化而得;其中,除邻二甲苯可以用沸点的差异(o-二甲苯 144.4℃,m-二甲苯 139.1℃,p-二甲苯 138.38℃)分馏分离外,其余二者的沸点很接近,极难分开。

四、异丙苯

异丙苯在液相于100℃~120℃通入空气,催化氧化而生成异丙苯过氧化氢。后者与稀硫酸作用分解成苯酚和丙酮。

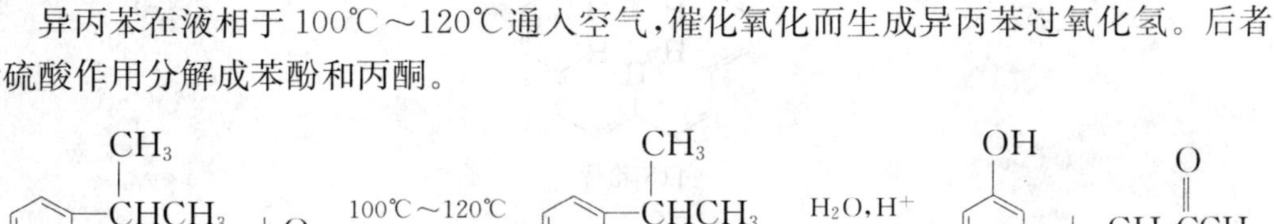

$$\text{C}_6\text{H}_5\text{CH}(\text{CH}_3)_2 + \text{O}_2 \xrightarrow[0.4\text{ MPa}]{100℃\sim120℃} \text{C}_6\text{H}_5\text{C}(\text{CH}_3)_2\text{OOH} \xrightarrow[80℃\sim90℃]{\text{H}_2\text{O}, \text{H}^+} \text{C}_6\text{H}_5\text{OH} + \text{CH}_3\text{COCH}_3$$

§7-9　Huckel 规则

通过前边的学习我们发现,苯、萘、蒽等都具有类似的性质——芳香性。芳香性的特点是易起取代反应,不易起加成反应,具有较低的能量,较高的热力学稳定性。

那么,具有怎样结构特征的化合物才有芳香性呢？是不是具有芳香性的物质分子中一定含有苯环呢？1931年,德国化学家休克尔从分子轨道理论的角度,对环状化合物提出如下规则,既休克尔规则:如果构成环的原子都处于同一个平面内(或非常接近于同一个平面),环内的 π 电子处于闭合的共轭体系中,并且 π 电子的数目等于 $4n+2$ ($n=0,1,2,3,\cdots$),那么,这样的环状结构就具有芳香性。这个规则普遍适用于平面单环共轭多烯体系。

(一)(大环芳香体系)轮烯

具有交替的单双键的单环多烯烃,通称为轮烯(annulenes)。轮烯的分子式为 $(CH)_x$,命名法是将碳原子数放在括号中,叫某轮烯。例如,$x=10$,叫[10]轮烯;$x=18$,叫[18]轮烯。这类化合物是否显示芳香性,主要决定于下列条件:

(1)共平面性,或接近于平面,平面扭转不大于 0.1 nm；

(2)轮内氢原子间没有或很少有空间排斥作用；

(3)π 电子数目符合 $4n+2$ 规则。

[10]轮烯中 π 电子数为 10,符合 $4n+2$ 规则,但它轮内的氢原子具有排斥作用,致使环不能在同一平面上,故没有芳香性。

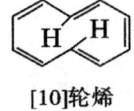

[10]轮烯

[18]轮烯中有 18 个 π 电子,符合 $4n+2$ 规则。经 X-射线衍射,环中碳碳键长几乎相等,整个分子基本是处于同一平面上,说明了轮烯内氢原子的排斥力是很微弱的,具有一定芳香性。

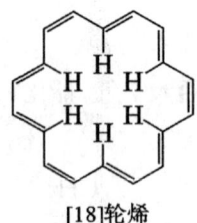

[18]轮烯

[22]和[26]轮烯也都具有芳香性；其中,[26]轮烯是目前知道的最大的芳香性轮烯。

(二)环碳离子

除了分子外,某些符合休克尔规则的环碳离子也具有芳香性,如:

环丙烯基正离子　　　　　　　环戊二烯基负离子

　　环丙烯基正离子中，三个碳原子在同一个平面内，环内的π电子是2，符合休克尔规则，具有芳香性。环戊二烯基负离子中，π电子是6，它的五个碳原子处于同一平面内，因此它也具有芳香性。可见，具有芳香性的物质不仅仅是分子，也可以是离子。

本章小结

一、化学性质提要

1.

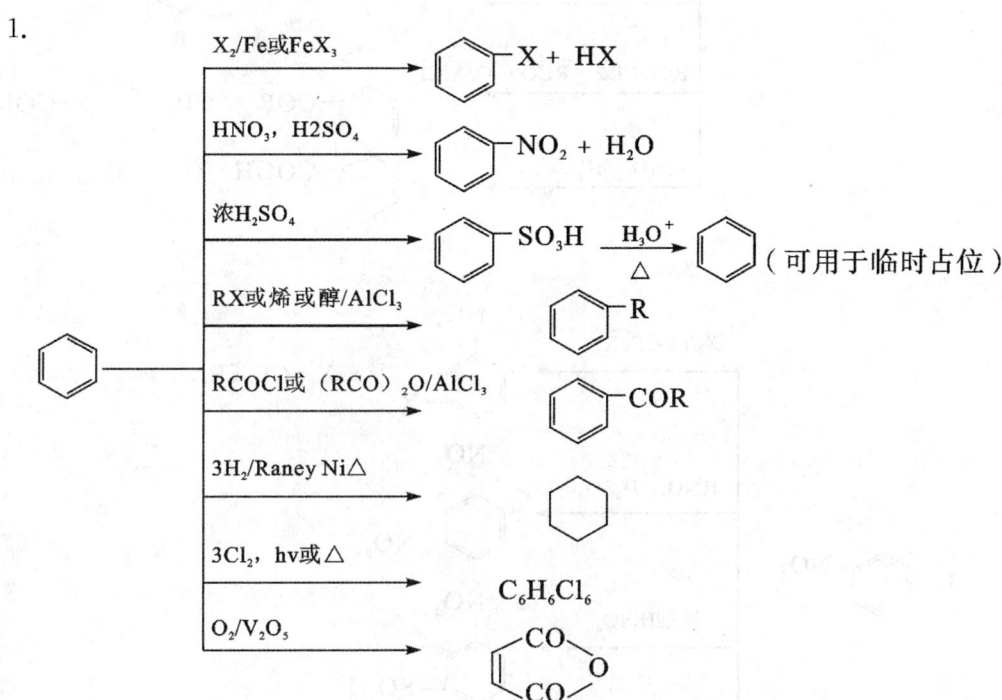

　　注：烷基化反应在芳环上引入三个碳以上的直链时易发生异构化；易发生多元取代；芳环上连有强烈致钝基团时，则不发生 F—C 反应。

2.

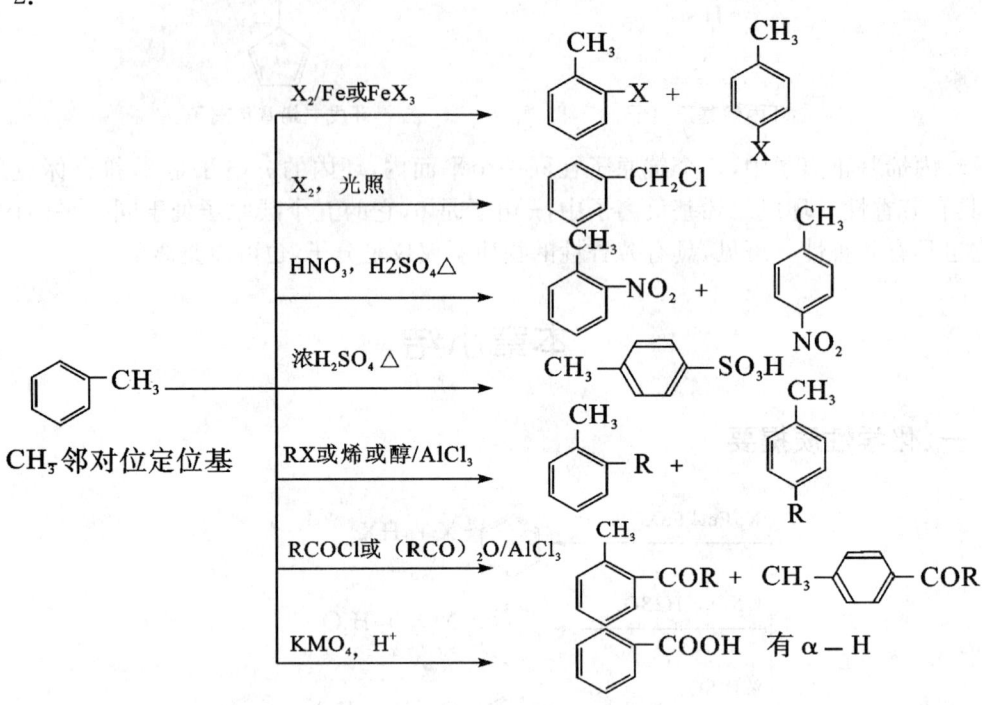

4. 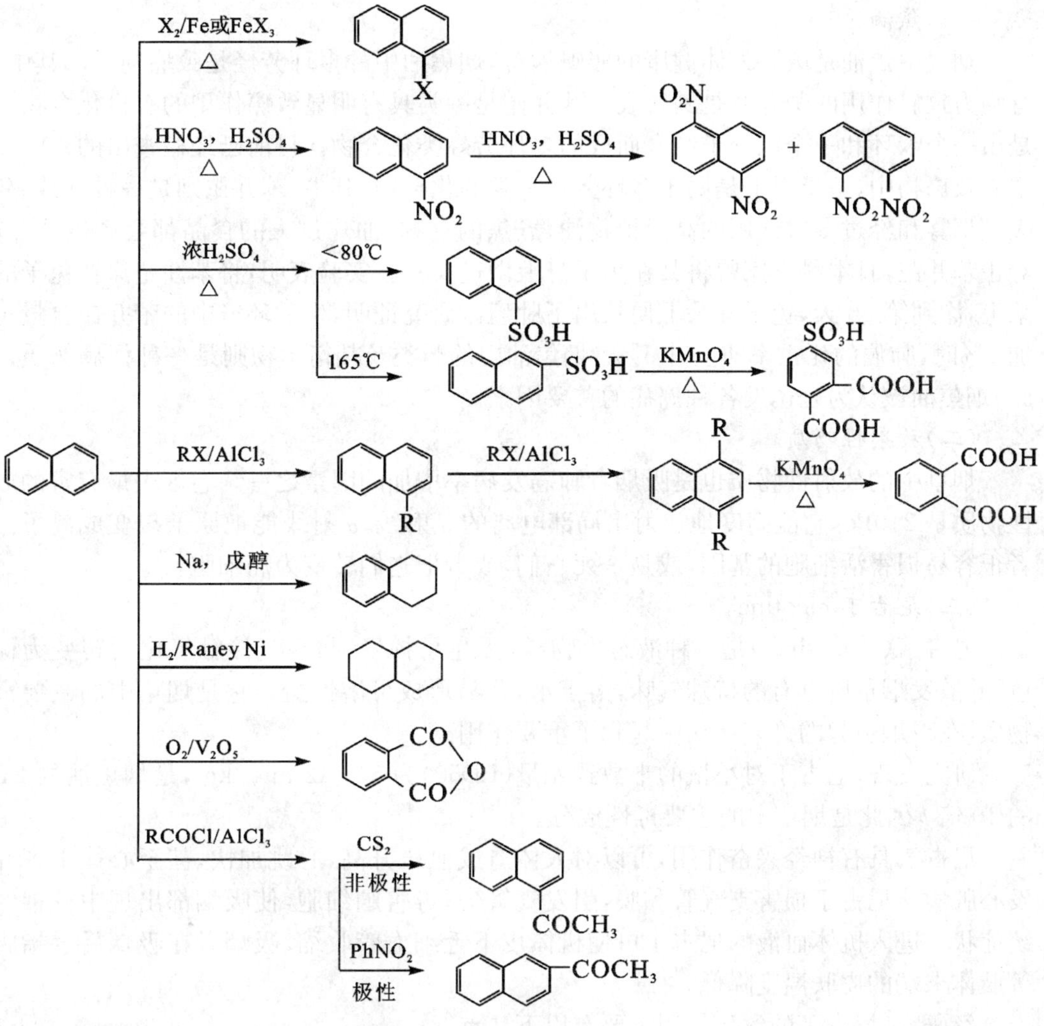 萘的反应:

- X_2/Fe 或 FeX_3, $\triangle$ → 1-卤代萘 (X)
- HNO_3, H_2SO_4, $\triangle$ → 1-硝基萘 → HNO_3, H_2SO_4, $\triangle$ → 1,5-二硝基萘 + 1,8-二硝基萘
- 浓 H_2SO_4, $\triangle$: <80°C → 1-萘磺酸 (SO_3H); 165°C → 2-萘磺酸 → $KMnO_4$, $\triangle$ → 邻磺基苯甲酸
- $RX/AlCl_3$ → 1-烷基萘 → $RX/AlCl_3$ → 1,4-二烷基萘 → $KMnO_4$, $\triangle$ → 邻苯二甲酸
- Na, 戊醇 → 四氢萘
- H_2/Raney Ni → 十氢萘
- O_2/V_2O_5 → 邻苯二甲酸酐
- $RCOCl/AlCl_3$: CS_2 非极性 → 1-乙酰基萘; $PhNO_2$ 极性 → 2-乙酰基萘

二、制法

芳烃烷基化：

$$Ar-H \xrightarrow{R-X/AlX_3} Ar-R \quad (Ar-X \text{ 不宜代替 } R-X)$$

【阅读材料】

吸烟危害健康

烟草制品在燃吸过程中，靠近火堆中心的温度可高达 800℃～900℃，由于燃烧而发生干馏和氧化分解等化学作用，使烟草中的各种化学成分都发生了不同程度的变化。有的成分被破坏，有的则又合成了新物质。烟气中含有 4 万多种物质，目前已经鉴定出来的单体化学成分就达 4 200 种之多。在数千种烟气组分中，被认为对人体健康最为有害的是焦油、烟碱、一氧化碳、醛类等物质。

(一)焦油

烟气中焦油是威胁人体健康的罪魁祸首,烟焦油中的多环芳烃是致癌物质。其中,具有强力致癌作用的苯并芘是其代表。苯并芘是一类具有明显致癌作用的有机化合物。它是由一个苯环和一个芘分子结合而成的多环芳烃类化合物。目前已经检查出的400多种主要致癌物中,一半以上是属于多环芳烃一类的化合物;其中,苯并芘则是一种强致癌物。吸烟烟雾和经过多次使用的高温植物油、煮焦的食物、油炸过火的食品都会产生苯并芘。对于苯并芘,日本科学家曾将其在兔子身上做过实验。实验表明,将苯并芘涂在兔子的耳朵上,涂到第40天,兔子耳朵上便长出了肿瘤。研究证明,生活环境中的苯并芘含量每增加1%时,肺癌的死亡率即上升5%。烟焦油中的酚类及其衍生物则是一种促癌物质。因此,烟焦油被认为是诱发各种癌症的首要因素。

(二)放射性物质

烟草中的放射性物质也是吸烟者肺癌发病率增加的因素之一。卷烟中最有害的放射性物质是210Po,它能高度地放射出局部电离的α射线,α射线能把原子裂变成离子。后者很容易损害活细胞的基因,或是杀死它们,或者把它们转变为癌细胞。

(三)尼古丁 nicotine

尼古丁(Nicotine)是一种液态生物碱,无色易挥发,与空气接触氧化后转变为棕褐色,并散发烟草所具有的特殊气味,溶于水,并易形成可溶性盐。它是烟草中的主要毒性物质,在吸烟引起的许多疾病中起到了重要作用。

研究发现,尼古丁对小鼠的半数致死量(LD50)为54.42 mg/kg,是烟焦油的LD50的10倍,因此是烟草中的主要毒性成分。

尼古丁具有神经兴奋作用,可以对人体造成血压升高,心跳加快,甚至心律不齐并诱发心脏病。尼古丁损害支气管黏膜,引发气管炎;毒害脑细胞,使吸烟都出现中枢神经系统症状。进入机体血液的尼古丁可使机体皮下毛细血管收缩,吸烟者在吸烟后手指脚趾等肢体末端的皮肤温度降低。

经研究,尼古丁的致病作用主要有以下几点:

①引起慢性炎症疾病、肺气肿、收缩、损伤血管。

②促进肺癌细胞产生和生长。肺癌的发生与尼古丁抑制肿瘤细胞的凋亡有密切的关系,其机理与尼古丁抑制Φ细胞的机理相似;尼古丁还可以刺激某种因子的分泌,导致肺癌细胞更加具有攻击性并促使他们分裂生长。

③影响牙齿生长发育。尼古丁对人牙乳头间充质细胞有明显的抑制增殖作用,且表现为对剂量及时间的依赖性。浓度越高,作用时间越长,其抑制作用也越强。尼古丁在0.08 g/L时,细胞存活率只有11.1%,生存细胞极少。

尼古丁作用于牙周膜细胞时,使细胞胞浆内产生空泡,形态发生改变,对抑制细胞的增殖有作用,且呈浓度依赖性。尼古丁处理人牙龈成纤维细胞时发现,当尼古丁浓度在0.001%~0.075%范围内时可抑制细胞的增殖,而当浓度大于0.075%时细胞全部死亡。

(四)一氧化碳

一氧化碳是烟草不完全燃烧的产物。烟气中一氧化碳经吸入肺内,与血液中的血红蛋白迅速结合,形成碳氧血红蛋白(一氧化碳对血红蛋白的亲和力比氧对血红蛋白的亲和力大200倍),削弱血红蛋白与氧的结合,使血液携氧能力相对降低,减少心脏所能利用氧的数量,从而加快心跳,甚至带来心脏功能的衰竭。例如,同不吸烟者相比,冠心病要高5～10倍,猝死病高3～5倍,心肌梗塞高20倍,大动脉瘤高5～7倍。

(五)醛类

吸烟人的支气管受到烟气的慢性刺激,黏液分泌增多,丙烯醛抑制气管纤毛将分泌物从肺内排出,从而带来呼吸困难,发展成慢性支气管炎和肺气肿。一旦得了感冒,就有得肺心病,甚至有死亡的危险。而且,气管、支气管的黏膜上皮细胞,为了对付长期不断的刺激,还会发生一定的改变,病理学上称作"化生",这很可能就是向发生肺癌的方向迈出的第一步。

习题 10 命名下列各化合物。

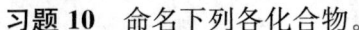

习题 11 写出下列化合物的结构式。
(1)3,5-二溴-2-硝基甲苯　　　(2)2,6-二硝基-3-甲氧基甲苯
(3)2-硝基对甲苯磺酸　　　　(4)三苯甲烷
(5)反二苯基乙烯　　　　　　(6)环己基苯
(7)3-苯基戊烷　　　　　　　(8)间溴苯乙烯
(9)对溴苯胺　　　　　　　　(10)氨基苯甲酸

习题 12 完成下列反应。

(1) 茚 $\xrightarrow{\text{HCl}}$?

(2) 甲苯 $\xrightarrow[\text{H}_2\text{SO}_4]{\text{HNO}_3}$? $\xrightarrow[\text{Fe}]{\text{Br}_2}$? $\xrightarrow[\text{hv}]{\text{Cl}_2}$? $\xrightarrow{\text{CH}_3\text{C}\equiv\text{CNa}}$? $\xrightarrow{\text{Lindlar Pd}}$

(3) 甲苯 $\xrightarrow[\text{Fe}]{\text{Br}_2}$? + ? $\xrightarrow[\text{hv}]{3\text{Cl}_2}$? + ?

(4) 甲苯 $\xrightarrow[\text{hv}]{3\text{Cl}_2}$? $\xrightarrow[\text{Fe}]{\text{Br}_2}$? + ?

(5) $\text{H}_3\text{C}-\text{C}_6\text{H}_5$ + 环己烯 $\xrightarrow{\text{AlCl}_3}$?

(6) 苯 $\xrightarrow{\text{CH}_3\text{CH}_2\text{CH}_2\text{Cl}}$? $\xrightarrow{\text{KMnO}_4}$? $\xrightarrow{\text{浓 HNO}_3,\text{H}_2\text{SO}_4}$?

(7) $\text{C}_6\text{H}_5\text{CH}_2\text{CH}_2\text{CCl}=\text{O}$ $\xrightarrow{\text{AlCl}_3}$?

(8) 苯乙烯 $\xrightarrow[\text{过氧化物}]{\text{HBr}}$?

(9) 4-甲基-叔丁基苯 $\xrightarrow[\text{浓 H}_2\text{SO}_4]{\text{KMnO}_4}$?

(10) 萘 + $\text{C}_6\text{H}_5\text{CCl}=\text{O}$ $\xrightarrow[\text{CS}_2,\Delta]{\text{AlCl}_3}$?

(11) 萘 + CH_3Cl $\xrightarrow{\text{AlCl}_3}$? $\xrightarrow{\text{H}_2\text{SO}_4}$?

(12) 萘 $\xrightarrow{\text{2H}_2 / \text{Pt}}$? $\xrightarrow[\text{AlCl}_3]{\text{CH}_3\text{COCl}}$?

习题 13 用化学方法区别下列各组化合物。

(1) 环己烷、环己烯和苯
(2) 环己二烯、苯和 1-己炔
(3) 苯和 1,3,5-己三烯

习题 14 写出乙苯与下列试剂作用的反应式(括号内是催化剂)。

(1) $Cl_2(FeCl_3)$ (2) 混酸   (3) 正丁醇(BF_3)

(4) 丙烯(无水 $AlCl_3$)   (5) 丙酸酐$(CH_3CH_2CO)_2O$(无水 $AlCl_3$)

(6) 丙酰氯 CH_3CH_2COCl(无水 $AlCl_3$)

习题 15 写出下列化合物一溴化的主要产物。

(1) 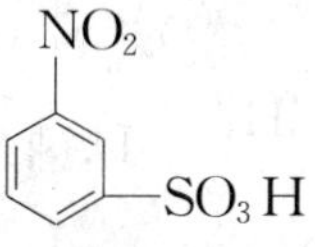 间硝基苯磺酸

(2) 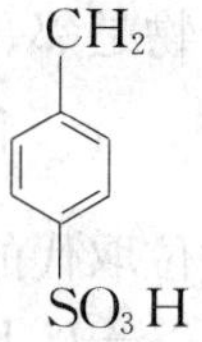 对甲苯磺酸

(3) 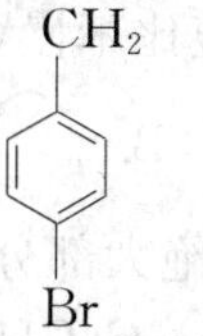 对溴甲苯

(4) 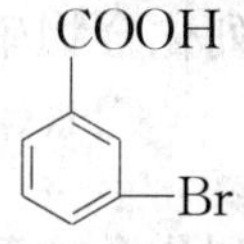 间溴苯甲酸

(5) 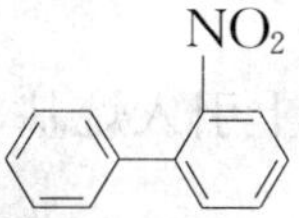 2-硝基联苯

(6) 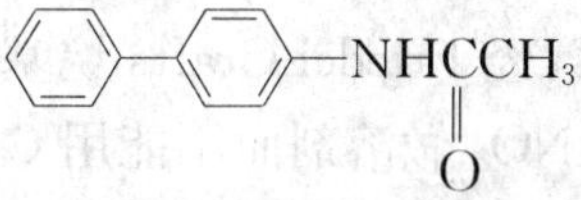 4-乙酰氨基联苯

习题 16 以苯、甲苯、萘及其他适当试剂为原料合成下列化合物。

(1) 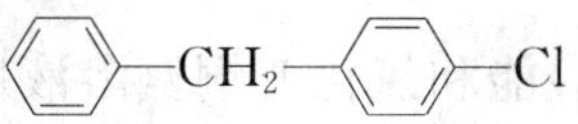 对氯二苯甲烷

(2) 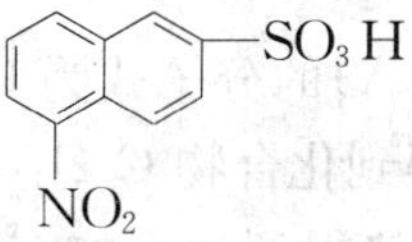 5-硝基-2-萘磺酸

(3) 2,6-二溴甲苯

(4) 2-硝基-4-乙酰基甲苯

(5) 2-溴-4-硝基苯甲酸

(6) 苯基丙烯 $C_6H_5CH=CHCH_3$

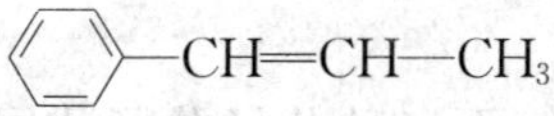

(7) 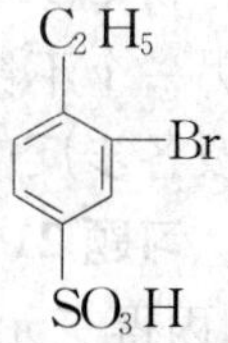 2-乙基-3-溴-5-苯磺酸

习题 17 选择题

(1) 下列化合物中,最容易发生亲电取代反应的是( )。

A. 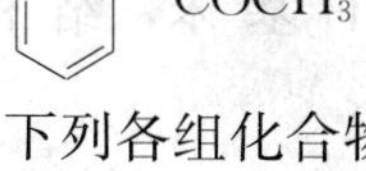 $C_6H_5COCH_3$ B. C_6H_5Cl C. $C_6H_5CH_3$ D. 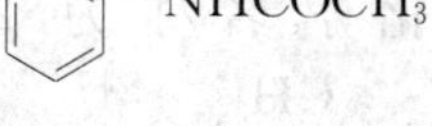 $C_6H_5NHCOCH_3$

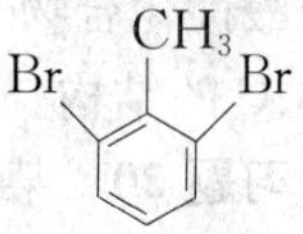

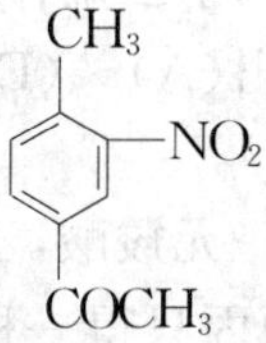

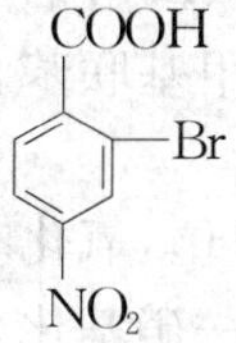

(2) 下列各组化合物中亲电取代反应最不活泼的是:

① A. $C_6H_5NO_2$ B. 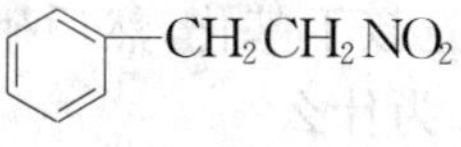 C_6H_5Cl C. $C_6H_5CH_3$ D.  C_6H_6 ( )

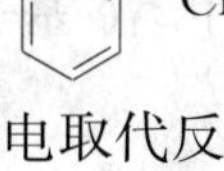

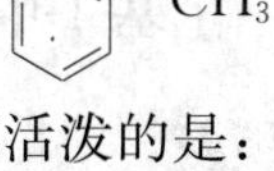

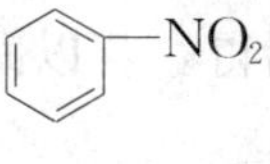

② A. $C_6H_5CH_2NO_2$ B. $C_6H_5CH_2CH_2NO_2$ C. 4-甲基硝基苯   D. 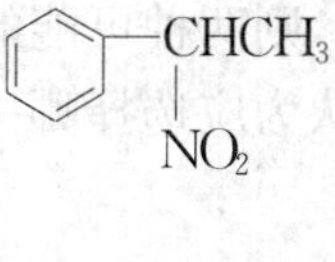 $C_6H_5CH(NO_2)CH_3$ ( )

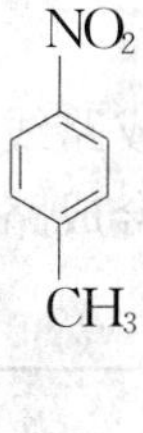

③ A. $C_6H_5N^+(CH_3)_3$ B. $C_6H_5CH_2N^+H(CH_3)_2$

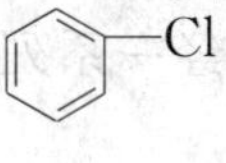

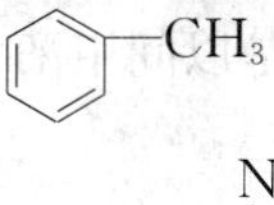

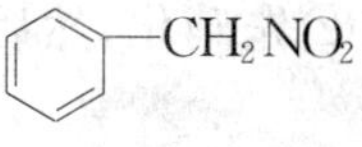

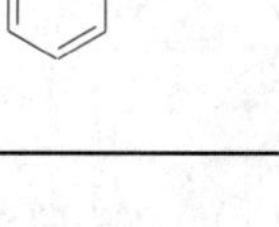

C. $C_6H_5CH_2\overset{+}{N}H(CH_3)_2$ D. 3-甲基-$C_6H_4\overset{+}{N}H(CH_3)_3$ （ ）

（3）下列化合物硝化反应比苯慢，且硝化产物是邻、对位的是（ ）。

A. $C_6H_5CH(CH_3)_2$ B. C_6H_5COOH C. $C_6H_5COCH_3$ D. C_6H_5Cl

（4）下列化合物溴化时，绝大部分产物时对位取代的是（ ）。

A. $C_6H_5CH_3$ B. $C_6H_5C(CH_3)_3$ C. $C_6H_5C_2H_5$ D. $C_6H_5CH_2CH_2CH_3$

习题 18 经 Friedel-Crafts 烷基化反应可在 C_6H_5Br 的芳环上引入烷基，试问：反应中用 $C_6H_5NO_2$ 做溶剂而不能用 C_6H_6 为溶剂，为什么？

习题 19 芳烃 A，分子式为 $C_{10}H_{14}$，有五种可能的一溴取代物 $C_{10}H_{13}Br$。A 经氧化得酸性化合物 $C_8H_6O_4$（B）。B 经一硝化只得一种硝化产物 $C_8H_5O_4NO_2$（C）。试推出 A、B、C 的结构。

习题 20 某不饱和烃（A）的分子式为 C_9H_8。（A）能和氯化亚铜氨溶液反应生成红色沉淀。（A）催化加氢得到化合物 C_9H_{12}（B），将（B）用酸性重铬酸钾氧化得到酸性化合物 $C_8H_6O_4$（C），（C）加热得到化合物 $C_8H_4O_3$（D）。若将（A）和丁二烯作用，则得到另一个不饱和化合物（E），（E）催化脱氢得到 2-甲基联苯。试写出（A）～（E）的结构式及各步反应式。

习题 21 甲，乙，丙三种芳烃分子式同为 C_9H_{12}，氧化时甲得一元羧酸，乙得二元酸，丙得三元酸，但经硝化时甲和乙分别得到两种一硝基化合物，而丙只得一种一硝基化合物，试推断甲，乙，丙三者的结构。

习题 22 葵子麝香是一种人造麝香，其香味与天然麝香近似，是天然麝香的代用品，化学名称为 2,6-二硝基-1-甲基-3-甲氧基-4-叔丁基苯，结构式为

2,6-二硝基-1-甲基-3-甲氧基-4-叔丁基苯 (结构图：苯环上 1-CH_3, 2-NO_2, 6-NO_2, 3-OCH_3, 4-$C(CH_3)_3$)

。工业上是以间甲酚为原料经一系列合成制得。若以间甲基苯甲醚为原料，则两种可能的合成路线：①先叔丁基化，然后硝化，②先硝化，然后进行叔丁基化，你认为应选择哪一条合成路线？为什么？

第八章 卤代烃

学习目标

知识目标

1. 了解卤代烃的分类,卤代烃的物理性质,消除反应机理,亲核取代反应和消除反应的竞争,重要的卤代烃。
2. 理解亲核取代反应机理,双键位置对卤原子活性的影响。
3. 掌握卤代烃的命名和制法,卤代烃的化学性质和反应规律,卤代烃的鉴别。

能力目标

1. 能应用烃基构造和离去基团等因素比较不同类型卤代烃亲核取代反应的活性。
2. 能应用札依采夫规则判断消除反应的主要产物。

卤代烃可以看做烃分子中一个或多个氢被卤素原子取代后所生成的化合物;其中,卤原子就是卤代烃的官能团。

卤代烃的性质比烃活泼得多,能发生多种化学反应,转化成各种其他类型的化合物。所以,引入卤原子,往往是改造分子性能的第一步加工,在有机合成中起着桥梁的作用。自然界含有卤素的化合物极少,绝大多数是人工合成的。

§8-1 卤代烃的分类和命名

一、分类

1. 根据卤原子数目,可分为:一卤代烃:CH_3X,C_6H_5X;二卤代烃:CH_2Cl_2;多卤代烃:CHX_3,$C_6H_6X_6$。
2. 根据卤代烃中烃基结构不同,可分为:饱和卤代烃、不饱和卤代烃、芳香卤代烃。例如:
饱和卤代烃:

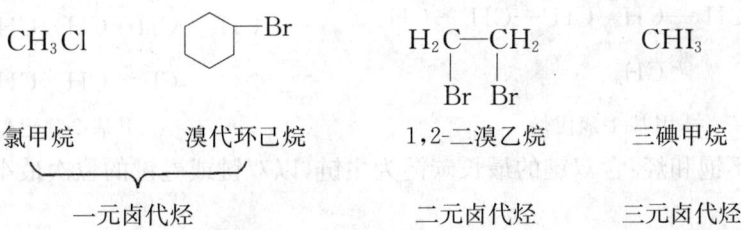

不饱和卤代烃：

| $CH_2=CHBr$ | (3-氯环己烯) | $CH_2=C(Cl)-CH=CH_2$ | $F_2C=CF_2$ |
| 溴乙烯 | 3-氯环己烯 | 2-氯-1,3-丁二烯 | 四氟乙烯 |

3. 根据和卤原子相连的碳原子的不同，可分为：伯卤代烃、仲卤代烃、叔卤代烃（卤原子相连的碳原子是伯、仲、叔碳），如：

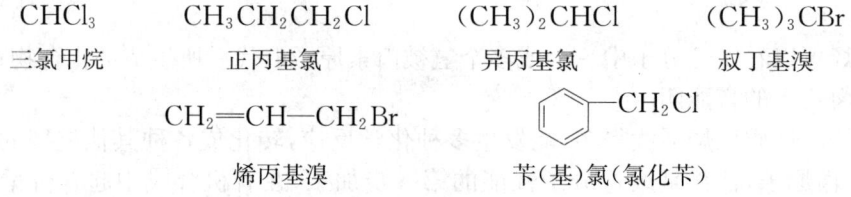

$CH_3CH_2CH_2CH_2Br$	$CH_3CHClCH_2CH_3$	$CH_3C(CH_3)(Br)CH_2CH_3$
1-溴丁烷	2-氯丁烷	2-甲基-2-溴戊烷
伯卤代烃	仲卤代烃	叔卤代烃

二、命名

（一）习惯命名法

结构简单的卤代烃可以按卤原子相连的烃基的名称来命名，称为卤代某烃或某基卤，如：

| $CHCl_3$ | $CH_3CH_2CH_2Cl$ | $(CH_3)_2CHCl$ | $(CH_3)_3CBr$ |
| 三氯甲烷 | 正丙基氯 | 异丙基氯 | 叔丁基溴 |

| $CH_2=CH-CH_2Br$ | $C_6H_5CH_2Cl$ |
| 烯丙基溴 | 苄（基）氯（氯化苄） |

有些卤代烃采用俗名，如：

$CHCl_3$	CHI_3	CF_2Cl_2	$C_6H_6Cl_6$
氯仿	碘仿	氟利昂	六六六
（三氯甲烷）	（三碘甲烷）	（二氟二氯甲烷）	（1,2,3,4,5,6-六氯环己烷）

（二）系统命名法

较复杂的卤代烃按系统命名法命名。

1. 卤代烷：以含有卤原子的最长碳链作为主链，将卤原子或其他支链作为取代基，主链碳原子编号从离取代基较近一端开始。命名时，取代基按"顺序规则"较优基团在后列出，如：

$$\overset{1}{Cl}-\overset{2}{CH_2}-\overset{3}{CH}-\overset{4}{CH_2}-\overset{5}{CH_2}-CH_3 \quad \overset{1}{CH_3}-\overset{2}{CH}-\overset{3}{CH}-\overset{4}{CH}-CH_3$$
$$\qquad\qquad\quad |\qquad\qquad\qquad\qquad\quad |\quad\;\; |\quad\;\; |$$
$$\qquad\qquad\;\; CH_3\qquad\qquad\qquad\qquad\;\; Cl\;\; CH_3\;\; \overset{6}{CH_2}CH_3$$

2-甲基-1-氯戊烷　　　　　　　　3,4-二甲基-2-氯己烷

2. 卤代不饱和烃：含双键的最长碳链为主链，以双键或叁键的位次最小为原则进行编号，如：

$$\overset{1}{H_2C}=\overset{2}{C}-\overset{3}{CH_2}-\overset{4}{CH_2}-Br$$
$$\underset{CH_3}{|}$$

2-甲基-4-溴-1-丁烯

$$\overset{1}{CH_2}=\overset{2}{CH}-\overset{3}{CH_2}-Cl$$

3-氯丙烯

3. 卤代芳烃：分子中含有芳环的卤代烃，通常称为卤代芳烃，这类化合物通常以芳烃为母体进行命名，如：

2-氯甲苯

对于侧链比较复杂的卤代芳烃，常以烷烃为母体，卤原子和芳环作为取代基，如：

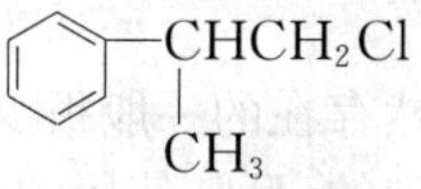

2-苯基-1-氯丙烷

4. 卤代环烷：卤代环烷一般以脂环烃为母体命名，卤原子及支链都看作是它的取代基，如：

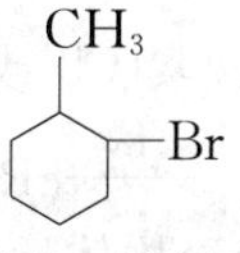

1-甲基-2-溴环己烷

习题 1 用普通命名法命名下列各化合物，并指出它们属于伯、仲、叔卤代烷中的哪一种。

(1) $(CH_3)_3CCH_2Cl$ (2) $CH_3CH_2CHFCH_3$ (3) $CH_2=CHCH_2Br$

习题 2 命名下列化合物。

(1) $(CH_3)_2CCH_2(CH_3)_2$
    $\quad\ |$
    $\ \ Br$

(2) $H_3C-\underset{Br}{\underset{|}{C}}(CH_3)-CH_2CH_2-\underset{Cl}{\underset{|}{CH}}-CH_3$

(3) 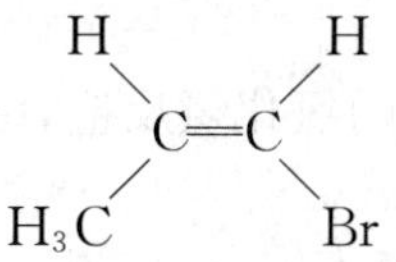 $\underset{H_3C}{\overset{H}{}}C=C\underset{Br}{\overset{H}{}}$

(4) $CH_3\underset{Cl}{\underset{|}{CH}}CH\underset{CH_3}{\underset{|}{\overset{CH_3}{\overset{|}{C}}}}CHCH_3$

(5) 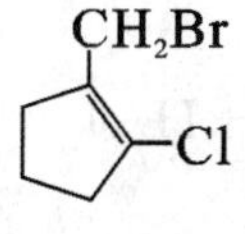 环戊烯上带 CH_2Br 和 Cl 取代基

(6) $CH_3-C\equiv C-CH_2-CH=CH_2$
    $\qquad\qquad\qquad\qquad\ \ |$
    $\qquad\qquad\qquad\qquad\ Cl$

(7) 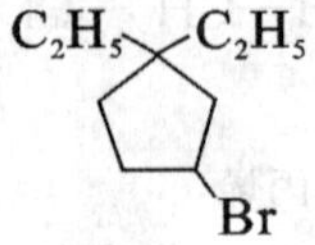 1-溴-3,3-二乙基环戊烷结构   (8) 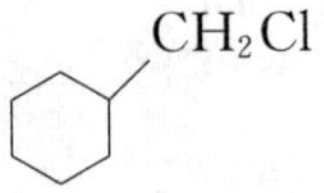 环己基氯甲烷结构

(9) 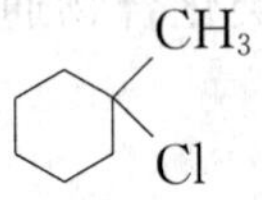 1-甲基-1-氯环己烷结构   (10) 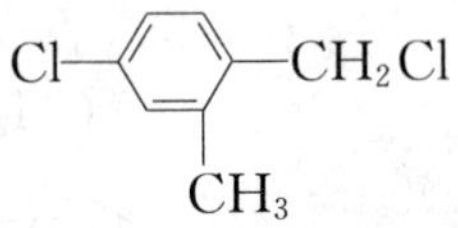 1-氯-2-甲基-4-(氯甲基)苯结构

§8-2 卤代烃的制法

含卤素的有机物在自然界中天然存在的一般很少。现已得到的含卤素的天然有机化合物基本上是从海洋生物中分离得到的，日常使用的卤代烷大都是人工合成的。

一、由烃制备

(一)烃的卤代

在光照或加热的条件下，烷烃可以和卤素(Cl_2 或 Br_2)发生取代反应，生成卤代烃，如：

$$RH + Cl_2 \xrightarrow{h\nu} RCl + HCl$$

通过这种办法制得的一般都是各种异构体的混合物。工业上常常通过烷烃氯代得到各种异构体的混合物，不必分离，可直接将它们作为溶剂使用。

(二)不饱和烃的加成

不饱和烃与卤化氢或卤素发生加成反应可得到单卤代烃或多卤代烃，如：

$$CH_3CH=CH_2 + HBr \xrightarrow{FeCl_3} CH_3-\underset{Br}{CH}-CH_3$$

$$CH_3-CH=CH_2 + HBr \xrightarrow{过氧化物} CH_3CH_2-CH_2-Br$$

$$CH\equiv CH + Cl_2 \xrightarrow{活性炭} \underset{Cl\ \ Cl}{HC=CH} + CHCl_2CHCl_2$$
90%

(三)氯甲基化反应

在催化剂无水氯化锌的作用下，芳烃与干燥的甲醛和干燥的氯化氢反应，结果是苯环上的氢原子被氯甲基取代——氯甲基化，如：

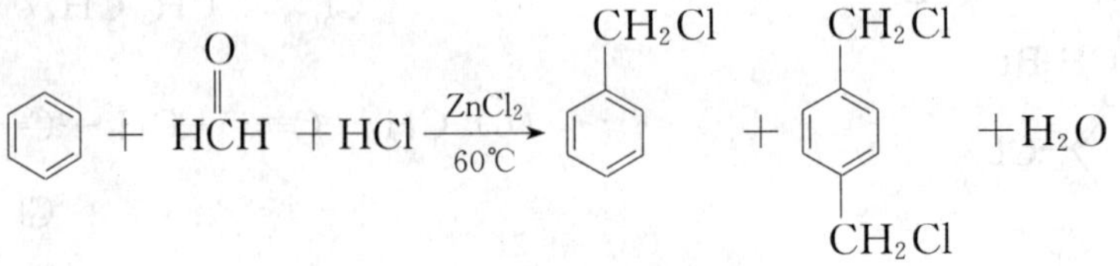

$$C_6H_6 + HCHO + HCl \xrightarrow[60℃]{ZnCl_2} C_6H_5CH_2Cl + p\text{-}ClCH_2C_6H_4CH_2Cl + H_2O$$
70%

苯环上有第一类取代基时,使氯甲基化反应容易进行;有第二类取代基和卤素时,则使反应难于进行。

二、由醇制备

醇与氢卤酸、三卤化磷、亚硫酰氯等反应生成卤代烃。这是实验室中制备卤代烃的常用方法。

1. 醇与 HX 作用:

$$ROH + HCl \rightleftharpoons RX + H_2O$$

2. 醇与卤化磷作用:醇与三卤化磷的反应主要制 RI 和 RBr。

$$3ROH + PX_3 \longrightarrow 3RX + P(OH)_3 \quad X = Br, I$$

在制备中,常将赤磷与碘(溴)加到醇中,然后加热,让三碘(溴)化磷边生成边与醇作用。醇与三氯化磷作用生成氯代烷,产率不高,一般低于 50%,因有副反应生成。

$$3ROH + PCl_3 \longrightarrow P(OR)_3 + 3HCl$$
$$\text{亚磷酸酯}$$

3. 醇与亚硫酰氯作用:

$$ROH + SOCl_2 \xrightarrow{\text{回流}} RCl + SO_2 \uparrow + HCl \uparrow$$

副产物为气体,氯化物分离,提纯方便。溴化亚砜因其不稳定而难得,故不用于进行这种反应。

习题 3 由指定的原料(其他有机或无机试剂可任选),合成以下化合物。
(1) 从丙烯合成 1,2,3-三氯丙烷
(2) 从苯和丙烯合成 2-苯基-2-氯丙烷

---

§8-3 卤代烃的物理性质

常温常压下,氯甲烷、氯乙烷和溴甲烷是气体,其他卤代烷为液体,C_{15} 以上的卤代烷为固体。纯卤代烃无色,碘代烷容易分解析出单质碘而带有棕红色。

一卤代烷的沸点随碳原子数的增加而升高。烷基相同而卤原子不同时,以碘代烷沸点最高,其次是溴代烷与氯代烷。在卤代烷的同分异构体中,直链异构体的沸点最高,支链越多,沸点越低。卤代烷的蒸气有毒。

一氯代烷密度小于 1,一溴代烷、一碘代烷及多卤代烷相对密度均大于 1。在同系列中,相对密度随碳原子数的增加而降低,这是由于卤素在分子中所占的比例逐渐减少的缘故。有两个以上的卤素取代基的分子比重一般>1,并按一卤代烃、二卤代烃、三卤代烃的次序,密度升高,熔沸点升高;碳数相同时,按氯代烷、溴代烷、碘代烷的次序密度升高,熔沸点升高。

卤代烷不溶于水,易溶于乙醇、乙醚等有机溶剂。某些卤代烷如 $CHCl_3$、CCl_4 等本身

就是良好的溶剂。纯净的卤代烷是无色的,碘代烷因易受光、热的作用而分解,产生游离碘而逐渐变为红棕色。卤代烷在铜丝上燃烧时能产生绿色火焰,可以作为鉴定有机化合物中是否含有卤素的定性分析方法(氟代烃例外)。

§8-4　卤代烃的化学性质

卤原子具有较大的电负性,卤代烷分子中的卤原子带部分负电荷,与卤原子直接相连的 α-碳原子带部分正电荷,C—X 键是极性共价键,因此卤代烷易发生 C—X 键断裂。当亲核试剂(带未共用电子对或负电荷的试剂)进攻 α-碳原子时,卤素带着一对电子离去,进攻试剂与 α-碳原子结合,从而发生亲核取代反应。另外,由于受卤原子吸电子诱导效应的影响,卤代烷 β-位上碳氢键的极性增大,即 β-H 的酸性增强,在强碱性试剂作用下,易脱去 β-H 和卤原子,发生消除反应。综上所述,卤代烃的化学性质可归纳如下:

$$R-\overset{}{\underset{|}{C}H}-\overset{\delta^+}{\underset{|}{C}H_2} \quad \begin{array}{l} \leftarrow 取代反应 \\ \leftarrow 消除反应 \end{array}$$
$$HX\delta^-$$

一、取代反应

负离子(HO^-、RO^-、CN^-、NO_3^- 等)或带未共用电子对的分子(NH_3、NH_2R、NHR_2、NR_3 等)能进攻卤原子的 α-碳发生亲核取代反应。这些试剂的电子云密度较大,具有较强的亲核性,能提供一对电子与 α-碳原子形成新的共价键,所以又称为亲核试剂。由亲核试剂进攻而引起的取代反应叫做亲核取代反应,用符号 S_N(Nucleophilic Substitution)表示。卤代烷的亲核取代反应可用下列通式表示:

$$Nu^-: + R-\overset{\delta^+}{C}H_2-\overset{\delta^-}{X} \longrightarrow R-CH_2-Nu + X^-:$$

亲核试剂　　　　卤代烷　　　　取代产物　　　离去基团

$$Nu: OH^-,RO^-,HS^-,RS^-,-CN,R-COO^-,NH_3$$

卤代烷的反应活性次序为 RI>RBr>RCl。

(一)水解

卤代烷与氢氧化钠或氢氧化钾的水溶液共热,卤原子被羟基取代生成醇。此反应也称为卤代烷的水解。

$$R-X + NaOH \xrightarrow[\Delta]{H_2O} R-OH + NaX$$

通常情况下,若该反应中没有强碱存在,反应也可以发生,但反应速度缓慢。为了加快反应速度,常常在强碱的水溶液中共热,既可以加快反应速率,又可以提高产率。

(二)醇解

卤代烷与醇钠的醇溶液作用,卤原子被烷氧基取代生成醚。此反应也称为卤代烷的醇解。

$$R-X + NaOR' \xrightarrow{ROH} R-OR' + NaX$$

卤代烷的醇解是合成混合醚的重要方法,称为 Williamson 合成法。

(三) 氨解

卤代烷与氨(胺)的水溶液或醇溶液作用,卤原子被氨基取代生成胺。此反应也称为卤代烷的氨(胺)解。

$$R-X + NH_3 \xrightarrow{ROH} R-NH_2 + HX$$

由于产物具有亲核性,除非使用过量的氨(胺),否则反应很难停留在一取代阶段。如果卤代烷过量,产物是各种取代的胺以及季铵盐。

$$RNH_2 \xrightarrow[ROH]{RX} R_2NH \xrightarrow[ROH]{RX} R_3N \xrightarrow[ROH]{RX} R_4N^+X^-$$

(四) 氰解

卤代烷与氰化钠或氰化钾在乙醇溶液中共热回流,卤原子被氰基取代,得到腈类化合物。

$$R-X + NaCN \xrightarrow[\Delta]{ROH} R-CN + NaX$$

腈在酸性条件下可发生水解反应生成羧酸。

$$R-CN + H_2O \xrightarrow[\Delta]{H^+} RCOOH$$

由于产物分子比反应物分子多一个碳原子,因此该反应是有机合成中增长碳链的方法,如:

$$Br_2(CH_2)_5 + 2KCN \xrightarrow[\text{回流 8 h,75\%}]{C_2H_5OH, H_2O} NC(CH_2)_5CN + 2KBr$$

$$CH_3CH_2CH_2Cl + NaCN \xrightarrow[\text{3 h,65\%~70\%}]{\text{二甲亚砜},\Delta} CH_3CH_2CH_2CN + NaCl$$

$$\text{C}_6\text{H}_5\text{—CH}_2\text{Cl} + NaCN \longrightarrow \text{C}_6\text{H}_5\text{—CH}_2\text{CN} + NaCl$$

$$\xrightarrow[H^+ \text{或} OH^-]{H_2O} \text{C}_6\text{H}_5\text{—CH}_2\text{COOH}$$

(五) 与硝酸银的醇溶液作用

卤代烷与硝酸银的醇溶液作用,卤原子被硝酸根取代生成硝酸酯,同时产生卤化银沉淀。此反应可用于卤代烷的定性鉴定。

$$R-X + AgNO_3 \xrightarrow{ROH} R-ONO_2 + AgX\downarrow$$

反应活性:叔卤烷>仲卤烷>伯卤烷。(参见 SN_1)

此反应可用于区别伯、仲、叔卤代烷。例如:

$$\left.\begin{array}{l} CH_3(CH_2)_3Br \\ CH_3CH_2CHBr \\ \quad\quad\quad\quad | \\ \quad\quad\quad\quad CH_3 \\ (CH_3)_3Br \end{array}\right\} \xrightarrow{AgNO_3/\text{醇}} \begin{array}{l} \text{加热出现浅黄色沉淀} \\ \text{片刻出现浅黄色沉淀} \\ \\ \text{立刻出现浅黄色沉淀} \end{array}$$

(六)卤离子交换反应

$$RCl + NaI \xrightarrow{丙酮} RI + NaCl \downarrow$$
$$(RBr) \quad\quad\quad (NaBr)$$

这是一个可逆反应,通常将氯代烷或溴代烷的丙酮溶液与碘化钠共热,由于碘化钠(碘化钾)溶于丙酮后反应生成的 NaCl、NaBr 或 KCl、KBr 的溶解度很小,这样可使平衡向右移动促使反应继续进行。这是制备碘代烷比较方便而且产率较高的方法。

反应活性:伯卤烷＞仲卤烷＞叔卤烷(参见 S_N2)。生成的 NaCl 或 NaBr 不溶于丙酮而形成沉淀。此反应可用于检验氯代烷和溴代烷。

习题 4 由指定的原料(其他有机或无机试剂可任选),合成以下化合物。
(1)由溴代正丁烷制备:
①1-丁醇　　　②2-丁醇　　　③1,1,2,2-四溴丁烷
(2)由丙烯制备:

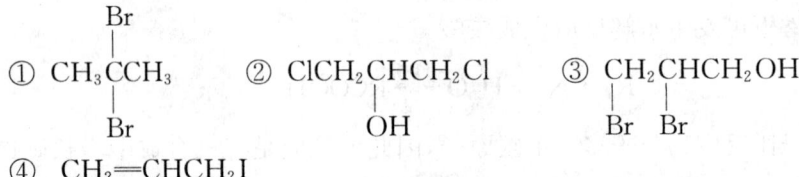

二、消除反应

卤代烷与氢氧化钠(或 KOH)的醇溶液作用时,卤素常与 β-碳上的氢原子脱去一分子卤化氢而生成烯烃。这种脱去一个简单分子的反应叫做消除反应。

$$R-\overset{\alpha}{C}H-\overset{\beta}{C}H_2 + NaOH \xrightarrow{醇} R-CH=CH_2 + NaX + H_2O$$
$$\quad\;\; | \quad\;\; |$$
$$\quad\;\; H \quad\;\; X$$

消除反应的难易次序为:叔卤代烷＞仲卤代烷＞伯卤代烷。

$$CH_3CH_2CH_2\underset{\underset{Br}{|}}{C}HCH_3 \xrightarrow{KOH,C_2H_5OH} CH_3CH_2CH_2CH=CH_2 + CH_3CH_2CH=CHCH_3$$
$$\quad\quad\quad\quad\quad\quad\quad\quad\quad\quad\quad\quad\quad\quad\quad 69\% \quad\quad\quad\quad\quad\quad 31\%$$

$$CH_3CH_2-\underset{\underset{Br}{|}}{\overset{\overset{CH_3}{|}}{C}}-CH_3 \xrightarrow{KOH,C_2H_5OH} CH_3-\underset{\underset{CH_3}{|}}{\overset{}{}}\!\!C=CH-CH_3 + CH_3-CH_2-\underset{\underset{CH_3}{|}}{\overset{}{}}\!\!C=CH_2$$
$$\quad\quad\quad\quad\quad\quad\quad\quad\quad\quad\quad\quad\quad\quad\quad 71\% \quad\quad\quad\quad\quad\quad 29\%$$

当分子中含有两个以上 β-C 原子的卤代烷发生消除反应时,将按不同方式脱去卤化氢,生成不同产物。大量实验事实证明,其主要产物是脱去含氢较少的 β-C 原子上的氢,

生成双键碳原子上连有最多烃基的烯烃。这个规律称为查依采夫(A. M. Saytzeff)规律。

三、格利雅试剂的制备

卤代烷与镁作用生成有机镁物,该产物不需分离即可直接用于有机合成反应,这种有机镁试剂称为格利雅(Grignard)试剂。在有机合成中是一类非常重要的试剂。1912 年格利雅(V Grignard)因发明格利雅试剂,开创了有机金属在各种官能团反应中的新领域而获诺贝尔化学奖。该试剂沿用至今,仍是有机反应和合成中最常用的试剂之一。

$$RX + Mg \xrightarrow{\text{无水乙醚}} RMgX$$

RX 活性:R—I > R—Br > R—Cl

格利雅试剂是由 R_2Mg,MgX_2,$(RMgX)n$ 等多种成分形成的平衡体系混合物,一般用 RMgX 表示。

乙醚的作用是与格利雅试剂络合生成安定的溶剂化物:

$$\begin{array}{c} C_2H_5 \quad R \quad C_2H_5 \\ \diagdown \quad | \quad \diagup \\ O \rightarrow Mg \leftarrow O \\ \diagup \quad | \quad \diagdown \\ C_2H_5 \quad X \quad C_2H_5 \end{array}$$

不必将烃基卤化镁与乙醚分离。另外,苯、四氢呋喃和其他醚类也可作为溶剂。用四氢呋喃(THF)代替乙醚,可使许多不活泼的乙烯型卤代烃制成格利雅试剂。

$$\text{C}_6\text{H}_5\text{—Br} + \text{Mg} \xrightarrow{\text{THF}} \text{C}_6\text{H}_5\text{—MgBr}$$

呋喃   四氢呋喃

格利雅试剂很活泼,能与多种含活泼 H 的化合物作用生成相应的烃。

格利雅试剂是有机合成中用途甚广的一种试剂,可以用来合成烷烃、醇、醛、羧酸及其他金属有机化合物。

$$\overset{\delta^-}{R}-\overset{\delta^+}{Mg}X + \begin{cases} \overset{\delta^+}{H}\vdots\overset{\delta^-}{OH} \\ H\vdots OR' \\ H\vdots NH_2 \\ H\vdots X \\ H\vdots C\equiv CR' \end{cases} \longrightarrow RH + \begin{cases} MgX(OH) \\ MgX(OR') \\ MgXNH_2 \\ MgX_2 \\ R'C\equiv CMgX \end{cases}$$

合成上无用

定量生成

活泼氢   炔基卤化镁,有合成意义

由于格利雅试剂遇水就分解,所以,在制备格利雅试剂时必须用无水溶剂和干燥的反应器,操作时也要采取隔绝空气中湿气的措施。其他含活泼氢的化合物在制备和使用格利雅试剂过程中都须注意避免。

通过上述反应,可用格式试剂用来测知某化合物中所含活泼氢的数目。可以用定量的甲基碘化镁与一定量的含活泼氢的化合物作用,便可定量地得到甲烷,通过测定甲烷的体积,可以计算出化合物所含活泼氢的数量,这叫做活泼氢测定法。

$$CH_3MgI + ROH \longrightarrow CH_4\uparrow + ROMgI$$

习题 5 下列化合物能否制备格利雅试剂?为什么?
(1) $HOCH_2CH_2Br$ (2) $HC\equiv CCH_2CH_2Br$
(3) $CH_3-\underset{\underset{O}{\|}}{C}-CH_2Br$ (4) $CH_3CH_2\underset{\underset{OCH_3}{|}}{C}HCH_2Br$

§8-5 亲核取代反应的反应机理

通过化学动力学和立体化学的研究发现,卤代烷的亲核取代反应可按两种反应历程进行,即单分子亲核取代(S_N1)和双分子亲核取代(S_N2)反应历程。

一、单分子亲核取代反应(S_N1)机理

叔丁基溴在氢氧化钠水溶液中的水解反应是按 S_N1 历程进行的,反应速度仅与叔丁基溴的浓度成正比,与亲核试剂 OH^- 的浓度无关。

S_N1 反应分两步完成,第一步是 C—Br 键断裂生成碳正离子和溴负离子,第二步是碳正离子和 OH^- 结合生成醇。

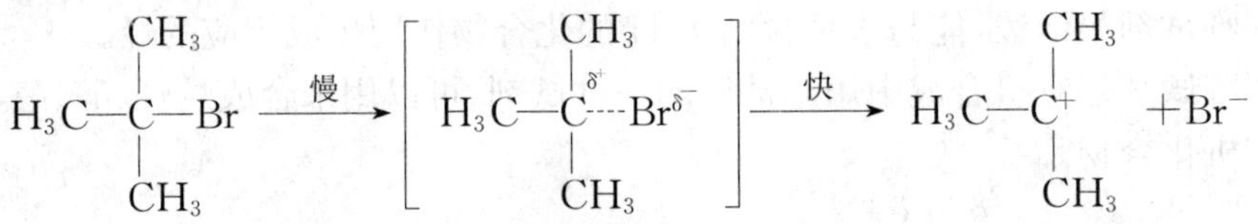

第一步中,叔丁基溴在极性溶剂作用下,C—Br 键逐渐伸长到达过渡态 1,然后发生异裂形成碳正离子中间体。这一步活化能 ΔE_1 较高,反应较慢。第二步中,碳正离子中间体立即与亲核试剂 OH^- 结合,经过渡态 2 形成醇。这一步活化能 ΔE_2 较低,反应较快。因为整个反应速度由第一步决定,所以反应速度仅与叔丁基溴的浓度成正比,而与亲核试剂 OH^- 的浓度无关,称为 S_N1 取代反应。反应的能量变化如图 8-1 所示。

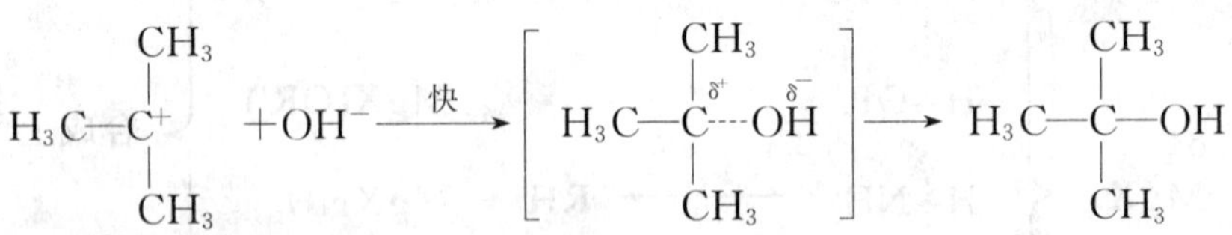

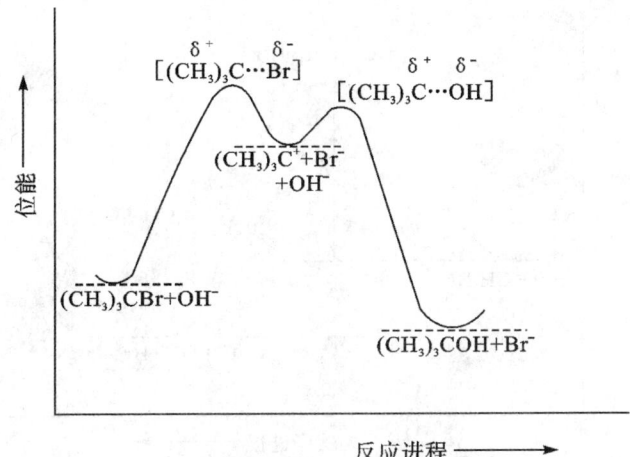

图 8-1 S_N1 反应历程中的能量变化

既然 S_N1 反应速度由第一步决定,因此在这步中生成的碳正离子中间体越稳定,反应越容易进行,反应速度越快。所以,不同类型卤代烷按 S_N1 历程反应的活性次序为:

$$R_3C—X > R_2CH—X > RCH_2—X > CH_3—X$$

二、双分子亲核取代反应(S_N2)机理

溴甲烷在氢氧化钠水溶液中的水解反应是按 S_N2 历程进行的,反应速度既与溴甲烷的浓度成正比,也与亲核试剂 OH^- 的浓度成正比。

S_N2 反应是通过形成过渡态一步完成的。

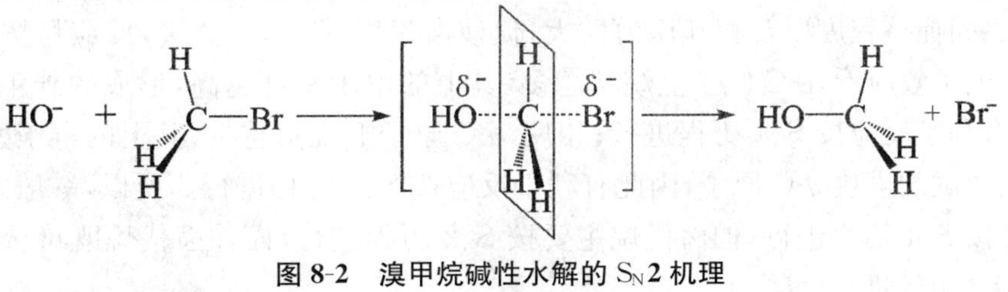

图 8-2 溴甲烷碱性水解的 S_N2 机理

形成过渡态时,亲核试剂 OH^- 由于受电负性大的溴原子排斥作用,只能从溴原子背后且沿 C—Br 键的轴线进攻 α-C 原子。C—Br 键由于受到 OH^- 进攻的影响,则同时逐渐伸长和变弱,但并没有完全断裂;与此同时,甲基上的三个氢原子也向溴原子一方逐渐偏转。到达过渡态时,OH^- 与 α-C 原子之间部分成键,C—Br 键部分断裂,三个氢原子与碳原子在一个平面上,进攻试剂和离去基团分别处在该平面的两侧;同时,α-C 原子由 sp^3 杂化状态转变为 sp^2 杂化状态。当 OH^- 进一步接近 α-碳原子并最终形成 O—C 键时,三个氢原子也向溴原子一方偏转,C—Br 键进一步拉长并彻底断裂,Br^- 负离子离去,C 原子又转变为 sp^3 杂化状态。整个过程是连续的,旧键的断裂和新键的形成是同时进行和同时完成的,所以水解反应速度与卤代烷和亲核试剂的浓度都有关系,称为 S_N2 取代。

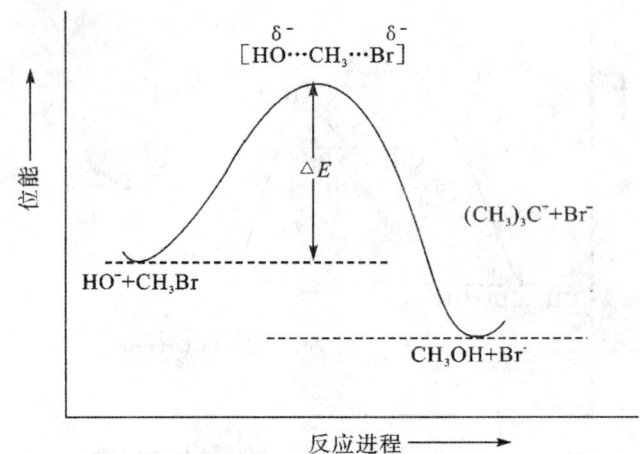

图 8-3　S_N2 反应历程中的能量变化

在 S_N2 反应中,亲核试剂从卤原子的背面进攻 α-C 原子,α-C 原子周围的空间阻碍将影响亲核试剂的进攻。所以 α-C 原子上的烃基越多,进攻的空间阻碍越大,反应速度越慢。另一方面,烷基具有斥电子性,α-C 原子上的烷基越多,该碳原子上的电子云密度也越大,越不利于亲核试剂的进攻。所以不同类型卤代烷按 S_N2 历程反应的活性次序为:

$$CH_3-X > RCH_2-X > R_2CH-X > R_3C-X$$

卤代烷进行亲核取代反应时,S_N1 和 S_N2 历程同时并存、相互竞争,究竟以哪种历程为主,与卤代烷的结构有关。从空间效应看,α-C 原子上烷基数目越多,体积越大,对亲核试剂进攻的空间阻碍作用越大,越不利于反应按 S_N2 历程进行;相反,α-C 原子上烷基增多,基团之间拥挤程度以及相互斥力增大,促使卤素以 X^- 形式离去,反应易按 S_N1 历程进行。从电子效应看,α-C 原子上烷基越多,其上的电子密度越高,形成的碳正离子也越稳定,越有利于反应按 S_N1 历程进行;相反,α-C 原子上烷基越少,其上的电子密度越低,有利于亲核试剂进攻 α-C 原子,因此有利于反应按 S_N2 历程进行。所以,一般来说,叔卤代烷主要按 S_N1 历程进行,伯卤代烷主要按 S_N2 历程进行,而仲卤代烷既可按 S_N1 历程又可按 S_N2 历程进行。

另外,卤原子对亲核取代反应速度也有影响。当卤代烷分子中的烷基相同而卤原子不同时,其反应活性次序为:

$$R-I > R-Br > R-Cl$$

无论反应按 S_N1 还是 S_N2 历程进行,都必须断裂 C—X 键。从 C—X 键的键能和卤原子的极化度看,卤原子半径大小次序为 I>Br>Cl,原子半径越大,可极化性越大,反应活性越大,因此, C—I 键最容易断裂, C—Br 键其次, C—Cl 键较难断裂。

三、影响亲核取代反应的因素

(一)烷基结构的影响

1.烷基结构对 S_N1 反应的影响。

决定 S_N1 反应速度的是 C^+ 稳定性;越是稳定的 C^+,越容易生成。

∴ C^+ 稳定性：$CH_2=CHCH_3$，R_3C^+ > $R_2\overset{+}{C}H$ > $R\overset{+}{C}H_2$ > $\overset{+}{C}H_3$

∴ S_N1 反应活性：$CH_2=CHCH_2X$，R_3C-X > R_2CH-X > RCH_2-X > CH_3-X

2. 烷基结构对 S_N2 反应的影响。

决定 S_N2 反应速度的是过渡态的稳定性。过渡态越稳定，反应的活化能越低，反应速度越快。

影响 S_N2 过渡态稳定性的因素：

(1) 空间因素（主要）：α-C 上取代基越多，Nu^- 越不易接近 α-C，过渡态也越不稳定。

(2) 电子效应（次要）：α-C 上取代基越多，α-C 上负电核越多，不利于 OH^- 或 Nu^- 进攻 α-C。

∴ S_N2 反应活性：$CH_3X > 1°RX > 2°RX > 3°RX$

综上所述：

$$\underset{S_N1 \text{ 减弱} \longleftarrow}{\overset{\longrightarrow S_N2 \text{ 减弱}}{CH_3 \quad 1°RX \quad 2°RX \quad 3°RX}}$$

即：3°RX 主要进行 S_N1 反应；1°RX 主要进行 S_N2 反应；2°RX 同时进行 S_N1 和 S_N2，但 S_N1 和 S_N2 速度都很慢。

(二) 卤原子（离去基团）的影响

S_N2 和 S_N1 反应的速控步都包括 C—X 的断裂，因此作为离去基团的卤原子的性质对 S_N2 和 S_N1 反应将产生相似的影响。无论是 S_N1 还是 S_N2，都是离去基团的碱性越弱，越易离去，即 S_N1 和 S_N2 反应活性：R—I > R—Br > R—Cl 。

离去能力：$I^- > Br^- > Cl^-$（酸性：$HI > HBr > HCl$）。

由于 S_N2 反应中，参与形成过渡态的因素除了离去基团外，还有亲核试剂，所以，离去基团的离去能力大小对 S_N1 反应的影响更为突出。

归纳：

(1) 强的离去基团的化合物（如 R—I），倾向于按照 S_N1 历程进行反应；

(2) 弱的离去基团的化合物（如 R—F），倾向于按照 S_N2 历程进行反应；

(3) 烯丙式卤化物和卞基型卤化物，卤素 X 容易离去，因此按照 S_N1 历程进行反应；

(4) 乙烯式卤化物和芳卤中的卤素不活泼，很难发生取代反应。

(三) 溶剂的影响

极性强、介电常数大的溶剂有利于按 S_N1 历程反应，极性弱、介电常数小的溶剂有利于按 S_N2 历程反应。

$$S_N1: RX \longrightarrow [\overset{\delta+}{R} \cdots \overset{\delta-}{X}] \longrightarrow R^+ + X^-$$

极性溶剂使 C^+ 稳定性增加，反应活化能降低。

$$S_N2: RX + Nu^- \longrightarrow [\overset{\delta-}{Nu} \cdots R \cdots \overset{\delta-}{X}] \longrightarrow NuR + X^-$$

极性溶剂使 Nu^- 稳定性增加，反应活化能降低。

习题6 指出下列各对反应中,何者较快,并说明原因。

(1) CH$_3$CH$_2$CHCH$_2$Br + CN$^-$ ⟶ CH$_3$CH$_2$CHCH$_2$CN + Br$^-$
    | |
    CH$_3$ CH$_3$

  CH$_3$(CH$_2$)$_3$Br + CN$^-$ ⟶ CH$_3$(CH$_2$)$_3$CN + Br$^-$

(2) (CH$_3$)$_2$CHCH$_2$Cl $\xrightarrow[\Delta]{H_2O}$ (CH$_3$)$_2$CHCH$_2$OH

  (CH$_3$)$_2$CHCH$_2$Br $\xrightarrow[\Delta]{H_2O}$ (CH$_3$)$_2$CHCH$_2$OH

(3) CH$_3$I + NaOH $\xrightarrow{H_2O}$ CH$_3$OH + NaI

  CH$_3$I + NaSH $\xrightarrow{H_2O}$ CH$_3$SH + NaI

(4) CH$_3$CH=CHCH$_2$Cl $\xrightarrow[\Delta]{H_2O}$ CH$_3$CH=CHCH$_2$OH

  CH$_2$=CHCH$_2$CH$_2$Cl $\xrightarrow[\Delta]{H_2O}$ CH$_2$=CHCH$_2$CH$_2$OH

习题7 请按进行 S$_N$1 反应活性下降次序排列下列化合物。

(a) O$_2$N—C$_6$H$_4$—CH$_2$Cl (b) Cl—C$_6$H$_4$—CH$_2$Cl (c) C$_6$H$_5$—CH$_2$Cl

习题8 请按进行 S$_N$2 反应活性下降次序排列下列化合物。

(1) (a) C$_6$H$_{11}$—CH(Br)—CH$_3$ (b) C$_6$H$_{11}$—CH$_2$Br (c) C$_6$H$_{11}$—C(CH$_3$)$_2$Br

(2) (a) CH$_3$CH$_2$CH$_2$CH$_2$Br (b) CH$_3$CH(CH$_3$)CH$_2$Br (c) CH$_3$CH$_2$C(CH$_3$)$_2$CH$_2$Br

(3) (a) 环戊基—I (b) 环戊基—Br (c) 环戊基—Cl

§8-6 消除反应机理

卤代烷在 KOH 或 NaOH 等强碱的醇溶液中加热,分子可脱去一分子卤化氢生成烯烃。这种由分子中脱去一个简单分子(如 H$_2$O、HX、NH$_3$ 等)的反应叫做消除反应,用符号 E(Elimination)表示。

$$RCH-CH_2 + NaOH \xrightarrow[\Delta]{C_2H_5OH} RCH=CH_2 + KX + H_2O$$
$$||$$
$$XX$$

卤原子是和 β-C 原子上的氢形成 HX 脱去的,这种形式的消除反应称 β-消除反应。消除反应也有单分子消除(E1)和双分子消除(E2)两种反应历程。

一、单分子消除反应(E1)机理

单分子消除反应历程与 S_N1 反应一样,E1 反应也是分两步进行的。

$$(CH_3)_3CBr \xrightarrow{慢} (CH_3)_3C^+ + Br^-$$

$$CH_3-\underset{CH_2-H}{\overset{CH_3}{\underset{|}{C^+}}} + OH^- \xrightarrow{慢} CH_2=C(CH_3)_2 + H_2O$$

整个反应的速度取决于第一步中叔丁基溴的浓度,与试剂 OH^- 的浓度无关,故称为单分子消除反应历程,用 E1 表示。

与 S_N1 反应历程不同,E1 历程的第二步中 OH^- 不是进攻碳正离子生成醇,而是夺取碳正离子的 β-H 生成烯烃。显然,E1 和 S_N1 这两种反应历程是相互竞争、相互伴随发生的。例如,在 25℃时,叔丁基溴在乙醇溶液中反应得到 81% 的取代产物和 19% 的消除产物。

$$(CH_3)_3Br + C_2H_5OH \xrightarrow{25℃} (CH_3)_3COC_2H_5 + (CH_3)_2C=CH_2$$
$$\phantom{(CH_3)_3Br + C_2H_5OH \xrightarrow{25℃}} 81\% 19\%$$

从 E1 反应历程可以看出,不同卤代烷的反应活性次序和 S_N1 相同,即:

$$R_3C-X > R_2CH-X > RCH_2-X$$

二、双分子消除反应(E2)机理

双分子消除反应历程 E2 和 S_N2 也很相似,旧键的断裂和新键的形成同时进行,整个反应经过一个过渡态。

$$CH_3-\underset{H}{\overset{H}{\underset{|}{C}}}-CH_2-Br + OH^- \longrightarrow \left[CH_3-\underset{H\cdots OH}{\overset{H}{\underset{|}{C\cdots}}}CH_2\cdots Br \right]^- \longrightarrow CH_3CH=CH_2 + Br^- + H_2O$$

整个反应速度既与卤代烷的浓度成正比,也与碱的浓度成正比,故称为双分子消除反应历程,用 E2 表示。与 S_N2 反应历程不同,E2 历程中 OH^- 不是进攻 α-C 原子生成醇,而是夺取 β-H 原子生成烯烃。显然,E2 与 S_N2 这两种反应历程也是相互竞争、相互伴随发生的,如:

$$(CH_3)_2CHCH_2Br \xrightarrow{RO^-} \underset{60\%}{(CH_3)_2C=CH_2} + \underset{40\%}{(CH_3)_2CHCH_2OR}$$

当 α-碳原子上的烷基数目增加,意味着空间位阻加大和 β-H 原子增多,因此不利于亲核试剂进攻 α-碳原子,而有利于碱进攻 β-氢原子,因而有利于 E2 反应。所以,在 E2 反应中,不同卤代烷的反应活性次序和 E1 相同,即:

$$R_3C-X > R_2CH-X > R-CH_2-X$$

三、消除和取代反应的竞争

由于亲核试剂(如 OH^-,RO^-,CN^- 等)本身也是碱,所以卤代烷发生亲核取代反应的同时也可能发生消除反应,而且每种反应都可能按单分子历程和双分子历程进行。因此,卤代烷与亲核试剂作用时可能有四种反应历程,即 S_N1,S_N2,E1,E2。究竟哪种历程占优势,主要由卤代烷烃的结构、亲核试剂的性质(亲核性、碱性)、溶剂的极性以及反应的温度等因素决定。

一般来说,叔卤代烷易发生消除反应,伯卤代烷易发生取代反应,而仲卤代烷则介于二者之间;试剂的亲核性强(如 CN^-)有利于取代反应,试剂的碱性强而亲核性弱(如叔丁醇钾)有利于消除反应;溶剂的极性强有利于取代反应,反应的温度升高有利于消除反应。

从这里也可看出,有机化学反应是比较复杂的,受许多因素的影响。在进行某种类型的反应时,往往还伴随有其他反应发生。在得到一种主要产物的同时,还有副产物生成。为了使主要反应顺利进行,以得到高产率的主要产物,应当仔细地分析反应的特点及各种因素对反应的影响,严格控制反应条件。

习题 9 将下列各化合物在 KOH-醇溶液中反应的活性从大到小排列成序。

(a) $CH_3-\underset{\underset{CH_2CH_3}{|}}{\overset{\overset{CH_3}{|}}{C}}-Br$ (b) $CH_3-\underset{\underset{Br}{|}}{\overset{\overset{CH_3}{|}}{CH}}-CHCH_3$ (c) $CH_3-\underset{\underset{CH_3}{|}}{CH}CH_2CH_2Br$

习题 10 写出下列化合物在浓 KOH 醇溶液中脱卤化氢的反应式,并比较反应速率的快慢。

(1)3-溴环己烯 (2)5-溴-1,3-环己二烯 (3)溴代环己烷

§8-7 卤代烯烃和卤代芳烃

一、分类

根据一卤代烯烃和一卤代芳烃分子中卤原子和双键的相对位置可以分为三类。

(一) 乙烯式卤代烃

$$RCH=CH-X \qquad 如：CH_2=CHCl \qquad C_6H_5-Br$$

(二) 烯丙基式卤代烃

$$RCH=CHCH_2X \qquad 如：CH_2=CHCH_2Cl \qquad C_6H_5-CH_2Cl$$

二、化学性质

烃基的结构对卤代烃的活性有很大的影响。

(一) 与 $AgNO_3$ 作用

用 $AgNO_3$ 的醇溶液和不同烃基的卤代烷作用，根据卤化银沉淀生成的快慢，可以测得这些卤代烃的活性次序。

$$RX + AgONO_2 \xrightarrow{OH^-} RONO_2 + AgX\downarrow$$

烯丙基型卤代烃、苄基卤代烃和三级卤代烃在室温下就能与 $AgNO_3$ 的乙醇溶液迅速作用，生成 AgX(沉淀)；一级、二级卤代烷一般要在加热下才能起反应；而乙烯式卤代烃和卤苯即使在加热的条件下也不起反应。

它们的化学活性次序可归纳如下：

$ArCH_2X > R_2C=CR-CH_2X > R_3CX > R_2CHX > RCH_2X > CH_3X > R_2C=CRX$

$R-I > R-Br > R-Cl$（卤代烃与 $AgNO_3$/醇反应速度与卤素性质也有关系）

为什么乙烯式卤代烃不活泼，而烯丙基卤却特别活泼呢？一方面是与卤素直接相连的碳原子杂化态不一样。

$$\underset{sp^3}{R-CH_2Cl}, \quad \underset{sp^2}{CH_2=CHCl} \qquad (s\text{成分较多,电负性较强,} C-C \text{电子云密度大})$$

另一方面是由于卤原子上未共用的 p 电子对与双键或苯环上的 π 电子云相互作用，形成 p-π 共轭体系。由于 p-π 共轭的结果，电子云分布趋向平均化，因此 C—Cl 键的偶极距减小。电子云靠近碳，键长则缩短。结果就使得氯乙烯中的氯就不及 CH_3CH_2Cl 中的活泼。由于 $CH_2=CHCl$ 中的 C—Cl 键电子云密度的增大，增加了 C—Cl 键的稳定性，因此 $CH_2=CHCl$ 的氯不活泼。

烯丙基式 $CH_2=CH-CH_2Cl$ 中的氯比 CH_3CH_2-Cl 中的氯活泼。这是因为氯离解后生成的烯丙基正离子可以形成一种缺电子的 p-π 共轭体系。

$$CH_2=CH-CH_2Cl \rightleftharpoons CH_2=\overset{+}{CH}-CH_2 + Cl^-$$

$$\downarrow$$

$$\overset{+}{\overbrace{CH_2=CH=CH_2}}$$

电荷得到分散，使体系趋于稳定。因此氯丙烯比较容易离解产生碳正离子和氯离子，有利于 S_N1 反应的进行。

当烯丙式按 S_N2 历程发生反应时,由于 α-C 相邻 π 键的存在,可以和过渡态电子云交盖,使过渡态能量降低,从而也有利于 S_N2 反应进行。

$$HO^- + \underset{\underset{CH_2}{\overset{|}{CH}}}{CH_2}-Cl \longrightarrow \left[\overset{\delta^-}{HO}\cdots\underset{\underset{CH_2}{\overset{|}{CH}}}{CH}\cdots\overset{\delta^-}{Cl} \right] \longrightarrow HO-\underset{\underset{CH_2}{\overset{|}{CH}}}{CH_2} + Cl^-$$

(二)芳卤代烃与 Mg 的反应

卤原子直接与苯环相连,其活性与卤乙烯相似,形成格利雅试剂较难。需要在一定温度和压力下,以 THF 作溶剂才可以制成。

$$PhCl + Mg \xrightarrow{THF} PhMgCl$$

$$m\text{-}BrC_6H_4Cl + Mg \xrightarrow{Et_2O} m\text{-}ClC_6H_4MgBr$$

习题 11 对于 S_N 反应,氯苯的活性比环己基氯小,为什么?

习题 12 完成下列反应:

(1) $Cl\text{-}C_6H_4\text{-}Br + Mg \xrightarrow{乙醚} ?$

(2) $H_3C\text{-}C_6H_4\text{-}Br \xrightarrow[\text{无水乙醚}]{Mg} ? \xrightarrow{C_2H_5OH} ? + ?$

(3) $Cl\text{-}C_6H_4\text{-}CH_2Cl \xrightarrow[\text{无水乙醚}]{Mg} ? \begin{cases} \xrightarrow{PhCH_2Cl} ? \\ \xrightarrow{HC\equiv CH} ? + ? \end{cases}$

习题 13 鉴别下列各组化合物。
(1) 1-溴-1-戊烯,3-溴-1-戊烯和 4-溴-1-戊烯
(2) 对-氯甲苯,苄氯和 β-氯乙苯

§8-8 重要的卤代烃

一、三氯甲烷

三氯甲烷为氯仿的学名,常温下为无色透明的液体,无色易挥发,稍有甜味;熔点为 -63.5℃,沸点为 61.7℃,相对密度为 1.483 2;微溶于水,溶于乙醚、乙醇、苯等;难燃烧,但长期暴露在空气中可以燃烧,发出火焰或高温;有麻醉性,有毒,被认为是致癌物质;在日

光、氧气、湿气中特别是与铁接触时,则反应生成剧毒的光气。

$$2CHCl_3 + O_2 \xrightarrow{hv} 2COCl_2 + 2HCl$$

氯仿为有机合成原料,主要用来生产氟利昂(F-21、F-22、F-23);此外,还用于有机合成及麻醉剂,脂肪、橡胶、树脂、油类、蜡、磷、碘和黏合亚克力的溶剂,青霉素、精油、生物碱等的萃取剂,测定血清中无机磷,清洗剂,肝功能试验的防腐剂等,另外它还是手机维修人员必备的清洗剂。

氯仿与四氯化碳混合可制成不冻的防火液体。还用于烟雾剂的发射药、谷物的熏蒸剂和校准温度的标准液。工业产品通常加有少量乙醇,使生成的光气与乙醇作用生成无毒的碳酸二乙酯。

二、四氯化碳

四氯化碳为无色澄清易流动的液体,工业上有时因含杂质呈微黄色,具有芳香气味,易挥发;相对密度为 1.595,熔点为 $-22.8℃$,沸点为 $76℃ \sim 77℃$。四氯化碳的蒸气较空气重约 5 倍,且不会燃烧。四氯化碳的蒸气有毒,它的麻醉性较氯仿低,但毒性较高,人体吸入 $2 \sim 4$ mL 就可使人死亡。四氯化碳在水中的溶解度很小,且遇湿气及光即逐渐分解生成盐酸;易溶于各种有机溶剂,能与醇、醚、氯仿、苯等任意混合;对于脂肪、油类及多种有机化合物为一级优良的溶剂。

三、氯苯

氯苯为无色液体,沸点为 $131.7℃$。第一次世界大战期间主要用于生产军用炸药所需的苦味酸。1940 年以来,大量用于生产滴滴涕(DDT)杀虫剂。1960 年后,DDT 逐渐被高效低残毒的其他农药所取代,氯苯的需求量日趋下降。现在主要用做乙基纤维素和许多树脂的溶剂,生产多种其他苯系中间体如硝基氯苯等。

四、氯乙烯

氯乙烯又名乙烯基氯(Vinyl chloride)是一种应用于高分子化工的重要单体,可由乙烯或乙炔制得;为无色、易液化气体,沸点为 $-13.9℃$,临界温度为 $142℃$,临界压力为 5.22 MPa。氯乙烯是有毒物质,肝癌与长期吸入和接触氯乙烯有关。它与空气形成爆炸混合物,爆炸极限为 4%~22%(体积),在压力下更易爆炸,贮运时必须注意容器的密闭及氮封并应添加少量阻聚剂。

本章小结

一、化学性质提要

1. 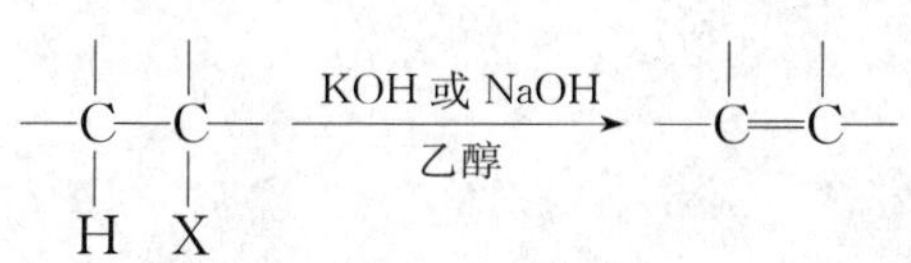 $\underset{\underset{H}{|}}{-}\overset{|}{C}-\underset{\underset{X}{|}}{\overset{|}{C}}- \xrightarrow[\text{乙醇}]{\text{KOH 或 NaOH}} -\overset{|}{C}=\overset{|}{C}-$

查依采夫规则：越少越减。
反应活性：叔卤代烃＞仲卤代烃＞伯卤代烃。

2. 反应活性：

$$\begin{matrix}CH_2=CHCH_2X\\ Ar-CH_2X\end{matrix} > R_3CX > R_2CHX > RCH_2X > \begin{matrix}CH_2=CHX\\ Ar-X\end{matrix}$$

3. 反应活性：

$CH_3Cl > CH_2Cl_2 > CHCl_3 > CCl_4$

$R-I > R-Br > R-Cl$

4. 主要反应：

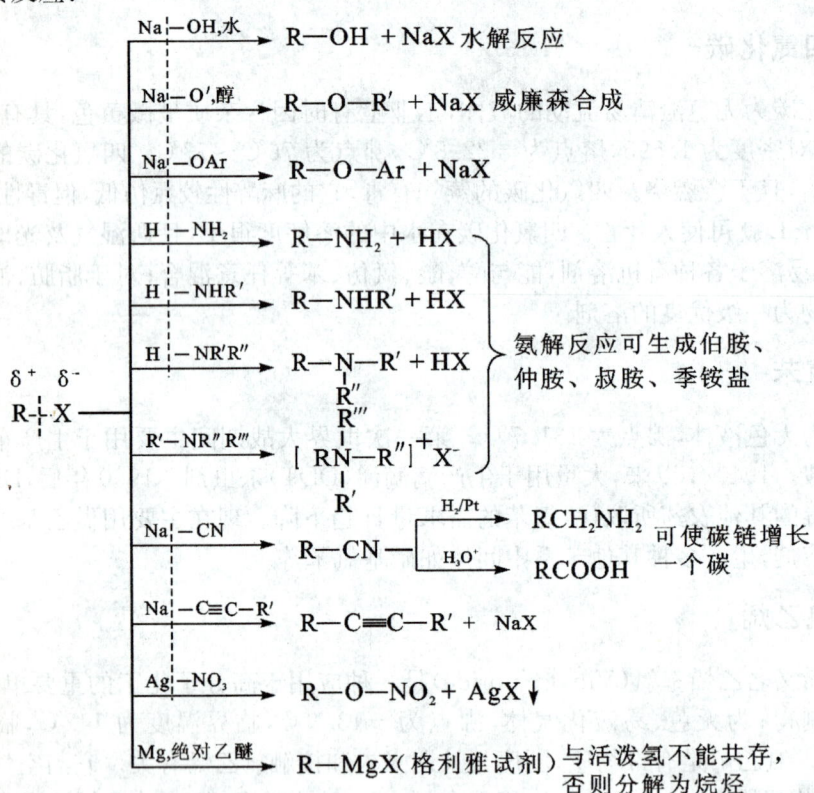

二、制法

1. 烃直接卤化：

$RH + X_2 \xrightarrow{h\upsilon \text{ 或 } \Delta} R-X + HX$

$ArH + X_2 \xrightarrow[\Delta]{Fe \text{ 或 } FeCl_3} Ar-X + HX$

$ArCH_3 + X_2 \xrightarrow{h\upsilon} Ar-CH_2X + HX$

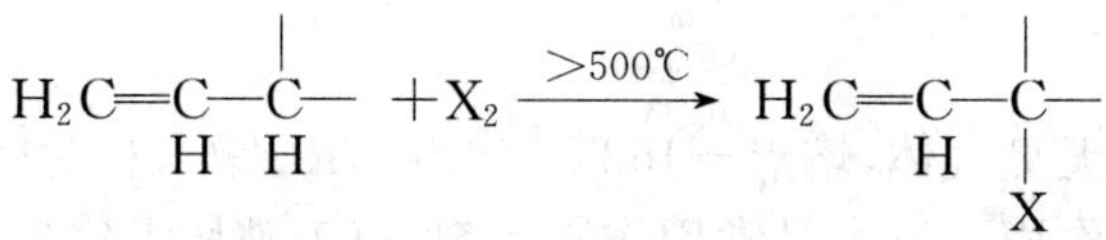

$$H_2C=C-\underset{H}{\overset{|}{\underset{H}{C}}}- + X_2 \xrightarrow{>500℃} H_2C=C-\underset{X}{\overset{|}{\underset{H}{C}}}- \quad \alpha\text{-H 卤化}$$

2. 不饱和烃加成 HX 及 X_2：

按马氏规则
$$R-C=CH_2 + HX \longrightarrow R-\underset{H}{\overset{X}{C}}-CH_3$$
$$\quad\;\; H$$

$$R-C\equiv CH + HX \xrightarrow{HgCl_2} R-C=CH_2 \xrightarrow{HX} R-\underset{X}{\overset{X}{C}}-CH_3$$
$$\qquad\qquad\qquad\qquad\qquad\quad X$$

$$\text{C}=\text{C} + X_2 \longrightarrow \underset{X\;X}{C-C}$$

$$-C\equiv C- + X_2 \longrightarrow \underset{X\;X}{C=C} \xrightarrow{X_2} \underset{X\;X}{\overset{X\;X}{C-C}}$$

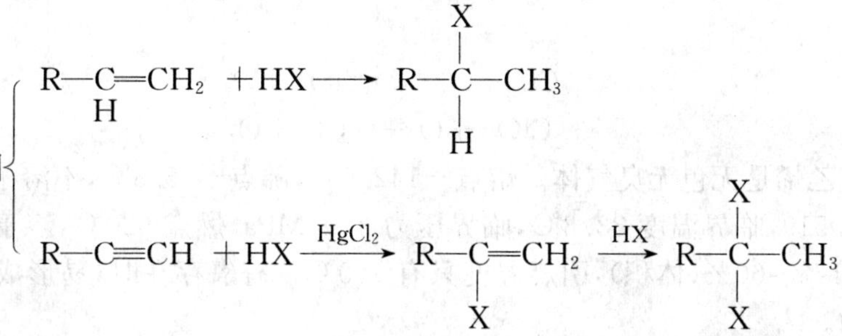

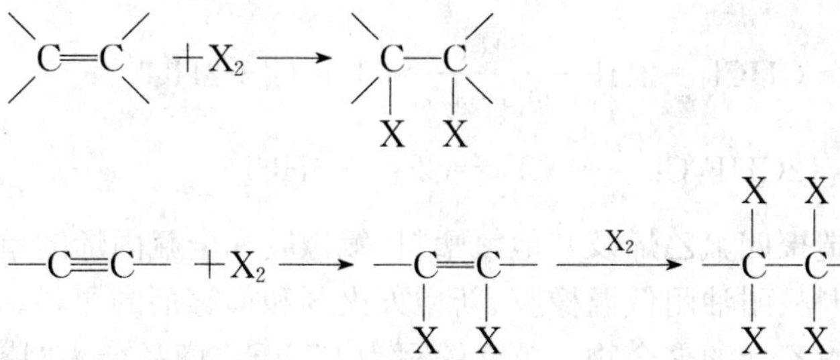

3. 氯甲基化：

$$\text{C}_6\text{H}_6 + HCHO + HCl \xrightarrow{\text{无水 } ZnCl_2} \text{C}_6\text{H}_5-CH_2Cl + H_2O$$

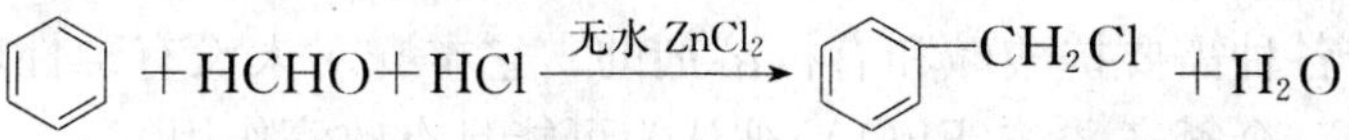

4. 由醇制备：

$$ROH + HX \longrightarrow R-X + H_2O$$
$$3ROH + PX_3 \longrightarrow 3R-X + H_3PO_3$$
$$ROH + SOCl_2 \longrightarrow R-Cl + SO_2 + HCl$$

【阅读材料】

有机氟化物

一、有机氟化物的特性

1. 一氟代烷烃不稳定，容易失去氟化氢变成烯烃。
2. 一个碳上连有两个或两个以上氟原子时，性质就很稳定。
3. 全氟代烃有异常的稳定性，有很高的耐热性能、耐腐蚀性能，对氧化剂也有很高的稳定性，并有抗元素氟的作用。

二、氟化合物

1. 二氟二氯甲烷（氟利昂）是无色无臭气体，熔点 -158℃，沸点 -19.7℃，相对密度为 1.326，溶于醇、醚，与酸、碱、水均不起作用。过去是常用作制冷剂，由于破坏大气臭氧层，已被限制使用。二氟二氯甲烷是氟利昂的代表物，在紫外线作用下光解为 Cl^-，它能促进 O_3 转化为 O_2。

$$Cl^- + O_3 \longrightarrow ClO^- + O_2$$
$$ClO^- + O \longrightarrow Cl^- + O_2$$

2. 四氟乙烯是无色无臭气体。熔点 -142.5℃，沸点 -76.3℃，不溶于水。比空气重。相对密度 1.519，临界温度 33.3℃，临界压力 3.92MPa，燃点 620℃，溶于丙酮、乙醇。自燃极限为 11%～60%（体积），引燃温度只有 180℃。有氧存在时，易形成不稳定、易爆炸的过氧化物。

制法：

$$CHCl_3 + 2HF \xrightarrow[20℃\sim30℃]{SbCl_5} CHF_2Cl + 2HCl$$

$$2CHF_2Cl \xrightarrow{\Delta} CF_2=CF_2 + 2HCl$$

工业上常用做制造聚四氟乙烯及其他氟塑料、氟橡胶和全氟丙烯的单体；可用作制造新型的热塑料、工程塑料、耐油耐低温橡胶、新型灭火剂和抑雾剂的原料。

聚四氟乙烯是四氟乙烯的聚合物。英文缩写为 PTFE。商品名为"特氟隆"（teflon），被誉为"塑料之王"。聚四氟乙烯具有优良的综合性能，耐高温，耐腐蚀，不黏，自润滑，具有优良的介电性能、很低的摩擦系数；化学稳定性特别稳定，甚至与氧气和王水也不起反应。聚四氟乙烯广泛应用于各种需要抗酸碱和有机溶剂的。它本身对人没有毒性，但是在生产过程中使用的原料之一全氟辛酸铵（PFOA）被认为可能具有致癌作用。

氟塑——聚四氟乙烯、聚三氟氯乙烯、聚偏氟乙烯、某些含氟烯烃的共聚物的总称。

氟树脂——分子中含有氟原子的高聚物，耐热、耐腐蚀、耐辐射性能优异。

氟橡胶——分子中含有氟原子的合成橡胶。

特氟隆——耐热、防水、耐高温、自润滑性、不粘锅等。

人造血——有机氟化合物。

习题 14 写出下列分子式所代表的所有同分异构体，并用系统命名法命名。
(1) $C_5H_{11}Cl$（并指出 1°, 2°, 3°卤代烷）　　(2) $C_4H_8Br_2$　　(3) $C_8H_{10}Cl$

习题 15 命名下列化合物：

(1) $CH_3-\underset{\underset{CH_3}{|}}{\overset{\overset{CH_3}{|}}{C}}-CH_2Br$　　(2) $CH_3-\overset{\overset{CH_3}{|}}{CH}-\overset{\overset{Cl}{|}}{CH}-CH_3$

(3) $CH_3-\overset{\overset{Br}{|}}{CH}-\overset{\overset{CH_2Cl}{|}}{CH}-CH_2CH_3$　　(4) $CH_3CH_2-\underset{\underset{CH_3}{|}\underset{|}{Cl}}{\overset{\overset{CH_3}{|}\overset{|}{Cl}}{C}}-\overset{}{C}-CH_3$

(5) Cl—⌬—Cl　　(6) $H_3C-\overset{}{C}H-\overset{}{C}H-CH=CH-CH_3$ (Br on position 3)

(7) 环戊烷结构 H_3C,CH_3 二甲基, CH_2Cl　　(8) H_3C—环戊烯—Br

(9) ⌬—CH=CHCH₂CH₂Br　　(10) $CH_3-\underset{\underset{C_6H_5}{|}}{CH}-\overset{\overset{}{}}{CH}CH_3$ (Br)

习题 16 写出下列化合物的结构式。
(1) 1-氯-2,3-二溴丙烯　　(2) 4-氯-2-戊烯
(3) 2,3-二甲基-5-氯乙烷　　(4) 3-(2-氯-4-溴苯基)-1-丙烯
(5) 3-乙基-1-溴己烷　　(6) 异戊基溴
(7) 3-氯甲基戊烷　　(8) 反-1,2-二氯-1,2-二苯乙烯
(9) 3,3-二氯-1-丙烯　　(10) α-溴代乙苯

习题 17 完成下列反应。

(1) ⌬—CH₂CH₂CH₃ $\xrightarrow{Cl_2}{hv}$? $\xrightarrow{C_2H_5OH}{NaOH}$? $\xrightarrow{HBr}$?

(2) I—⌬(Br)(CH₃) $\xrightarrow{Cl_2}{hv}$? $\xrightarrow{CH\equiv CNa}$?

(3) Cl—⌬—CH₂CH₃ $\xrightarrow{Br_2}{hv}$? $\xrightarrow{C_2H_5OH}{NaOH}$? $\xrightarrow[过氧化物]{HBr}$? $\xrightarrow{NaCN}$?

(4) CH₃CH₂CH=CH₂ $\xrightarrow{Cl_2}{500℃}$? $\xrightarrow{C_2H_5ONa}{C_2H_5OH}$?

(5) Cl—⌬—CH₂CH₃ $\xrightarrow{NaOH}{H_2O}$?

(6) $HOCH_2CH_2CH_2CH_2Cl \xrightarrow[H_2O]{NaOH}$?

(7) $HOCH_2CH_2Cl + KI \xrightarrow{\text{丙酮}}$?

(8) ![cyclohexene-CH3] + $Br_2 \longrightarrow$? $\xrightarrow[NaOH]{C_2H_5OH}$? $\xrightarrow{\text{(马来酸酐)}}$?

(9) ![1-methyl-2-bromocyclohexane] $\xrightarrow[\text{乙醇},\Delta]{KOH}$?

(10) ![3,5-disubstituted toluene with Cl and Br] $\xrightarrow[Et_2O]{Mg(\text{过量})}$? $\xrightarrow{DCl}$?

(11) $(CH_3)_2CH-\langle\!\!\!\bigcirc\!\!\!\rangle-NO_2 + Br_2 \xrightarrow{Fe}$? $\xrightarrow[h\nu]{Cl_2}$?

(12) ![cyclopentadiene with H,H at sp3 carbon] + $C_2H_5MgBr \xrightarrow{\text{苯}}$? + ?

习题 18 用方程式分别表示正丁基溴、α-溴代乙苯与下列化合物反应的主要产物。

(1) NaOH(水)　(2) KOH(醇)　(3) Mg,乙醚产物和乙炔

(4) NaI/丙酮　(5) NH_3　(6) NaCN

(7) $AgNO_3$,醇　(8) $CH_3C\!\!\equiv\!\!C^- Na^+$

习题 19 用化学方法鉴别下列各组化合物。

(1) 3-溴环己烯,氯代环己烷,碘代环己烷,甲苯,环己烷

(2) $CH_2\!\!=\!\!CHCl$, $CH_3C\!\!\equiv\!\!CH$, $CH_3CH_2CH_2Br$

(3) $CH_3CHCH\!\!=\!\!CHCl$, $CH_3C\!\!=\!\!CHCH_2Cl$, $CH_3CHCH_2CH_3$
　　　　|　　　　　　　　　　|　　　　　　　　　　|
　　　CH_3　　　　　　　　CH_3　　　　　　　　Cl

(4) 1-氯丁烷,1-碘丁烷,己烷,环己烯

习题 20 将以下各组化合物,按照不同要求排列成序。

(1) 水解速率：

![PhCH2CH2Cl]　　![PhCH(Cl)CH3]　　![CH3CH2-C6H4-Cl]

(2) 与 AgNO₃-乙醇溶液反应的难易程度：

$CHBr=CHCH_3$ CH_3CHCH_3 $CH_3CH_2CH_2Br$ $(CH_3)_2C\text{—}\square$
                         $|$ $|$
                         Br Br

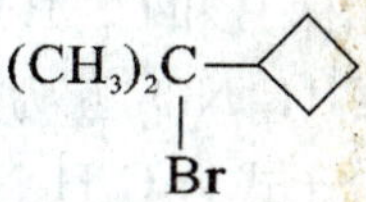

(3) 进行 S_N2 反应速率：

① 1-溴丁烷，2,2-二甲基-1-溴丁烷，2-甲基-1-溴丁烷，3-甲基-1-溴丁烷；

② 2-环戊基-2-溴丁烷，1-环戊基-1-溴丙烷，溴甲基环戊烷。

(4) 进行 S_N1 反应速率：

① 3-甲基-1-溴丁烷，2-甲基-2-溴丁烷，3-甲基-2-溴丁烷；

② 苄基溴，α-苯基乙基溴，β-苯基乙基溴；

③ （环戊烯基-CH₂Cl），（环戊烯基带CH₃和Cl），（Cl-环戊烯基-CH₃）。

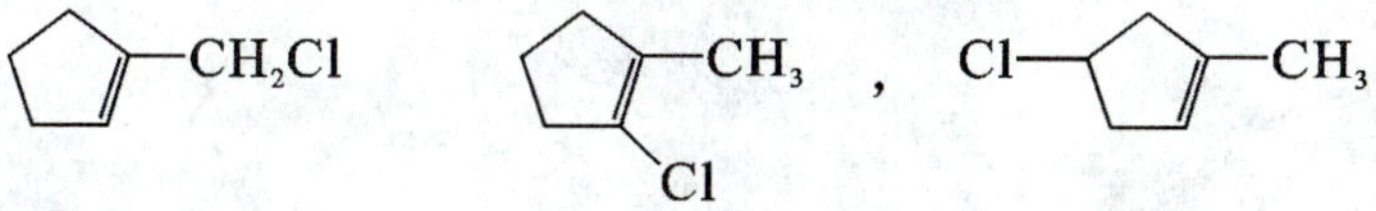

习题 21 完成下列转变。

(1) $CH_3CHCH_3 \longrightarrow CH_2\text{—}CH\text{—}CH_2$
         $|$ $|$ $|$ $|$
         Br Cl Cl Cl

(2) $CH\equiv CH \longrightarrow C_2H_5C\equiv CCH_2\text{—}CH_3$

(3) （环己基=CH₂）⟶ （环己基带D和CH₃）

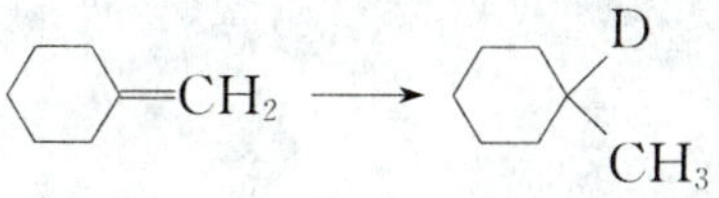

(4) 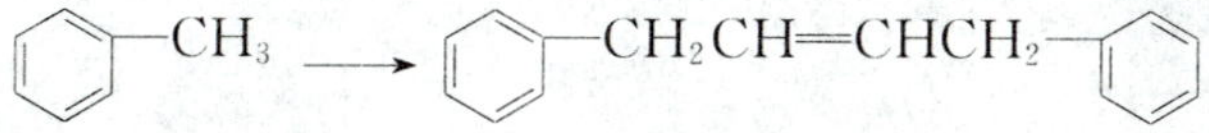 （苯-CH₃）⟶ （苯-CH₂CH=CHCH₂-苯）

习题 22 某卤代烃 C_4H_9Br（甲）与氢氧化钾醇溶液作用，生成 C_4H_8（乙），乙经氧化后得到分子中含有 3 个碳原子的羧酸（丙）、CO_2 和 H_2O，使乙与溴化氢作用则得甲的异构体，试推测甲的结构式。

习题 23 分子式为 C_4H_8 的化合物（A），加溴后的产物用 NaOH/醇处理生成 C_4H_6（B），B 能使溴水褪色并能与 $AgNO_3$ 的氨溶液发生沉淀，试推断 A、B 的结构式并写出相应的反应式。

习题 24 某卤代烃 A，分子式为 $C_6H_{11}Br$，用 NaOH 乙醇溶液处理得 C_6H_{10}（B），B 与溴反应的生成物再用 KOH-乙醇处理得 C，C 可与 $CH_2=CH\text{—}CHO$ 进行狄尔斯阿德耳反应生成 D，将 C 臭氧化及还原水解可得 $HCO\text{—}CH_2CH_2\text{—}CHO$ 和 $HCO\text{—}CHO$，试推断 A、B、C、D 的结构式，并写出所有的反应式。

习题 25 1,2-二(五溴苯基)乙烷（又称十溴二苯乙烷）是一种新型溴系列阻燃剂，其性能与十溴二苯醚相似，但其阻燃性、耐热性和稳定性好。与十溴二苯醚不同，十溴二苯乙烷高温分解时不产生二噁英致癌物及毒性物质，现被广泛用来代替十溴二苯醚，在树脂、橡胶、塑料和纤维等中用做阻燃剂。试由苯和乙烯（无机原料任选）合成之。

习题 26　某化合物 $C_9H_{11}Br$(A)经硝化反应只生成分子式为 $C_9H_{10}NO_2Br$ 的两种异构体 B 和 C。B 和 C 中的溴原子很活泼,易与 NaOH 水溶液作用,分别生成分子式为 $C_9H_{11}NO_3$ 互为异构体的醇 D 和 E。B 和 C 也容易与 NaOH 的醇溶液作用,分别生成分子式为 $C_9H_9NO_2$ 互为异构体的 F 和 G。F 和 G 均能使 $KMnO_4$ 水溶液或溴水褪色,氧化后均生成分子式为 $C_8H_5NO_6$ 的化合物(H)。试写出 A~H 的结构式。

第九章 醇 酚

学习目标

知识目标
1. 了解醇酚的结构特点,熟悉醇酚的特征性质。
2. 掌握醇酚的命名及其制备方法。
3. 了解醇酚的物理性质,掌握醇酚的化学性质并能合理应用。
4. 了解重要的醇酚。

能力目标
1. 能分析醇的结构,判断其发生反应的类型。
2. 能分析羟基与苯环直接相连、相互影响所表现出的化学特性。
3. 能将醇、酚的化学和物理性质应用于有机合成及化合物的分离、提纯、鉴定中。

Ⅰ 醇

烷烃分子中的氢原子被羟基取代后的化合物,称为醇。若烃基直接连在芳环上,则称为酚。—OH 是醇和酚的官能团,分别称为醇羟基和酚羟基。醇和酚二者都是重要的基础有机工业原料,二者性质不同,故将它们分开讨论。

§9-1 醇的分类和命名

一、醇的分类

根据醇分子中所含羟基的数目分为一元醇、多元醇。烷烃分子中一个氢原子被羟基取代的,称为一元醇,用 ROH 表示;甲醇是最简单的醇;多个氢原子被取代的,称为多元醇,如:

$$\underset{\text{乙醇(一元醇)}}{CH_3CH_2OH} \qquad \underset{\text{乙二醇(二元醇)}}{\begin{array}{c}CH_2\text{—}OH\\|\\CH_2\text{—}OH\end{array}} \qquad \underset{\text{丙三醇(三元醇)}}{\begin{array}{c}CH_2\text{—}OH\\|\\CH\text{—}OH\\|\\CH_2\text{—}OH\end{array}}$$

根据羟基所连接的碳原子种类的不同分为三类。羟基与伯碳相连,称为伯醇(一级醇);与仲碳相连,称为仲醇(二级醇);与叔碳相连,称为叔醇(三级醇),如:

$$RCH_2OH \qquad \underset{OH}{RCHR'} \qquad \underset{OH}{\overset{R''}{RCHR'}}$$

伯醇（一级醇）　　　仲醇（二级醇）　　　叔醇（三级醇）

根据分子中所连烃基的饱和情况，分为饱和醇和不饱和醇。例如，CH_3OH（甲醇）为饱和醇，$CH_2\!=\!CH\!-\!CH_2OH$（烯丙醇）为不饱和醇。烃基与不饱和的碳原子相连，如 $RCH\!=\!CHOH$，称烯醇；这种醇很不稳定，很容易异构化为醛、酮。

本章主要讨论一元醇，其通式为 $C_nH_{2n+1}OH$，多元醇的性质与一元醇类似，也作简单介绍。

二、醇的命名

一元醇的命名可以采用以下三种方法。

（一）习惯命名法

结构简单的醇采用习惯命名法，即在烃基名称后面加一"醇"字，如：

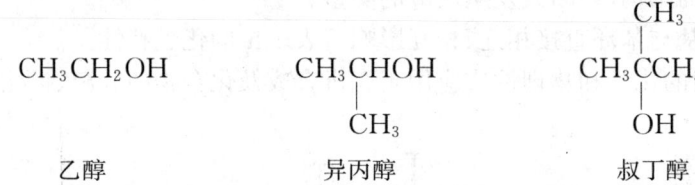

乙醇　　　　　　　　异丙醇　　　　　　　　叔丁醇

（二）衍生命名法

衍生命名法是以甲醇为母体，把其他醇看做甲醇的烃基衍生物，如：

$$(CH_3)_3C-CH_2OH$$

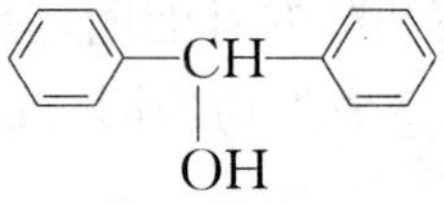

叔丁基甲醇　　　　　　　　　　　二苯基甲醇

（三）系统命名法

系统命名法的命名原则如下：

1. 选主链（母体）：选择连有羟基的最长的碳链为主链，支链为取代基。

2. 编号：从靠近羟基的一端开始将主链的碳原子依次用阿拉伯数字编号，使羟基所连的碳原子位次最小。

3. 命名：根据主链所含碳原子数称为"某醇"，将取代基的位次、名称及羟基位次写在"某醇"前，如：

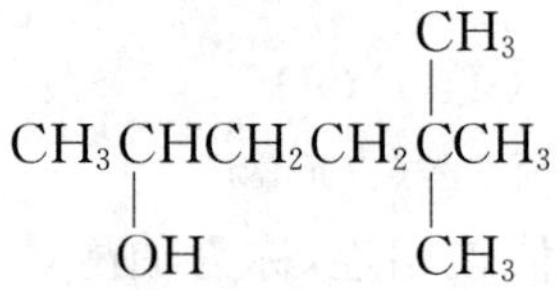

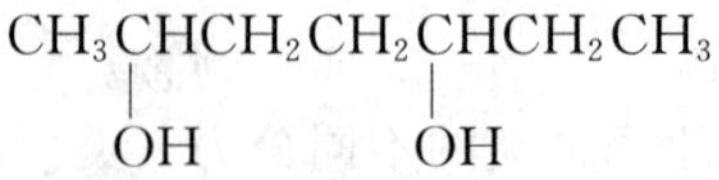

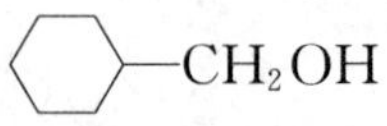

5,5-二甲基-2-己醇　　　　　　2,5-庚二醇　　　　　　环己基甲醇

4. 不饱和醇的命名应选择包括羟基和不饱和键在内的最长碳链为主链，从靠近羟基的一端编号命名，如：

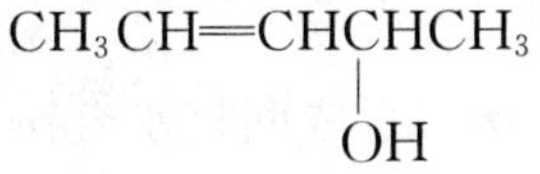

$$CH_3CH=CHCH(OH)CH_3$$

3-戊烯-2-醇

5. 芳香醇命名时，可将芳基作为取代基，如：

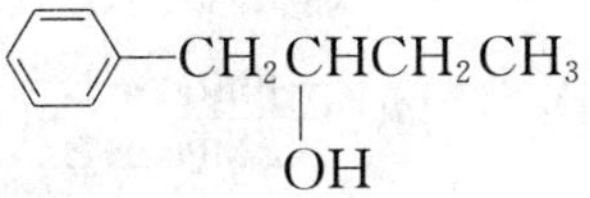

$$C_6H_5-CH_2CH(OH)CH_2CH_3$$

1-苯基-2-丁醇

习题 1 命名或写出下列醇的结构式。
(1) 1-苯乙醇（α-苯乙醇） (2) 正丙基异丙基甲醇
(3) 4-甲基-1-己醇 (4) 2-丁烯-1-醇
(5) 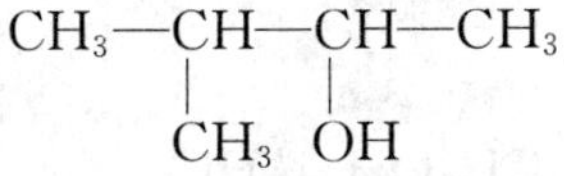 $CH_3-CH(CH_3)-CH(OH)-CH_3$ (6) 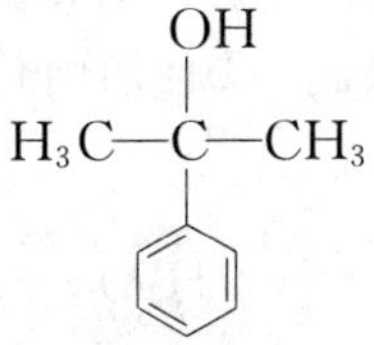 $H_3C-C(OH)(C_6H_5)-CH_3$

§9-2 醇的来源和制法

一、醇的来源

乙醇是酒的主要成分，我国在 2 000 多年以前就知道用发酵法制酒。发酵法的原料主要是含淀粉的谷物和薯类等。淀粉经酶的作用发酵成酒是一个相当复杂的生物化学过程，大体上可分为糖化和酒化两个阶段。

$$淀粉 \xrightarrow{淀粉酶} 麦芽糖 \xrightarrow{麦芽糖酶} 葡萄糖 \xrightarrow{酒化酶} C_2H_5OH + CO_2$$

糖化阶段　　　　　　　　　酒化阶段

发酵液中除含有 10%～18% 的乙醇外，还含有少量丁二酸、甘油和杂醇油等。杂醇油的主要成分是分子中含 3～5 个碳原子的伯醇，是由原料或酶中所含蛋白质的发酵产生的。淀粉在丁醇酶的作用下发酵，可以得到正丁醇、丙酮和乙醇。

高级醇以游离态或者以酯的形式存在于自然界中。例如，甘油以酯的形式存在于油脂中；肌醇以磷酸酯的形式存在于谷物种皮中；直链的三十烷醇 $CH_3(CH_2)_{28}CH_2OH$ 存在于苜蓿中，是一种植物生长激素。

二、醇的制法

（一）烯烃水合

工业上以烯烃为原料，通过直接水合或间接水合法可制低级醇。除了乙烯水合可制得伯醇（乙醇）外，其他烯烃水合的产物是仲醇或叔醇，如：

$$CH_2=CH_2 + H_2O \xrightarrow[7\ MPa, 250℃\sim350℃]{磷酸硅藻土} CH_3CH_2OH$$

$$CH_3CH=CH_2 + H_2O \xrightarrow[2\ MPa, 95℃]{磷酸硅藻土} CH_3\underset{OH}{C}HCH_3$$

（二）卤代烃水解

卤代烷在碱溶液进行亲核取代反应，得相应的醇。

$$R-X + NaOH \rightleftharpoons R-OH + NaX$$

由于本法为可逆反应，且反应随卤烃结构不同而水解难易不同并伴有消除反应，因此卤代烃水解制醇受到很大限制，只有伯卤代烷和烯丙基卤代烃、苄基卤代烃可采用此方法，如：

$$C_6H_5-CH_2Cl + H_2O \xrightarrow{Na_2CO_3} C_6H_5-CH_2OH + HCl$$

（三）羰基还原

醛、酮等分子中的羰基可催化加氢还原成相应的醇。醛还原得伯醇，酮还原得仲醇。常用的催化剂有 Ni、Pt 和 Pd 等。这类催化剂可将醛、酮中的不饱和碳碳键一起还原，生成饱和醇。

$$CH_3CH=CHCHO \xrightarrow[加压,加热]{H_2, Cu} CH_3CH_2CH_2CH_2OH$$

巴豆醛　　　　　　　　　　　　　　巴豆醇

若采用选择性好的催化剂，如氢化铝锂（LiAlH$_4$）、硼氢化钠（NaBH$_4$）、异丙醇铝（[(CH$_3$)$_2$CHO]$_3$Al）、金属与供质子剂的组合等，可保护双键，只将醛基还原为醇。

$$CH_3CH=CHCHO \xrightarrow{LiAlH_4} CH_3CH=CHCH_2OH$$

$$CH_3\underset{O}{C}CH_2CH_3 \xrightarrow{Na+C_2H_5OH} CH_3\underset{OH}{C}HCH_2CH_3$$

（四）由格氏试剂制备

这是实验室制醇最常用的一种方法；其中，甲醛得伯醇，其他醛得仲醇，酮得叔醇。

$$HCHO + R'MgX \xrightarrow{无水乙醚} R'CH_2OMgX \xrightarrow{H_2O} R'CH_2OH$$

$$RCHO + R'MgX \xrightarrow{无水乙醚} R\underset{R'}{C}HOMgX \xrightarrow{H_2O} R\underset{R'}{C}HOH$$

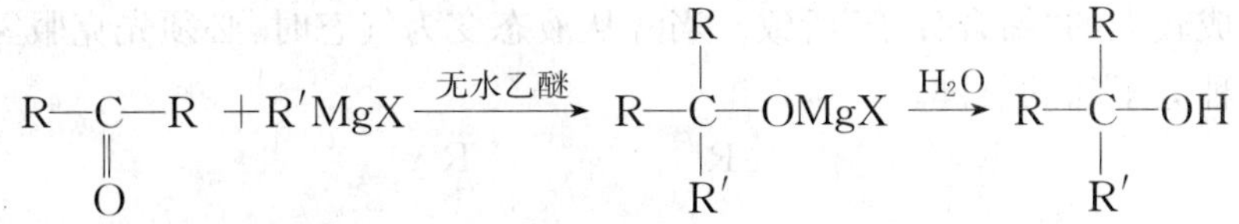

$$R-\underset{\underset{O}{\|}}{C}-R + R'MgX \xrightarrow{\text{无水乙醚}} R-\underset{\underset{R'}{|}}{\overset{\overset{R}{|}}{C}}-OMgX \xrightarrow{H_2O} R-\underset{\underset{R'}{|}}{\overset{\overset{R}{|}}{C}}-OH$$

习题 2 完成下列反应。

(1) $CH_3CH_2CH_2CH=CH_2 \xrightarrow[H_3O^+]{H_2O}$?

(2) 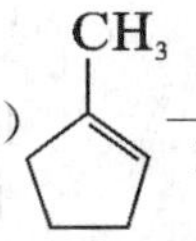 1-甲基环戊烯 $\xrightarrow[H_3O^+]{H_2O}$?

(3) $CH_2=CHCH_2OH \xrightarrow[H_2O]{NaOH}$?

习题 3 CH_3COCH_3 与 CH_3MgBr 反应后，再水解得到（　　）。
A. 甲醇　　　B. 丙醇　　　C. 2-丙醇　　　D. 2-甲基-2-丙醇

§9-3 醇的物理性质

低级饱和一元醇中，C_4 以下的醇为酒精气味的无色液体，甲醇、乙醇和丙醇可与水以任何比例相溶；$C_5 \sim C_{11}$ 的醇为具有不愉快气味的油状黏稠液体，仅部分溶于水；C_{12} 以上的醇为无臭无味的蜡状固体，不溶于水。

醇分子中的羟基能与水分子形成氢键，属于亲水基团。醇在水中的溶解度取决于醇分子的羟基的亲水性和烃基疏水性所占比例的大小。$C_1 \sim C_3$ 的低级醇或多元醇，因烃基所占的比例较小，羟基与水分子之间可以形成很强的氢键，醇与水之间的氢键结合力大于烃基之间的排斥力，而使醇可以与水互溶。

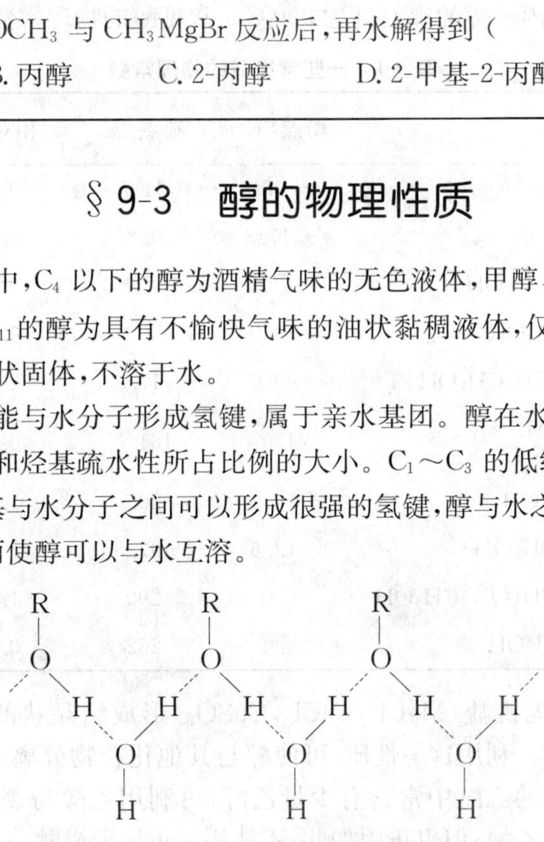

图 9-1 醇羟基与水分子之间形成的氢键示意图

随着醇分子的烃基增大，烃基与水之间的排斥力也逐渐增加并占有主导作用，则使醇在水中的溶解度明显下降。

醇的沸点随着相对分子质量增大而升高，在直链的同系列中，10 个碳以下的相邻醇之间的沸点相差 18℃～20℃；多于 10 个碳的相邻碳原子之间沸点相差较小。醇的沸点比相对分子质量相近的烃类高得多。例如，甲醇（相对分子质量为 32）的沸点为 64.7℃，而乙烷（相对分子质量为 30）的沸点为 -88.5℃。这是由于液体醇羟基之间可以通过氢键相互缔合成较大的"缔合分子"所致。当醇从液态变为气态时,必须先克服氢键,而烃类则不存在这种分子间的氢键。

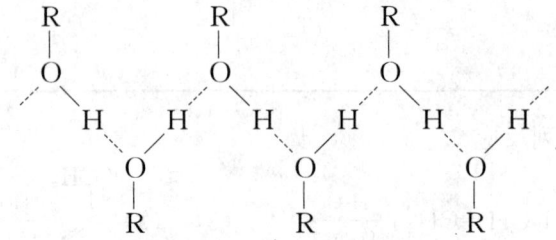

图 9-2　醇分子间氢键示意图

多元醇的沸点随着羟基数目的增加而升高。例如,正丙醇的沸点为 97.8℃,乙二醇的沸点为 197.5℃,而丙三醇的沸点高达 290℃。常见醇的物理常数见表 9-1。

表 9-1　一些常见醇的物理常数

名称	结构式	熔点/℃	沸点/℃	相对密度	溶解度/g·100 g^{-1}水
甲　醇	CH_3OH	-98	64.7	0.792	∞
乙　醇	CH_3CH_2OH	-117.3	78.3	0.789	∞
丙　醇	$CH_3CH_2CH_2OH$	-126.0	97.8	0.804	∞
异丙醇	$(CH_3)_2CHOH$	-88.0	82.3	0.789	∞
正丁醇	$CH_3CH_2CH_2CH_2OH$	-89.6	117.7	0.81.0	7.9
环己醇	⬡—OH	24.0	161.5	0.962	3.6
苯甲醇	$C_6H_5CH_2OH$	-15.0	205	1.046	4.0
乙二醇	$HOCH_2CH_2OH$	-12.6	197.5	1.113	∞
丙三醇	$HOCH_2CH(OH)CH_2OH$	18.0	290	1.261	∞
正十二醇	$C_{11}H_{23}CH_2OH$	24.0	262	0.831	不溶

低级醇可与一些无机盐($MgCl_2$,$CaCl_2$,$CuSO_4$)形成结晶状的结晶醇,它们可溶于水,但不溶于有机溶剂。利用这一性质,可使醇与其他化合物分离,或从反应产物中除去少量醇。例如,工业用的乙醚中常含有少量乙醇,可利用乙醇与氯化钙生成结晶醇的性质,除去乙醚中少量的乙醇;但也正因如此,不能用 $CaCl_2$ 干燥醇。

习题 4　下列化合物中,沸点最高的是:(　　)。
A. CH_3CH_2OH　　　B. CH_3CHO　　　C. CH_3Cl

习题 5　下列化合物中,水溶性最小的是:(　　)。
A. $CH_3CH_2CH_2OH$　　　B. CH_3CH_2CHO　　　C. CH_3CH_2Br

§9-4 醇的化学性质

最简单的醇是甲醇。醇的化学性质，主要由它所含的官能团羟基决定。醇分子中，氧原子的电负性较强，使与氧原子相连的键都有极性。

$$\overset{\beta}{R}-\underset{H}{\overset{H}{\underset{|}{\overset{|}{C}}}}-\underset{H}{\overset{H}{\underset{|}{\overset{\alpha}{\underset{|}{C}}}}}\overset{\delta+}{\underset{}{-}}\overset{\delta-}{O}-\overset{\delta+}{H}$$

这样，H—O 键和 C—O 键都容易断裂而发生反应。受羟基的影响，α-碳上的氢原子也比较活泼。因此，醇可以发生三类型的反应：O—H 键断裂、C—O 键断裂和 C_α—H 键断裂。

一、酸碱性

（一）醇的酸性

醇与水相似，羟基上的氢原子比较活泼，可与金属钾、钠等反应生成醇盐 ROK、RONa，并放出氢气。

$$R-OH + Na \longrightarrow RONa + \frac{1}{2}H_2\uparrow$$

与水相比，一般醇的反应速度要比水缓慢得多，说明醇具有比水还弱的酸性。一般来说，醇的 pKa 在 16～18，而水的 pKa 为 15.74。在无水条件下，用乙醇处理金属钠，生成乙醇钠和氢气。

$$2CH_3CH_2-OH + 2Na \longrightarrow 2CH_3CH_2ONa + H_2\uparrow$$

随着醇中的烃基碳原子数的增加，反应激烈程度逐渐变弱，如正丁醇与金属钠的反应则相当缓慢，这是由于烷基是斥电子基团，可使 O—H 键增强，不易断裂。不同结构的醇反应活性也不相同，各类醇与金属钠的反应活性顺序为：

$$甲醇 > 伯醇 > 仲醇 > 叔醇$$

生成的醇钠的碱性比氢氧化钠的碱性还强，只能保存在醇溶液中；否则，醇钠遇到水立即水解，游离出醇，如：

$$CH_3CH_2ONa + H_2O \rightleftharpoons CH_3CH_2OH + NaOH$$

在这一反应中，较强的酸（H_2O）把较弱酸（ROH）从它的盐中置换出来；反之，也可看做较强的碱 RO^- 从 H_2O 里把质子夺取出来，所以 RO^- 的碱性比 OH^- 强得多。下面是一些分子及其所产生的离子酸碱性比较：

$$酸性：H_2O > ROH > RH$$
$$碱性：R^- > RO^- > OH^-$$

（二）醇的碱性

与水相似，醇分子中氧上的孤对电子使其具有碱性，能从强酸如 HCl、H_2SO_4 中接受一个质子生成质子化的醇(䤋离子)。

$$\text{R}\ddot{\text{O}}\text{H} + \text{H}_2\text{SO}_4 \rightleftharpoons [\text{R}-\overset{..}{\underset{\text{H}}{\text{O}}}\text{H}-\text{H}]^+ + \text{HSO}_4^-$$

因此,不溶于水的醇可溶于这些强酸中(常用的是浓 H_2SO_4)。利用此性质可将不溶于水的醇从烷烃、卤代烃中分离出来。

习题 6 完成反应。

$$\text{CH}_3\text{OH} + \text{NaNH}_2 \longrightarrow \ ? + ?$$

习题 7 比较 CH_3CH_2OH、CH_3CH_3 和 H_2O 的酸性强弱。

二、羟基取代

(一)醇与氢卤酸反应

醇与氢卤酸反应,羟基被卤素取代,生成卤代烃和水。

$$\text{ROH} + \text{HX} \rightleftharpoons \text{RX} + \text{H}_2\text{O}$$

反应是可逆的,常运用增加一种反应物用量或移去某一生成物使平衡向正反应方向移动,以提高产量。

同一种醇与不同的卤代烷反应的活性:HI>HBr>HCl,如:

$$\text{CH}_3\text{CH}_2\text{OH} + \text{HI} \xrightarrow{\Delta} \text{CH}_3\text{CH}_2\text{I} + \text{H}_2\text{O}$$

$$\text{CH}_3\text{CH}_2\text{OH} + \text{NaBr} \xrightarrow{\text{H}_2\text{SO}_4} \text{CH}_3\text{CH}_2\text{Br} + \text{NaOH}$$

$$\text{CH}_3\text{CH}_2\text{OH} + \text{HCl} \xrightarrow[\Delta]{\text{无水 ZnCl}_2} \text{CH}_3\text{CH}_2\text{Cl} + \text{H}_2\text{O}$$

无水氯化锌的浓盐酸溶液称为卢卡斯(Lucas)试剂。Lucas 试剂与不同的醇反应,生成的小分子卤烷不溶于水,会出现分层或浑浊;其反应活性:烯丙醇、苄醇>叔醇>仲醇>伯醇>甲醇,如:

$$\underset{\underset{\text{CH}_3}{|}}{\overset{\overset{\text{CH}_3}{|}}{\text{CH}_3-\text{C}-\text{OH}}} + \text{HCl} \xrightarrow[20℃]{\text{ZnCl}_2} \underset{\underset{\text{CH}_3}{|}}{\overset{\overset{\text{CH}_3}{|}}{\text{CH}_3-\text{C}-\text{Cl}}} + \text{H}_2\text{O} \quad \text{立即浑浊分层}$$

$$\underset{\underset{\text{OH}}{|}}{\text{CH}_3\text{CHCH}_2\text{CH}_3} + \text{HCl} \xrightarrow[20℃]{\text{ZnCl}_2} \underset{\underset{\text{Cl}}{|}}{\text{CH}_3\text{CHCH}_2\text{CH}_3} + \text{H}_2\text{O} \quad \text{放置片刻浑浊分层}$$

$$\text{CH}_3\text{CH}_2\text{CH}_2\text{CH}_2-\text{OH} + \text{HCl} \xrightarrow[20℃]{\text{ZnCl}_2} \text{CH}_3\text{CH}_2\text{CH}_2\text{CH}_2\text{Cl} + \text{H}_2\text{O} \quad \text{常温无变化,加热后反应}$$

Lucas 试剂常用来鉴别不同结构的醇,但此方法只适用于鉴别分子中含 6 个碳原子以下的伯、仲、叔醇异构体,因高级一元醇本身不溶于 Lucas 试剂。

某些 β-C 上立体障碍大的伯醇与氢卤酸反应,常会发生重排,生成与反应物结构不一

样的卤代烃,如:

$$CH_3-\underset{\underset{CH_3}{|}}{\overset{\overset{CH_3}{|}}{C}}-CH_2OH \xrightarrow{HBr} CH_3-\underset{\underset{Br}{|}}{\overset{\overset{CH_3}{|}}{C}}-CH_2CH_3$$

这主要是由于反应过程中生成的伯碳正离子不稳定,重排为较稳定的叔碳正离子,再与卤离子作用得产物。

$$CH_3-\underset{\underset{CH_3}{|}}{\overset{\overset{CH_3}{|}}{C}}-CH_2OH \xrightleftharpoons{H^+} CH_3-\underset{\underset{CH_3}{|}}{\overset{\overset{CH_3}{|}}{C}}-CH_2\overset{+}{O}H_2 \xrightleftharpoons{-H_2O} CH_3-\underset{\underset{CH_3}{|}}{\overset{\overset{CH_3}{|}}{C}}-\overset{+}{C}H_2$$

$$CH_3-\underset{+}{\overset{\overset{CH_3}{|}}{C}}-CH_2CH_3 \xrightleftharpoons{Br^-} CH_3-\underset{\underset{Br}{|}}{\overset{\overset{CH_3}{|}}{C}}-CH_2CH_3$$

(二)醇与 PX_3、$SOCl_2$ 反应

三卤化磷或亚硫酰氯($SOCl_2$)也可与醇反应制卤代烃,且不发生重排,因此是实验室制卤代烃的一种重要方法。

$$CH_3CH_2CH_2OH \xrightarrow[85℃\sim 90℃]{P+I_2(PI_3)} CH_3CH_2CH_2I$$

$$CH_3CH_2CH_2CH_2OH + SOCl_2 \xrightarrow{\Delta} CH_3CH_2CH_2CH_2Cl + SO_2\uparrow + HCl\uparrow$$

此法用于氯代烷的制备,反应速度快、产率高且副产物均为气体,易与氯代烷分离。β-碳上立体障碍大的伯醇在此条件下发生取代反应,则不发生重排,如:

$$CH_3-\underset{\underset{CH_3}{|}}{\overset{\overset{CH_3}{|}}{C}}-CH_2OH \xrightarrow{PCl_3} CH_3-\underset{\underset{CH_3}{|}}{\overset{\overset{CH_3}{|}}{C}}-CH_2Cl$$

习题 8 下列醇与卢卡斯试剂反应最先出现混浊的是(　　)。
A. 正丁醇　　　B. 1,3-丙二醇　　　C. 叔丁醇　　　D. 异丁醇

习题 9 完成反应。

$$CH_3-\underset{\underset{CH_3}{|}}{\overset{\overset{CH_3}{|}}{C}}-CH_2OH \xrightarrow{NaBr+H_2SO_4} ?$$

三、分子内和分子间脱水

醇分子内脱水生成烯烃,分子间脱水生成醚。

（一）分子内脱水

醇分子内脱水是消除反应，常用的脱水剂有硫酸、氧化铝等，如：

$$\underset{\underset{H}{|}}{H_2C}-\underset{\underset{OH}{|}}{CH_2} \xrightarrow{\text{浓硫酸}}_{170℃} CH_2=CH_2 + H_2O$$

醇分子内脱水生成烯时经历碳正离子中间体，因此形成的碳正离子中间体越稳定，分子内脱水就越容易。醇脱水反应难易的顺序为：叔醇＞仲醇＞伯醇，如：

$$CH_3CH_2CH_2CH_2OH \xrightarrow[140℃]{75\%\text{浓硫酸}} CH_3CH_2CH=CH_2 + H_2O$$

$$CH_3\underset{\underset{OH}{|}}{CH}CH_2CH_3 \xrightarrow[100℃]{66\%\text{浓硫酸}} CH_3CH=CHCH_3 + H_2O$$

$$H_3C-\underset{\underset{CH_3}{|}}{\overset{\overset{CH_3}{|}}{C}}-OH \xrightarrow[85℃\sim90℃]{20\%\text{浓硫酸}} \underset{\underset{}{}}{\overset{\overset{CH_3}{|}}{C}}=CH_2 + H_2O$$

醇脱水的消除反应和卤代烃的消除卤化氢反应相类似。一般来说，醇的分子内脱水是按扎依采夫规律，即脱去的是羟基和含氢较少的 β-碳原子上的氢原子，如：

$$CH_3\underset{\underset{OH}{|}}{CH}CH_2CH_3 \begin{cases} \xrightarrow[\Delta]{\text{酸}} CH_3CH=CHCH_3 + H_2O \quad \text{（主要产物）} \\ \xrightarrow[\Delta]{\text{酸}} CH_2=CHCH_2CH_3 + H_2O \quad \text{（次要产物）} \end{cases}$$

用硫酸催化脱水时，某些 β-碳上立体障碍大的伯醇有重排产物生成，如：

$$CH_3-\underset{\underset{CH_3}{|}}{\overset{\overset{CH_3}{|}}{C}}-CH_2OH \xrightarrow{H_2SO_4} CH_3-\underset{\underset{}{}}{\overset{\overset{CH_3}{|}}{C}}=CHCH_3$$

醇用氧化铝脱水反应过程中很少有重排现象发生，催化剂经再生可重复使用。

（二）分子间脱水

醇与浓硫酸共热在较低温度时，发生分子间脱水而生成醚。例如，乙醚就是由乙醇和浓硫酸共热制得的。

$$CH_3CH_2\text{—}OH + H\text{—}OCH_2CH_3 \xrightarrow[140℃]{\text{浓硫酸}} CH_3CH_2\text{—}O\text{—}CH_2CH_3 + H_2O$$

一般而言，在较高温度下，提高酸的浓度有利于分子内脱水生成烯烃，过量的醇在较低温度下有利于分子间脱水生成醚。此外，脱水方式还与醇的结构有关。仲醇易发生分子内脱水，烯烃为主要产物；叔醇则只能得到烯烃；只有伯醇与浓硫酸共热才能得到醚。

四、酯的生成

醇可与无机含氧酸（如硫酸、硝酸、亚硝酸和磷酸等）或有机酸反应，生成相应的酸酯。

这一反应是醇与含氧酸发生分子间脱水,反应中醇的碳氧键发生断裂,羟基被酸的负离子所取代。

(一)醇与硫酸的反应

醇与硫酸反应,先是生成酸性硫酸酯,然后再与一分子醇反应生成中性硫酸酯,如:

$$CH_3CH_2-OH + HO-SO_2-OH \rightleftharpoons CH_3CH_2OSO_2OH + H_2O$$
硫酸氢乙酯

$$CH_3CH_2OSO_2OH + HO-CH_2CH_3 \rightleftharpoons CH_3CH_2OSO_2OCH_2CH_3 + H_2O$$
硫酸二乙酯

硫酸二乙酯微溶于水,而易溶于乙醇和丙醇等有机溶剂中,可作为烷基化试剂。高级醇($C_{12}\sim C_{18}$)的酸性硫酸钠盐,如十二烷基硫酸钠($C_{12}H_{25}OSO_2ONa$)是重要的阴离子表面活性剂,常用做化妆品的洗涤剂、乳化剂等。

(二)醇与硝酸的反应

醇与硝酸反应脱水生成硝酸酯。大多数硝酸酯受热后因剧烈分解而爆炸,因此某些硝酸酯是常用的炸药。三硝酸甘油酯又称为硝酸甘油,是由诺贝尔发明的硝化甘油炸药,遇到震动会发生强烈爆炸也称为烈性炸药;医药上常用做缓解心绞痛的药物。

$$CH_3CH_2-OH + HONO_2 \longrightarrow CH_3CH_2ONO_2 + H_2O$$
硝酸乙酯

$$\begin{array}{c} CH_2-OH \\ | \\ CH-OH \\ | \\ CH_2-OH \end{array} + 3HONO_2 \xrightarrow{\text{浓 } H_2SO_4} \begin{array}{c} CH_2O-NO_2 \\ | \\ CHO-NO_2 \\ | \\ CH_2O-NO_2 \end{array} + 3H_2O$$
三硝酸甘油酯

(三)醇与磷酸的反应

醇与磷酸作用生成磷酸酯。

$$R-OH + \begin{array}{c} OH \\ | \\ HO-P\rightarrow O \\ | \\ OH \end{array} \longrightarrow \begin{array}{c} OH \\ | \\ RO-P\rightarrow O \\ | \\ OH \end{array} + H_2O$$
磷酸-烷基酯

磷酸为三元酸,与醇起反应可生成三种类型的磷酸酯:

$$\begin{array}{c} OH \\ | \\ RO-P\rightarrow O \\ | \\ OH \end{array} \qquad \begin{array}{c} OR \\ | \\ RO-P\rightarrow O \\ | \\ OH \end{array} \qquad \begin{array}{c} OR \\ | \\ RO-P\rightarrow O \\ | \\ OR \end{array}$$

磷酸一烷基酯　　　　磷酸二烷基酯　　　　磷酸三烷基酯

磷酸酯的形式广泛存在于生物体内,并具有重要的生物功能。例如,细胞的重要组成成分如核酸、磷脂及重要的供能物质三磷酸腺苷(ATP)等都含有磷酸酯的结构;人体内的某些代谢过程也是通过具有磷酸酯结构的中间体完成的。

（四）醇与羧酸的反应

醇与有机酸（或酰氯、酸酐）反应生成羧酸酯。这个反应将在羧酸一章中详细讨论。

$$RCOOH + R'OH \xrightleftharpoons{H^+} RCOOR' + H_2O$$

五、氧化和脱氢

醇分子中与羟基相连的 α-碳原子，受羟基的影响，容易被氧化而脱去。因此，α-碳上有氢原子的伯醇或仲醇容易被氧化；因醇的结构不同，可以得到不同的氧化产物。

（一）氧气氧化脱氢

伯醇或仲醇的蒸气在高温下通过活性铜或银、镍等催化剂则发生脱氢反应，分别生成醛和酮，如：

$$CH_3CH_2OH \xrightarrow[250℃\sim350℃]{Cu} CH_3CHO + H_2$$

$$\underset{OH}{\underset{|}{CH_3CHCH_3}} \xrightarrow[500℃, 0.3\text{ MPa}]{Cu} \underset{O}{\underset{\parallel}{CH_3CCH_3}} + H_2$$

醇的催化脱氢或催化氧化脱氢一般多用于工业生产上。

（二）氧化剂氧化脱氢

在实验室中通常使用氧化剂使醇氧化。常用的氧化剂有 $K_2Cr_2O_7$、稀 H_2SO_4、$KMnO_4$ 及 CrO_3-吡啶络合物等。

伯醇氧化：

$$RCH_2OH \xrightarrow{[O]} RCHO \xrightarrow{[O]} RCOOH$$

伯醇先被氧化成醛，由于醛容易继续被氧化成羧酸，所以由伯醇制备醛时一定要将生成的醛立即蒸出。低级醛的沸点总是比其相应的醇的沸点低，因此，此法只能用于制备相对分子质量较低（沸点低于 100℃）的醛。$K_2Cr_2O_7$-稀 H_2SO_4，一般对碳碳双键、叁键无影响，如：

$$HC\equiv CCH_2OH \xrightarrow[\Delta]{K_2Cr_2O_7\text{、稀 }H_2SO_4} HC\equiv CCHO$$

沸点 113.6℃   沸点 55.5℃（41%）

$$3C_2H_5OH + 2K_2Cr_2O_7 + 8H_2SO_4 \longrightarrow 3CH_3COOH + 2Cr_2(SO_4)_3 + 2K_2SO_4 + H_2O$$

     橙色   绿色

在此反应中溶液由橙红色转变为绿色，可以此鉴别醇。除此之外，检查司机酒后驾车的"呼吸分析仪"也是据此原理设计的。但是，总的来说，这不是制备醛的好方法。为使伯醇氧化终止于醛，可使用特殊氧化剂——CrO_3^- 吡啶络合物，它对碳碳双键、叁键也无影响，如：

$$\text{C}_6\text{H}_5-CH=CH-CH_2OH \xrightarrow[60℃]{CrO_3^-\text{ 吡啶络合物}} \text{C}_6\text{H}_5-CH=CH-CHO$$

81%

仲醇氧化：仲醇被氧化成含有相同数目碳原子的酮，由于酮较稳定，不易被氧化，可用此方法合成酮。

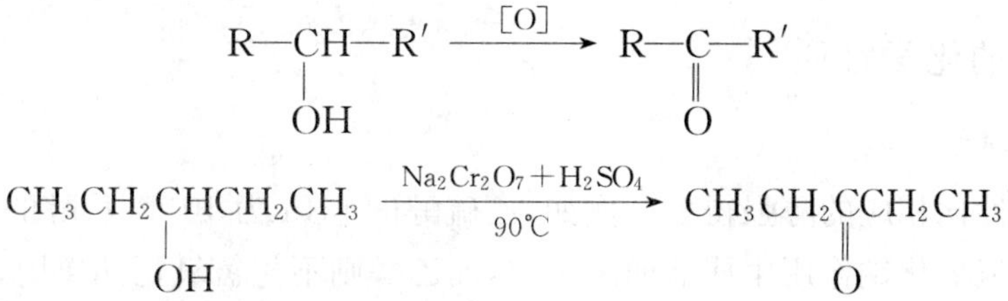

$$\underset{\underset{OH}{|}}{R-CH-R'} \xrightarrow{[O]} \underset{\underset{O}{\|}}{R-C-R'}$$

$$\underset{\underset{OH}{|}}{CH_3CH_2CHCH_2CH_3} \xrightarrow[90℃]{Na_2Cr_2O_7+H_2SO_4} \underset{\underset{O}{\|}}{CH_3CH_2CCH_2CH_3}$$

叔醇分子中没有 α-H，不发生脱氢反应。

习题 10 完成下列转变。

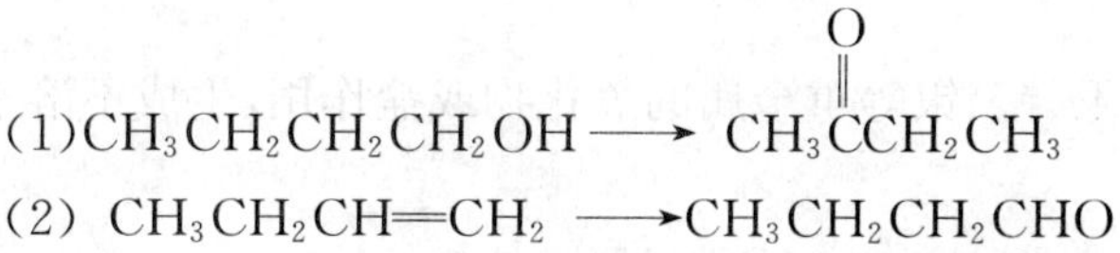

(1) $CH_3CH_2CH_2CH_2OH \longrightarrow CH_3\underset{\underset{O}{\|}}{C}CH_2CH_3$

(2) $CH_3CH_2CH=CH_2 \longrightarrow CH_3CH_2CH_2CHO$

§9-5 硫醇

醇分子中的氧原子被硫原子代替所得到的化合物称为硫醇（R—SH）。—SH 称为巯基，是硫醇的官能团。硫醇是重要的含硫化合物之一。硫醇不仅在医药上可用作重金属的解毒剂，而且在化妆品中是卷发剂、脱毛剂等的重要组分。本节主要讨论硫醇及相关化合物。

一、硫醇的命名与制法

简单硫醇的命名是在相应的醇名称中加上"硫"字。结构较复杂的硫醇或其相关衍生物，将巯基作为取代基命名，如：

$\qquad CH_3CH_2-SH \qquad\qquad HS-CH_2CH_2-OH \qquad\qquad HS-CH_2COOH$
$\qquad\qquad$乙硫醇$\qquad\qquad\qquad\qquad$ 2-巯基乙醇 $\qquad\qquad\qquad\qquad$巯基乙酸

溴代烷或碘代烷与硫氢化钾反应或将醇的蒸气与硫化氢混合后在 400℃ 下通过氧化钍进行气相反应都可制得硫醇。工业生产常采用后一种方法。

$$CH_3CH_2Br+KHS \xrightarrow[\Delta]{C_2H_5OH} CH_3CH_2SH+KBr$$

$$CH_3CH_2OH+H_2S \xrightarrow[400℃]{ThO_2} CH_3CH_2SH+H_2O$$

二、硫醇的物理性质

低级的硫醇有毒，具有难闻的臭味，随着相对分子质量的增加逐渐变淡。硫醇的沸点比相应的醇低，在水中的溶解度也比相应的醇低。例如，乙醇的沸点为 78.3℃，能与水互溶,而乙硫醇的沸点则为37℃,在水中溶解度仅为 1.5 g·100 mL^{-1}。这是由于硫原子的半径仅比氧大,硫的电负性较氧小,分子间形成氢键的能力较弱。硫醇易溶于有机溶剂中。

三、硫醇的化学性质

(一)弱酸性

硫醇的酸性比相应的醇强得多。例如,乙硫醇的 pKa 为 10.5,乙醇的 pKa 为 15.9,所以乙硫醇与氢氧化钠作用生成盐而溶于水,而乙醇则不与氢氧化钠作用。

$$CH_3CH_2-SH + NaOH \longrightarrow CH_3CH_2-SNa + H_2O$$

这是由于硫的原子半径比氧原子大,S—H 键的键长较 O—H 键长,易被极化,以致 S—H 键的离解能比相应的 O—H 键离解能小,所以硫醇的酸性比相应的醇强。

(二)与重金属作用

由于硫醇具有酸性,它可以与汞、铅、银等重金属的氧化物或盐作用,生成不溶于水的硫醇盐,如:

$$2R-SH + HgO \longrightarrow (RS)_2Hg + H_2O$$

$$2R-SH + (CH_3COO)_2Pb \longrightarrow (RS)_2Pb + 2CH_3COOH$$

利用此反应可用来降低重金属在体内的毒性。重金属进入人体后,可与体内的蛋白质和酶的半胱氨酸残基上的 —SH 作用而破坏蛋白质和酶的结构,使人中毒。医药上常用某些含巯基化合物,作为重金属解毒剂,其反应式为:

$$\begin{array}{c}CH_2-CH-CH_2 \\ | \quad\ \ | \quad\ \ | \\ OH \ \ SH \ \ SH\end{array} + HgO \longrightarrow \begin{array}{c}CH_2-CH-CH_2 \\ | \quad\ \ | \quad\ \ | \\ OH \ \ S \quad\ S \\ \quad\ \ \ \backslash\ /\ \\ \quad\ \ \ Hg\end{array} + H_2O$$

二巯基丙醇

其他解毒剂为:

$$\begin{array}{c}CH_2-CH-CH_2SO_3Na \\ | \quad\ \ | \\ SH \quad SH\end{array} \qquad \begin{array}{c}HS-CH-COONa \\ | \\ HS-CH-COONa\end{array}$$

二巯基丙磺酸钠　　　　　　　二巯基丁二酸钠

这些解毒剂分子中均含有两个相邻的巯基,能与汞、铅、砷等金属离子结合成不易解离的无毒配合物由尿排出体外,也可能夺取已与体内酶结合的重金属离子,使酶的活性恢复。

(三)硫醇的氧化

硫醇极易被氧化,在缓和的氧化剂如空气中的 O_2、$I_2/NaOH$、H_2O_2 等的作用下,硫醇可被氧化生成二硫化物。

$$R-SH + I_2 \xrightarrow{NaOH} R-S-S-R$$

二硫化物分子中的" —S—S— "键称为二硫键。二硫键在一定条件下又可被还原为原来的硫醇,这个反应是一个可逆反应。在蛋白质中,二硫键对保持蛋白质分子特殊空间结构具有重要作用。例如,人体的毛发主要是角蛋白,在毛发卷曲过程中,就是利用巯基化合物与二硫键之间的氧化还原作用,达到使毛发卷曲的目的。

在强氧化剂如硝酸、高锰酸钾等作用下,硫醇则被氧化成磺酸,如:

$$R{-}SH + I_2 \xrightarrow{KMnO_4} R{-}SO_3H$$

因此,在毛发卷曲过程中,则不能用强氧化剂;否则,会破坏毛发的结构,使毛发断裂不易修复。常用做化学卷发剂的硫醇及相关化合物有巯基乙醇、巯基乙酸、2-羟基丙酸、巯基乙酸单乙醇胺、半胱氨酸等。

§9-6 重要的醇

一、甲醇

甲醇最初由木材干馏得到,俗称为木醇。纯净物为无色透明略带乙醇气味的易挥发液体,沸点为 64.8℃,熔点为 −97.8℃,相对密度为 0.79(20/4℃),易溶于水以及乙醇、乙醚、丙酮、苯等有机溶剂并互溶,爆炸极限为 6.0%~36.5%(体积分数)。甲醇有毒,内服 10 mL 可致人失明,30 mL 可致死。

目前甲醇主要通过煤、水、空气为原料制取。在制水煤气的反应中得到氢气和一氧化碳,经除尘、脱硫、变换、水洗后就可用来合成甲醇,主要反应为:

$$CO + 2H_2 \xrightarrow[300℃, 20\ MPa]{ZnO, Cr_2O_3} CH_3OH$$

平衡时甲醇蒸气含量达 10%,经冷却、分离、粗制甲醇进入贮槽,氢气和一氧化碳可继续循环利用。粗甲醇的纯度为 80%~93%,主要杂质为水、乙醇、二甲醚、异丁醇,经精制纯度可达 99%。

甲醇是优良的溶剂,也是重要的化工原料,可用于合成甲醛、羧酸甲酯等其他化合物,也是合成有机玻璃和许多医药产品的原料。甲醇还可用做无公害燃料加入汽油,与乙醇汽油相比甲醇汽油成本低、原料易购、来源广泛。

二、乙醇

乙醇为无色易燃液体,俗称酒精。它在常温、常压下是一种易燃、易挥发的无色透明液体,沸点为 78.5℃,在空气中爆炸极限为 3.28%~18.95%(体积分数)。它的水溶液具有特殊的、令人愉快的香味,并略带刺激性。

工业上一般用淀粉发酵法或乙烯直接水化法制取乙醇。

(一)发酵法

发酵法制乙醇是在酿酒的基础上发展起来的,在相当长的历史时期内,曾是生产乙醇的唯一工业方法。发酵法的原料可以是含淀粉的农产品,如谷类、薯类或野生植物果实等;也可用制糖厂的废糖蜜,或者用含纤维素的木屑、植物茎秆等。这些物质经一定的预处理后,经水解(用废蜜糖作原料不经这一步)、发酵,即可制得乙醇。

发酵液中的乙醇质量分数为 6%～10% 并含有其他一些有机杂质,经精馏可得 95% 的工业乙醇。

(二) 乙烯水化法

乙烯直接水化法,就是在加热、加压和有催化剂存在的条件下,乙烯与水直接反应生产乙醇。

$$CH_2=CH_2 + H_2O \xrightarrow[\text{约 300℃, 约 7 MPa}]{\text{磷酸-硅藻土}} CH_3CH_2OH$$

此法中的原料——乙烯可大量取自石油裂解气,成本低,产量大,这样能节约大量粮食,因此发展很快。由于 95.57%(质量分数)乙醇与 4.43% 水组成一恒沸混合物,因此制备乙醇时,用直接蒸馏法不能将水完全去掉。工业上无水乙醇的制法是:在 95.57% 乙醇中加入一定量的苯,进行蒸馏,先蒸出的是苯、乙醇和水的三元共沸物(沸点 64.85℃),然后升温至 68.3℃ 馏出苯、乙醇二元恒沸混合物,待所有的苯都蒸出后,最后在 78.3℃ 时蒸出的是市售无水乙醇(质量分数 99.5%)。

乙醇的用途很广,可用乙醇来制造醋酸、饮料、香精、染料、燃料等。医疗上也常用体积分数为 70%～75% 的乙醇作消毒剂等。乙醇还是重要的化工原料和有机溶剂。

三、乙二醇

乙二醇俗称甘醇,是最简单的二元醇。乙二醇是无色无臭、有甜味液体,熔点为 −13.2℃,沸点为 197.85℃,相对密度为 1.13。乙二醇能与水、丙酮互溶,但在醚类中溶解度较小。

工业上用环氧乙烷直接水合法制取乙二醇。环氧乙烷和水在加压(2.23 MPa)和 190℃～200℃ 条件下,在管式反应器中直接液相水合制得乙二醇,同时得到副产品一缩二乙二醇、二缩三乙二醇和多缩聚乙二醇。

乙二醇是重要的有机工业原料,可用作溶剂以及合成涤纶的原料。乙二醇的高聚物聚乙二醇(PEG)是一种相转移催化剂,也用于细胞融合;其硝酸酯是一种炸药。60% 的乙二醇水溶液的凝固点为 −40℃,是很好的抗冻剂。

四、丙三醇

丙三醇为无色、具有甜味的黏稠液体,俗称甘油;熔点为 18.18℃,沸点为 290.9℃,相对密度为 1.261,能与水以任意比混溶,可混溶于乙醇,与水混溶,不溶于氯仿、醚、二硫化碳、苯、油类。可溶解某些无机物;具有很强的吸湿性,对皮肤有刺激性,作皮肤润滑剂时,应用水稀释。

丙三醇可用于气相色谱固定液及有机合成,也可用做溶剂、气量计及水压机减震剂、软化剂、防冻剂,抗生素发酵用营养剂、干燥剂等;还可用于制造硝化甘油、醋酸树脂、聚氨酯树脂、环氧树脂;大量用于化妆品工业、食品工业、水性印刷油墨、涂料工业。由于其无毒无味无公害,为二甘醇/乙二醇用于化妆品/食品工业的最佳代用品。

五、苯甲醇

苯甲醇又称为苄醇,为具有芳香气味的无色液体,沸点为 205.4℃;稍溶于水,能与乙醇、乙醚、苯等有机溶剂混溶。

苯甲醇是最简单的芳香醇,为有机合成原料,具有微弱的麻醉作用和防腐性能,用于配制注射剂可减轻疼痛,10%的苯甲醇软膏或洗剂为局部止痒剂,也可用做定香剂及色层分析用试剂。

Ⅱ 酚

§9-7 酚的结构、分类和命名

羟基直接连在芳环上的化合物称为酚,其通式为 Ar—OH。羟基是酚的官能团,也称酚羟基。最简单的酚为苯酚。

一、酚的结构

酚羟基中氧原子为 sp^2 杂化,氧上两对孤对电子,一对占据 sp^2 杂化轨道,另一对占据未杂化的 p 轨道,并与苯环的大 π 键形成 p-π 共轭,如图 9-3 所示。

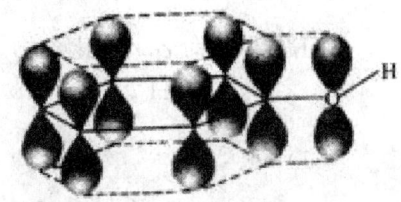

图 9-3 苯酚分子中的 p-π 共轭体系

p-π 共轭使氧的 p 电子云向苯环移动,苯环电子云密度增加,受到活化而更易发生取代反应;另一方面,p 电子云的转移导致了氢氧之间电子云进一步向氧原子转移,使氢更易离去。

二、酚的分类和命名

根据酚分子中所含羟基的数目,酚可分为一元酚、二元酚、三元酚等。

根据芳香烃基的不同,又可分为苯酚和萘酚等;其中,萘酚因羟基位置不同,有 α- 和 β- 萘酚之分。

酚的命名一般是在芳香环名称之前加一"酚"字,如芳香环上还有其他的取代基,通常以酚为母体,以阿拉伯数字或邻、间、对标明取代基位置,并采取最小编号原则,如:

邻甲苯酚　　　　　间硝基苯酚　　　　　对氯苯酚

（2-甲基苯酚）　　（3-硝基苯酚）　　　（4-氯苯酚）

多元酚要表示出羟基的位次和数目,如:

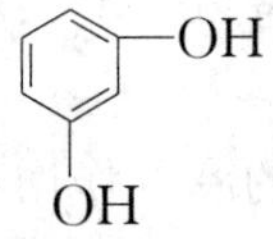

间苯二酚　　　　　偏苯三酚　　　　　连苯三酚
(1,3-苯二酚)　　(1,2,4-苯三酚)　　(1,2,3-苯三酚)

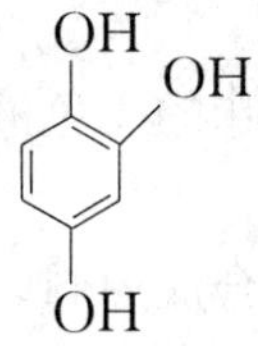

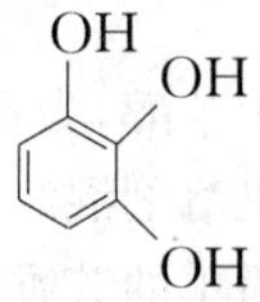

当苯环上连有醛基、羧基、磺酸基等基团时,则将羟基作为取代基。例如:

邻羟基苯甲酸　　　间羟基苯甲醛　　　对羟基苯磺酸
(2-羟基苯甲酸)　　(3-羟基苯甲醛)　　(4-羟基苯磺酸)

习题 11　命名下列化合物。

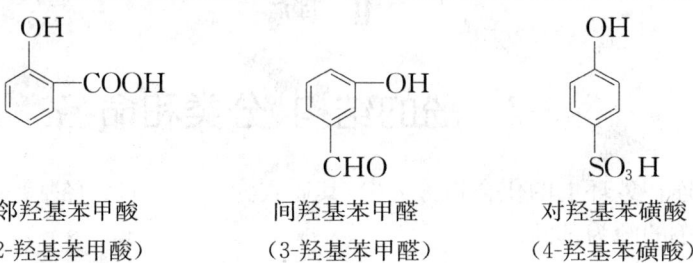

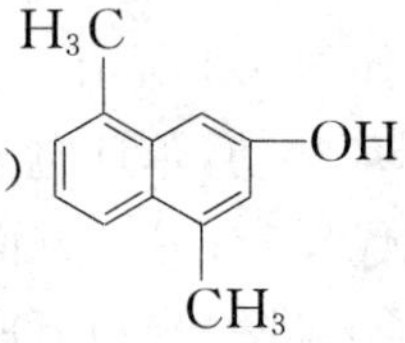

习题 12　写出下列化合物的结构式。
(1) 对羟基苯甲醇　　　　(2) 邻苯二酚(儿茶酚)

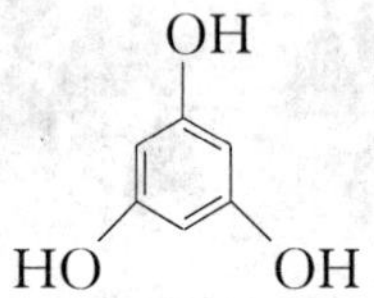

§9-8　酚的物理性质

在室温下,酚类化合物多为无色结晶性固体,少数取代酚(如甲酚、氯代酚等)为高沸点的液体,但酚类在空气中易被氧化而呈粉红色或红色。

酚羟基虽然与水分子之间能形成氢键,但由于芳香烃基部分较大,在水中的溶解度都比较小,可溶于乙醇、乙醚等有机溶剂。酚类与醇类一样也能形成分子间氢键,所以都具有较高的沸点。酚类在水中的溶解度随分子中羟基数目增多而增大。常见酚的物理常数见表 9-2。

表 9-2 部分常见酚类化合物的物理常数

名称	结构式	熔点/℃	沸点/℃	溶解度/g·100 g^{-1}水	pKa
苯酚	C_6H_5OH	43	182	9.3	9.89
邻-甲苯酚	$o\text{-}CH_3C_6H_4OH$	30	191	2.5	10.20
间-甲苯酚	$m\text{-}CH_3C_6H_4OH$	11	201	2.6	10.01
对-甲苯酚	$p\text{-}CH_3C_6H_4OH$	35.5	201	2.3	10.17
邻-氯苯酚	$o\text{-}ClC_6H_4OH$	8	176	2.8	8.11
间-氯苯酚	$m\text{-}ClC_6H_4OH$	33	214	2.6	8.80
对-氯苯酚	$p\text{-}ClC_6H_4OH$	43	220	2.7	9.20
邻-硝基苯酚	$o\text{-}O_2NC_6H_4OH$	45	217	0.2	7.17
间-硝基苯酚	$m\text{-}O_2NC_6H_4OH$	96	—	1.4	8.28
对-硝基苯酚	$p\text{-}O_2NC_6H_4OH$	114	279	1.7	7.15
2,4,6-三硝基苯酚	2,4,6-三硝基苯酚结构	122	分解	1.40	0.38

§9-9 酚的化学性质

在结构上,酚的羟基与苯环直接相连,由于两者存在 p-π 共轭作用的相互影响,因此酚类化合物具有许多不同于醇的化学性质,如酚的酸性比醇强、酚的 C—O 键不易发生断裂、环上易发生亲电取代反应等。

一、酚羟基的反应

(一) 弱酸性

酚羟基的氢原子可离去,而使酚显弱酸性,因此可与氢氧化钠反应生成可溶性酚钠,如:

$$C_6H_5\text{—OH} + NaOH \longrightarrow C_6H_5\text{—ONa} + H_2O$$

苯酚是比碳酸还弱的弱酸。在酚盐溶液中通入二氧化碳,苯酚可从反应液中游离出来。

$$C_6H_5\text{—ONa} + CO_2 + H_2O \longrightarrow C_6H_5\text{—OH} + NaHCO_3$$

这一性质可用于区别、分离不溶于水的醇、酚和羧酸。中草药中酚类成分与羧酸类成分的分离也可采用此方法。

酚类化合物的酸性也与芳环上所连的取代基有关。当芳环上连有吸电子基时,会使酚的酸性增强,且吸电子能力越强,酸性也越强;当芳环上连有斥电子基时,会使酚的酸性

减弱,且斥电子能力越强,酸性越弱,如:

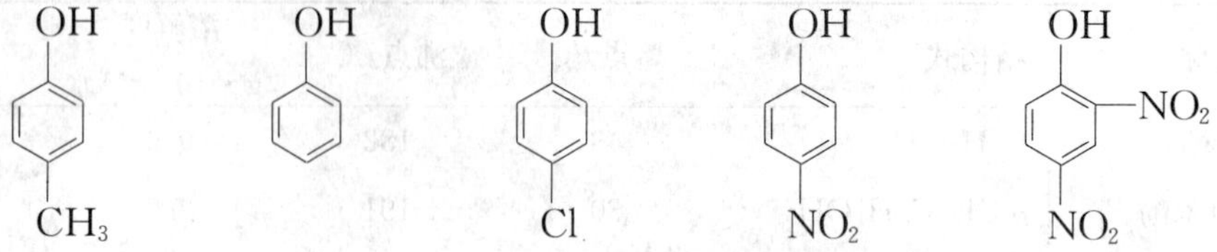

OH-C6H4-CH3	OH-C6H5	OH-C6H4-Cl	OH-C6H4-NO2	OH-C6H3(NO2)2

pK_a: 10.14　　　9.89　　　9.38　　　7.15　　　4.09

(二)酚醚的生成

与醇相似,酚也可以生成醚,但酚醚不能通过酚分子之间脱水制得。通常使用酚钠与卤代烷或硫酸二甲酯等烷基化试剂作用可生成酚醚,如:

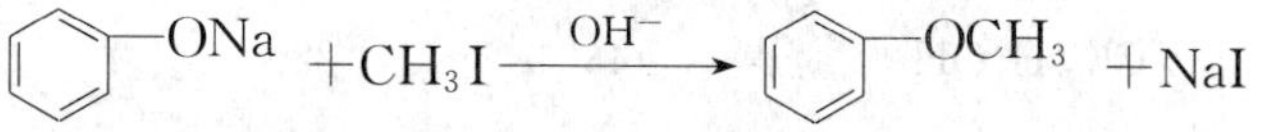

$$C_6H_5ONa + CH_3I \xrightarrow{OH^-} C_6H_5OCH_3 + NaI$$

二芳基醚可用酚钠与芳卤制得,因芳环上卤原子不活泼,故需催化加热。

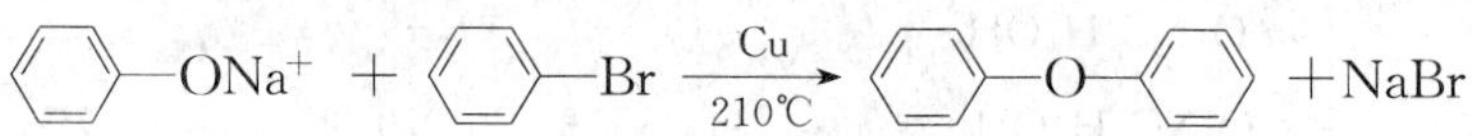

$$C_6H_5ONa + C_6H_5Br \xrightarrow[210℃]{Cu} C_6H_5-O-C_6H_5 + NaBr$$

酚醚的化学性质较稳定,但与氢碘酸作用可分解为原来的酚。

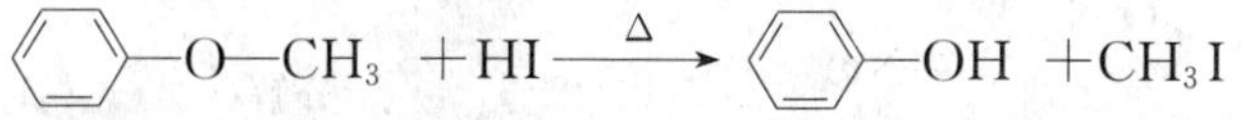

$$C_6H_5-O-CH_3 + HI \xrightarrow{\Delta} C_6H_5OH + CH_3I$$

在有机合成上,常用酚醚来保护酚羟基,以免羟基在反应中被破坏,待反应终了后再将醚分解为相应的酚。

(三)酚酯的生成

苯酚还可发生酯化反应,但直接酯化较困难,常用酸酐或酰氯为原料,如:

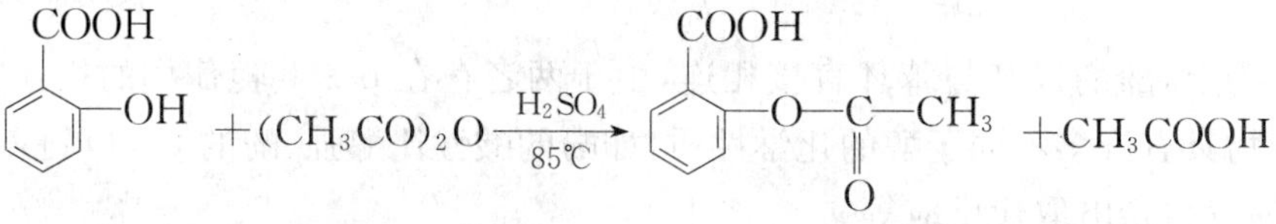

水杨酸 + $(CH_3CO)_2O$ $\xrightarrow[85℃]{H_2SO_4}$ 乙酰水杨酸 + CH_3COOH

乙酸酐　　　　　　　乙酰水杨酸

$$C_6H_5OH + Cl-CO-C_6H_5 \xrightarrow[40℃]{NaOH} C_6H_5-O-CO-C_6H_5 + HCl$$

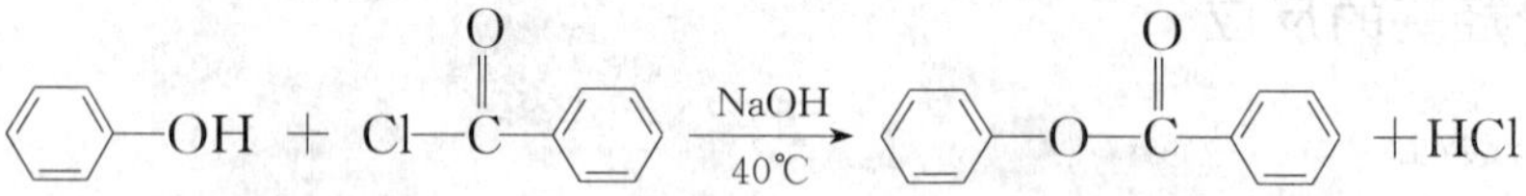

苯甲酰氯　　　　　　　苯甲酸苯酯

(四)与三氯化铁的显色反应

大多数酚与烯醇类化合物能与三氯化铁溶液发生反应生成络合物,如:

$$6C_6H_5OH + FeCl_3 \longrightarrow [Fe(OC_6H_5)_6]^{3-} + 3HCl + 3H^+$$

不同的酚类化合物呈现不同的特征颜色,见表 9-3,根据反应过程中的颜色变化可以鉴别它们。

第九章 醇酚

表 9-3 酚类化合物与三氯化铁的显色

化合物	显色	化合物	显色
苯酚	蓝紫	邻苯二酚	绿
邻甲苯酚	红	间苯二酚	蓝~紫
对甲苯酚	紫	对苯二酚	暗绿
邻硝基苯酚	红~棕	α-萘酚	紫
对硝基苯酚	棕	β-萘酚	黄~绿

(五) 缩合反应

酚羟基邻、对位上的氢可以和羰基化合物发生缩合反应。例如,在稀碱存在下,苯酚与甲醛作用,生成邻或对羟基苯甲醇,进一步制备酚醛树脂。酚醛树脂用途广泛,可用做黏合剂、涂料及塑料等。体型热固性酚醛塑料俗称为电木,广泛用于制造电绝缘器材及日用品。

习题 13 完成反应。

C$_6$H$_5$ONa + CH$_3$CH$_2$I ⟶ ? + ?

习题 14 试以苯酚为原料设计一种制备邻溴苯酚的好方法。

二、芳环上的反应

酚羟基与苯环可产生 p-π 共轭,使苯环上电子云密度增加,尤其是使邻、对位电子云密度增加。因此,酚羟基是邻、对位定位基,并使苯环强烈活化,比苯容易发生亲电取代反应。

(一) 卤化反应

在室温下,苯酚能与溴水作用,立即生成 2,4,6-三溴苯酚的白色沉淀。此反应很灵敏,故常用于苯酚的定性、定量试验,可检出 10 $\mu g \cdot g^{-1}$ 酚的含量。

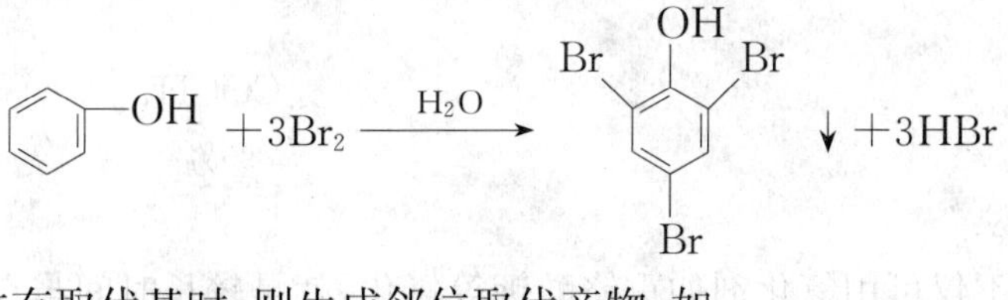

C$_6$H$_5$OH + 3Br$_2$ $\xrightarrow{H_2O}$ 2,4,6-三溴苯酚 ↓ + 3HBr

如苯酚的对位有取代基时,则生成邻位取代产物,如:

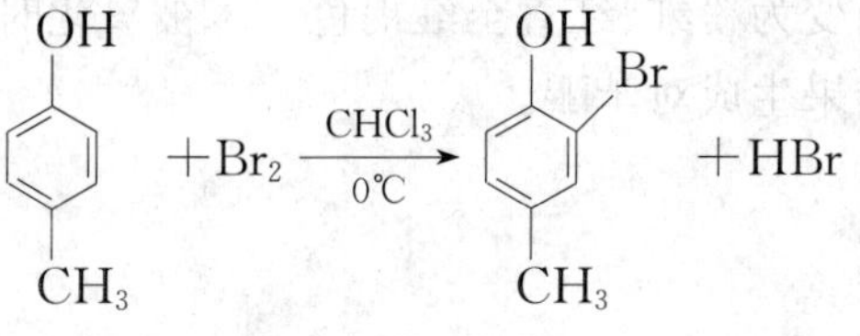

对甲苯酚 + Br$_2$ $\xrightarrow[0℃]{CHCl_3}$ 2-溴-4-甲基苯酚 + HBr

(二)硝化反应

在室温下,苯酚与稀硝酸反应,可生成邻硝基苯酚和对硝基苯酚的混合物。反应产生大量焦油状酚的氧化副产物,产率相当低,无制备意义。

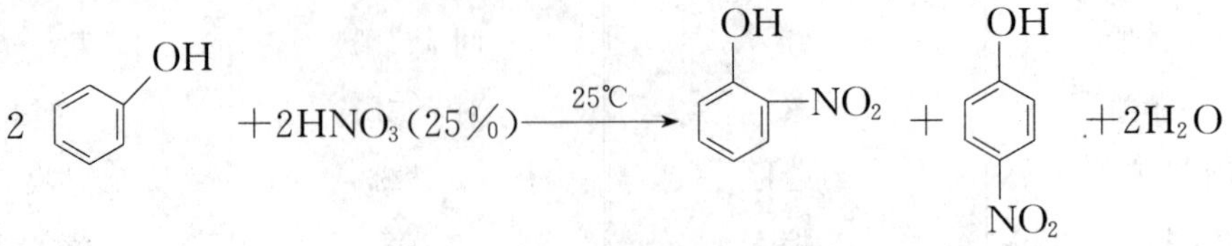

$$2\ C_6H_5OH + 2HNO_3(25\%) \xrightarrow{25℃} \text{邻硝基苯酚}(30\%\sim40\%) + \text{对硝基苯酚}(15\%) + 2H_2O$$

(三)磺化反应

在室温下,浓硫酸可使苯酚发生磺化反应,产物主要是邻羟基苯磺酸;在100℃时,产物主要是对羟基苯磺酸。

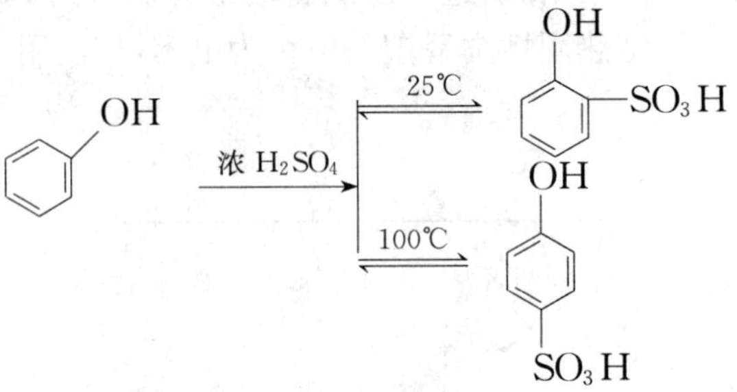

$$C_6H_5OH \xrightarrow[100℃]{\text{浓}H_2SO_4, 25℃} \text{邻羟基苯磺酸} / \text{对羟基苯磺酸}$$

这是由于磺化反应是一个可逆反应。低温时,反应受反应速度控制;高温时,对位空间阻碍小,较邻位稳定,反应受平衡控制而有利于对位产物。

(四)傅瑞德尔-克拉夫茨反应

由于酚羟基易与无水氯化铝作用生成不溶于水和有机溶剂的酚氯化铝盐($PhOAlCl_2$),使芳环亲电取代活性降低;又由于羟基上酯化反应的竞争,酚类用氯化铝为催化剂的酰化反应产率不高,但用乙酸和三氟化硼处理苯酚可获得高产率的对羟基苯乙酮,如:

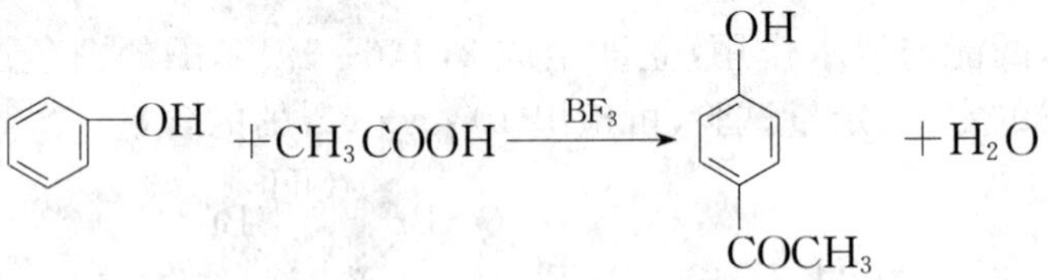

$$C_6H_5OH + CH_3COOH \xrightarrow{BF_3} p\text{-}HOC_6H_4COCH_3\ (95\%) + H_2O$$

(五)氧化反应

酚类化合物不仅可用氧化剂如重铬酸钾等氧化,就是较长时间与空气接触,也可被空气中的氧氧化,颜色逐渐变为粉红、红直至红褐色。苯被氧化时,不仅羟基被氧化,羟基对位的碳氢键也被氧化,结果生成对苯醌。

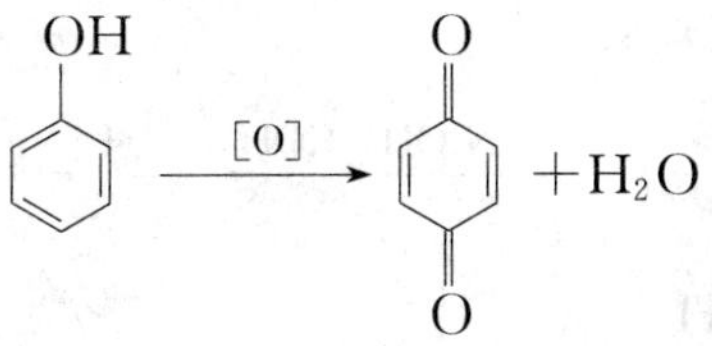

$$\underset{}{\bigcirc}\text{-OH} \xrightarrow{[O]} \underset{}{\bigcirc}\text{=O} + H_2O$$

根据这一性质,酚可用做抗氧剂。

§9-10 重要的酚

一、苯酚

苯酚俗称石炭酸,为无色透明针状晶体,有特殊气味,熔点为 43℃;由于易氧化而呈粉红色,应装于棕色瓶中避光保存。苯酚常温下微溶于水,易溶于有机溶液;当温度高于 65℃时,能跟水以任意比例互溶。苯酚能凝固蛋白质,对皮肤有腐蚀性,并有杀菌作用;其溶液沾到皮肤上用酒精洗涤。

苯酚工业生产以异丙苯法为主。该法具有产品纯度高、原料和能源消耗低等优点,但其发展受联产物丙酮的制约。

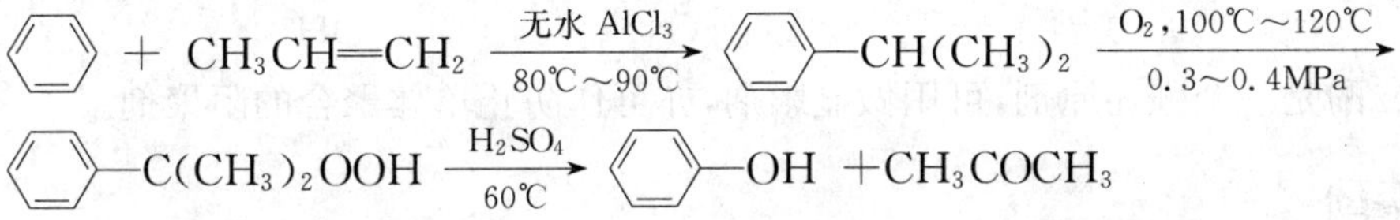

$$\bigcirc + CH_3CH=CH_2 \xrightarrow[80℃\sim 90℃]{\text{无水 } AlCl_3} \bigcirc-CH(CH_3)_2 \xrightarrow[0.3\sim 0.4MPa]{O_2,100℃\sim 120℃}$$

$$\bigcirc-C(CH_3)_2OOH \xrightarrow[60℃]{H_2SO_4} \bigcirc-OH + CH_3COCH_3$$

氢过氧化异丙苯

近年来,人们开始研究苯直接羟基化(也称氧化)制苯酚的方法,其中有些成果已显示出工业化前景。目前研究的氧化剂类型主要有 N_2O、H_2O_2、O_2/H_2 等。

苯酚是重要的有机化工原料,主要用于生产酚醛树脂、己内酰胺、双酚 A、己二酸、苯胺、烷基酚、水杨酸等。此外还可用作溶剂、试剂和消毒剂等,在合成纤维、合成橡胶、塑料、医药、农药、香料、染料以及涂料等方面具有广泛的应用。

二、甲苯酚

甲苯酚简称甲酚,有邻、间和对三种异构体,都存在于煤焦油中。由于它们的沸点相近,不易分离。工业上应用的往往是三种异构体的混合物。

邻、对甲苯酚均为无色晶体;间甲苯酚是无色或淡黄色液体,有苯酚气味。在工业上,甲苯酚是制备染料、炸药、农药、电木的原料。甲苯酚的杀菌力比苯酚大,可用做木材、铁路枕木的防腐剂。

目前医学上使用的消毒剂"煤酚皂溶液"是含 47%~53% 三种甲苯酚的肥皂水溶液,叫做莱苏尔(Lysol)。甲苯酚的毒性与苯酚相同。

甲苯酚可由甲苯磺酸钠碱熔制备,或由氯甲苯与氢氧化钠加压加热(300℃~320℃)制备,如:

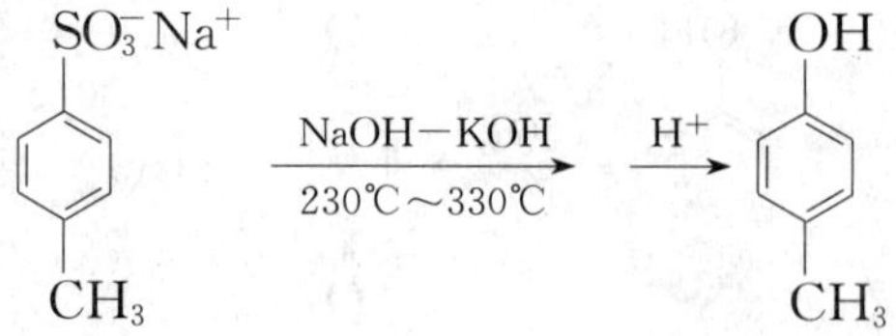

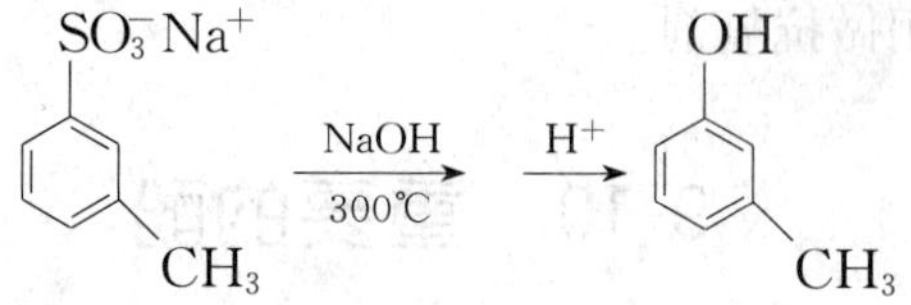

$$\underset{\underset{CH_3}{\text{SO}_3^-Na^+}}{\diagdown}\xrightarrow[230℃\sim 330℃]{NaOH-KOH}\xrightarrow{H^+}\underset{\underset{CH_3}{\text{OH}}}{\diagdown}$$

$$\underset{\underset{CH_3}{\text{SO}_3^-Na^+}}{\diagdown}\xrightarrow[300℃]{NaOH}\xrightarrow{H^+}\underset{\underset{CH_3}{\text{OH}}}{\diagdown}$$

三、对苯二酚

对苯二酚又称氢醌,为无色或浅灰色针状晶体,熔点为170℃,溶于热水和乙醇、乙醚等有机溶剂。对苯二醌有毒,可渗入皮肤内引起中毒。对苯二酚极易被氧化为醌。对苯二酚可由苯胺氧化成对苯醌后,再经缓和还原剂还原而得。

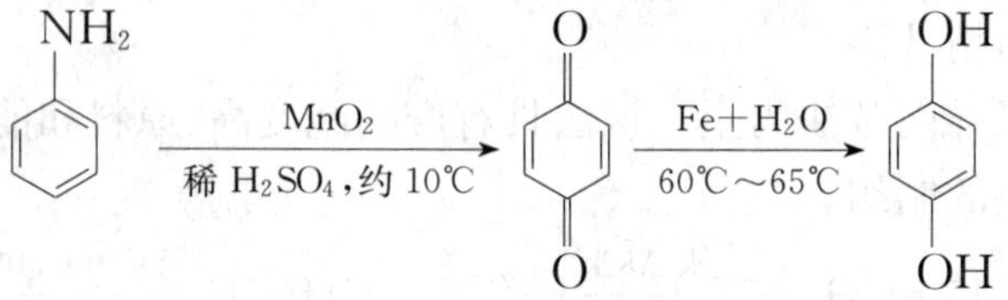

$$\underset{}{\text{C}_6\text{H}_5\text{NH}_2}\xrightarrow[\text{稀 }H_2SO_4,约10℃]{MnO_2}\underset{}{\text{对苯醌}}\xrightarrow[60℃\sim 65℃]{Fe+H_2O}\underset{}{\text{对苯二酚}}$$

对苯二酚是一个强还原剂,可用做显影剂,亦可作防止单体聚合的阻聚剂。

四、萘酚

萘酚有 α 及 β 两种异构体。

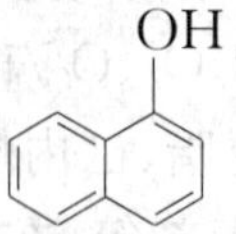

α-萘酚(1-萘酚) 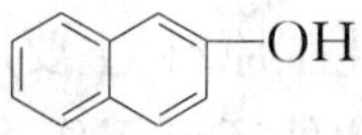   β-萘酚(2-萘酚)

两种异构体都是能升华的结晶,α-萘酚是针状结晶,β-萘酚是片状结晶,能溶于醇、醚等有机溶剂。萘酚的化学性质与苯酚相似,呈弱酸性,易发生硝化、磺化等反应。萘酚的羟基比苯酚的羟基活泼,易生成醚和酯。

萘酚与三氯化铁发生颜色反应,α-萘酚与三氯化铁水溶液生成紫色沉淀,β-萘酚与三氯化铁则显绿色。

本章小结

Ⅰ 醇

一、化学性质提要

1.

$$R-OH \begin{cases} \xrightarrow{Na} RONa + \frac{1}{2}H_2 \quad \text{酸性比水弱，不能使紫色石蕊变红色} \\ \xrightarrow{H^+} ROH_2^+ \\ \xrightarrow{HX} RX + H_2O \quad \text{活性：烯丙醇、苄醇＞叔醇＞仲醇＞伯醇} \\ \quad\quad\quad\quad\quad\quad HI>HBr>HCl\ \beta\text{-C立体障碍大的醇会}C^+\text{重排} \\ \xrightarrow{PX_3\text{或}P+X_2} RX + H_3PO_3 \\ \xrightarrow{SOCl_2} RCl + SO_2 + HCl \\ \text{脱水} \begin{cases} \xrightarrow[\text{分子内脱水}]{H_2SO_4,\ >150℃} \text{>C=C<} \quad \text{活性：叔醇＞仲醇＞伯醇} \\ \quad\quad\quad\quad\quad\quad\quad\quad\quad\quad \text{强酸共热脱水可重排，催化脱水不重排} \\ \xrightarrow[\text{分子间脱水}]{H_2SO_4,\ 100℃\sim150℃} R-O-R \end{cases} \end{cases}$$

2. $RCH_2OH \xrightarrow[CrO_3\cdot\text{吡啶络合物}]{O_2/Cu\ \text{或}\ K_2Cr_2O_7-H_2SO_4\ \text{或}} RCHO \xrightarrow{KMnO_4,\ H^+} RCOOH$

$$\underset{R'}{RCHOH} \xrightarrow[\Delta]{KMnO_4(\text{或}K_2Cr_2O_7),\ H^+} \text{>C=O} \quad \text{叔醇无}\ \alpha\text{-H，不能被氧化}$$

3. $RO{\dashv}H\ +\ HO{-}\overset{O}{\overset{\|}{C}}{-}R' \underset{OH^-}{\overset{H^+}{\rightleftharpoons}} ROOCR' + H_2O$

二、制法

1. 烯烃水合：

$$RCH=CH_2 + H_2O \xrightarrow{H_3PO_4\ \text{或}\ H_2SO_4} R-\underset{OH}{\overset{H}{\underset{|}{\overset{|}{C}}}}-CH_3$$

$$RCH=CH_2 \xrightarrow{H_2SO_4} R-\underset{O-SO_3H}{\underset{|}{\overset{H}{\overset{|}{C}}}}-CH_3 \xrightarrow{H_3O^+} R-\underset{OH}{\underset{|}{\overset{H}{\overset{|}{C}}}}-CH_3$$

2. 卤代烃水解：

$$R-X + OH^- (或 H_2O) \longrightarrow R-OH + X^-$$

3. 由格氏试剂合成：

$$R-MgBr \begin{cases} \xrightarrow{HCHO} RCH_2MgX \xrightarrow[\Delta]{H_2O,H^+} RCH_2OH（伯醇） \\ \xrightarrow{R'CHO} \underset{R'}{\overset{R}{\underset{|}{\overset{|}{CH}}}}-OMgBr \xrightarrow[\Delta]{H_2O,H^+} \underset{R'}{\overset{R}{\underset{|}{\overset{|}{CH}}}}-OH（仲醇） \\ \xrightarrow{R'COR''} \underset{R''}{\overset{R}{\underset{|}{\overset{|}{R'-C}}}}-OMgBr \xrightarrow[\Delta]{H_2O,H^+} \underset{R''}{\overset{R}{\underset{|}{\overset{|}{R'-C}}}}-OH（叔醇） \\ \xrightarrow{H_2C-CH_2 \atop \diagdown O \diagup} RCH_2CH_2OMgBr \xrightarrow[\Delta]{H_2O,H^+} RCH_2CH_2OH（伯醇） \end{cases}$$

4. 还原反应：

$$RCHO \xrightarrow[H_2,Pb]{[H]} RCH_2OH（伯醇）$$

$$R-\overset{O}{\overset{\|}{C}}-R' \xrightarrow[H_2,Pb]{[H]} \underset{R'}{\overset{R}{\underset{|}{\overset{|}{CH}}}}-OH（伯醇）$$

$$R-\overset{O}{\overset{\|}{C}}-OH \xrightarrow[LiAlH_4]{[H]} RCH_2OH（伯醇）$$

$$R-\overset{O}{\overset{\|}{C}}-OR' \xrightarrow[LiAlH_4]{[H]} RCH_2OH + R'OH（伯醇）$$

Ⅱ 酚

一、化学性质提要（以苯酚为例）

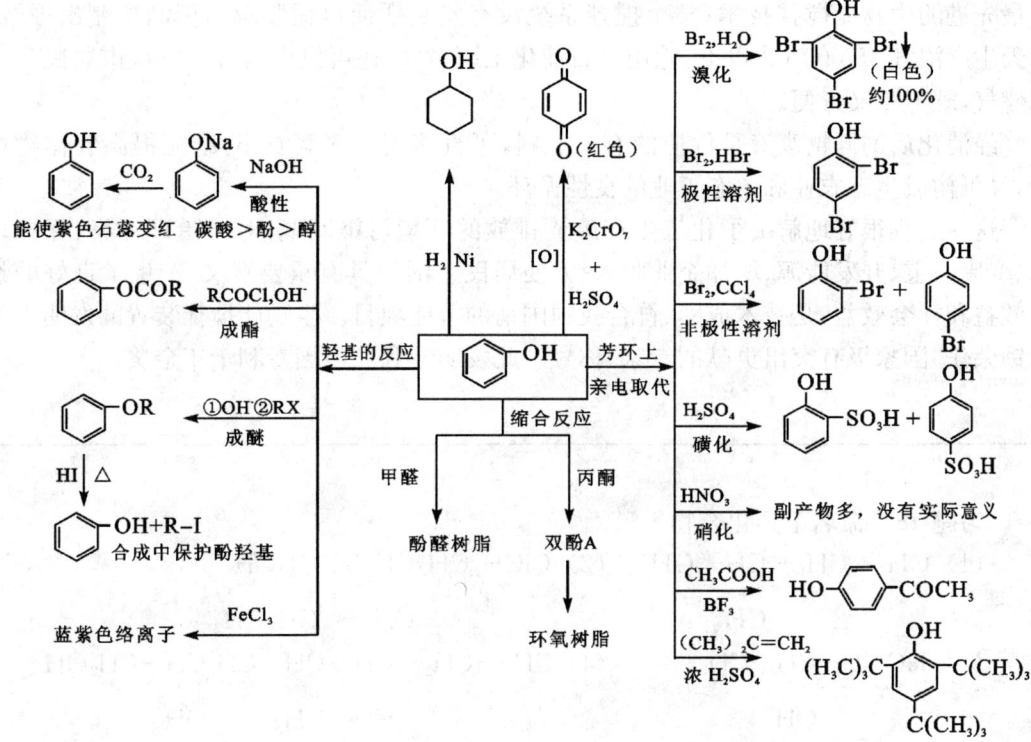

二、制法

【阅读材料】

乙醇生产废渣的综合利用——利用酒糟制甲烷

我国河南省南阳酒精厂以农产品为主要原料生产乙醇。为解决大量的生成废渣——酒糟的综合利用问题,该厂投资建设了两个容积为 5 000 m³ 的发酵装置,采用目前世界上最先进的生物能搅拌技术(整个搅拌系统没有安装任何机械装置),用酒糟制出甲烷。每天生产沼气 45 000 m³ 以上,除用做石油化工原料外,还可供应两万多户城市居民生活用燃气,既卫生又方便。

经消化后的酒糟废液是优质的有机肥料,可直接用于灌溉农田,既能提高农作物产量,又可构成生态农业和生态工业的良性循环。

这一工程很好地解决了化工生产废渣排放的环境污染问题,对于治理污染、保护环境、变废为宝、开发能源、增加企业收入、方便居民生活等具有重要意义,产生了良好的经济效益和社会效益,是技术成熟、符合我国国情的节能项目。生物能搅拌装置的发明人司尚锁荣获"国家级有突出贡献的专家"称号。此发明专利获中国专利十年金奖。

习题 15 命名下列化合物。

(1) $CH_3-CH_2-CH-OH$
            $|$
            CH_3

(2) $ClCH_2CH_2CHCH_2CHCH_2OH$
              $||$
              $CH_3CH_2CH_3$

(3) $HC\equiv C-CH-CH_3$
              $|$
              OH

(4) $CH_3-CH_2-CH-CH-CH_2-CH-CH_2OH$
              $|||$
              $CH_3\ OHOH$

(5) 2-异丙基-5-甲基环己醇结构

(6) 1-苯基-1-丙醇结构

(7) 2,4,6-三硝基苯酚结构

(8) 3-羟甲基苯酚结构

习题 16 写出下列化合物的结构式。

(1) 2,3-二甲基-2,3-丁二醇 (2) 1-甲基环戊醇 (3) 对二苯酚
(4) 3,3-二甲基-1-环己醇 (5) 苦味酸 (6) 2,4-二甲基苯甲醇
(7) 2,6-二硝基-1-萘酚 (8) 间氯苯酚 (9) 2-丁烯-1-醇

习题 17 写出下列醇在硫酸作用下发生消除反应的产物。

(1) 1-丁醇 (2) 2-丁醇 (3) 2-甲基-2-丙醇
(4) 3-甲基-1-苯基-2-丁醇 (5) 1-乙基-3-环乙烯-1-醇

习题 18 下列化合物能否形成氢键?如能形成,请说明是分子内氢键还是分子间氢键。

(1) 甲醇醛 (2) 乙醚 (3) 甘油 (4) 顺-1,2-环己二醇
(5) 间苯二酚 (6) 邻硝基苯酚 (7) 苯甲醚 (8) 间氯苯酚

习题 19 完成下列反应的反应式。

(1) 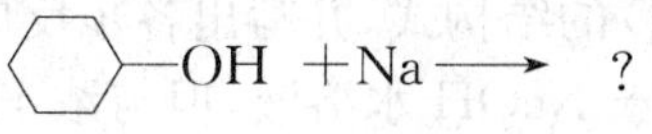 C₆H₁₁-OH + Na ⟶ ?

(2) CH₃CH(CH₃)CH₂OH $\xrightarrow{\text{NaBr}+\text{H}_2\text{SO}_4}{\Delta}$?

(3) 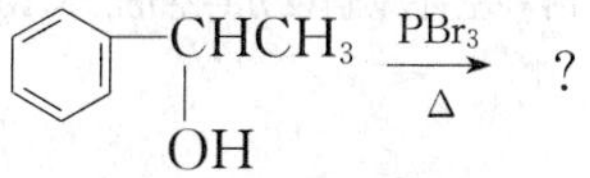 C₆H₅CH(OH)CH₃ $\xrightarrow{\text{PBr}_3}{\Delta}$?

(4) C₆H₅CH₂CH(OH)CH₃ $\xrightarrow{\text{浓 H}_2\text{SO}_4}{\Delta}$ 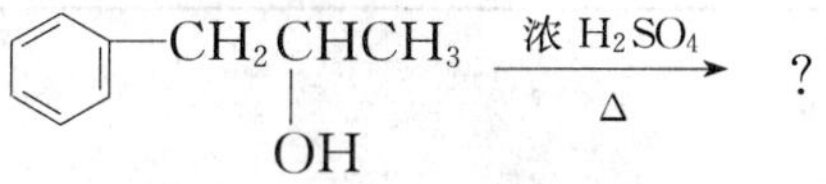 ?

(5) (CH₃)₃CCH(OH)CH₂CH₃ $\xrightarrow{\text{HBr}+\text{H}_2\text{SO}_4}$?

(6) 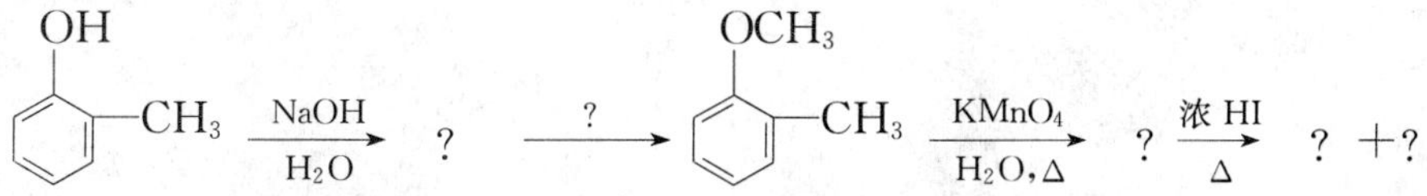 邻甲基苯酚 $\xrightarrow{\text{NaOH}}{\text{H}_2\text{O}}$? ⟶ 邻甲基苯甲醚 $\xrightarrow{\text{KMnO}_4}{\text{H}_2\text{O},\Delta}$? $\xrightarrow{\text{浓 HI}}{\Delta}$? + ?

(7) 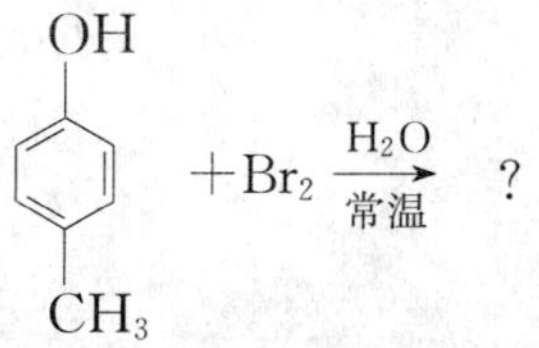 对甲基苯酚 + Br₂ $\xrightarrow{\text{H}_2\text{O}}{\text{常温}}$?

习题 20 完成下列转变（无机试剂任选）。

(1) CH₃CH₂CH₂CH₂OH ⟶ CH₃CH(OH)CH₂CH₃

(2) CH₃CH₂CH₂OH ⟶ CH₂(Br)CH(Br)CH₂Br

习题 21 用简单的化学方法鉴别下列各组化合物。

(1) 苯酚,2,4,6-三硝基苯酚和 2,4,6-三甲基苯酚
(2) 己烷,环己醇和苯酚
(3) 1-戊醇,2-戊醇,2-甲基-2-丁醇

习题 22 比较下列各组化合物的水溶性大小并解释原因。

(1) $CH_3CH_2CH_2CH_3$, $CH_3CH_2CH_2CH_2OH$, $CH_2(OH)CH_2CH_2OH$
(2) $CH_3CH_2CH_2OH$, $CH_3(CH_2)_4CH_2OH$, $CH_3(CH_2)_7CH_2OH$

习题 23 化合物 A 的组成为 $C_5H_{10}O$；用 $KMnO_4$ 小心氧化 A 得到组成为 C_5H_8O 的化合物 B。A 与无水 $ZnCl_2$ 的浓盐酸溶液作用时生成化合物 C,其组成为 C_5H_9Cl；

C 在 KOH 的乙醇溶液中加热得到唯一的产物 D,组成为 C_5H_8;D 再用 $KMnO_4$ 的硫酸溶液氧化,得到一个直链二羧酸。试写出 A,B,C,D 的结构式,并写出各步反应式。

习题 24 化合物 A 的组成为 C_7H_8O;A 不溶于 NaOH 水溶液,但与浓 HI 反应生成化合物 B 和 C;B 能与 $FeCl_3$ 水溶液发生颜色反应,C 与 $AgNO_3$ 的乙醇溶液作用生成沉淀。试推导 A,B,C 的结构,并写出各步反应式。

习题 25 某醇的分子式为 $C_5H_{12}O$,经氧化后得酮,经浓硫酸加热脱水得烃,此烃经氧化生成另一种酮和一种羧酸。试推测该醇的结构式。

第十章 醚

学习目标

知识目标

1. 了解醚在化学上的应用以及硫醚的性质及冠醚的命名。
2. 熟悉醚的分类和物理性质。
3. 掌握醚、硫醚和环氧化合物的结构、命名和化学性质。

能力目标

能将醚的化学和物理性质应用于有机合成及化合物的分离、提纯、鉴定中。

§10-1 醚的分类和命名

醚可以看成是醇或酚分子中羟基的氢原子被烃基取代而成的化合物。C—O—C 键称为醚键,是醚的官能团。

一、醚的分类

根据两个烃基是否相同,分为单醚(R—O—R)和混醚(R—O—R′)。按烃基种类,醚可分为脂肪醚和芳香醚。如果氧原子与烃基连成环则为环醚。分子中含有多个氧原子的大环醚,因为结构像皇冠而被称为冠醚(见§10-6)。

饱和醚
- 单醚　　$CH_3CH_2OCH_2CH_3$
　　　　　　乙醚
- 混醚　　$CH_3OCH_2CH_3$
　　　　　　甲乙醚

不饱和醚　$CH_3OCH_2CH=CH_2$　　　　$CH_2=CHOCH=CH_2$
　　　　　　甲基烯丙基醚　　　　　　　　二乙烯基醚

芳香醚　　C₆H₅—OCH₃　　　　　　C₆H₅—O—C₆H₅
　　　　　　苯甲醚 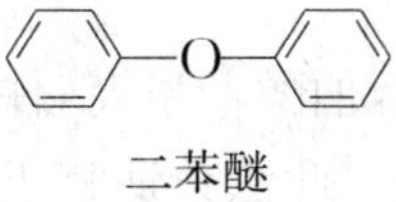　　　　　　　　　　　二苯醚

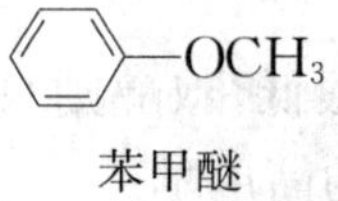

环醚　　　$H_2C\underset{O}{\underset{\diagdown\diagup}{-}}CH_2$
　　　　　　环氧乙烷

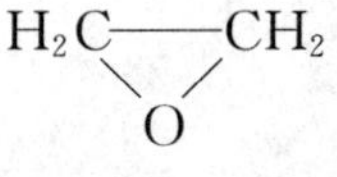

二、醚的命名

(一)习惯命名法

醚的命名用得比较广泛的是习惯命名法,通常是先写出与氧相连的两个烃基的名称,再加上"醚"字。单醚在烃基名称前加"二"字(一般可省略,但芳醚和某些不饱和醚除外);混醚则将次序规则中较优的烃基放在后面;芳醚则是芳基放在前面。

(二)系统命名法

结构比较复杂的醚可以当做烃的烃氧基衍生物来命名。将较大的烃基当做母体,剩下的—OR 部分(烷氧基)看做取代基,如:

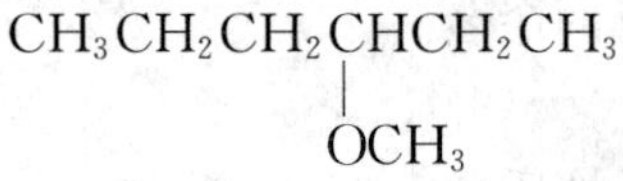

$$CH_3CH_2CH_2\underset{OCH_3}{\overset{|}{C}H}CH_2CH_3 \qquad CH_3-\underset{CH_3}{\overset{|}{C}H}OCH_2CH_2CH_2OH$$

3-甲氧基己烷 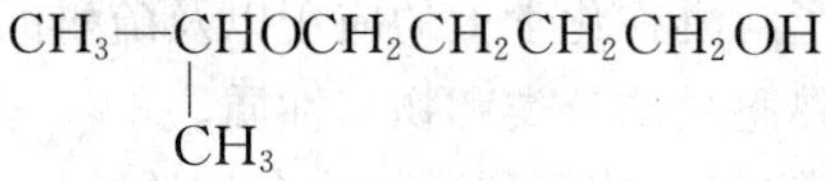   4-异丙氧基-1-丁醇

(三)环醚

环醚一般叫做环氧某烃或按杂环化合物命名的方法命名,如:

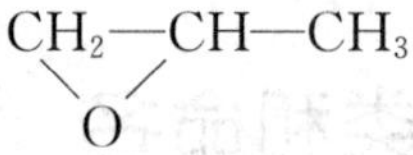

1,2-环氧丙烷 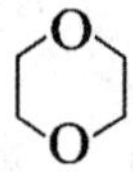   1,4-二氧六环    1,4-环氧丁烷
(四氢呋喃)

(四)多元醚

多元醚命名时,首先写出多元醇的名称,再写出另一部分烃基的数目和名称,最后加上"醚"字,如:

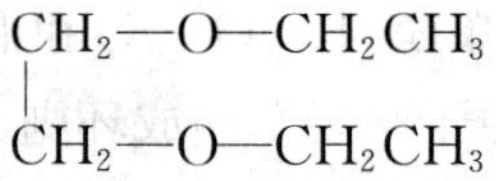

$$\begin{matrix}CH_2-O-CH_2CH_3\\ |\\ CH_2-O-CH_2CH_3\end{matrix}$$

乙二醇二乙醚

§ 10-2 醚的制法

一、醇分子间脱水

$$ROH+ROH \xrightarrow[\text{控制反应温度}]{H_2SO_4} ROR+H_2O$$

利用醇脱水可制备醚,伯醇产量高,仲醇的产量很低,叔醇则只能得到烯烃。酚在一般情况下不能脱水生成醚。此法只适宜于制备低级的简单醚。

二、威廉森合成

威廉森合成法是用醇钠或酚钠和卤代烃在无水条件下反应生成醚。

$$RONa(ArONa) + RX \longrightarrow ROR' + NaX$$

这个方法既可合成单醚,也可合成混醚。但由于是卤代烃在强碱条件下的亲核取代反应,常会有消除反应发生,特别是叔卤代烷,主要发生脱卤化氢反应生成烯烃。因此,在合成醚时,需要采用伯卤代烷,如:

$$CH_3CH_2CH_2Br + (CH_3CH_2)_3CONa \longrightarrow CH_3CH_2CH_2OC(CH_2CH_3)_3 + NaBr$$

在合成芳醚时,因卤代芳烃不活泼,采用酚钠与卤代烷反应,而不用卤代芳烃和醇钠作用,如:

$$C_6H_5-ONa + CH_3CH_2CH_2Br \longrightarrow C_6H_5-OCH_2CH_2CH_3 + NaBr$$

除卤代烷外,磺酸酯、硫酸酯也可用于合成醚。

$$C_6H_5-OH + CH_3OSO_2OCH_3 \xrightarrow{NaOH, H_2O} C_6H_5-OCH_3$$

§10-3 醚的物理性质

除甲醚和甲乙醚是气体外,大多数醚为无色、易挥发、易燃烧的液体。由于醚分子中氧原子的两边均为烃基,没有活泼氢原子,醚分子间不能以氢键相互缔合,沸点与相应的烷烃接近,比相应分子量的醇、酚低得多(正丁醇的沸点为 117.3℃,乙醚的沸点为 34.5℃)。

醚分子有极性且含有电负性较强的氧,所以在水中可以与水形成氢键,因此在水中有一定的溶解度,同相同碳原子的醇在水中的溶解度相近。醚的溶解度比相应的烷烃大。

醚能溶解许多有机物,并且活性非常低,是良好的有机溶剂。

常见醚的物理常数见表 10-1。

表 10-1 一些常见醚的物理常数

名称	熔点/℃	沸点/℃	d_4^{20}	n_D^{20}
甲醚	−141.5	−24.9	0.661	
乙醚	−116.2	34.5	0.713 7	1.352 6
正丙醚	−112	90.5	0.736	1.380 9
异丙醚	−85.89	68.7	0.724 1	1.367 9
丁醚	−95.3	142.4	0.768 9	1.399 2
乙烯基乙醚	−115.3	35.5	0.763 0	1.377 4
二乙烯基醚	−101	28	0.773	1.398 9
苯甲醚	−37.5	155	0.996 1	1.517 9
二苯醚	26.84	257.9	1.074 8	1.578 7[25]
环氧乙烷	−110	10.73(101 325 Pa)	0.882 4[10]	1.359 7[7]
1,2-环氧丙烷	−104	33.9	0.859 0	1.305 7

§10-4 醚的化学性质

醚是一类相当不活泼的化合物（环醚除外）。醚链对碱、氧化剂、还原剂都十分稳定。醚在常温下和金属钠不起反应，可以用金属钠来干燥。醚的稳定性稍次于烷烃，酸性不很强的试剂进行反应时，可用醚做溶剂。

一、𬭩盐和配合物的生成

醚中氧原子有未共用电子对，可以看做路易斯碱，可接受质子成为𬭩盐，但接受质子的能力非常弱，需要与浓强酸才能生成𬭩盐，从而能溶于浓强酸中。可用此性质分离和鉴别醚。

醚也可与路易斯酸形成络合物，如三氟化硼、三氯化铝、格氏试剂等。

$$R-\ddot{O}-R' + HCl \longrightarrow \left[R-\underset{H}{\overset{\ddot{O}}{|}}-R' \right]^+ + Cl^-$$

$$R-\ddot{O}-R' + H_2SO_4 \longrightarrow \left[R-\underset{H}{\overset{\ddot{O}}{|}}-R' \right]^+ + HSO_4^-$$

𬭩盐是一种弱碱强酸盐，一旦生成即溶于冷的浓酸溶液中。烷烃不与冷的浓酸反应也不溶于其中。所以，用此反应可区别烷烃和醚。𬭩盐仅在浓酸中才稳定，遇水很快分解为原来的醚。利用此性质可以将醚从烷烃或卤代烃中分离出来。例如，正戊烷和乙醚几乎具有相同沸点，醚溶于冷浓硫酸中，正戊烷不溶于浓硫酸；把正戊烷和乙醚的混合液与冷浓硫酸混合，则得到两个明显的液层。

二、醚键的断裂

醚键相当稳定，一般不发生化学反应，但与浓盐酸、浓氢溴酸以及氢碘酸均可反应，断裂碳氧键。

盐酸、氢溴酸与醚需要较高的温度和浓度才能反应。氢碘酸的反应活性高，反应产物为醇和卤代烃。如果卤化氢过量，则生成的醇继续反应生成相应的卤代烃；卤化氢不过量时，一般是较小的烃基生成卤代烃，较大的烃基生成醇。

$$CH_3CH_2OCH_2CH_3 + HI \rightleftharpoons CH_3CH_2\overset{+}{O}CH_2CH_3 \xrightarrow{I^-} CH_3CH_2I + CH_3CH_2OH$$
$$\downarrow HI(过量)$$
$$2CH_3CH_2I + H_2O$$

碳氧键断裂的顺序为：三级烷基＞二级烷基＞一级烷基＞芳香烃基。

苯甲醚与氢碘酸的反应是定量完成，生成的碘代烷可用硝酸银的乙醇溶液吸收，根据生成碘化银的量，可计算出原来分子中甲氧基的含量，这一方法叫蔡塞尔甲氧基测定法。

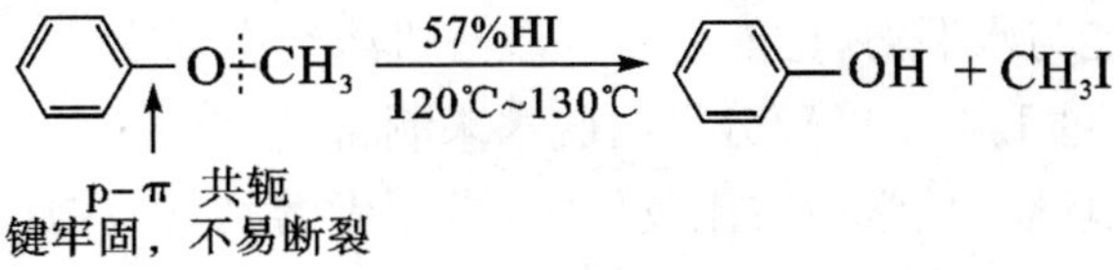

$$\text{C}_6\text{H}_5\text{—O} \mid \text{CH}_3 \xrightarrow{57\%\text{HI}}_{120℃\sim130℃} \text{C}_6\text{H}_5\text{—OH} + \text{CH}_3\text{I}$$

↑
p-π 共轭
键牢固，不易断裂

三、过氧化物的生成

低级醚与空气长时间接触，会逐渐生成过氧化物。

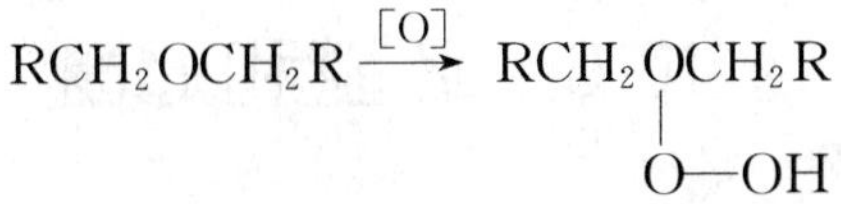

$$\text{RCH}_2\text{OCH}_2\text{R} \xrightarrow{[O]} \underset{\underset{\text{O—OH}}{|}}{\text{RCH}_2\text{OCH}_2\text{R}}$$

过氧化物

过氧化物不稳定，受热易分解而发生爆炸。因此，醚类化合物应在深色玻璃瓶中存放，或加入抗氧化剂防止过氧化物的生成。久置的醚在蒸馏时，低沸点的醚被蒸出后，还有高沸点的过氧化物留在瓶中，继续加热便会爆炸，因此，在蒸馏前必须检验是否有过氧化物存在。检验的方法是用淀粉碘化钾试纸，若试纸变蓝，说明有过氧化物存在，应加入硫酸亚铁、亚硫酸钠等还原性物质处理后再用。

§10-5 重要的醚

一、乙醚

乙醚为无色液体，沸点为 34.5℃，室温时水中溶解度约为 8 g/100 mL 水。乙醚极易挥发、着火，与空气可形成爆炸性的混合气体。工业上主要由乙醇分子间脱水来制备乙醚。乙醚能溶于多种有机溶剂，同时也能溶解许多有机化合物，是常用的有机溶剂之一。乙醚具有麻醉作用，在 1850 年即被用做外科手术的全身麻醉剂。普通乙醚中常含有少量的乙醇和水。制备无水乙醚时，可先用无水氯化钙处理，再用金属钠处理，以除去水和乙醇。

二、环氧乙烷

环氧乙烷是最简单也是最重要的环醚。它是一种无色、有毒气体，沸点为 11℃，具有类似乙醚的气味，与空气可形成具有爆炸性的混合气体，能溶于水、乙醇、乙醚等多种溶剂中。环氧乙烷化学性质活泼，能与许多化合物发生反应，是重要的有机化工原料。它具有一定的杀菌能力，有时也可用作熏蒸剂来消毒灭菌。

工业上环氧乙烷主要由乙烯的催化氧化法制备；小批量生产时，也可用氯乙醇与碱反应来制备。

三、四氢呋喃

四氢呋喃为无色液体，沸点为 67℃。由于分子中氧原子暴露在外，极性比乙醚大，形成氢键的能力增强，能与水混溶，也能溶于许多有机溶剂中。

四氢呋喃主要通过 1,4-丁二醇分子内脱水来制备。

四氢呋喃为五元环醚，化学性质比较稳定，常用做溶剂，但在加热条件下可与氢溴酸等作用，打开醚键：

$$\text{（四氢呋喃）} \xrightarrow[\Delta]{HBr} BrCH_2CH_2CH_2CH_2OH$$

§10-6　环醚和冠醚

一、环醚

环醚中最简单又重要的是环氧乙烷。它是一种无色、有毒气体，沸点为 11℃，能溶于水、乙醚，保存于钢瓶中。环氧乙烷的性质非常活泼，是一种重要的化工原料。

（一）环氧乙烷的制备

氯乙醇法：

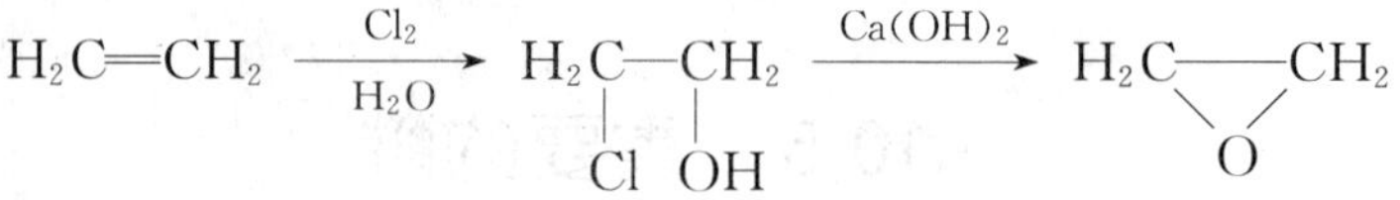

$$H_2C=CH_2 \xrightarrow[H_2O]{Cl_2} \underset{\underset{Cl}{|}\quad\underset{OH}{|}}{H_2C-CH_2} \xrightarrow{Ca(OH)_2} \underset{O}{H_2C-CH_2}$$

直接氧化法：

$$H_2C=CH_2 + O_2 \xrightarrow[220℃\sim280℃]{Ag} \underset{O}{H_2C-CH_2}$$

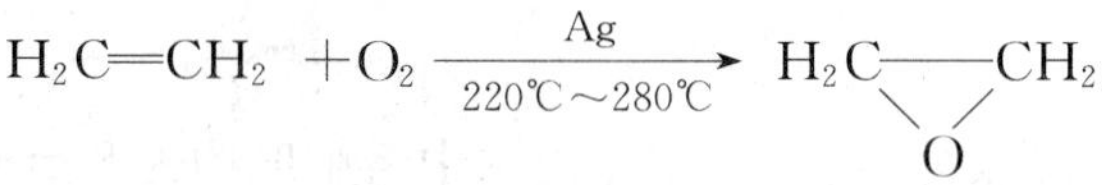

环氧乙烷是最简单的环醚，是一种很重要的有机合成原料。

（二）环氧乙烷的化学性质

环氧乙烷为三元环醚，分子内存在较大的角张力，化学性质非常活泼，在酸或碱催化下能与含活泼氢的多种试剂发生反应，断裂 C—O 键，从而开环生成一系列的化合物，如：

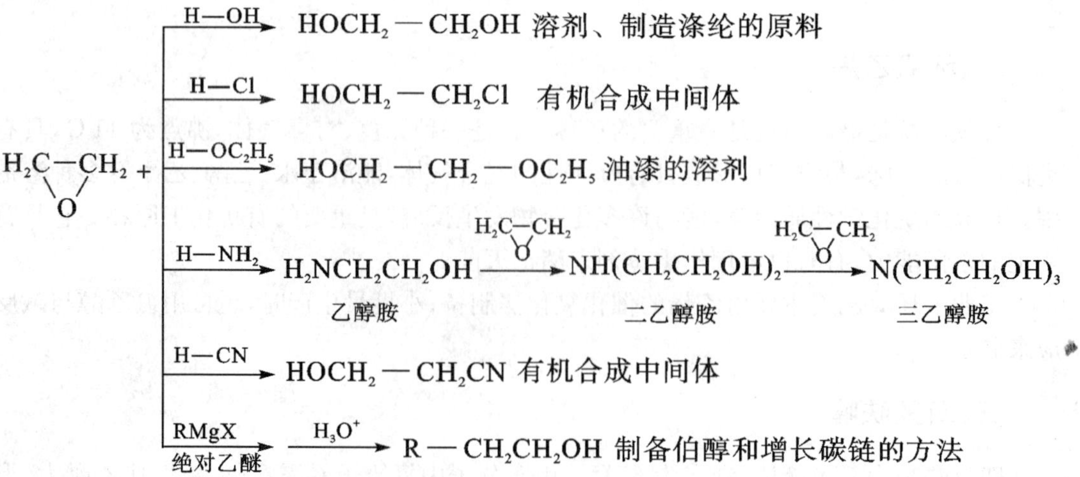

$$H_2C-CH_2 \atop O \quad +$$

　　H—OH　　→　HOCH$_2$—CH$_2$OH　溶剂、制造涤纶的原料

　　H—Cl　　→　HOCH$_2$—CH$_2$Cl　有机合成中间体

　　H—OC$_2$H$_5$　→　HOCH$_2$—CH$_2$—OC$_2$H$_5$　油漆的溶剂

　　H—NH$_2$　→　H$_2$NCH$_2$CH$_2$OH $\xrightarrow{H_2C-CH_2 \atop O}$ NH(CH$_2$CH$_2$OH)$_2$ $\xrightarrow{H_2C-CH_2 \atop O}$ N(CH$_2$CH$_2$OH)$_3$
　　　　　　　　　乙醇胺　　　　　　　　　　　　二乙醇胺　　　　　　　　三乙醇胺

　　H—CN　　→　HOCH$_2$—CH$_2$CN　有机合成中间体

　　RMgX $\xrightarrow{H_3O^+}$ R—CH$_2$CH$_2$OH　制备伯醇和增长碳链的方法
　　绝对乙醚

环氧乙烷是个对称分子,试剂无论进攻哪个碳原子所得产物相同。当不对称的环氧化合物发生开环反应时,就存在开环的方向问题。开环方向与反应条件有关,一般规律为:在酸催化条件下,反应主要发生在取代基较多的碳端;在碱性条件下,反应主要发生在取代基较少的碳端,如:

$$\underset{O}{H_3CHC\text{——}CH_2} + \underset{CH_3OH, CH_3ONa}{\overset{HBr}{\longrightarrow}} \begin{matrix} Br \\ | \\ CH_3CHCH_2 \\ | \\ OH \\ OCH_3 \\ | \\ CH_3CHCH_2 \\ | \\ OH \end{matrix}$$

二、冠醚

冠醚是含有多个氧原子的大环醚,其结构形似皇冠,故称冠醚,是 20 世纪 70 年代发展起来的具有特殊络合性能的化合物。名称可用 X-冠-Y 表示,X 表示环上所有原子的数目,Y 表示环上氧原子的数目,如:

12-冠-4　　14-冠-4　　15-冠-5　　18-冠-6　　30-冠-10

冠醚有其特殊的结构,即分子中间有一个空隙。由于环中有氧原子,氧原子有未共用电子对,可与金属离子络合。不同的冠醚有不同的大小的空隙,可以容纳不同大小的金属离子,形成配离子。例如,12-冠-4 可与锂离子络合,18-冠-6 可与钾离子络合,因此冠醚可用于分离金属离子。有机合成中冠醚可以作为相转移催化剂,加快反应速度。例如,KCN 与卤代烃反应,由于 KCN 不溶于有机溶剂,KCN 与卤代烃的反应在有机溶剂中不容易进行,加入 18-冠-6 反应立刻进行。其原因是冠醚可以溶于有机溶剂,K^+ 通过与冠醚络合进入反应体系中,CN^- 通过与 K^+ 之间的作用,也进入反应体系中,从而顺利地与卤代烃反应。冠醚的这种作用为相转移催化作用。

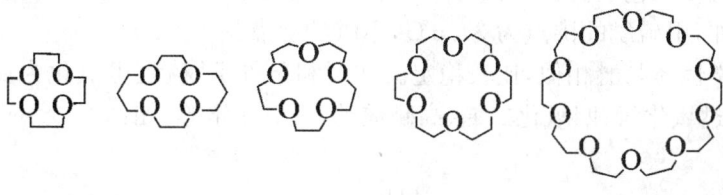

冠醚作为相转移催化剂,可使许多反应比通常条件下容易进行,反应选择性强,产品纯度高,比传统的方法反应温度低,反应时间短,在有机合成中非常有用。但是,由于冠醚比较昂贵且毒性也非常大,因此还未能得到广泛应用。

§ 10-7 硫醚

硫醇分子中巯基上的氢原子被烃基取代的产物称为硫醚，如 R—S—R、Ar—S—R 和 Ar—S—Ar。硫醚的命名和醚相似，只要在"醚"字的前面加一"硫"字即可。

一、硫醚的制法

单硫醚可以用卤代烷与硫化钾或硫化钠反应制取。混硫醚可用类似威廉森合成法，由卤代烷和硫醇钠反应制取，如：

$$2CH_3I + K_2S \longrightarrow CH_3SCH_3 + 2KI$$
甲硫醚

$$CH_3CH_2SNa + BrCH_2CH(CH_3)_2 \longrightarrow CH_3CH_2SCH_2CH(CH_3)_2 + NaBr$$
乙基异丁基硫醚

二、硫醚的性质

低级的硫醚是无色、有臭味的液体，与水不形成氢键，故不溶于水。硫醚的沸点比相应的醚高。例如，甲硫醚的沸点为 37.6℃，甲醚的沸点是 −24.9℃。

硫醚的化学性质与醚相似，比较稳定。在缓和条件下，硫醚可氧化为亚砜，常用的氧化剂有 30% 的过氧化氢、四氧化二氮、高碘酸钠、三氧化铬等，如：

$$CH_3SCH_3 \xrightarrow[\text{或 NaIO}_4]{H_2O_2} CH_3-\overset{O}{\underset{}{\overset{\|}{S}}}-CH_3$$
二甲亚砜

在较高温度下，用发烟硝酸或高锰酸钾可将硫醚氧化为砜。

$$CH_3SCH_3 \xrightarrow[\text{或发烟 HNO}_3]{KMnO_4} CH_3-\overset{O}{\underset{O}{\overset{\|}{\underset{\|}{S}}}}-CH_3$$
二甲砜

用途最大的亚砜和砜是二甲亚砜和环丁砜。

$$CH_3-SO-CH_3 \qquad \begin{array}{c} CH_2-CH_2 \\ | \qquad\quad | \\ CH_2-CH_2 \end{array}\!\!SO_2$$

二甲亚砜　　　　　　　环丁砜

二甲亚砜是无色透明液体，熔点为 18.5℃，沸点为 189℃，130℃ 以上开始分解。二甲亚砜既能与水混溶又能溶于有机溶剂，是一种优良的溶剂。它常用来萃取石油馏分中的芳烃以及石油裂解气中的乙炔。它能吸收 H_2S 和 SO_2，等有害气体，可清除废气中的污染物，还可作为丙烯腈聚合及聚丙烯腈抽丝的溶剂。二甲亚砜有毒，透过皮肤渗透危害神经系统和血液，使用时应小心。

环丁砜为无色液体,熔点为 27.6℃,沸点为 285℃,相对密度为 1.260 6,也是一种优良的有机溶剂。环丁砜既易溶于水,又易溶于有机溶剂,用途与二甲亚砜相似,可用来萃取芳烃、丙烯腈聚合物和聚丙烯腈抽丝的溶剂。环丁砜与乙醇胺的混合物是脱除合成氨原料气和废气中的 H_2S、SO_2、CO_2、RSH 等有害气体的最有效吸收剂。

二甲亚砜和环丁砜都是极性非质子溶剂,它们对正离子的溶剂化能力很强,但对负离子却难以溶剂化,可使负离子处于非溶剂化状态,从而使负离子具有很强的亲核能力,因此,在亲核反应中它们是良好的溶剂。

本章小结

一、化学性质提要

1.

$$(Ar)R-O-R' \xrightarrow[\text{低温}]{H_2SO_4} [(Ar)R-\overset{H}{\underset{\cdot\cdot}{O}}-R']^+ HSO_4^-$$

$$(Ar)R-O-R' \xrightarrow[\text{低温}]{HI} [(Ar)R-\overset{H}{\underset{\cdot\cdot}{O}}-R']^+ I^- \xrightarrow{\triangle} (Ar)R-OH + R'I \quad R>R'$$

2. 过氧化合物的生成:

$$RCH_2OCH_2R \xrightarrow{[O]} \underset{\underset{\text{过氧化物}}{O-OH}}{RCH_2OCH_2R}$$

3.

$$\underset{O}{H_2C-CH_2} + \begin{cases} H-OH \longrightarrow HOCH_2-CH_2OH \text{ 溶剂、制造涤纶的原料} \\ H-Cl \longrightarrow HOCH_2-CH_2Cl \text{ 有机合成中间体} \\ H-OC_2H_5 \longrightarrow HOCH_2-CH_2-OC_2H_5 \text{ 油漆的溶剂} \\ H-NH_2 \longrightarrow H_2NCH_2CH_2OH \xrightarrow{\underset{O}{H_2C-CH_2}} NH(CH_2CH_2OH)_2 \xrightarrow{\underset{O}{H_2C-CH_2}} N(CH_2CH_2OH)_3 \\ \qquad\qquad\qquad\qquad \text{乙醇胺} \qquad\qquad\qquad \text{二乙醇胺} \qquad\qquad\qquad \text{三乙醇胺} \\ H-CN \longrightarrow HOCH_2-CH_2CN \text{ 有机合成中间体} \\ \underset{\text{绝对乙醚}}{RMgX} \xrightarrow{H_3O^+} R-CH_2CH_2OH \text{ 制备伯醇和增长碳链的方法} \end{cases}$$

4.

$$CH_3SCH_3 \xrightarrow{\begin{array}{c}H_2O_2\\ \text{或}NaIO_4\end{array}} CH_3—S—CH_3 \text{ 二甲亚砜}$$

$$CH_3SCH_3 \xrightarrow{\begin{array}{c}KMnO_4\\ \text{或发烟}HNO_3\end{array}} CH_3—\underset{\underset{O}{\|}}{\overset{\overset{O}{\|}}{S}}—CH_3 \text{ 二甲砜}$$

二、制法

1. 醇分子间脱水：

$$2ROH \xrightarrow[\text{适当温度}]{\text{浓}H_2SO_4 \text{ 或 }Al_2O_3} R—O—R + H_2O \text{（制备简单醚）}$$

2. 威廉森合成：

$$(Ar)R—ONa + R'X \longrightarrow (Ar)R—O—R' + NaX \text{（制备混醚）}$$

3. 环醚制法：

$$H_2C=CH_2 \xrightarrow[H_2O]{Cl_2} \underset{Cl\ \ OH}{H_2C—CH_2} \xrightarrow{Ca(OH)_2} \underset{O}{H_2C\text{—}CH_2} \text{（氯乙醇法）}$$

$$H_2C=CH_2 + O_2 \xrightarrow[220℃\sim 280℃]{Ag} \underset{O}{H_2C\text{—}CH_2} \text{（直接氧化法）}$$

【阅读材料】

21世纪的绿色燃料——二甲醚

随着世界经济的发展,石油化工已成为现代文明社会的重要支柱产业,大部分化工原料都来自石油炼制厂生产的低碳烯烃,但石油储量却日趋减少。而以资源相对较为丰富的煤和天然气为原料合成的二甲醚是一种用途广泛的化工产品,它不仅是制备低碳烯烃的重要原料,而且在未来的能源领域,可以替代柴油和液化气作为洁净液体燃料使用,在国外被誉为"21世纪的燃料",在国内则被称为"中国第二代民用液体燃料"。

二甲醚(英文名称 Dimethylether,缩写 DME),又称木醚、甲醚、氧二甲,化学式为CH_3OCH_3,在常温常压下为无色、有醚味的可燃气体,具有一般醚类的性质,毒性很弱。

二甲醚是20世纪80年代应用性能优越的安全雾化推进剂,也是国际20世纪90年代初禁用氟利昂的理想代用品。二甲醚不仅是从合成气经由甲醇转化汽油改良法的重要中间体,而且是生产多种化工产品的重要原料,并在制药、染料、农药等化学工业中有许多独特的用途。它可用做气溶胶的喷射机和制冷剂,高浓度的二甲醚可用做麻醉剂,在催化剂存在下可与 CO 反应生成乙酸甲酯,同系化生成乙酸乙酯、醋酐等;二甲醚还可用做发泡剂、偶联剂,用于合成低碳烯烃,制造芳烃和高分子量的氧化烃等。可见,二甲醚的用途广泛,尤其是在用作燃料和合成低碳烯烃方面有很大的发展前景。

　　DME 还具有极为优良的燃烧性能(可达到洁净燃烧),是柴油发动机的理想替代品。它具有比柴油更高的十六烷值,且由于其碳链短、自身含氧,使得燃烧更完全,且避免了甲醇燃料的低温启动性和加速能力差的缺点。二甲醚作为车用燃料时对大气的污染将低于液化丙烷和压缩天然气等替代燃料,排放尾气中有害物的含量低于要求很高的美国 California 所规定的发动机排放标准,甚至比液化气汽车的尾气排放更干净,是一种名副其实的"21 世纪的绿色染料"。

习题 1 命名下列化合物。

(1) $CH_3CH_2OCH_2CH(CH_3)_2$

(2) $CH_3CH_2\overset{\underset{|}{CH_3}}{C}HCH_2\overset{\underset{|}{OH}}{C}HCH_2OCH_2CH_3$

(3) ⬠—$OCH_2CH_2CH_3$

(4) $ClCH_2OCH_2CH_3$

(5) ⌬—O—C_2H_5

(6) $CH_3CH_2OCH_2CH=CH_2$

习题 2 写出下列化合物的结构式。

(1) 二苄醚

(2) 乙基叔丁基醚

(3) 2-硝基苯甲醚

(4) 3-甲基-3,4-环氧-1-丁烯

(5) 4-烯丙基-2-甲氧基苯酚

(6) 乙硫醚

习题 3 完成下列反应式。

(1) $CH_3OCH_2CH_2CH_3 + HI \longrightarrow$

(2) ⌬—$CH_2OCH_3 + HI \longrightarrow$

(3) ⬠—$\underset{\underset{O}{\diagdown\diagup}}{CH—CH_2} \xrightarrow{CH_3MgBr} ? \xrightarrow{H_3O^+}$

(4) $H_3C\underset{\underset{O}{\diagdown\diagup}}{HC—CH_2} \xrightarrow[C_2H_5OH]{NaOC_2H_5}$

习题 4 用化学方法鉴别下列各组化合物。

(1) 丁烷与乙醚

(2) 异丙醚和甲基烯丙基醚

(3) 苯甲醇、苯甲醚和对-甲基苯酚

习题 5 用分子中不超过 4 个碳原子的有机物、苯,合成下列醚。

(1) CH₃OC(CH₃)₃　　(2)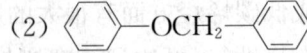

(3) (CH₃)₂CHOCH₂CH=CH₂

习题 6 化合物 A(C₉H₁₂O) 与氢氧化钠、高锰酸钾均不反应,遇碘化氢生成 B (C₆H₆O) 和 C(C₃H₇I),B 遇溴水立即生成白色沉淀,C 与硝酸银溶液共热产生黄色沉淀。试写出 A、B、C 的结构式和相应的反应式。

第十一章 醛 酮

学习目标

知识目标
1. 了解醛酮的分类、物理性质及变化规律和重要的醛酮。
2. 掌握醛酮的命名方法及醛酮的重要制法。
3. 掌握醛酮的化学性质及其应用,掌握醛酮的鉴别方法。
4. 掌握多官能团有机化合物的命名原则。

能力目标
1. 能准确进行醛酮及多官能团有机化合物的命名。
2. 能应用醛酮的物理化学性质来进行分离、提纯、鉴别及有机合成。

醛酮分子中都含有相同的官能团——羰基($\diagdown C=O \diagup$),所以又叫做羰基化合物。羰基至少与一个氢原子相连的化合物叫做醛,常用通式 $R-\overset{O}{\underset{\|}{C}}-H$ 表示;$-\overset{O}{\underset{\|}{C}}-H$ 叫做醛基,是醛的官能团。甲醛($H-\overset{O}{\underset{\|}{C}}-H$)是最简单的醛,其羰基碳原子与两个氢原子相连。羰基与两个烃基相连的化合物叫做酮,常用通式 $R-\overset{O}{\underset{\|}{C}}-R$ 表示;酮分子中的羰基又叫酮基,是酮的官能团。最简单的酮为丙酮 $H_3C-\overset{O}{\underset{\|}{C}}-CH_3$ 。

§11-1 醛和酮的分类和命名法

一、醛和酮的分类

根据羰基所连接的烃基不同,可将醛酮分为脂肪族醛酮、脂环族醛酮和芳香族醛酮;

根据烃基是否含有不饱和键,分为饱和醛酮和不饱和醛酮;根据分子中含有羰基的数目,可以分为一元醛酮和多元醛酮。一元酮又可以分为单酮和混酮。羰基连接两个相同烃基的酮,叫做单酮;羰基连接两个不同烃基的酮,叫做混酮。

二、醛和酮的命名法

(一)习惯命名法

醛的习惯命名法与伯醇相似,把"醇"字变为"醛"字即可,如:

$$CH_3-CH_2-CH_2-CHO \qquad CH_3-CH-CHO$$
$$\qquad\qquad\qquad\qquad\qquad\qquad\quad |$$
$$\qquad\qquad\qquad\qquad\qquad\qquad\; CH_3$$

  正丁醛　　　　　　　　　　　异丁醛

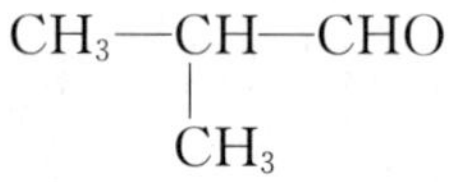

酮的习惯命名法则只需在羰基所连接的两个烃基名称后面加上"酮"字。脂肪混酮命名时,要把次序规则中较优的烃基写在后面,但芳基和脂基的混酮却要把芳基写在前面,如:

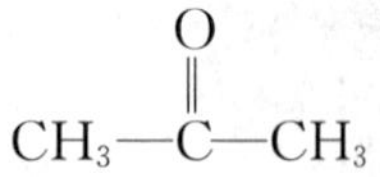

  二甲酮 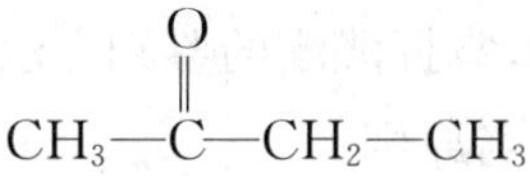　　　　甲基乙基酮(甲乙酮) 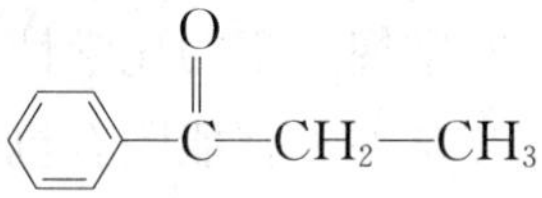　　　　苯基乙基酮
　　　　　　　　　　　　　　　　　　　　　　　(不叫苯乙酮)

(二)系统命名法

醛酮的系统命名法与醇相似,以包含羰基的最长碳链做为主链,支链为取代基,从靠近羰基的一端开始,依次标明碳原子的位次。在醛分子中,醛基总是处于第一位,命名时可不加以标明。酮分子中羰基的位次(除丙酮、丁酮外)必须标明,因为它有位置异构体。例如:

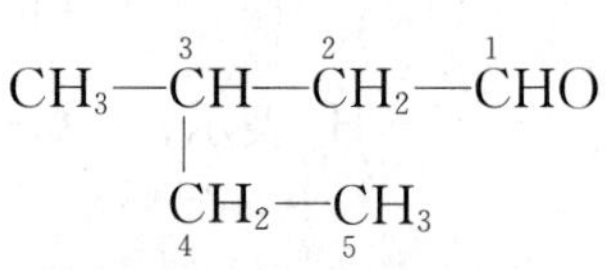

  3-甲基戊醛 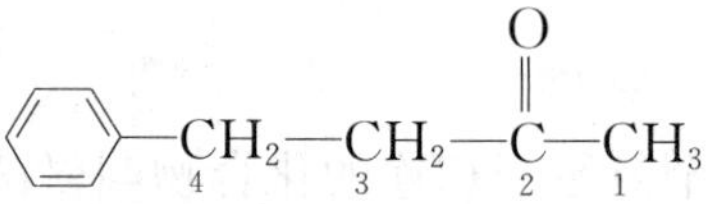　　　　　　　　　　　4-苯基-2-丁酮

不饱和醛酮命名时,应选择含有羰基和不饱和键的最长碳链作为主链,编号时仍从靠近羰基的一端开始,称为某烯醛或某烯酮,并在名称中标明不饱和键的位次,如:

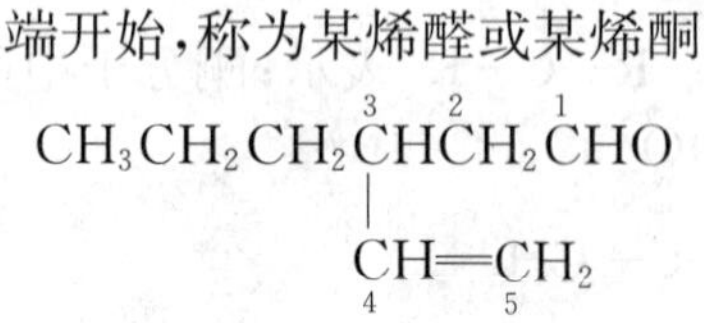

  3-丙基-4-戊烯醛 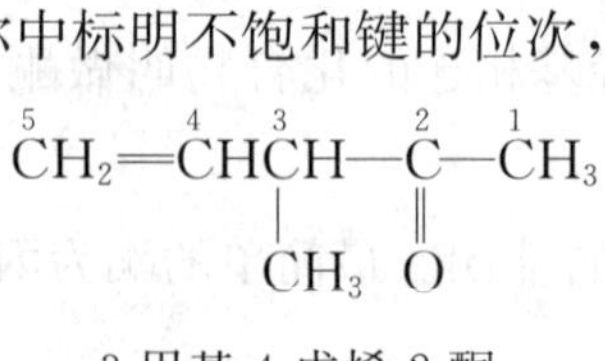　　　　　　　　3-甲基-4-戊烯-2-酮

醛、酮碳原子的位次,除用阿拉伯数字表示外,有时也用希腊字母表示。与官能团羰基直接相连的碳原子为α位,依次为β,γ,δ,…位;在酮分子中与酮基直接相连的两个碳原子都是α碳原子,可分别用α,α'表示。例如:

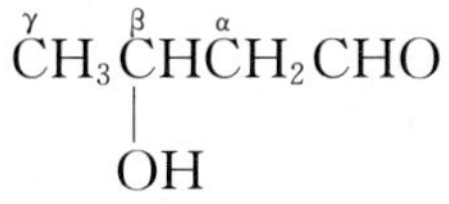

$$\underset{\text{OH}}{\overset{\gamma}{C}H_3\overset{\beta}{C}H\overset{\alpha}{C}H_2CHO}$$

β-羟基丁醛

$$\overset{\beta'}{C}H_3\underset{Br}{\overset{\alpha'}{C}H}-\overset{O}{\underset{}{C}}-\underset{Br}{\overset{\alpha}{C}H}-\overset{\beta}{C}H_3$$

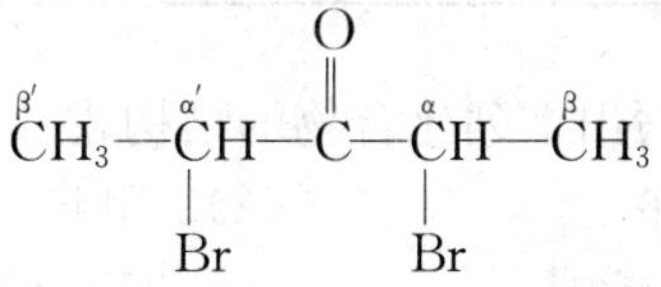

α,α'-二溴-3-戊酮

§11-2 多官能团有机化合物的命名法

前面提到了对羟基苯甲酸、间硝基苯酚等多官能团有机物，这两种物质都含有酚羟基，但是在命名时前者是以苯甲酸为母体，后者是以苯酚为母体，这是为什么呢？对于多官能团化合物，命名时究竟选哪个官能团为母体呢？通常是按照表 11-1 所列举的官能团优先次序来确定母体和取代基。在同一个分子中有多个官能团时，以表 11-1 中处于前面的一个官能团为优先基团，由它决定母体名称，其他官能团都作为取代基来命名。要注意，作为母体的基团，编号总为 1 号。命名时，按最低系列原则和立体化学中的次序规则在母体名称前冠以取代基的位次、数目和名称，如：

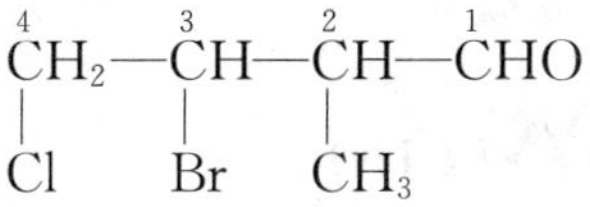

$$\underset{Cl}{\overset{4}{C}H_2}-\underset{Br}{\overset{3}{C}H}-\underset{CH_3}{\overset{2}{C}H}-\overset{1}{C}HO$$

2-甲基-4-氯-3-溴丁醛

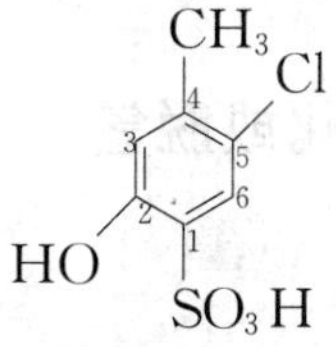

4-甲基-2-羟基-5-氯苯磺酸

表 11-1 一些重要官能团的优先次序
（按照优先次序递降排列）

官能团名称	官能团结构	官能团名称	官能团结构
羧 基	—COOH	酚羟基	—OH
磺 基	—SO$_3$H	巯 基	—SH
酯 基	—COOR	氨 基	—NH$_2$
酰卤基	—COX	叁 键	—C≡C—
酰胺基	—CONH$_2$	双 键	C=C
腈 基	—CN	烷氧基*	—OR
醛 基	—CHO	烷基*	—R
酮 基	C=O	卤原子*	—X
醇羟基	—OH	硝 基*	—NO$_2$

* 引用这几类化合物的官能团时，只能把它们看做取代基。

习题 1 写出下列化合物的结构式。
(1) 新戊醛　　　　　(2) 2-甲基-3-乙基环己酮
(3) β-苯丙烯醛　　　(4) 苯基苄基酮

习题 2 命名下列化合物。

(1) CH_3CHCH_2CHCHO
　　　　$|$　　　$|$
　　　C_2H_5　CH_3

(2) $(CH_3)_2C=CHCH_2\underset{\underset{O}{\|}}{C}CH(CH_3)_2$

(3) 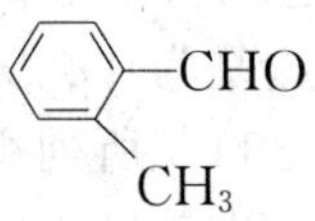 邻甲基苯甲醛 (结构式: 苯环上邻位带 CHO 和 CH_3)

(4) 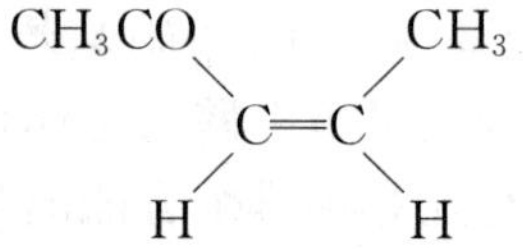 $\underset{H}{\overset{CH_3CO}{\diagdown}}C=C\underset{H}{\overset{CH_3}{\diagup}}$

§11-3 醛和酮的制法

一、醇氧化或脱氢

$$RCH_2OH \xrightarrow{-2[H]\text{或}[O]} RCHO$$

$$R-\underset{\underset{OH}{|}}{C}H-R' \xrightarrow{-2[H]\text{或}[O]} R-\underset{\underset{O}{\|}}{C}-R'$$

伯醇和仲醇在重铬酸钾和稀硫酸等氧化剂的作用下，被氧化成相应的醛和酮。由于醛很容易继续被氧化成羧酸，在反应过程中，应及时将生成的醛从反应体系中分离出来，因此，这种方法适用于制备沸点较低、挥发性较大的低级醛。酮一般较难氧化，因此更适合于用这种方法制备。

若在脱氢时，通入一定量的空气，使生成的氢与氧作用结合生成水，反应可进行到底——催化氧化脱氢，如：

$$2CH_3\underset{\underset{OH}{|}}{C}HCH_3 + O_2 \xrightarrow[380℃]{ZnO} 2CH_3\underset{\underset{O}{\|}}{C}CH_3 + 2H_2O$$

二、炔烃水合

工业上曾以炔烃为原料，在汞盐催化下制备醛和酮，如：

$$HC≡CH + H_2O \xrightarrow[90℃\sim95℃,0.1\sim0.2\text{MPa}]{HgSO_4,H_2SO_4} CH_3CHO$$

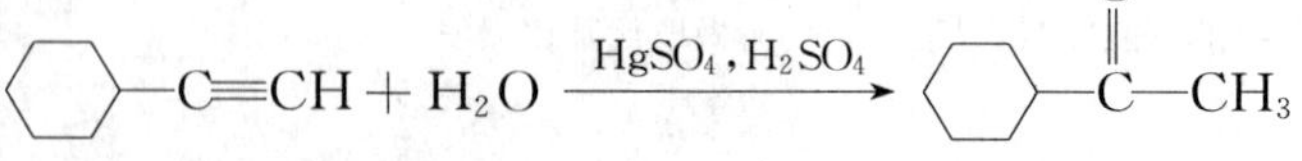

$$C_6H_{11}-C≡CH + H_2O \xrightarrow{HgSO_4,H_2SO_4} C_6H_{11}-\underset{\underset{O}{\|}}{C}-CH_3$$

由于汞盐剧毒，现已开发了用锌、镉、铜盐催化的新工艺条件。

三、烯烃氧化和羰基合成

(一)烯烃氧化

烯烃经臭氧氧化,还原水解可生成醛和酮。

$$\underset{H}{\overset{R}{>}}C=C\underset{R''}{\overset{R'}{<}} \xrightarrow{O_3} \xrightarrow[H_2O]{Zn} R-\overset{O}{\underset{\|}{C}}-H + R'-\overset{O}{\underset{\|}{C}}-R''$$

不同的烯烃经臭氧氧化再还原水解,可得到不同的醛或酮。烯烃分子中有"$CH_2=$"基,得到甲醛;有"$R-CH=$"基,得到醛;有"$R_2C=$"基,得到酮。

(二)羰基合成

α-烯烃与一氧化碳和氢气在催化剂八羰基二钴$[Co(CO)_4]_2$作用下,生成比烯烃分子多一个碳原子的醛。这个反应称为羰基合成,是工业上制取醛的重要方法。

$$RCH=CH_2 + CO + H_2 \xrightarrow[110℃\sim150℃,20MPa]{[Co(CO)_4]_2} RCH_2CH_2CHO + \underset{\underset{CH_3}{|}}{RCHCHO}$$

羰基合成又称氢甲酰化反应,相当于在C=C双键两端加上了氢原子和甲酰基(—CHO)。产物中通常以直链醛为主,是有机化学中增长碳链的方法之一,如:

$$CH_3CH=CH_2 + CO + H_2 \xrightarrow[约170℃,25MPa]{[Co(CO)_4]_2} CH_3CH_2CH_2CHO + \underset{\underset{CH_3}{|}}{CH_3CHCHO}$$

羰基合成得到的醛催化加氢可得到伯醇。这是工业生产低级伯醇的一个重要方法。

四、芳烃侧链氧化

芳烃侧链若含有 α-氢原子,在较弱的氧化剂的作用下,可以被氧化成醛和酮,如:

$$\text{C}_6\text{H}_5-CH_3 \xrightarrow[400℃]{V_2O_5} \text{C}_6\text{H}_5-CHO$$

$$\text{C}_6\text{H}_5-CH_2CH_3 \xrightarrow[120℃\sim130℃]{硬脂酸钴} \text{C}_6\text{H}_5-COCH_3$$

五、芳烃傅瑞德尔-克拉夫茨酰基化反应

芳烃与酰氯或酸酐在无水 $AlCl_3$ 作用下,可直接在芳环上引入酰基生成芳酮,如:

$$\text{C}_6\text{H}_6 + CH_3\overset{O}{\underset{\|}{C}}Cl \xrightarrow{AlCl_3} \text{C}_6\text{H}_5-\overset{O}{\underset{\|}{C}}CH_3$$

也可以用羧酸酐代替酰氯作酰化剂,这是合成芳香酮最常用的方法。

此外,还有乙酰乙酸乙酯合成法制酮,将在§12-10中阐述。

§11-4 醛和酮的物理性质

一、物态

甲醛在室温下为气体,其试剂为40%的水溶液,其他低、中级醛酮为液体,高级醛酮为固体。

低碳醛具有刺激性气味,低级酮具有令人愉快的气味。$C_8 \sim C_{13}$的中级脂肪醛和一些芳醛、芳酮具有香味,可用于配制香精。

二、沸点

由于羰基为一极性基团,故醛、酮的沸点比相对分子质量相近的烃和醚高,但因其分子间不能形成氢键,其沸点又比相同碳原子数的醇要低。随着相对分子质量的增大,醛和酮的沸点与醇或烃的差别逐渐变小,这是因为随着相对分子质量的增大,醇分子间形成氢键的难度加大,而羰基在醛和酮分子中所占的比例也在减小,所以,它们的沸点越来越接近。从表11-2中可以看出上述规律。

表11-2 相对分子质量相近的烷、醚、醛、酮及醇的沸点

化合物名称	$CH_3CH_2CH_2CH_3$	$CH_3OC_2H_5$	CH_3CH_2CHO	CH_3COCH_3	$CH_3CH_2CH_2OH$
	正丁烷	甲乙醚	丙醛	丙酮	正丙醇
相对分子质量	58	60	58	58	60
沸点/℃	0	10.8	49	56.1	97.4

三、水溶性

羰基氧原子可以和水分子中的氢原子形成氢键,因此低级的醛、酮如甲醛、乙醛、丙酮等能和水混溶。随着碳原子数的增加,对形成氢键有空间阻碍作用的烃基体积增大,醛和酮在水中的溶解度也逐渐减小,直至不溶。芳醛和芳酮一般难溶于水,但它们都易溶于有机溶剂。丙酮就是一种良好的有机溶剂。

四、相对密度

脂肪族醛酮相对密度小于1,比水轻;芳香族醛酮相对密度大于1,比水重。一些常见的醛和酮的物理常数见表11-3。

表11-3 一些重要醛酮的物理常数

名称	结构式	熔点/℃	沸点/℃	相对密度	溶解度/g·100 g^{-1}水
甲醛	HCHO	−92	−19.5	0.815	55
乙醛	CH_3CHO	−123	21	0.781	溶(∞)

(续表)

名称	结构式	熔点/℃	沸点/℃	相对密度	溶解度/g·100 g^{-1}水
丙醛	CH_3CH_2CHO	−80	48.8	0.807	20
丁醛	$CH_3(CH_2)_2CHO$	−97	74.7	0.817	4
乙二醛	OHCCHO	15	50.4	1.14	溶(∞)
丙烯醛	$CH_2=CHCHO$	−87.5	53	0.841	溶
苯甲醛	C₆H₅—CHO	−26	179	1.046	0.33
丙酮	CH_3COCH_3	−95	56	0.792	溶(∞)
丁酮	$CH_3COCH_2CH_3$	−86	79.6	0.805	35.3
2-戊酮	$CH_3CO(CH_2)_2CH_3$	−78	102	0.812	微溶
3-戊酮	$C_2H_5COC_2H_5$	−42	102	0.814	4.7
环己酮	环己基=O	−16.4	156	0.942	微溶
丁二酮	$CH_3COCOCH_3$	−2.4	88	0.980	25
2,4-戊二酮	$CH_3COCH_2COCH_3$	−23	138	0.792	溶
苯乙酮	C₆H₅—COCH₃	19.7	202	1.026	微溶
二苯甲酮	C₆H₅—CO—C₆H₅	48	306	1.098	不溶

§11-5 醛和酮的化学性质

醛和酮的化学性质主要由官能团羰基(\C=O)决定。羰基具有平面三角形结构，碳和氧以双键相连(一个 σ 键和一个 π 键)。由于氧的电负性较大，把流动性较大的 π 电子强烈的拉向氧原子一边，使其明显的带有部分负电荷，而羰基碳原子明显的带有部分正电荷。

羰基易受亲核试剂的进攻而发生亲核加成反应；受羰基的影响，α-H 具有活性；且醛基氢也具活性，易被氧化。因此，醛和酮易发生以下三种类型的反应。

$$R-\underset{\underset{H}{|}}{CH}-\underset{\underset{}{\overset{O}{\|}}}{C}-H(R')$$

①②③

1. \C=O 中 π 键断裂，发生加成及还原反应。

2. —C(=O)—H 中 C—H 键断裂，即发生醛的还原反应。

3. α-C—H 键断裂，发生卤代或羟醛缩合反应。

一、亲核加成反应

醛酮分子中的羰基是不饱和键，其中 π 键比较活泼，容易断裂，可以和氢氰酸、亚硫酸氢钠、醇、格氏试剂等发生加成反应。

（一）加氢氰酸

在少量碱催化下，醛、大多数的甲基酮和分子中少于 8 个碳原子的环酮都可以与氢氰酸发生加成反应生成 α-羟基腈（α-氰醇）。

$$\underset{R\quad H(CH_3)}{\overset{O}{\underset{\|}{C}}} \xrightarrow[\text{或 } NaCN/H_2SO_4(\text{滴入})]{HCN/NaOH(\text{微量})} R-\underset{H(CH_3)}{\overset{OH}{\underset{|}{C}}}-CN$$

$$R-\underset{CN}{\overset{OH}{\underset{|}{C}}}-(CH_3)H \begin{array}{c} \xrightarrow{H_3O^+} R-\underset{COOH}{\overset{OH}{\underset{|}{C}}}-(CH_3)H \\ \\ \xrightarrow{2H_2,Pt} R-\underset{CH_2NH_2}{\overset{OH}{\underset{|}{C}}}-(CH_3)H \end{array}$$

α-羟基腈比原料醛或酮分子增加了一个碳原子，这是一种增长碳链的方法。α-羟基腈分子中的氰基可以水解为羧基，也可以还原为氨基，进而转化为许多有用的化合物，因此在有机合成上具有重要的用途。

由于氢氰酸剧毒又易挥发，为了安全起见，可以将醛或酮与氰化钠或氰化钾水溶液混合，然后慢慢加入硫酸，使生成的氢氰酸立即与醛或酮反应。氰化钠或氰化钾的毒性虽然也很大，但不易挥发，容易控制；即使这样，反应仍需在通风橱中进行。

（二）加亚硫酸氢钠

醛、脂肪族甲基酮和分子中少于 8 个碳原子的环酮可以与饱和的（40%）亚硫酸氢钠溶液发生加成反应，生成 α-羟基磺酸钠。

$$\underset{H(CH_3)}{\overset{R}{\underset{|}{C}}}=O + NaHSO_3 \rightleftharpoons \underset{H(CH_3)\quad SO_3Na}{\overset{R\quad OH}{\underset{|\quad |}{C}}}$$
白

α-羟基磺酸钠为白色物质，易溶于水，但不溶于饱和的亚硫酸氢钠溶液。由于反应后有晶体析出，因此可用于鉴别醛、脂肪族甲基酮和分子中少于 8 个碳原子的环酮。生成的 α-羟基磺酸钠在稀酸或稀碱的作用下，可以分解成原来的醛和酮，其反应如下：

$$\underset{H(CH_3)}{\overset{R}{C}}=O \underset{}{\overset{NaHSO_3}{\rightleftharpoons}} \underset{H(CH_3)}{\overset{R}{\underset{|}{C}}}\underset{SO_3Na}{\overset{OH}{|}} \xrightarrow{\begin{array}{c}\text{稀 HCl}\\ \\ \text{稀 Na}_2\text{CO}_3\end{array}} \begin{array}{l} \underset{H(CH_3)}{\overset{H(CH_3)}{R-\underset{|}{C}=O}} + NaCl + SO_2\uparrow + H_2O \\ \\ \underset{H(CH_3)}{\overset{H(CH_3)}{R-\underset{|}{C}=O}} + Na_2SO_3 + CO_2\uparrow + H_2O \end{array}$$

白

可利用这一性质来分离提纯醛和酮。

(三) 加醇

在干燥的氯化氢存在下，醛与饱和的一元醇发生加成反应生成半缩醛，半缩醛不稳定，与醇进一步发生脱水反应生成缩醛。反应是可逆的，必须加入过量的醇以促使平衡向右移动。半缩醛不稳定，容易分解为原来的醛，一般很难分离，因此，上述反应可以看成是 1 mol 的醛与 2 mol 的醇分子间脱去 1 mol 水，生成缩醛。例如：

$$\underset{(R')H}{\overset{R}{C}}=O + R''OH \xrightarrow{\text{无水 HCl}} \underset{(R')H}{\overset{R}{\underset{|}{C}}}\underset{OH}{\overset{OR''}{|}} \xrightarrow{HOR'',HCl(气)} \underset{(R')H}{\overset{R}{\underset{|}{C}}}\underset{OR''}{\overset{OR''}{|}} + H_2O$$

$$\underset{H}{\overset{H_3C}{C}}=O + \begin{array}{l}H-OC_2H_5\\ H-OC_2H_5\end{array} \xrightarrow{\text{无水 HCl}} CH_3CH\underset{OC_2H_5}{\overset{OC_2H_5}{|}} + H_2O$$

醛较易形成缩醛，酮形成半缩酮和缩酮比较困难；即使在酸催化下，酮一般也不和一元醇反应，但可与一些二元醇反应，生成环状缩酮。

$$\underset{H_3C}{\overset{H_3C}{C}}=O + \begin{array}{l}HO-CH_2\\ HO-CH_2\end{array} \xrightarrow{\text{无水 HCl}} \underset{H_3C}{\overset{H_3C}{C}}\underset{O-CH_2}{\overset{O-CH_2}{|}} + H_2O$$

缩醛和环状缩酮在稀酸中都能水解生成原来的醛和酮；但对碱、氧化剂和还原剂都很稳定。利用这些特性，在有机合成中可以用来保护醛基和酮基。例如：

由 HOH$_2$C—⟨ ⟩—CHO 合成 HOOC—⟨ ⟩—CHO，就需要保护醛基。

合成线路：先保护，后氧化。

HOH$_2$C—⟨ ⟩—CHO $\xrightarrow[\text{HCl}]{\text{CH}_3\text{OH}}$ HOH$_2$C—⟨ ⟩—CH$\underset{O-CH_3}{\overset{O-CH_3}{|}}$ $\xrightarrow[\text{OH}^-]{\text{KMnO}_4}$

KOOC—⟨ ⟩—CH$\underset{O-CH_3}{\overset{O-CH_3}{|}}$ $\xrightarrow[\text{H}_2\text{O},\Delta]{\text{H}^+}$ HOOC—⟨ ⟩—CHO

(四) 加格氏试剂

格氏试剂是较强的亲核试剂，非常容易与醛、酮进行加成反应，加成的产物不必分离便可直接水解生成相应的醇，这是制备醇的最重要的方法之一。

$$\begin{array}{c}\diagdown\\ \diagup\end{array}\!\!C\!\!=\!\!O + RMgX \xrightarrow{\text{无水乙醚}} \begin{array}{c}\diagdown\\ \diagup\end{array}\!\!\!\!\!\!\overset{OMgX}{\underset{R}{C}}\!\!\!\!\!\! \xrightarrow{H_2O} R\!\!-\!\!\overset{|}{\underset{|}{C}}\!\!-\!\!OH + HOMgX$$

格氏试剂与甲醛作用，可得到比格氏试剂多一个碳原子的伯醇，如：

$$HCHO + CH_3CH_2CH_2MgBr \xrightarrow[②H^+,H_2O]{①无水乙醚} CH_3(CH_2)_2CH_2OH$$

格氏试剂与其他醛作用，可得到仲醇，如：

$$CH_3CHO + CH_3CH_2MgBr \xrightarrow[②H^+,H_2O]{①无水乙醚} CH_3\underset{OH}{\overset{|}{C}}HCH_2CH_3$$

格氏试剂与酮作用，可得到叔醇，如：

$$CH_3\overset{O}{\overset{\|}{C}}CH_3 + CH_3CH_2MgBr \xrightarrow[②H^+,H_2O]{①无水乙醚} CH_3\underset{CH_3}{\overset{CH_3}{\overset{|}{\underset{|}{C}}}}CH_2CH_3$$

加成反应是醛和酮的重要反应，不同结构的醛和酮发生加成反应的反应活性也不同，其顺序为：

$Cl_3CCHO > HCHO > RCHO > PhCHO > CH_3COCH_3 >$ ⬠=O
$> RCOCH_3 > PhCOCH_3 > PhCOR > PhCOPh$

习题3 完成下列反应。

(1) $CH_3\underset{OH}{\overset{|}{C}}HCH_2CH_3 \xrightarrow{[O]} ? \xrightarrow{HCN} ?$

(2) Ph—MgBr $+ CH_3CHO \xrightarrow{\text{干醚}} ? \xrightarrow{H_3O^+} ?$

(3) ⬡=O $+ \begin{array}{c}CH_2OH\\ |\\ CH_2OH\end{array} \xrightarrow{H^+} ?$

(4) $CH_3CH_2CHO \xrightarrow{NaHSO_3} ?$

习题4 由指定原料合成指定化合物。

(1) 由甲醇和2-丁醇及必要的无机试剂合成2-甲基丁醇；

(2) 由 CH_2CH_2OH 合成 $CH_3\overset{O}{\overset{\|}{C}}CH_2CH_3$。

二、与氨的衍生物的缩合反应

醛、酮可与氨的衍生物发生亲核加成反应，最初生成的加成产物容易脱水，生成含碳氮双键的化合物，所以此反应称为加成-消除反应。这些氨的衍生物有羟氨（HO—NH$_2$）、肼（NH$_2$—NH$_2$）、苯肼（C$_6$H$_5$—NH—NH$_2$）、2,4-二硝基苯肼（O$_2$N—C$_6$H$_3$(NO$_2$)—NH—NH$_2$）等。

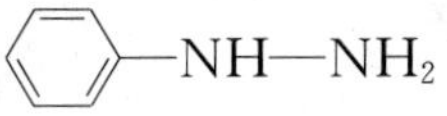

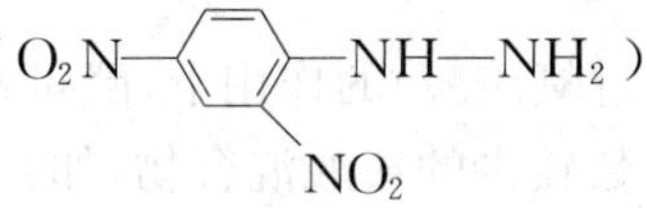

这一反应可以用下列通式表示：

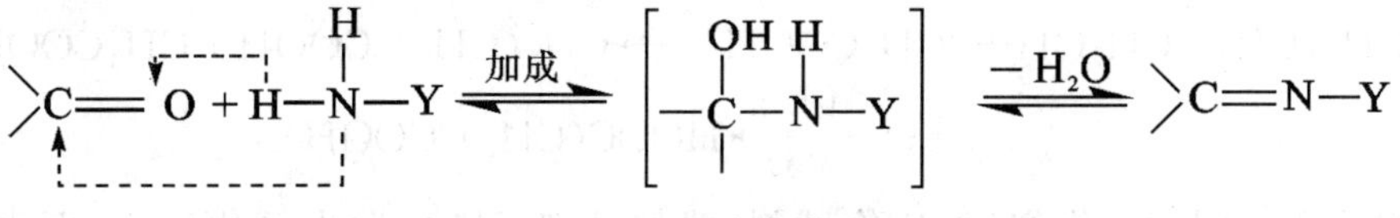

$$\text{>C=O} + \text{H—N(H)—Y} \underset{\text{加成}}{\rightleftharpoons} \left[\text{—C(OH)—N(H)—Y} \right] \underset{\text{不稳定}}{\overset{-H_2O}{\rightleftharpoons}} \text{>C=N—Y}$$

上式也可以直接写成：

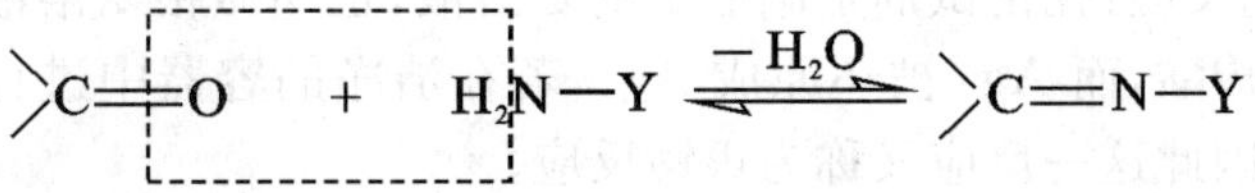

$$\text{>C=O} + \text{H}_2\text{N—Y} \underset{}{\overset{-H_2O}{\rightleftharpoons}} \text{>C=N—Y}$$

例如：

$$(CH_3)_2C=O + \begin{cases} H_2N-OH & \text{羟氨} \\ H_2N-NH_2 & \text{肼} \\ H_2N-NH-C_6H_5 & \text{苯肼} \\ H_2N-NH-C_6H_3(NO_2)_2 & \text{2,4-二硝基苯肼} \end{cases} \longrightarrow \begin{cases} (CH_3)_2C=N-OH & \text{丙酮肟} \\ (CH_3)_2C=N-NH_2 & \text{丙酮腙} \\ (CH_3)_2C=N-NH-C_6H_5 & \text{丙酮苯腙} \\ (CH_3)_2C=N-NH-C_6H_3(NO_2)_2 & \text{丙酮-2,4-二硝基苯腙} \end{cases}$$

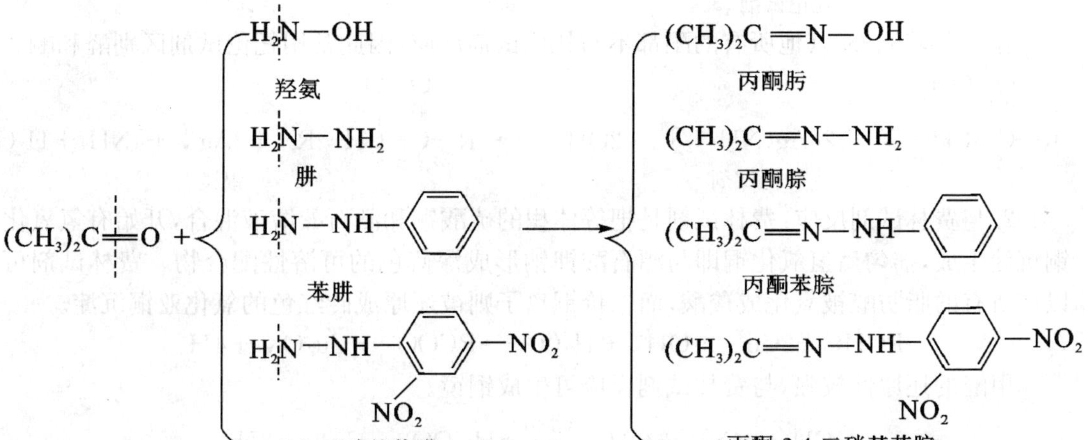

醛酮与氨的衍生物缩合后，反应产物一般为具有固定熔点的晶体；其中，2,4-二硝基苯腙为黄色晶体。这一反应比较灵敏，常用于醛酮的定性分析。此外，由于反应产物可在稀酸作用下分解成原来的醛和酮，所以又可用于醛酮的分离和提纯。

习题 5 完成下列反应。

(1) 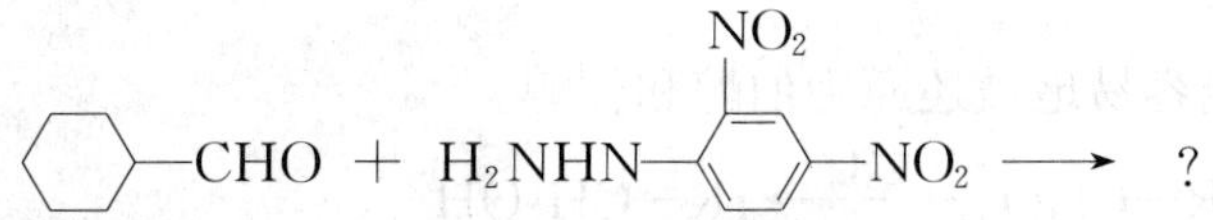 C$_6$H$_{11}$—CHO + H$_2$NHN—C$_6$H$_3$(NO$_2$)$_2$ ⟶ ?

(2) CH$_3$COCH$_2$CH$_3$ + H$_2$NOH ⟶ ?

三、氧化还原反应

(一)氧化反应

在强氧化剂(如 $KMnO_4$、$K_2Cr_2O_7$-H_2SO_4、Ag_2O、H_2O_2、过氧羧酸)的作用下,醛可被氧化为相应碳原子数的羧酸;酮则发生碳链断裂,生成碳原子数较少的羧酸混合物,如:

$$CH_3(CH_2)_3CH_2OH + CH_3\overset{O}{\underset{\|}{C}}OOH \longrightarrow CH_3(CH_2)_3COOH + CH_3COOH$$

$$\underset{}{\bigcirc}=O \xrightarrow[V_2O_5]{HNO_3} HOOC(CH_2)_4COOH$$

如果采用较弱的氧化剂(如托伦试剂、费林试剂),则醛发生氧化反应,而酮却不能。这是因为醛基上的氢原子,比较活泼,容易被氧化。

1. 与托伦试剂反应:托伦试剂是硝酸银的氨溶液,也叫做银氨溶液,具有较弱的氧化性,可将醛氧化成羧酸,而 Ag^+ 被还原成 Ag。若在洁净的容器中进行,可在容器上形成光洁明亮的银镜,因此这一反应又称为银镜反应。

$$\underset{\text{托伦试剂}}{RCHO + 2[Ag(NH_3)_2]^+ + 2OH^-} \longrightarrow \underset{\text{银镜}}{2Ag\downarrow} + RCOONH_4 + 3NH_3 + H_2O$$

除 α-羟基酮外,其他所有的酮都不与托伦试剂反应,因此常用托伦试剂区别醛和酮。

$$\underset{\text{托伦试剂}}{R-\overset{O}{\underset{\|}{C}}-\overset{OH}{\underset{|}{C}}H-R' + 2[Ag(NH_3)_2]^+ + 2OH^-} \longrightarrow R-\overset{O}{\underset{\|}{C}}-\overset{O}{\underset{\|}{C}}-R' + \underset{\text{银镜}}{2Ag\downarrow} + 4NH_3 + H_2O$$

2. 与费林试剂反应:费林试剂是把等体积的硫酸铜和酒石酸溶液混合,开始有氢氧化铜沉淀生成,摇匀后氢氧化铜即与酒石酸钾钠形成深蓝色的可溶性配合物。费林试剂可以使所有的脂肪醛被氧化成羧酸,而二价铜离子则被还原成砖红色的氧化亚铜沉淀。

$$RCHO + 2Cu^{2+} + OH^- + H_2O \longrightarrow RCOO^- + Cu_2O\downarrow + 4H^+$$

甲醛的还原性较强,与费林试剂反应可生成铜镜。

$$HCHO + Cu^{2+} + OH^- \xrightarrow[\Delta]{(水浴)} HCOO^- + Cu\downarrow + 2H^+$$

芳香醛和所有的酮都不与费林试剂反应。

托伦试剂和费林试剂都是弱氧化剂,它们都不能氧化醛分子中的碳碳双键和碳碳叁键,以及 β 位和 β 位以外的羟基,是性能良好的选择性氧化剂。

$$CH_3CH=CHCHO \xrightarrow{\text{托伦试剂或费林试剂}} CH_3CH=CHCOOH$$

$$HOCH_2CH_2CHO \xrightarrow{\text{托伦试剂或费林试剂}} HOCH_2CH_2COOH$$

(二)还原反应

1. 还原为醇:醛和酮都能容易地被还原为伯醇和仲醇。

$$R-CHO \xrightarrow{[H]} R-CH_2OH$$

$$R-\overset{O}{\underset{\|}{C}}-R' \xrightarrow{[H]} R-\overset{OH}{\underset{|}{C}}H-R'$$

还原可以采用以下几种方法：

(1) 催化加氢。在铂、钯、雷尼镍等催化剂的作用下，用催化加氢的方法可以还原羰基，并且反应的产率高，在 90%～100%。但是，如果醛酮分子中含有碳碳双键和叁键、—NO_2、—C≡N 等基团时，这些不饱和基团也被还原，如：

$$CH_3CH=CHCHO \xrightarrow[\text{雷尼镍}]{H_2} CH_3CH_2CH_2CH_2OH$$

(2) 金属氢化物还原剂还原。

①$LiAlH_4$ 还原。$LiAlH_4$ 还原的特点：一是强还原剂，但选择性差，除不还原 C=C、C≡C 外，其他不饱和键都可被其还原；二是不稳定，遇水剧烈反应，通常只能在无水醚或四氢呋喃(THF)中使用，如：

$$CH_3CH=CHCHO \xrightarrow[\text{②}H_3O^+]{\text{①}LiAlH_4,\text{干乙醚}} CH_3CH=CHCH_2OH$$

②$NaBH_4$ 还原。$NaBH_4$ 还原的特点：一是选择性强（只还原醛、酮、酰卤中的羰基，不还原其他基团）；二是稳定（不受水、醇的影响，可在水或醇中使用），如：

$$CH_3CH=CHCHO \xrightarrow[\text{②}H_3O^+]{\text{①}NaBH_4} CH_3CH=CHCH_2OH$$

③异丙醇铝-异丙醇还原。异丙醇铝-异丙醇还原的特点：反应的专一性高，只还原羰基，如：

$$\text{环己酮} + (CH_3)_2CHOH \xrightarrow{[(CH_3)_2CHO]_3Al} \text{环己醇} + CH_3\overset{O}{\overset{\|}{C}}CH_3$$

2. 还原为烃：

$$\underset{}{\overset{}{>}}C=O \xrightarrow{[H]} \underset{}{\overset{}{>}}CH_2$$

醛酮也可以被还原为烃，主要有以下两种方法。

(1) 克莱门森(Clemmensen)还原——酸性还原。醛、酮与锌汞齐和盐酸共热，羰基可直接还原成亚甲基，这一反应就称为克莱门森还原，如：

$$\text{Ph}\overset{O}{\overset{\|}{C}}CH_3 \xrightarrow[\text{HCl},\Delta]{Zn-Hg} \text{Ph}-CH_2CH_3$$
$$80\%$$

克莱门森还原反应并不经过醇的阶段，反应的结果是把羰基直接转变成亚甲基。对于酮，特别是芳香酮，这个还原反应具有重要的意义，在有机合成中常用来合成直链烷基苯。

(2) 沃尔夫-凯西纳还原法——碱性还原。这一反应最初是由俄国人沃尔夫、德国人凯西纳完成的。该法是将醛或酮与无水肼反应生成腙，然后将腙在乙醇钠或氢氧化钾中，于高压下加热，使之分解，放出氮气，羰基被还原为亚甲基。

$$\underset{(H)R'}{\overset{R}{>}}C=O \xrightarrow{\text{无水 }NH_2-NH_2} \underset{(H)R'}{\overset{R}{>}}C=N-NH_2 \xrightarrow[\text{加压回流},50\sim100h]{KOH,200℃} \underset{}{\overset{}{>}}CH_2 + N_2\uparrow$$

1946 年我国有机化学家黄鸣龙改进了这个方法。他把醛或酮与氢氧化钠或氢氧化钾、85%水合肼(有时可用 50%水合肼)以及一种高沸点的水溶性溶剂二甘醇或三甘醇一起加热回流生成腙,然后蒸去水和过量的肼,继续在 200℃下加热回流,使腙分解放出氮气,羰基变为亚甲基。所以,这一反应又称作沃尔夫-凯西纳-黄鸣龙还原法。它不需使用难以制备和价格昂贵的无水肼,可以在常压下反应,反应由几十小时缩短至约 1 小时便可完成,无需分离出腙,因而在有机合成上被广泛应用。例如:

$$\text{C}_6\text{H}_5\text{COCH}_2\text{CH}_3 \xrightarrow[\text{三甘醇},200℃,3\sim5\text{ h}]{85\%\text{水合肼},\text{KOH}} \text{C}_6\text{H}_5\text{CH}_2\text{CH}_2\text{CH}_3 \ (82\%) + \text{N}_2\uparrow$$

该方法适用于对酸不稳定而对碱稳定的醛、酮。

(三) 歧化反应

不含 α-氢原子的醛,在浓碱的作用下,发生自身的氧化还原反应。一分子醛被氧化成羧酸,另一分子醛被还原成醇,这一反应就叫做歧化反应,又称为坎尼扎罗(Cannizzaro)反应,如:

$$2\text{HCHO} + \text{NaOH} \longrightarrow \text{HCOONa} + \text{CH}_3\text{OH}$$

两种无 α-氢原子的醛能发生交叉歧化反应,生成四种产物,不易分离,在合成上没有什么实际意义。但是甲醛与其他无 α-氢原子的醛发生交叉歧化反应时,由于还原性较强,反应中把其他无 α-氢原子的醛还原成醇而自身被氧化成甲酸。这一反应在有机合成上是很有用的,即把芳醛还原成芳醇,如:

$$\text{C}_6\text{H}_5\text{—CHO} + \text{HCHO} \xrightarrow[\text{H}_2\text{O},\text{CH}_3\text{OH}]{30\%\text{NaOH}} \text{C}_6\text{H}_5\text{—CH}_2\text{OH} \ (90\%) + \text{HCOONa}$$

习题 6 完成下列反应。

(1) $\text{CH}_3\text{CH}=\text{CHCH}_2\text{CH}_2\text{CHO} \xrightarrow{\text{Ag(NH}_3)_2\text{OH}}$?

(2) $\text{C}_6\text{H}_5\text{—CH}=\text{CHCOCH}_3 + (\text{CH}_3)_2\text{CHOH} \xrightarrow{[(\text{CH}_3)_2\text{CHO}]_3\text{Al}}$? + ?

(3) $\text{C}_6\text{H}_{11}\text{—CHCHO} \xrightarrow[\text{②H}_3\text{O}^+]{\text{①LiAlH}_4,\text{干乙醚}}$?

(4) $\text{C}_6\text{H}_5\text{COCH}_3 \xrightarrow[\text{HCl},\Delta]{\text{Zn-Hg}}$?

(5) $(\text{CH}_3)_3\text{CCHO} + \text{HCHO} \xrightarrow{\text{浓 NaOH}}$? + ?

习题 7 下列化合物中,哪些能够发生歧化反应?

(1) $\text{CH}_3\text{CH}_2\text{CHO}$ (2) $(\text{CH}_3)_3\text{CCHO}$

(3) 环己基—CHO   (4) C$_6$H$_5$—CHO

四、α-氢原子的反应

受官能团羰基的影响,醛、酮分子中的 α-氢原子非常活泼,含有 α-氢原子的醛酮可以发生以下一些反应。

(一)卤化和卤仿反应

在酸、碱催化下,醛、酮分子中的 α-氢原子可以逐步被卤素原子取代,生成 α-卤代醛、酮。

1. 在酸催化下的卤化反应速率缓慢,可以控制在生成一卤代物阶段,如:

$$CH_3COCH_3 + Br_2 \xrightarrow{H^+} CH_2BrCOCH_3 + HBr$$

2. 在碱催化下,卤化反应速率很快,具有 $-\underset{\underset{O}{\|}}{C}-CH_3$ 构造的醛(乙醛)、酮(甲基酮)一般不易控制生成一卤代物、二卤代物,而是生成三卤代物 $-\underset{\underset{O}{\|}}{C}-CX_3$。这种三卤代物在碱性条件下很不稳定,容易进一步分解成羧酸盐和三卤甲烷(卤仿),反应如下:

$$(H)\ R-\underset{\underset{O}{\|}}{C}-CH_3 + 3X_2 + 3OH^- \longrightarrow (H)\ R-\underset{\underset{O}{\|}}{C}-CX_3 + 3X^- + 3H_2O$$

$$(H)\ R-\underset{\underset{O}{\|}}{C}-CX_3 + OH^- \longrightarrow CX_3^- + RCOOH \longrightarrow CHX_3 + RCOO^-$$

由于反应的最终结果生成了卤仿,所以又称卤仿反应。该反应可用以下通式表示:

$$(H)\ R-\underset{\underset{O}{\|}}{C}-CH_3 + 3X_2 + 4OH^- \longrightarrow (H)R-\underset{\underset{O}{\|}}{C}-O^- + CHX_3 + 3X^- + 3H_2O$$

如果使用碘的氢氧化钠(即次碘酸钠)溶液进行反应,生成的是碘仿(CHI_3)。碘仿是不溶于水的亮黄色晶体,熔点为 119℃,有特殊气味,易于识别,因此可用碘仿反应来鉴别乙醛和甲基酮。

次卤酸盐是一种氧化剂,可以把醇类氧化成相应的醛、酮。因此,凡具有 $-\underset{\underset{OH}{|}}{CH}-CH_3$ 构造的醇先被氧化成乙醛或甲基酮,再进行卤仿反应。所以,碘仿反应也能鉴别具有上述结构的醇类,如乙醇、异丙醇等。

卤仿反应是缩短碳链的反应之一,可用于制备用常规方法难以制备的羧酸,如:

$$\triangle\!\!-\underset{\underset{O}{\|}}{C}-CH_3 \xrightarrow[\text{②酸化}]{\text{①}Br_2,OH^-,H_2O} \triangle\!\!-COOH + CHBr_3$$

$$(CH_3)_2C=CHCOCH_3 \xrightarrow[\text{②酸化}]{\text{①}Cl_2,OH^-,H_2O} (CH_3)_2C=CHCOOH + CHCl_3$$

产物氯仿和溴仿都为液体,易从羧酸中分离出来。

习题 8 下列化合物哪些能发生碘仿反应？写出反应式。

(1) C₆H₅—CO—CH₃ (2) C₅H₉—CH₂COCH₃ (3) CH₃CH(OH)CH₂CH₃

(4) C₆H₁₁—CH₂CHO (5) CH₃CH₂OH (6) C₅H₉—CH₂CHO

（二）羟醛缩合反应

1. 羟醛缩合：在稀碱的作用下，两分子含有 α-氢原子的醛可以相互作用，其中一分子断裂 α-碳氢键，与另一分子的羰基发生加成反应，生成 β-羟基醛。β-羟基醛在受热的情况下很不稳定，容易脱水生成 α,β-不饱和醛。这个反应就叫做羟醛缩合反应，如：

$$CH_3-\underset{O}{\overset{}{C}}-H + CH_2CHO \xrightarrow{\text{稀}OH^-} CH_3-CH(OH)-CH_2-CHO \xrightarrow[\triangle]{-H_2O} CH_3CH=CHCHO$$

这是制取 α,β-不饱和醛的一种方法。α,β-不饱和醛进一步催化加氢，则得到饱和醇。

$$CH_3CH=CHCHO \xrightarrow[Ni]{H_2} CH_3CH_2CH_2CH_2OH$$

通过羟醛缩合可以合成比原料醛分子中多一倍碳原子的醛和醇，如工业上从乙醛合成正丁醇。

除乙醛外，其他醛所得到的羟醛缩合产物都是分子中在 α-碳原子上带有支链的羟醛、烯醛。烯醛进一步催化加氢，则得到 β-碳原子上带有支链的醇，其通式表示如下：

$$RCH_2\overset{O}{\overset{\|}{C}}H + H\underset{R}{\overset{}{C}}HCHO \xrightarrow{\text{稀}OH^-} RCH_2\underset{}{\overset{OH}{C}H}-\underset{R}{\overset{}{C}}HCHO \xrightarrow[\triangle]{-H_2O}$$

$$RCH_2CH=\underset{R}{\overset{}{C}}CHO \xrightarrow[Ni]{H_2} RCH_2CH_2\underset{R}{\overset{}{C}}HCH_2OH$$

2. 交叉羟醛缩合：两种不含 α-氢原子的醛之间发生的羟醛缩合反应，称为交叉羟醛缩合。产物为四种产物的混合物，在合成上没有多大的实际价值。但当一种醛不含 α-氢，而另一种醛含有 α-氢时，如果使含有 α-氢的醛大大过量，就能得到产率较高的单一产物。例如，工业上以甲醛和乙醛为原料，先后进行交叉羟醛缩合和交叉歧化反应来制取季戊四醇。

$$3HCHO + CH_3CHO \xrightarrow[55℃]{Ca(OH)_2} HOH_2C-\underset{\underset{CH_2OH}{|}}{\overset{\overset{CH_2OH}{|}}{C}}-CHO$$

$$\begin{array}{c}CH_2OH\\|\\HOH_2C-C-CHO\\|\\CH_2OH\end{array} + HCHO \xrightarrow[55℃]{Ca(OH)_2} \begin{array}{c}CH_2OH\\|\\HOH_2C-C-CH_2OH\\|\\CH_2OH\end{array} + (HCOO)_2Ca$$

季戊四醇是略带甜味的无色固体,熔点为 260℃,在水中溶解度为 6 g·100 g^{-1} 水(20℃),用于涂料工业。它的硝酸酯是优良的炸药。

3. 羟酮缩合:在稀碱的作用下,两分子含有 α-氢原子的酮也可以发生羟酮缩合,但反应比醛困难,生成物的产率很低。如果把生成的产物及时分离出来,使平衡向右移动,也可以把许多含有 α-氢原子的酮成功转化成 β-羟基酮,脱水后的产物是 α,β-不饱和酮,如:

$$2CH_3\overset{O}{\underset{}{C}}CH_3 \xrightleftharpoons{Ba(OH)_2} CH_3-\underset{\underset{CH_3}{|}}{\overset{\overset{OH}{|}}{C}}-CH_2\overset{O}{\underset{}{C}}CH_3 \xrightarrow[蒸馏]{I_2} CH_3-\underset{\underset{CH_3}{|}}{C}=CH\overset{O}{\underset{}{C}}CH_3 + H_2O$$

(80%)

4. α,β-不饱和醛、酮的羟醛缩合:α,β-不饱和醛、酮,例如 2-丁烯醛,虽然分子中羰基和甲基之间存在一个碳碳双键,但是由于它与羰基碳氧双键发生共轭。

$$\begin{array}{c}H\\|\\H-C-CH=CH-\overset{H}{\underset{}{C}}=O\\|\\H\end{array}$$

氧原子的吸电子作用通过共轭链传递,使得甲基氢原子仍然保持着像乙醛 α-氢原子那样的活性,在稀碱作用下,也能发生羟醛缩合反应。

$$CH_3CH=CHCHO + CH_3CH=CHCHO \xrightarrow{稀 OH^-} CH_3CH=CHCHCH_2CH=CHCHO$$
$$\xrightarrow[\Delta]{-H_2O} CH_3CH=CHCH=CHCH=CHCHO$$

2,4,6-辛三烯醛

共轭效应沿共轭链传递时,不因共轭链的加长而降低,所以 2,4,6-辛三烯醛分子的甲基氢原子也具有同样的活性。

习题 9 完成下列反应。

(1) 2 ⌬—CH$_2$CHO $\xrightarrow{稀 OH^-}$? $\xrightarrow[\Delta]{-H_2O}$?

(2) ⌬—CHO + CH$_3$CHO $\xrightarrow{稀 OH^-}$?

习题 10 用简便的化学方法鉴别下列化合物。

(1) 甲醛、乙醛、丙酮和苯乙醛
(2) 正丁醛、苯甲醛和苯乙酮

§11-6 重要的醛和酮

一、甲醛

甲醛又称蚁醛，沸点为-19.5℃，熔点为-118℃，是一种无色，有强烈刺激性气味的气体，在空气中的爆炸极限为7%～73%（体积分数）。

将甲醛水溶液在少量硫酸存在下煮沸，可得到三聚甲醛。

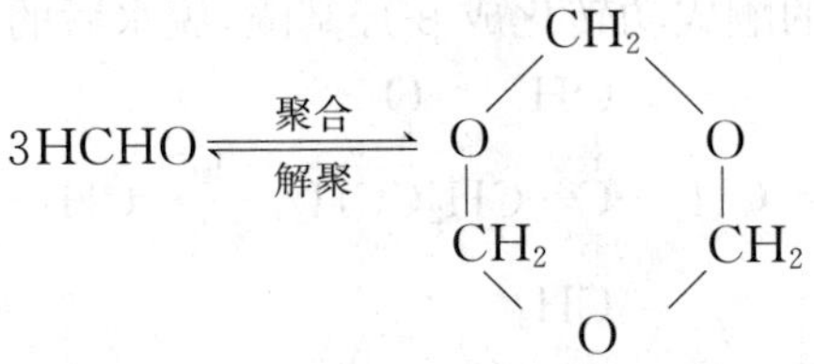

$$3HCHO \underset{解聚}{\overset{聚合}{\rightleftharpoons}} \begin{array}{c} CH_2 \\ O \quad\quad O \\ CH_2 \quad CH_2 \\ O \end{array}$$

三聚甲醛为无色晶体。以三聚甲醛为原料能制得高分子量的甲醛，经过处理后可用作性能优良的工程材料。

甲醛在工业上用途广泛，主要有以下几个方面：

(1)木材工业。

用于生产脲醛树脂及酚醛树脂，由甲醛与尿素按一定摩尔比混合进行反应生成。

(2)纺织业。

服装在树脂整理的过程中都要涉及甲醛的使用。服装的面料生产，为了达到防皱、防缩、阻燃等作用，或为了保持印花、染色的耐久性，或为了改善手感，就需在助剂中添加甲醛。目前使用甲醛印染助剂比较多的是纯棉纺织品，因为纯棉纺织品容易起皱，使用含甲醛的助剂能提高棉布的硬挺度。含有甲醛的纺织品，在人们穿着和使用过程中，会逐渐释出游离甲醛，通过人体呼吸道及皮肤接触引发呼吸道炎症和皮肤炎症，还会对眼睛产生刺激。甲醛能引发过敏，还可诱发癌症。厂家使用含甲醛的染色助剂，特别是一些生产厂为降低成本，使用甲醛含量极高的廉价助剂，对人体十分有害。

(3)防腐溶液。

甲醛由甲醛亚硫酸氢钠在60℃以上分解释放出的一种物质，无色，有刺激气味、易溶于水。35%～40%的甲醛水溶液俗称福尔马林，具有防腐杀菌性能，可用来浸制生物标本，给种子消毒等。甲醛具有防腐杀菌性能的原因主要是构成生物体（包括细菌）本身的蛋白质上的氨基能跟甲醛发生反应。

(4)食品行业。

甲醛具有防腐性能，常被加入水产品等不易储存的食品中。

现代工业以甲醇或天然气为原料经催化氧化来制取甲醛。

$$2CH_3OH + O_2 \xrightarrow[250℃～300℃]{Ag 或 Cu} 2HCHO + 2H_2O$$

二、乙醛

乙醛是无色透明、有刺鼻气味的液体，沸点为20.8℃，能与水、乙醇、乙醚、氯仿等溶剂混溶。乙醛对眼及皮肤有刺激作用。容易挥发和燃烧,在空气中的爆炸极限为 4% ~ 57%(体积分数)。

乙醛具有典型的醛的性质。室温时,在少量硫酸存在下,乙醛容易聚合成三聚乙醛。

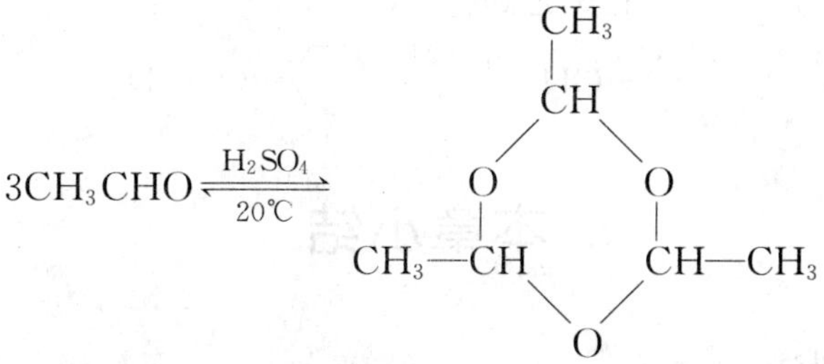

$$3CH_3CHO \underset{20℃}{\overset{H_2SO_4}{\rightleftharpoons}} \begin{array}{c} \text{三聚乙醛结构} \end{array}$$

三聚乙醛是无色透明、有特殊香味的液体,难溶于水,在医药上又称醋醛,是比较安全的催眠药。三聚乙醛在硫酸存在下加热,可以解聚成乙醛,是乙醛的一种贮存形式。乙醛最主要的用途是生产乙酸和乙酸酐,也常用于生产正丁醇、季戊四醇、三聚乙醛等有机产品。

工业上以乙炔水合法、乙醇氧化法和乙烯直接氧化法制乙醛。目前,工业上生产乙醛的最好方法是以乙烯为原料,以氯化钯或氯化铜的水溶液为催化剂,用空气或氧气将乙烯氧化为乙醛,该反应的收率很高。

$$2CH_2=CH_2 + O_2 \xrightarrow[100℃,1\ MPa]{PdCl_2-CuCl_2} 2CH_3-\overset{O}{\overset{\|}{C}}-H$$

三、丙酮

丙酮是最简单的饱和酮,为无色透明、有清香气味的液体,沸点为 56℃;容易挥发和燃烧,在空气中的爆炸极限为 2.55% ~ 12.80%(体积分数)。丙酮可以任意比例与水混溶,也能溶解油脂、树脂等许多物质,是性能良好的有机溶剂。

丙酮用做溶剂,广泛用于涂料、电影胶片的生产中。它也是重要的有机化工原料,可用于合成有机玻璃、异戊橡胶、环氧树脂等高分子化合物。

工业上用淀粉发酵、异丙醇催化氧化、异丙苯氧化水解和丙烯直接催化氧化等方法制取丙酮。目前,使用较多的是异丙苯氧化制苯酚的同时制取丙酮,也可用丙烯直接氧化法:

$$2CH_3-CH=CH_2 + O_2 \xrightarrow[90℃\sim120℃,1\ MPa]{PdCl_2-CuCl_2} 2CH_3-\overset{O}{\overset{\|}{C}}-CH_3$$

四、环己酮

环己酮是无色油状液体,有丙酮的气味,沸点为 155.7℃,微溶于水,较易溶于乙醇、乙醚等有机溶剂;皮肤经常与之接触会引起皮炎;其蒸气对人的视网膜和上呼吸道黏膜有刺激性。

环己酮最主要的用途是制备己二胺和己内酰胺。己二胺是生产尼龙-66 的单体。己内酰胺是生产尼龙-6 的单体。

现代工业上以环己烷为原料来制取环己酮。

本章小结

一、醛和酮的制法

二、醛和酮的化学性质

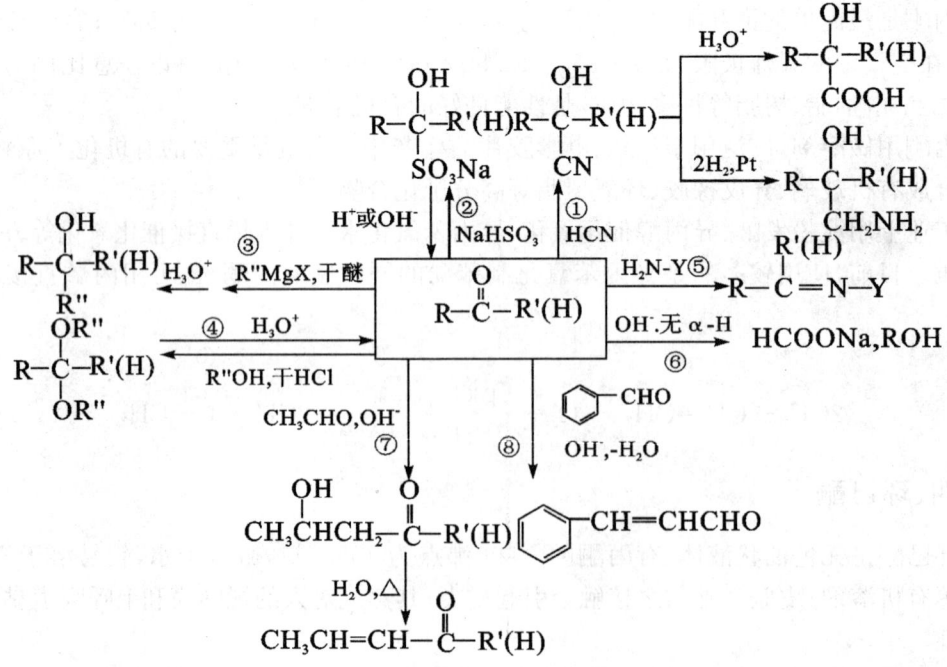

注：反应②只适用于醛、脂肪族甲基酮和分子中少于 8 个碳原子的环酮。

反应⑤Y= —OH, —NH$_2$, —NHC$_6$H$_5$, —NHCONH$_2$ 等。

反应⑥适用于无 α-H 的反应，此处 R=H。

反应⑦和⑧中，R=CH$_3$ 。

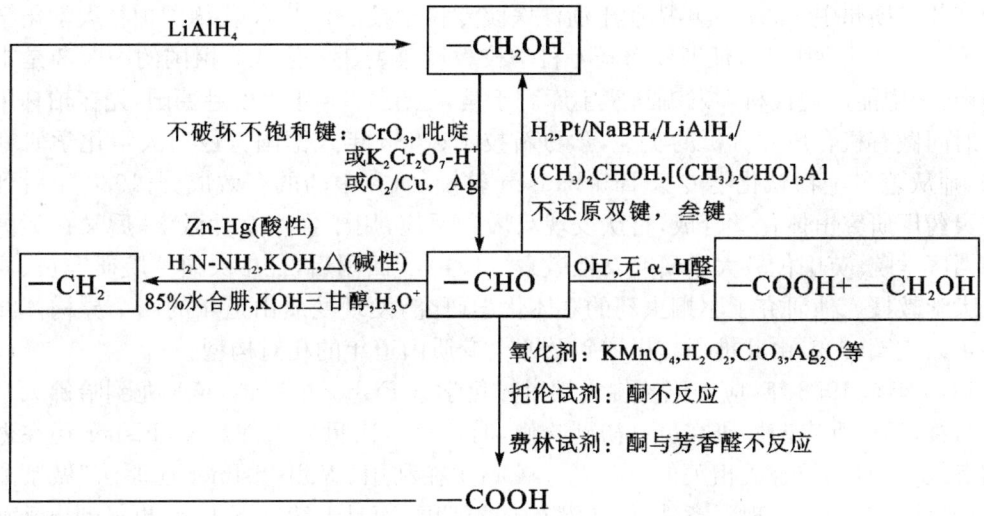

其他反应：

1. α-H 的卤代反应：$CH_3COCH_3 + Br_2 \xrightarrow{H^+} CH_2BrCOCH_3 + HBr$

卤仿反应：

$$(H)R-\overset{O}{\underset{\|}{C}}-CH_3 + 3X_2 + 4OH^- \longrightarrow (H)R-\overset{O}{\underset{\|}{C}}-O^- + CHX_3 + 3X^- + 3H_2O$$

适用于：乙醛、甲基酮和含 —CH(OH)—CH$_3$ 结构的醇。

2. 低级醛酮的聚合反应：

$HCHO + CH_3COCH_3 \xrightarrow{OH^-} HOCH_2CH_2COCH_3$

$HCHO + CH_2(H)CH=CHCHO \xrightarrow{OH^-} CH_2(OH)CH_2CH=CHCHO \xrightarrow{-H_2O}$

$CH_2=CHCH=CHCHO$

注：两分子醛酮中至少有一个有 α-H 键。

3. 氧化反应：醛易氧化，酮一般不易被氧化。

【阅读材料】

黄鸣龙

黄鸣龙(1898年8月6日~1979年7月1日),江苏扬州人,有机化学家。1917年毕业于江苏省扬州中学,1918年毕业于浙江医院专科学校。1924年获德国柏林大学化学博士学位。1925年回国后,任浙江医药专科学校教授兼主任。他认为祖国的中医药是丰富的遗产,希望能用现代科学发掘这座宝库。于是,他在1934年再度赴德国,先在柏林用了一年时间做有机合成和分析的实验,学习新技术;1935年入德国符兹堡大学化学研究所进修,师从著名生物碱化学专家Bruchausen教授,研究中药的有效成分;1938年后到德国先灵药厂研究甾体化学合成,首次发现双烯酮反应,用于生产女性激素;后又在英国密得塞斯医学院、英国伦敦大学研究女性激素。1940年回国后,任中央研究院研究员、西南联合大学教授。他研究了驱蛔虫药的立体化学研究,发现变质山道年的四个异构体在酸碱中可以成圈转变,由此推断出山道年及四个变质山道年的相对构型。

1945年至1952年,应美国哈佛大学甾体化学家Fisher的邀请,黄鸣龙到哈佛大学做访问教授,后任默克药厂研究员。初到哈佛,时值第二次世界大战后期,Fisher还在做战时服务工作,研究与合成相关的抗疟药。黄鸣龙在利用"Wolf-kishner还原法"做萘醌中间体的还原实验时,出现了意外,但他没有弃之不顾,而是继续做下去,结果得到出乎意料的好产率。他仔细分析原因,对这种还原法进行了创造性改造,取得突破性成果。新方法被命名为"黄鸣龙还原法",这是以我国科学家名字命名的重要有机化学反应的首例,被写进了各国有机化学教科书中。

黄鸣龙1952年回国后,任中国人民解放军医学科学院化学系主任;1956年后,在中国科学院有机化学研究所工作,历任研究员、中科院数学物理化学部委员、中国药学会副理事长。1958年,他研究出了利用国产薯蓣皂甙元为原料,七步合成可的松,获国家创造发明奖。之后,黄鸣龙的研究方向主要放在甾体化合物上,并合成多种甾体激素类药物及口服避孕药,为建立甾体药物工业作出了重大贡献。关于甾体合成和甾体反应的研究,1982年获国家自然科学奖二等奖。发表论文百余篇。

黄鸣龙是第三届全国人大代表,第二、三、五届全国政协委员。

黄鸣龙还原法是有机化学史上迄今唯一一个用中国人名字命名的反应。它的基础是Wolf-kishner还原法,黄鸣龙在其反应条件上进行了改良,先将醛、酮、氢氧化钠、肼的水溶液和一个高沸点的水溶性溶剂(如二甘醇、三甘醇)一起加热,使醛、酮变成腙,再蒸出过量的水和未反应的肼,待达到腙的分解温度(约200℃)时继续回流3~4个小时至反应完成,这样可以不使用Wolf-kishner法中的无水肼,反应可在常压下进行,而且缩短反应时间,提高反应产率(可达90%)。

$$\text{Ph-CO-CH}_2\text{CH}_3 \xrightarrow[\text{三甘醇,200℃,3~5 h}]{85\%\text{水合肼,KOH}} \text{Ph-CH}_2\text{CH}_2\text{CH}_3 + N_2\uparrow$$
$$82\%$$

习题 11 命名下列化合物。

(1) CH₃CH(C₂H₅)CH₂CH(CH₃)CHO

(2) C₆H₅COCH₃（苯乙酮）

(3) 邻甲氧基苯甲醛

(4) CH₂=CHCH₂COCH₃

(5) CH₃CH₂CO—环己基

(6) (CH₃)(H)C=C(CH₃)COC≡CH

(7) HCOCH₂CH(CH₃)CH₂CHO

(8) CH₃COCH₂COCH₃

习题 12 写出下列化合物的结构式。

(1) 2-乙基戊醛   (2) 间硝基苯甲醛   (3) 对甲基苯乙酮

(4) 2-丁烯醛   (4) β-苯基丁酮   (6) 甲基叔丁基酮

习题 13 完成下列反应式。

(1) 环己醇 $\xrightarrow{K_2Cr_2O_7 / H_2SO_4}$? $\xrightarrow{H_2N-OH}$?

(2) $CH_3CH_2C\equiv CH + H_2O \xrightarrow{HgSO_4 / H_2SO_4}$? $\xrightarrow{I_2 / NaOH}$? + ?

(3) $CH_2=CH_2 + CO + H_2 \xrightarrow{[Co(CO)_4]_2}$? $\xrightarrow[\text{稀 }OH^-]{C_6H_5CHO}$? $\xrightarrow[\Delta]{-H_2O}$?

(4) $C_6H_5-CHO + HCHO \xrightarrow{\text{浓 }NaOH}$? + ?

(5) $C_6H_6 + CH_3COCl \xrightarrow{AlCl_3}$? $\xrightarrow[\text{稀 }HCl]{Zn-Hg}$?

(6) $C_6H_5-CHO + C_6H_5-MgBr \xrightarrow{\text{干醚}}$? $\xrightarrow{H_3O^+}$?

(7) O=环己基-COOH $\xrightarrow{NaBH_4}$?

习题 14 下列化合物中，哪些能与饱和亚硫酸氢钠加成？哪些能发生碘仿反应？写出反应产物。

(1) $CH_3COCH_2CH_3$ (2) $CH_3CH_2CH_2CHO$

(3) CH_3CH_2OH (4) $CH_3CH_2COCH_2CH_3$

(5) $(CH_3)_3CCHO$ (6) $CH_3CH(OH)CH_2CH_3$

(7) $(CH_3)_2CHCOCH(CH_3)_2$ (8) $CH_3CH_2CH(CH_3)CHO$

(9) 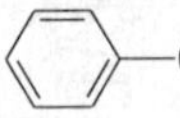 Ph—COCH₃   (10) 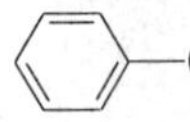 Ph—CHO

习题 15   用化学方法鉴别下列各组化合物。
(1) 甲醛、乙醛、丙酮
(2) 乙醛、苯甲醛、苯乙酮和对甲苯酚
(3) 丙醛、丙酮、正丙醇和异丙醇

习题 16   由指定原料合成指定化合物(无机试剂任选)。
(1) 由乙醇合成丁酮
(2) 由丙烯合成 CH₃CH₂CH₂CH₂OH
(3) 由正丁醇和甲苯合成 Ph—CH₂COCH₂CH₂CH₃
(4) 由乙烯合成正丁醇

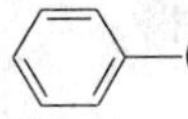

习题 17   有一化合物 A 分子式为 C₈H₁₄O，A 可以很快使溴水褪色，可以和苯肼发生反应，但与硝酸银氨溶液无变化。A 氧化后得到一分子丙酮和另一化合物 B。B 具有酸性，能与次碘酸钠的碱溶液反应生成一分子碘仿和一分子丁二酸的二钠盐。试写出 A 和 B 的结构式及各步反应式。

习题 18   化合物 A 和 B 的分子式都是 C₃H₆O，它们都能与亚硫酸氢钠作用生成白色晶体。A 能与托伦试剂作用产生银镜，但不能发生碘仿反应；B 能发生碘仿反应，但不与托伦试剂作用。试推测 A 和 B 的结构式。

习题 19   化合物 A 的分子式是 C₉H₁₀O₂，能溶于氢氧化钠溶液，既可与羟氨、氨基脲等反应，又能与 FeCl₃ 溶液发生显色反应，但不与托伦试剂反应。A 经 LiAlH₄ 还原则生成化合物 B，分子式为 C₉H₁₂O₂。A 和 B 均能起卤仿反应。将 A 用 Zn-Hg 齐在浓盐酸中还原，可以生成化合物 C，分子式为 C₉H₁₂O。将 C 与 NaOH 溶液作用，然后与碘甲烷煮沸，得到化合物 D，分子式为 C₁₀H₁₄O。D 用 KMnO₄ 溶液氧化，最后得到对甲氧基苯甲酸。写出 A、B、C、D 的结构式。

第十二章 羧酸及其衍生物

学习目标

知识目标
1. 了解羧酸及其衍生物的物理性质,重要的羧酸及其衍生物,蜡、油脂的性质和用途。
2. 理解羧酸的酸性与结构的关系。
3. 掌握羧酸及其衍生物的命名方法,羧酸的制备及其化学性质,羧酸衍生物的化学性质,β-二羰基化合物在合成上的应用。

能力目标
1. 能分析羧酸分子中羰基和烃基、羧基和烃基相互影响所表现出的化学特性。
2. 能利用羧酸及其盐的酸碱性和溶解性分离、提纯和鉴别羧酸。
3. 能运用羧酸衍生物相互转化的条件合成物质。
4. 能运用乙酰乙酸乙酯合成法和丙二酸二乙酯合成法合成物质。

羧酸是分子中含有 $-\overset{\overset{O}{\|}}{C}-OH$ 官能团的化合物,通常把这个官能团写作 —COOH,称为羧基。羧基由羰基和羟基相连构成,羰基的另一端如果与烃基相连,便构成酰基 $R-\overset{\overset{O}{\|}}{C}-$。

酰基与其他官能团如氨基($-NH_2$)、卤原子($-X$)、酰氧基($R-\overset{\overset{O}{\|}}{C}-O-$)、烷氧基($R-O-$)等相连,则分别构成酰胺、酰卤、酸酐、酯等羧酸衍生物。

羧酸及其衍生物在自然界中分布十分广泛,与我们的生活也密切相关。例如,水果中的香味大部分为酯类物质产生的。羧酸及其衍生物由于在化学性质上有很多相似之处,所以把它们放在同一章中讨论。

§12-1 羧酸的分类和命名法

一、羧酸的分类

按羧基所连烃基种类不同,可分为脂肪羧酸和芳香羧酸;按烃基是否饱和,可分为饱和羧酸和不饱和羧酸；按羧酸分子中所含羧基数目的多少，可分为一元羧酸、二元羧酸、三元羧酸等。一元脂肪族羧酸的通式为 R—COOH，一元芳香族羧酸的通式为 Ar—COOH。

二、羧酸的命名

（一）习惯命名法

一些羧酸经常根据其天然来源命名。例如，甲酸最初是由蚂蚁蒸馏得到的，称为蚁酸；得自食醋的乙酸，俗称醋酸；另外，还有草酸、苹果酸和柠檬酸等。

（二）系统命名法

羧酸系统命名法考虑优先官能团原则和最低系列原则。

选择分子中含羧基的最长碳链为主链，根据主链上碳原子数目称为某酸。主链上碳原子的编号从羧基的碳原子开始，用阿拉伯数字编号（也可以用希腊字母表示，即与羧基直接相连的碳原子为 α，其余依次为 β，γ，…等），如：

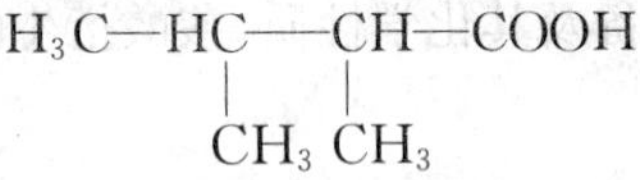

$$H_3C-\underset{CH_3}{\underset{|}{CH}}-\underset{CH_3}{\underset{|}{CH}}-COOH \qquad H_3C-\underset{CH_3}{\underset{|}{C}}=CH-COOH$$

2,3-二甲基丁酸或 α,β-二甲基丁酸 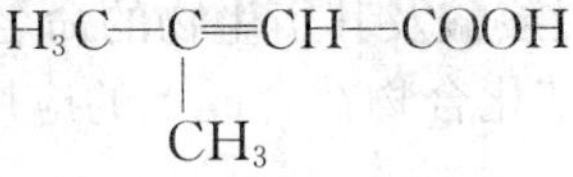　　　　　3-甲基-2-丁烯酸或 β-甲基-α-丁烯酸

二元羧酸命名时，选择包含两个羧基的最长碳链为主链，根据主链碳原子的数目称为"某二酸"，如：

HOOC—COOH　　　HOOC—CH=CH—COOH　　　邻苯二甲酸

乙二酸　　　　　　　　丁烯二酸　　　　　　　邻苯二甲酸

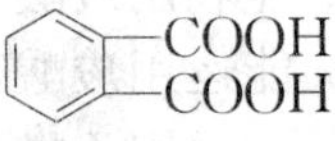

芳香酸和脂环酸，可把芳环和脂环作为取代基来命名，如：

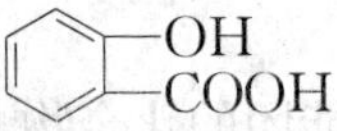

邻羟基苯甲酸（水杨酸）

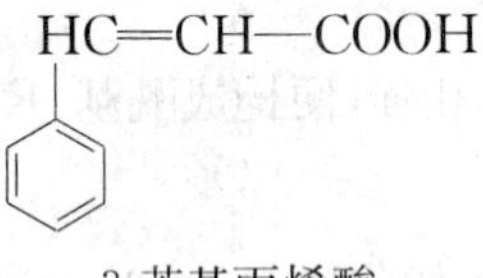

3-苯基丙烯酸 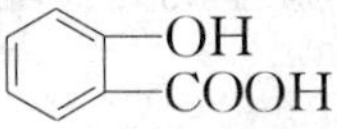　　　　邻羟基苯甲酸（水杨酸） 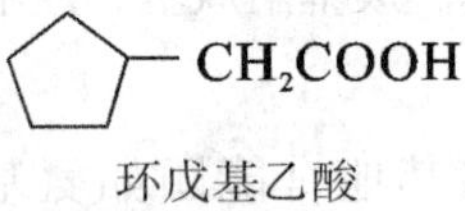　　　环戊基乙酸

习题 1　命名下列化合物。

(1) $BrCH_2CH_2COOH$

(2) 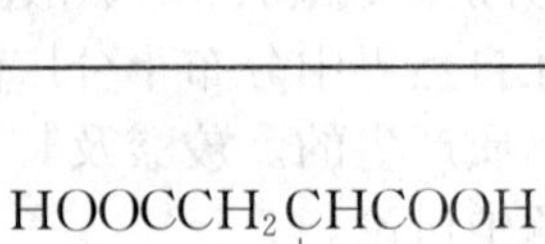 $HOOCCH_2\underset{Cl}{\underset{|}{CH}}COOH$

(3) 1-萘甲酸（5-氯代）

(4) 取代苯甲酸（2-OCH₃，4-NO₂）

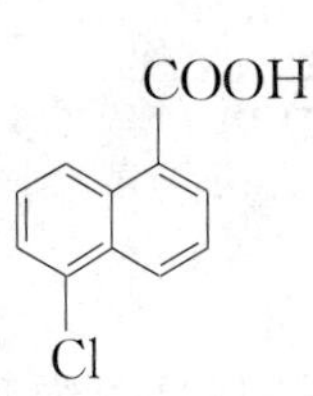

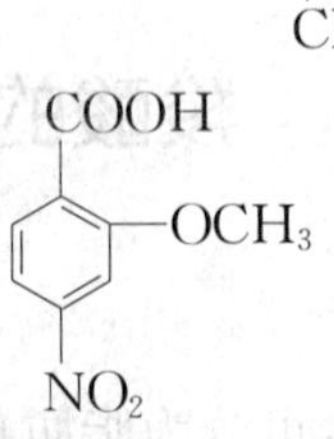

§12-2 羧酸的制法

一、烃、伯醇或醛的氧化反应

高级烷烃在锰盐催化下加热，用空气或氧气氧化，可制得脂肪酸的混合物，分子中含 12～18 个碳的脂肪酸可用做表面活性剂和制造肥皂的原料。烯烃也可以作为原料来制取羧酸，反应中烯烃碳链在双键处断裂生成羧酸产物。

$$RCH=CH_2 + KMnO_4 \xrightarrow{H^+} RCOOH + CO_2 + H_2O$$

含 α 氢的烷基苯氧化可制取芳香酸。

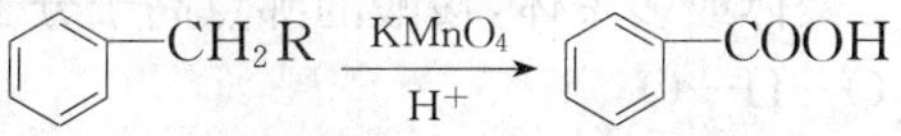

$$C_6H_5-CH_2R \xrightarrow[H^+]{KMnO_4} C_6H_5-COOH$$

伯醇或醛氧化可生成相应的羧酸，这是制备羧酸的最普遍的方法。伯醇氧化先生成醛，醛易进一步氧化生成羧酸。常用的氧化剂有重铬酸钾-硫酸、三氧化铬-冰醋酸、高锰酸钾、硝酸等，如：

$$CH_3CH_2CH_2CH_2OH \xrightarrow[H_2SO_4]{KMnO_4} CH_3CH_2CH_2CHO \xrightarrow[H_2SO_4]{KMnO_4} CH_3CH_2CH_2COOH$$

二、腈的水解

腈在中性溶液中水解得很慢，通常加酸或碱催化加速反应的进行，产量一般较高。

$$RCN \xrightarrow[H_2O]{HCl} RCOOH$$

腈可通过卤代烃与 NaCN 或 KCN 作用制得，此法所制得的羧酸，比原卤代烃增加一个碳原子。但此法不适用于仲卤代烃和叔卤代烃，因 NaCN、KCN 碱性较强，易使仲卤代烃或叔卤代烃脱去卤化氢生成烯烃。

三、格利雅试剂制备

将格利雅试剂倒在干冰（即固体 CO_2，干冰不仅是反应试剂而且是冷却剂）上，或将 CO_2 在低温下通入格利雅试剂的干醚溶液中，待 CO_2 不再被吸收后，把所得的混合物水解，即得到羧酸。

$$RMgX + CO_2 \xrightarrow[低温]{干醚} R-\underset{\underset{}{}}{C}(=O)-OMgX \xrightarrow{H_2O} R-C(=O)-OH$$

$$CH_3CH_2CH(MgX)CH_3 + CO_2 \xrightarrow[低温]{干醚} CH_3CH_2CH(COOMgX)CH_3 \xrightarrow{H_2O} CH_3CH_2CH(COOH)CH_3$$

$$C_6H_5-MgX + CO_2 \xrightarrow[低温]{干醚} C_6H_5-COOMgX \xrightarrow[H_2O]{H^+} C_6H_5-COOH$$

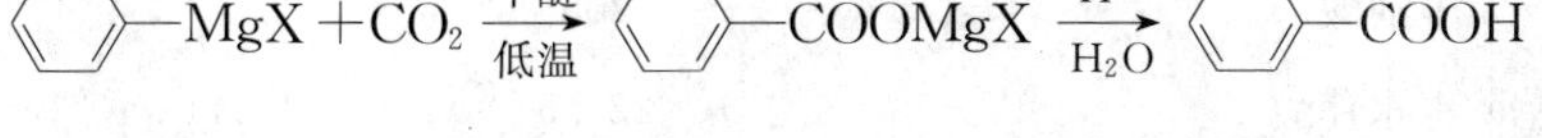

四、丙二酸二乙酯合成法

(见§12-10 β-二羰基化合物在合成上的应用)

§12-3 羧酸的物理性质

常温时,$C_1 \sim C_3$是有刺激性气味的无色透明液体,$C_4 \sim C_9$是具有腐败气味的油状液体,C_{10}以上的直链一元羧酸是无臭无味的白色蜡状固体。脂肪族二元羧酸和芳香族羧酸都是白色晶体。随着C原子数目的增加,熔点呈锯齿状的变化(偶数C原子羧酸的熔点比相邻的两个奇数C原子羧酸的熔点高)。由于羧酸分子间及羧酸分子与水分子间可以形成氢键而缔合成较稳定的二聚体或多聚体,羧酸的沸点高于分子量相近的醇的沸点。

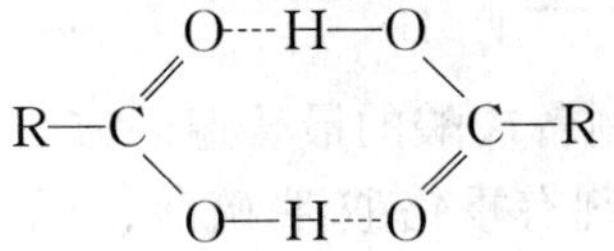

羧酸分子间形成氢键

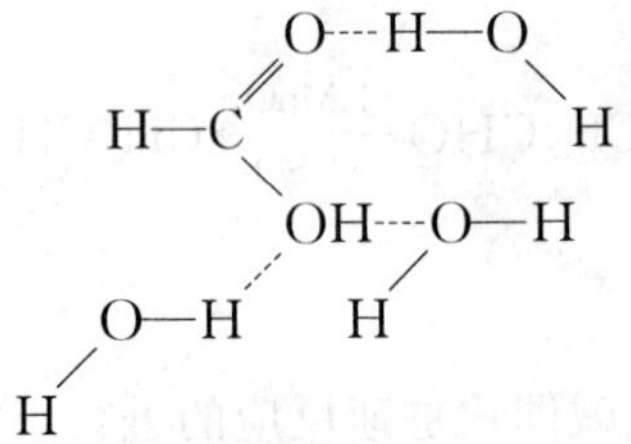

甲酸与水通过氢键缔合

例如：

	甲酸	乙醇
沸点	100.5℃	78.5℃

羧酸分子可与水形成氢键,所以低级羧酸能与水混溶,随着相对分子质量的增加,非极性的烃基愈来愈大,使羧酸的溶解度逐渐减小,分子中含6个碳原子以上的羧酸难溶于水而易溶于有机溶剂。一些羧酸的物理常数见表12-1。

表12-1 一些羧酸的名称和物理常数

化合物名称	俗称	熔点/℃	沸点/℃	溶解度/ $g \cdot (100 \ gH_2O)^{-1}$	pK_{a_1}
甲酸	蚁酸	8.4	100.5	∞	3.77
乙酸	醋酸	7.0	118	∞	4.74
丙酸	初油酸	-22	141	∞	4.88
丁酸	酪酸	-5	162.5	∞	4.82
戊酸	缬草酸	-34.5	187	3.7	4.85
己酸	羊油酸	-1.5	205	0.4	4.85
庚酸	毒水芹酸	-8	223.5	0.244	4.89

(续表)

化合物名称	俗称	熔点/℃	沸点/℃	溶解度/ g·(100 gH$_2$O)$^{-1}$	pK_{a_1}
辛酸	羊脂酸	16	239	0.068	4.85
壬酸	天竺葵酸	15	254	0.026	4.96
十六酸	软脂酸	63	390	不溶	
十八酸	硬脂酸	70	383	不溶	6.37
丙烯酸	败脂酸	13	141	∞	4.26
3-苯丙烯酸	肉桂酸	133	300	0.1	4.33
苯甲酸	安息酸	122	249	0.34	4.19
乙二酸	草酸	189	100	8.6	1.27
丙二酸	缩苹果酸	135	140	73.5	2.85
丁二酸	琥珀酸	185	235	5.8	4.16

§12-4 羧酸的化学性质

羧基的结构为：

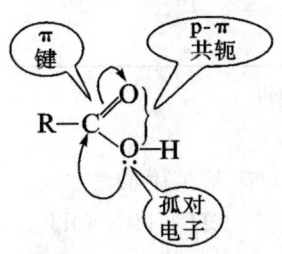

从结构式看,羧基由羰基与羟基组成,但实际上羟基氧原子的未用 p 电子对与羰基形成了 p-π 共轭体系,所以羧基的化学性质就不是羰基和羟基化学性质的简单加和,而是显示其本身特性。

由于羧酸分子结构中键的断裂方式不同,因而可以发生不同的反应,表示如下：

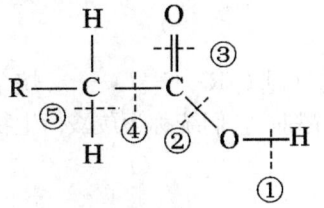

① O—H 键断裂而表现出酸性。
② —OH 被取代的反应。
③ 羧基中羰基的还原反应。
④ C—C 键断裂发生脱羧反应。
⑤ α-H 的取代反应。

一、酸性

一般羧酸的 K_a 在 $10^{-4} \sim 10^{-5}$ 之间,pK_a 值在 3.5~5 之间,属于弱酸,但大多数羧酸的酸性比碳酸的强,能使蓝色石蕊试纸变红。

羧酸的酸性比苯酚和碳酸的酸性强,因此羧酸能与碳酸钠、碳酸氢钠等反应生成羧酸盐。

$$2RCOOH + Na_2CO_3 \longrightarrow 2RCOONa + CO_2\uparrow + H_2O$$
$$RCOOH + NaHCO_3 \longrightarrow RCOONa + CO_2\uparrow + H_2O$$
$$RCOOH + NaOH \longrightarrow RCOONa + H_2O$$

但羧酸的酸性比一般的无机强酸弱,所以在羧酸盐中加入无机酸时,羧酸又游离出来。利用这一性质,不仅可以鉴别羧酸和苯酚,还可以用来分离提纯有关化合物。

$$RCOONa + HCl \longrightarrow RCOOH + NaCl$$

不同羧酸的酸性是不同的,下面主要讨论烃基结构对羧酸酸性的影响。

脂肪羧酸中,羧酸的酸性强弱与羧基相连的基团有关:能使羧基电子云密度下降的吸电子基团将增加其酸性;使羧基电子云密度上升的斥电子基团将减弱其酸性,如:

$$CH_3COOH \quad\quad ClCH_2COOH \quad\quad Cl_2CHCOOH \quad\quad Cl_3CCOOH$$
$$pKa = 4.74 \quad\quad pKa = 2.86 \quad\quad pKa = 1.26 \quad\quad pKa = 0.64$$

芳香羧酸中,当芳基上连有钝化基团时,使羧基中 —OH 键易断,酸性增强;反之,当连接有活化基团时,使羧基中 —OH 键不易断,酸性减弱,如:

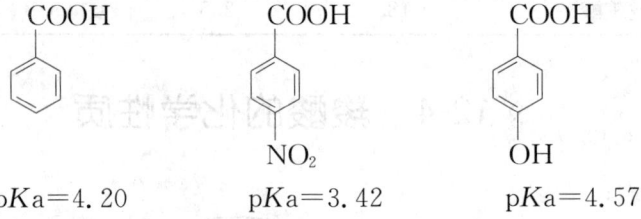

习题 2 比较下列物质的酸性。
(1) 乙醇、乙酸、乙二酸
(2) 苯甲酸、对甲基苯甲酸、对硝基苯甲酸
(3) $CH_3\underset{F}{CH}COOH \quad\quad CH_3\underset{Br}{CH}COOH \quad\quad CH_3\underset{Br}{CH}COOH$

二、羟基被取代的反应

羧酸分子中羧基上的羟基可被卤原子(—X)、酰氧基($R-\overset{O}{\underset{\|}{C}}-O-$)、烷氧基(R—O—)、氨基(—NH$_2$)取代,分别生成酰卤、酸酐、酯及酰胺,它们统称为羧酸衍生物。

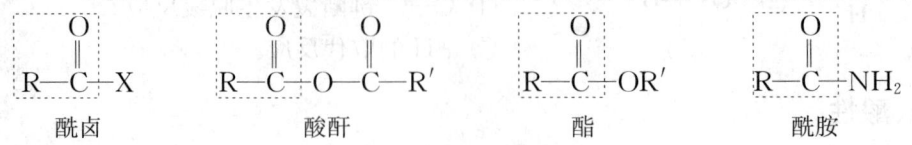

(一) 酰卤的生成

酰氯是最常用的酰卤,它可由羧酸与五氯化磷、三氯化磷或氯化亚砜等卤化剂作用制得。

$$R-\underset{\underset{O}{\|}}{C}-OH + PCl_3 \longrightarrow R-\underset{\underset{O}{\|}}{C}-Cl + H_3PO_3$$

$$R-\underset{\underset{O}{\|}}{C}-OH + PCl_5 \longrightarrow R-\underset{\underset{O}{\|}}{C}-Cl + POCl_3 + HCl\uparrow \quad (200℃分解)$$

$$R-\underset{\underset{O}{\|}}{C}-OH + SOCl_2 \longrightarrow R-\underset{\underset{O}{\|}}{C}-Cl + SO_2\uparrow + HCl\uparrow \quad (沸点107℃)$$

用氯化亚砜卤代剂制取的酰氯较易进行提纯处理，因副产物 SO_2 和 HCl 是气体，易于挥发，而过量的低沸点 $SOCl_2$ 可通过蒸馏除去，所得的酰卤较纯，此法应用较广。

由于酰卤很活泼，容易水解，所以分离精制酰卤产品宜采用蒸馏的方法。选用哪种含磷卤代剂，这取决于所生成的酰卤与含磷副产物之间的沸点差异。通常用相对分子质量小的羧酸来制备酰卤时，用三卤化磷做卤代剂，反应中生成的酰卤沸点低可随时蒸出；相对分子质量大的酰卤沸点高，制备它时可用五卤化磷做卤代剂，反应后容易把三卤氧磷蒸馏出来。

（二）酸酐的生成

在脱水剂的作用下，羧酸加热脱水，生成酸酐。常用的脱水剂为五氧化二磷、乙酰氯、乙酸酐等。

饱和一元羧酸在脱水剂存在下加热，分子间脱去一分子水而生成酸酐。

$$RCOO-\boxed{H + HO}-\underset{\underset{O}{\|}}{C}-R \xrightarrow[\text{乙酸酐}]{P_2O_5} RCOO-\underset{\underset{O}{\|}}{C}-R + H_2O$$

$$\text{Ph}-\underset{\underset{O}{\|}}{C}-\boxed{H + HO}-\underset{\underset{O}{\|}}{C}-\text{Ph} \xrightarrow[\Delta]{P_2O_5} \text{Ph}-\underset{\underset{O}{\|}}{C}-O-\underset{\underset{O}{\|}}{C}-\text{Ph} + H_2O$$

混合酸酐可用酰卤和无水羧酸盐共热的方法制备。此法既可以制取混酐，也可以制取单酐，如：

$$CH_3-\underset{\underset{O}{\|}}{C}-ONa + CH_3CH_2-\underset{\underset{O}{\|}}{C}-Cl \xrightarrow{\text{乙酸酐}} CH_3-\underset{\underset{O}{\|}}{C}-O-\underset{\underset{O}{\|}}{C}-CH_2CH_3 + NaCl$$

两个羧基相隔 2～3 个碳原子的丁二酸、戊二酸、邻苯二甲酸等二元羧酸，不需要任何脱水剂，只需加热，便可以分子内脱水，生成五元或六元环状酸酐。

$$\begin{array}{c} CH_2-C-OH \\ | \quad \| \\ | \quad O \\ CH_2-C-OH \\ \| \\ O \end{array} \xrightarrow{\Delta} \begin{array}{c} CH_2-C \\ | \quad \| \\ | \quad O \\ CH_2-C \\ \| \\ O \end{array}\!\!\!>O + H_2O$$

$$\begin{array}{c} \text{o-}C_6H_4(COOH)_2 \end{array} \xrightarrow{\Delta} \text{邻苯二甲酸酐} + H_2O$$

(三)酯的生成(酯化反应)

羧酸与醇在酸(如硫酸、干燥 HCl、$H_3C-\langle\bigcirc\rangle-SO_3H$ 或强酸性离子交换树脂)的催化下生成酯的反应称为酯化反应。

$$R-\underset{\underset{O}{\|}}{C}-OH + HO-R' \underset{}{\overset{H^+}{\rightleftharpoons}} R-\underset{\underset{O}{\|}}{C}-OR' + H_2O$$

$$H-\underset{\underset{O}{\|}}{C}-OH + HOCH_2CH_2CH_3 \underset{\text{过量}}{\overset{H_2SO_4}{\rightleftharpoons}} H-\underset{\underset{O}{\|}}{C}-OCH_2CH_2CH_3 + H_2O \quad \text{沸点 82℃}$$

酯化反应是可逆反应。为了提高酯的产率,可增加某种反应物的浓度,或从反应体系中蒸出低沸点的酯或水,使平衡向生成酯的方向移动。

酯化的速度与羧酸及醇的结构有关。一般地讲,羧酸和醇的分子中 α-碳原子上侧链越多,基团越大,酯化反应也越难进行。羧酸与醇反应的活性次序如下:

醇:甲醇＞伯醇＞仲醇＞叔醇
酸:$HCOOH > CH_3COOH > RCH_2COOH > R_2CHCOOH > R_3CCOOH$

(四)酰胺的生成

羧酸与氨或胺反应生成的铵盐,加热失水后形成酰胺,最终结果是羧基中的羟基被氨基取代。这是一个可逆反应,反应过程中不断蒸出生成的水使平衡右移,产率较高。

$$R-\underset{\underset{O}{\|}}{C}-OH + NH_3 \rightleftharpoons R-\underset{\underset{O}{\|}}{C}-ONH_4 \overset{\Delta}{\longrightarrow} R\underset{\underset{O}{\|}}{C}NH_2 + H_2O$$

在工业上,这类反应通常用来制备一些聚合物,如尼龙-66 的合成。

$$nHOOC(CH_2)_4COOH + nH_2N(CH_2)_6NH_2 \underset{1\,MPa - nH_2O}{\overset{ROH\,溶液 \quad \sim 270℃}{\rightleftharpoons}}$$

$$HO-\underset{\underset{O}{\|}}{C}(CH_2)_4\underset{\underset{O}{\|}}{C}\left[HN(CH_2)_6NH-\underset{\underset{O}{\|}}{C}(CH_2)_4\underset{\underset{O}{\|}}{C}\right]NH(CH_2)_6NH_2$$

尼龙-66 具有强度大、不腐烂、耐磨等特点,可制成衣、袜、渔网、尼龙防弹衣等。

三、羧酸的还原

羧基中的羰基受羟基的影响,碳氧双键不易被催化氢化,也不被一般的化学还原剂还原。但强的还原剂氢化铝锂($LiAlH_4$)却能顺利地使羧酸还原成伯醇,而且产率较高。

$$RCOOH \xrightarrow[\text{干醚}]{LiAlH_4} \xrightarrow{H_2O} RCH_2OH$$

氢化铝锂是一种选择性还原剂,对不饱和羧酸分子中的双键、叁键不产生影响,如:

$$CH_2=CH-\underset{\underset{O}{\|}}{C}-OH \xrightarrow[\text{干醚}]{LiAlH_4} \xrightarrow{H_2O} CH_2=CH-CH_2OH \quad (83\%)$$

四、脱羧反应

羧酸分子中羧基和烃基之间的 C—C 键比醛、酮中分子中羰基和烃基之间的 C—C 键弱,比较容易断裂,在一定条件下羧酸脱去二氧化碳的反应叫脱羧反应。

(一)羧酸盐脱羧

羧酸钠与碱石灰($NaOH$-CaO)共热,从羟基中脱去 CO_2 生成烃,如:

$$CH_3COONa + NaOH \xrightarrow{CaO} CH_4\uparrow + Na_2CO_3$$

此反应副产物多,不易分解,一般不用来制取烷烃。

(二)特殊结构羧酸脱羧

如果羧酸的 α-碳上连有强吸电子基团如硝基、卤素、酮基、氰基等,由于诱导效应使羧基变得不稳定,容易进行脱羧反应,如:

$$Cl_3CCOOH \xrightarrow{100℃\sim 150℃} CHCl_3 + CO_2\uparrow$$

$$\text{2,4,6-三硝基苯甲酸} \xrightarrow[H_2O]{\sim 100℃} \text{1,3,5-三硝基苯} + CO_2\uparrow$$

(三)二元羧酸脱羧

一些二元羧酸也容易发生脱酸反应,如:

$$HOOC-CH_2-COOH \xrightarrow{120℃\sim 140℃} CH_3COOH + CO_2$$

五、α-氢的取代反应

羧酸中的羧基和醛酮中的羰基一样,由于吸电子诱导效应和 σ-π 超共轭效应共同作用,使 α-碳上的氢易活化而发生取代反应。但羧基的活化作用比羰基小得多,因此羧酸的 α-卤代反应并不容易进行,需要在红磷或三卤化磷的催化下才能逐渐被氯或溴取代,如:

$$CH_3COOH \xrightarrow[P]{Cl_2} CH_2ClCOOH \xrightarrow[P]{Cl_2} CHCl_2COOH \xrightarrow[P]{Cl_2} CCl_3COOH$$

控制反应条件和卤素用量,可以得到产率较高的一卤代酸产物。

$$CH_3CH_2CH_2COOH \xrightarrow[P]{Br_2} CH_3CH_2\underset{Br}{CH}COOH \quad 82\%$$

羧酸 α-卤代反应称为海尔－伏尔哈德－泽林斯基反应(Hell-Volhard-Zelinsky 反应),这是工业生产一氯乙酸的方法。一氯乙酸是染料、医药、农药、树脂及其他有机合成的重要中间体。三氯乙酸不但可做农药的原料、蛋白质的沉淀剂,还用于生化药品的提取剂,如磷酸腺苷(ATP)、细胞色素丙和胎盘多糖等高效生化药品的提取。

习题 3 用反应式表示乙酸与下列试剂的反应。
(1)乙醇　(2)三氯化磷　(3)五氯化磷　(4)氨　(5)碱石灰热熔

§12-5　重要的羧酸

一、甲酸

甲酸俗称蚁酸,最初是从蚂蚁中提取的。在自然界里,甲酸还存在于蜂、蜈蚣和荨麻、松树针叶等动植物体中。

工业上利用一氧化碳和氢氧化钠作用制备甲酸。

$$CO + NaOH \xrightarrow[0.6\sim1\ MPa]{210℃} HCOONa \xrightarrow{H_2SO_4} HCOOH$$

甲酸是具有刺激性气味的无色液体,沸点为 100.7℃,能与水、乙醇、乙醚混溶。甲酸是饱和一元羧酸酸性最强的一种。甲酸结构比较特殊,它的羧基直接与氢原子相连,可以看做甲酸的分子中既含有羧基又含有醛基。

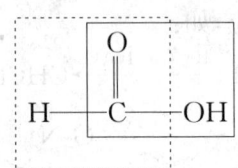

甲酸与它的同系物不同,既具有羧酸的通性,也具有醛的某些性质。例如,甲酸有显著的酸性(pKa=3.77),又具有还原性,能与费林试剂和托伦试剂反应,也易被一般氧化剂氧化生成二氧化碳和水。

$$HCOOH \xrightarrow{[O]} CO_2 + H_2O$$

甲酸可做纺织工业中的媒染剂、医药中的消毒剂、塑料中的缩合剂、橡胶的凝固剂,还可用做还原剂和合成酯类。

二、乙酸

乙酸俗称醋酸,利用粮食发酵法制得的食醋约含 3% 的乙酸,这是人类最早制取乙酸的方法,至今仍用于酿醋工业。

工业上制取乙酸的主要方法有甲醇羰基化和乙醛空气氧化法。

$$CH_3OH + CO \xrightarrow[I_2]{Rh} CH_3COOH$$

$$CH_3CHO + \frac{1}{2}O_2 \xrightarrow[65℃\sim70℃,0.2\sim0.3\ MPa]{(CH_3COO)_2Mn} CH_3COOH$$

纯乙酸是具有强烈刺激性气味的无色液体,沸点为 118℃,熔点为 16.6℃,低于熔点时无水乙酸为冰状晶体,故无水乙酸也称冰醋酸。

乙酸是重要的有机合成原料,可用于合成乙酐和醋酸乙烯酯(合成维尼纶的单体)等。乙酸是染料、香料、医药等工业不可缺少的原料,在食品工业中乙酸可用做调味剂。

三、丙烯酸

丙烯酸($CH_2=CHCOOH$)是最简单的不饱和酸,为无色液体,沸点为 141.6℃,熔点为 13℃,具有刺鼻的酸味,能与水混溶。

工业上,丙烯酸可由丙烯气相氧化制取。

$$CH_2=CH-CH_3 \xrightarrow[280℃\sim360℃,0.2\sim0.3\ MPa]{O_2,MoO_3} CH_2=CH-COOH$$

丙烯酸兼有羧酸和烯烃的性质,双键容易发生氧化和聚合反应。丙烯酸聚合时,控制反应条件,可以得到平均相对分子质量不同的聚丙烯酸。按相对分子质量的不同,它们的性质和用途也不一样,在工业上可用做阻垢剂、分散剂、涂料黏合剂等。

四、苯甲酸

苯甲酸俗称安息香酸,在自然界存在于安息香胶、洋水仙、桂皮内。苯甲酸是最简单的芳香族羧酸,为白色晶体,能升华,微溶于水,易溶于乙醇或乙醚。由于受苯环的影响,苯甲酸的酸性比脂肪族一元羧酸强(甲酸除外)。

工业上制取苯甲酸主要采用甲苯氧化法和甲苯氯化水解法。

$$C_6H_5-CH_3 \xrightarrow[O_2,140℃\sim150℃]{醋酸钴,醋酸锰} C_6H_5-COOH$$

$$C_6H_5-CH_3 \xrightarrow[100℃\sim150℃]{Cl_2,光} C_6H_5-CCl_3 \xrightarrow[100℃\sim150℃]{H_2O,ZnCl_2} C_6H_5-COOH$$

苯甲酸和苯甲酸钠是目前国内外广泛使用的食品防腐剂。苯甲酸是有机合成的重要原料,用以制备香料、染料和药物等,还可以代替安息香酯做定香剂。

五、乙二酸

乙二酸俗称草酸,它是最简单的二元羧酸,无色晶体,熔点为189.5℃。通常以钾盐和钙盐的形式存在于多种植物体内。工业上通常将甲酸钠迅速加热至360℃~400℃制得乙二酸钠,再用硫酸酸化制得乙二酸。

$$2HCOONa \xrightarrow{360℃\sim400℃} \begin{array}{c}COONa\\|\\COONa\end{array} \xrightarrow{H_2SO_4} \begin{array}{c}COOH\\|\\COOH\end{array}$$

乙二酸中由于两个羧基直接相连,羧基的强诱导作用使乙二酸的酸性比其他的二元羧酸强,还使其容易脱羧。

$$HOOC-COOH \xrightarrow{150℃} HCOOH+CO_2$$

乙二酸容易被氧化,在酸性条件下,高锰酸钾可以定量地把乙二酸氧化成二氧化碳和水。在定量分析中常用乙二酸为基准物标定高锰酸钾溶液。

$$5H_2C_2O_4+2KMnO_4+3H_2SO_4=K_2SO_4+2MnSO_4+10CO_2\uparrow+8H_2O$$

乙二酸能与许多金属形成络离子,可用于除去铁锈和蓝墨水的痕迹,乙二酸还可用做漂白剂和媒染剂等。

六、己二酸

己二酸为白色晶体,熔点为153℃,溶于乙醇,微溶于乙醚和水。

工业上制取己二酸可用苯酚法和环己烷直接氧化法。

$$\underset{OH}{C_6H_5} \xrightarrow[\Delta,加压]{H_2/Ni} \underset{OH}{C_6H_{11}} \xrightarrow[\Delta]{HNO_3} \underset{O}{C_6H_{10}} \xrightarrow[\Delta]{HNO_3} \begin{array}{c}CH_2CH_2COOH\\CH_2CH_2COOH\end{array}$$

己二酸是重要的化工原料,可用来合成尼龙66、增塑剂、润滑剂等。

七、苯二甲酸

邻苯二甲酸为白色结晶固体,迅速加热至231℃就熔融分解,失去1分子水而生成邻苯二甲酸酐(白色针状晶体,熔点为131℃,易升华)。

邻苯二甲酸及其酸酐用于制备染料、树脂、合成纤维、药物和增塑剂等。例如,邻苯二甲酸二甲酯可做驱蚊剂,邻苯二甲酸二丁酯和邻苯二甲酸二辛酯都是塑料工业应用较广的增塑剂。

对苯二甲酸为白色晶体,加热至300℃以上不熔而升华,不能生成酸酐,主要用于制造合成树脂、增塑剂,是合成纤维涤纶的原料。

八、酒石酸

酒石酸(2,3-二羟基丁二酸)因来自葡萄糖酿酒时所产生的酒石(酸性酒石酸钾)而得名。它广泛存在于植物果实中,将顺或反丁烯二酸用高锰酸钾碱性溶液氧化,都能得到酒石酸。

$$\begin{matrix}CHCOOH\\ \parallel\\ CHCOOH\end{matrix} \xrightarrow[OH^-]{KMnO_4} \begin{matrix}CH(OH)COOH\\ |\\ CH(OH)COOH\end{matrix}$$
酒石酸

用不同原料或不同方法所得到的酒石酸,它们的熔点不同,具有不同的旋光性。酒石酸也是最早研究立体化学的化合物之一。

酒石酸是透明棱形晶体,溶于水、乙醇和乙醚,它的盐类在工业上可用作媒染剂、鞣剂等。

§ 12-6 羧酸衍生物的命名法

羧酸分子中羧基上的羟基被其他原子或基团取代后所生成的化合物叫做羧酸衍生物。重要的羧酸衍生物有酰卤、酸酐、酯和酰胺。

$$\underset{\text{羧酸}}{R-\overset{O}{\underset{\|}{C}}-OH} \qquad \underset{\text{酰卤}}{R-\overset{O}{\underset{\|}{C}}-X} \qquad \underset{\text{酯}}{R-\overset{O}{\underset{\|}{C}}-OR'} \qquad \underset{\text{酰胺}}{R-\overset{O}{\underset{\|}{C}}-NH_2} \qquad \underset{\text{酸酐}}{R-\overset{O}{\underset{\|}{C}}-OCOR'}$$

一、酰卤和酰胺

根据酰基称为某酰某,即将相应的酰基(羧酸去掉—OH后剩下的部分叫酰基)名称放在前面,卤素或胺放在后面合起来命名。

$$\underset{\text{乙酰氯}}{CH_3-\overset{O}{\underset{\|}{C}}-Cl} \qquad \underset{\text{乙酰胺}}{CH_3-\overset{O}{\underset{\|}{C}}-NH_2} \qquad \underset{\text{丙烯酰溴}}{CH_2=CH-\overset{O}{\underset{\|}{C}}-Br} \qquad \underset{\text{苯甲酰胺}}{C_6H_5-\overset{O}{\underset{\|}{C}}-NH_2}$$

酰胺分子中氮原子上的氢原子被烃基取代后生成的取代酰胺,称为N-烃基"某"酰胺,如:

$$\underset{\text{N-甲基乙酰胺}}{CH_3-\overset{O}{\underset{\|}{C}}-NHCH_3} \qquad \underset{N,N\text{-二甲基苯甲酰胺}}{C_6H_5-\overset{O}{\underset{\|}{C}}-N(CH_3)_2}$$

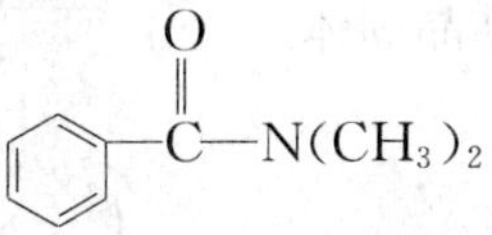

二、酸酐

常根据相应的羧酸来命名，在羧酸的名称之后加一"酐"字，如：

乙(酸)酐　　　乙丙酐　　　邻苯二甲酸酐

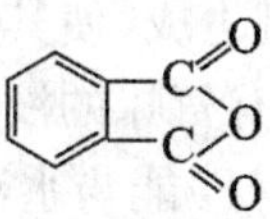

三、酯

常根据相应的羧酸和醇来命名。一元醇形成的酯，"醇"字一般可省略，叫"某酸某酯"；对于多元醇形成的酯，一般把"酸"字放在后面，称为"某醇某酸酯"，如：

乙酸乙酯　　　丙烯酸甲酯　　　乙二醇二乙酸酯

习题 4 命名下列化合物。

(1) $CH_3CH_2\underset{\underset{CH_3}{|}}{CH}CH_2\overset{O}{\underset{\|}{C}}Cl$

(2) 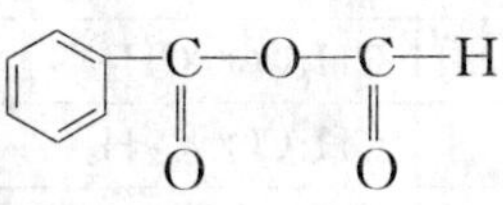 $C_6H_5-\overset{O}{\underset{\|}{C}}-O-\overset{O}{\underset{\|}{C}}-H$

(3) 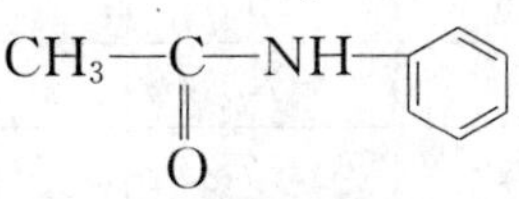 $CH_3-\overset{O}{\underset{\|}{C}}-NH-C_6H_5$

(4) 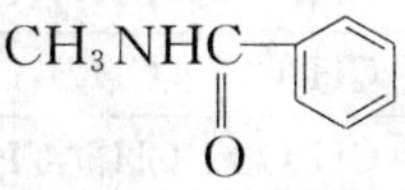 $CH_3NHCOC_6H_5$

§12-7　羧酸衍生物的物理性质

低级的酰卤和酸酐都是有刺激性气味的无色液体，高级的为白色固体。低级的酯是有香味的液体。如乙酸异戊酯有香蕉香味，苯甲酸甲酯有茉莉香味，正戊酸异戊酯有苹果香味，故许多低级酯可用做香料。高级酯为蜡状固体。

酰卤、酸酐和酯的分子中都没有可以形成氢键的氢，分子间不能缔合。酰卤的沸点比相应的羧酸低，酸酐的沸点比相对分子质量相近的羧酸低，酯的沸点比相对分子质量相近的酸或醇都要低，而与分子中含有相同数目碳原子的醛、酮差不多。

酰胺分子中氨基上的氢原子可以形成氢键，因此酰胺的熔点和沸点较高。除甲酰胺外,其余酰胺均为结晶固体。

N-取代酰胺或 N,N-二取代酰胺分子中氨基上的氢被取代,使氢键缔合作用减弱或无氢键生成,使其熔沸点降低。脂肪族 N-烃基取代酰胺和 N,N-二烃基取代酰胺通常为无色、有氨味的液体。液态酰胺是有机物和无机物的优良溶剂。例如,N,N-二甲基甲酰胺(DMF)能与水和多数有机溶剂及无机溶剂互溶,是一种良好的非质子极性溶剂。N,N-二甲基乙酰胺(DMAC)比 DMF 稳定,也是一种优良溶剂。低级的酯和酰胺在水中有一定的溶解度,而酸酐和酰氯在水中基本不溶,但低级的酰氯和酸酐在水中容易发生水解。一些常见羧酸衍生物的物理常数见表 12-2。

表 12-2 羧酸衍生物的物理常数

类别	名称	结构式	沸点/℃	熔点/℃	相对密度 d_4^{40}
酰卤	乙酰氯	CH_3COCl	51	−112	1.104
	乙酰溴	CH_3COBr	76.7	−96	1.52
	乙酰碘	CH_3COI	108		1.98
	丙酰氯	CH_3CH_2COCl	80	−94	1.065
	丁酰氯	$CH_3CH_2CH_2COCl$	102	−89	1.028
	苯甲酰氯	C_6H_5COCl	197	−1	1.212
酯	甲酸甲酯	$HCOOCH_3$	32	−99.8	−0.974
	乙酸甲酯	CH_3COOCH_3	57.5	−98	0.924
	乙酸乙酯	$CH_3COOC_2H_5$	77	−84	0.901
	乙酸丁酯	$CH_3COO(CH_2)_3CH_3$	126	−77	0.882
	乙酸戊酯	$CH_3COO(CH_2)_4CH_3$	147.6	−70.8	0.879
	乙酸异戊酯	$CH_3COO(CH_2)_2CH(CH_3)_2$	142	−78	0.876
	丙二酸二乙酯	$CH_2\begin{array}{l}COOC_2H_5\\COOC_2H_5\end{array}$	199	−50	1.055
	甲基丙烯酸甲酯	$CH_2{=}C(CH_3){-}COOCH_3$	100		0.936
	苯甲酸乙酯	$C_6H_5COOC_2H_5$	213	−32.7	1.051/15⁰
	苯甲酸苄酯	$C_6H_5COOCH_2C_6H_5$	324	18.8	1.114/18⁰
	邻苯二甲酸二甲酯	$C_6H_4(COOCH_3)_2$	282		1.190 5
	邻苯二甲酸二丁酯	$C_6H_4(COO(CH_2)_3CH_3)_2$	340		1.045

(续表)

类别	名称	结构式	沸点/℃	熔点/℃	相对密度 d_4^{40}
酸酐	乙酸酐	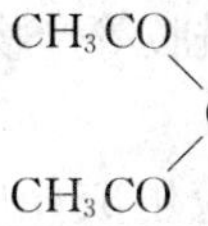 (CH₃CO)₂O	139.6	−73	1.082
	丁二酸酐	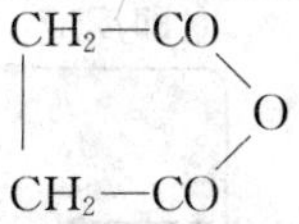 CH₂—CO\\O / CH₂—CO	261	119.6	1.104
	苯甲酸酐	$(C_6H_5CO)_2O$	360	42	1.199
	顺丁烯二酸酐	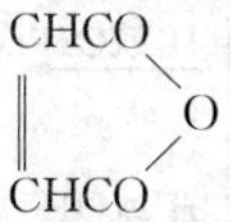 CHCO\\O / CHCO	200	60	1.48
	邻苯二甲酸酐	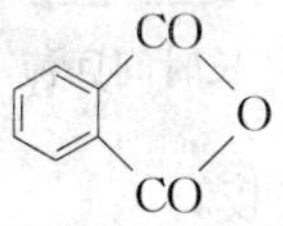 (苯环)(CO)₂O	284	131	1.527
酰胺	甲酰胺	$HCONH_2$	200(分解)	3	1.139
	乙酰胺	CH_3CONH_2	221	82	1.159
	丙酰胺	$CH_3CH_2CONH_2$	213	80	1.042
	丁酰胺	$CH_3(CH_2)_2CONH_2$	216	116	1.032
	戊酰胺	$CH_3(CH_2)_3CONH_2$	232	106	1.023
	己酰胺	$CH_3(CH_2)_4CONH_2$	255	101	0.999
	苯甲酰胺	$C_6H_5CONH_2$	290	130	1.341
	乙酰苯胺	$CH_3CONHC_6H_5$	305	114	$1.21/4^0$
	N-甲基甲酰胺	$HCONHCH_3$	180		
	N,N-二甲基甲酰胺	$HCON(CH_3)_2$	153	−61	$0.944/22.4^0$
	N,N-二甲基乙酰胺	$CH_3CON(CH_3)_2$	165		$0.937/25^0$
	邻苯二甲酰亚胺	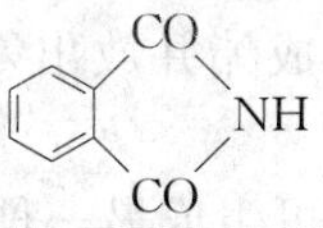 (苯环)(CO)₂NH	升华	238	

§12-8 羧酸衍生物的化学性质

一、亲核取代反应

羧酸衍生物的典型反应是羰基碳原子上发生的亲核取代反应。羧酸衍生物（R—$\overset{\overset{O}{\|}}{C}$—L）

· 229 ·

在亲核试剂作用下 C—L 键断裂，分子中 $-NH_2$ 、$-X$ 、$R-\overset{O}{\overset{\|}{C}}-O-$ 、$R-O-$ 被 $-OH$ 、$R-O-$ 、$-NH_2$ 等取代，生成羧酸、酯或酰胺等产物。

（一）水解反应

酰氯、酸酐、酯和酰胺都可与水发生亲核取代反应生成相应的羧酸。

RCOCl
RCOOOCR
RCOOR'
RCONH2
反应活性递减
H2O
水解
立即反应
RCOOH+HCl
△
2RCOOH
H+或OH-
△
RCOOH+R'OH
H+或OH-
长时间回流
RCOOH+NH3

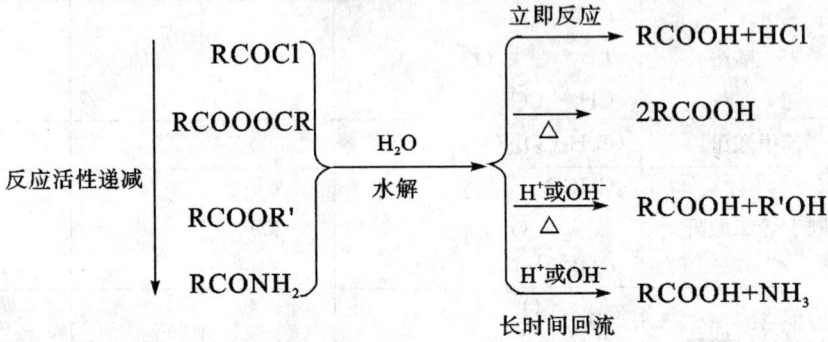

水解反应的难易次序为：酰氯＞酸酐＞酯＞酰胺。

酯在碱性条件下的水解，称为皂化反应，肥皂就是利用此反应制取的。

（二）醇解反应

酰氯、酸酐、酯和酰胺都可与醇反应，通过亲核取代反应生成酯。

RCOCl
RCOOOCR
RCOOR''
RCONH2
R'OH
RCOOR'+HCl
RCOOR'+RCOOH
RCOOR'+R''OH
RCOOR'+NH3

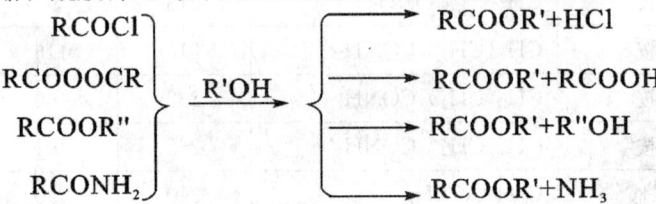

酰氯性质比较活泼，一般难以制备的酯和酰胺，可通过酰氯来合成。例如，酚酯不能直接用羧酸与酚酯化制备，用酰氯则反应可顺利进行。

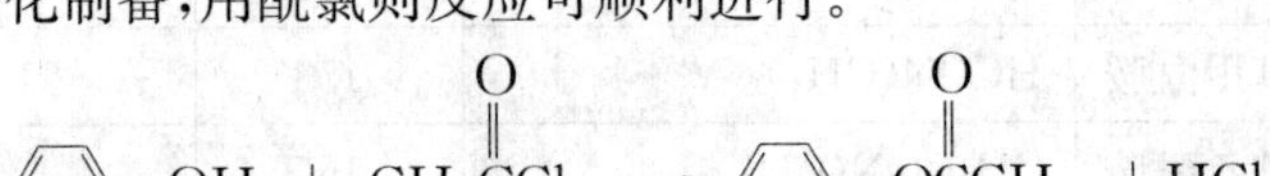

OH
CH3CCl
OCCH3
+HCl

酰胺的醇解是可逆的，需用过量的醇才能生成酯并放出氨。酸或碱对反应有催化作用。

酯与醇作用需在盐酸或在醇钠催化下进行，可生成另一种醇和另一种酯，这个反应称为酯交换反应。酯交换反应也是可逆的，在工业生产上常有应用。

（三）氨解反应

酰氯、酸酐和酯都可与氨作用生成酰胺。

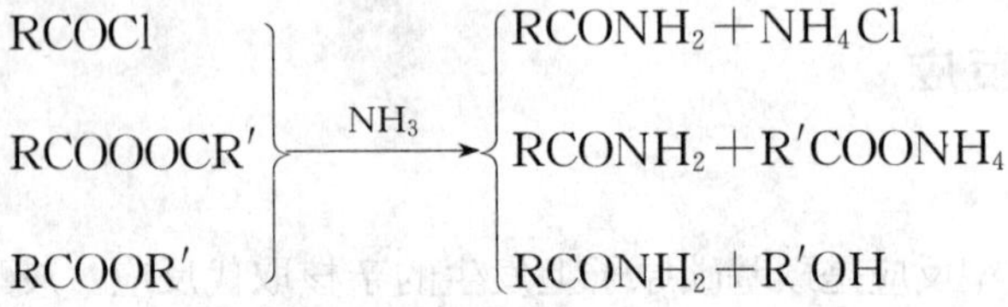

RCOCl
RCOOOCR′
RCOOR′
NH3
RCONH2+NH4Cl
RCONH2+R′COONH4
RCONH2+R′OH

$$RCONH_2 \xrightarrow[\text{过量}]{R'NH_2} RCONHR' + NH_3\uparrow$$

酰胺与胺的作用是可逆反应,胺过量时才可得到 N-烷基酰胺,产率低,因此反应实际意义不大。

在许多亲核取代反应中,酰氯的活泼性最大,酸酐次之。它们在有机合成中常用做酰基化试剂。羧酸衍生物在酸性或碱性溶液中,由于酸或碱的催化作用,比在中性溶液中更容易水解。酸催化作用第一步是酰基氧原子质子化,这就使羰基碳原子更易遭受亲核试剂的进攻,即使弱的亲核试剂也可以与它发生作用。

$$R-\overset{O}{\underset{}{C}}-L \xrightleftharpoons{H^+} R-\overset{\overset{+}{OH}}{\underset{}{C}}-L \xrightleftharpoons{H_2O} R-\overset{OH}{\underset{\overset{+}{OH_2}}{C}}-L \longrightarrow R-\overset{OH}{\underset{}{C}}-OH + HL + H^+$$

碱催化时,碱性溶液提供的氢氧根离子是一种强的亲核试剂,容易攻击羰基碳原子。

$$R-\overset{O}{\underset{}{C}}-L \xrightarrow{OH^-} R-\overset{O^-}{\underset{L}{C}}-OH \longrightarrow R-\overset{O}{\underset{}{C}}-OH + L^- \xrightarrow{OH^-} R-\overset{O}{\underset{}{C}}-O^- + H_2O$$

(四) 与格氏试剂的反应

格式试剂可以与酰氯、酸酐、酯和 N,N-二取代酰胺发生亲核加成反应。酯和酰氯与格式试剂的加成反应在有机合成中应用较多。例如,甲酸酯与格式试剂反应最终可生成仲醇。

$$HCOOC_2H_5 \xrightarrow{R'MgX} H-\overset{OMgX}{\underset{R'}{C}}-OC_2H_5 \xrightarrow{-C_2H_5OMgX} H-\overset{O}{\underset{}{C}}-R' \xrightarrow[H_2O]{R'MgX} R'-\overset{OH}{\underset{H}{C}}-R'$$

二、还原反应

羧酸衍生物都比羧酸易被还原,可以催化加氢还原,也可用氢化铝锂还原,酰氯、酸酐和酯的还原产物均为伯醇,酰胺的还原产物为胺。

$$\left.\begin{array}{l}RCOCl\\RCOOOCR\\RCOOR'\\RCONH_2\end{array}\right\} \xrightarrow[LiAlH_4]{H_2,\text{催化剂}} \left\{\begin{array}{l}RCH_2OH\\2RCH_2OH\\RCH_2OH+R'OH\\RCH_2NH_2\end{array}\right.$$

在特殊活性较低的钯催化剂(Pd/BaSO$_4$)存在下可以选择还原酰氯,使反应终止在醛的阶段(罗森门德还原法)。

$$RCOCl \xrightarrow[BaSO_4]{H_2,Pb} RCHO$$

酯的还原反应还可以用金属钠和醇做还原剂,将酯还原为醇,该还原剂对碳碳双键无影响,可用于从油脂制备高级不饱和脂肪醇,如:

$$CH_3(CH_2)_7CH=CH(CH_2)_7COOC_4H_9 \xrightarrow{Na, C_4H_9OH} CH_3(CH_2)_7CH=CH(CH_2)_7CH_2OH$$

在有机合成中酯的还原是使羧酸间接转变为伯醇的重要方法,因为羧酸的还原比酯困难。

三、酰胺的特征反应

酰胺是羧酸衍生物中最不活泼的化合物,但却能发生一些特征反应。

（一）酸碱性

酰胺分子中氮原子的未共用电子对与羰基存在 p-π 共轭效应,使氮原子上的电子云密度降低,减弱了它接受质子的能力,因此酰胺近于中性。

在特殊条件下,酰胺可显示弱碱性。例如,把氯化氢气体通入乙酰胺的乙醚溶液能生成不溶于乙醚的盐:$CH_3CONH_2 \cdot HCl$,但此盐不稳定,遇水即分解成酰胺和盐酸。

$$\underset{\|}{CH_3}\overset{O}{C}NH_2 + HCl(气) \xrightarrow{乙醚} CH_3\overset{O}{\underset{\|}{C}}NH_2 \cdot HCl \downarrow$$

（二）脱水反应

酰胺在强脱水剂作用下或高温加热,发生分子内脱水生成腈。常用的脱水剂有五氧化二磷和亚硫酰氯等。

$$R\overset{O}{\underset{\|}{C}}NH_2 \xrightarrow{P_2O_5 \text{ 或加热}} RCN + H_2O$$

上述反应是腈水解反应的逆反应。

（三）霍夫曼(Hofmann)降解反应

酰胺与次氯酸钠或次溴酸钠的碱溶液作用,脱去羰基生成伯胺。在反应中,分子中碳链减少一个碳原子,故称为酰胺降级反应,也叫做霍夫曼(Hofmann)降解反应。分子中含8个碳以下的酰胺,采用此法,产率较高。

$$RCONH_2 + NaOBr + NaOH \longrightarrow RNH_2 + Na_2CO_3 + NaBr + H_2O$$

习题 5 以戊酸、乙醇为原料,合成 3-乙基-庚醇。
习题 6 以甲酸、丙醇为原料,合成 4-庚醇。

§12-9 重要的羧酸衍生物

一、乙酸酐

乙酸酐简称乙酐,又名醋酐,是具有刺激性气味的无色液体,沸点为 139.6℃,微溶于水,易溶于有机溶剂。工业上用乙酸钴-乙酸铜做催化剂,在 2.5～5 MPa、45℃～50℃时用氧气将乙醛氧化生成过氧乙酸,后者与乙醛作用则生成乙酐。

$$CH_3CH\!\!\overset{\displaystyle O}{\|} + O_2 \xrightarrow{\text{催化剂}} CH_3\!\!\overset{\displaystyle O}{\underset{\text{过氧乙酸}}{\|}}\!\!C\!-\!O\!-\!O\!-\!H \xrightarrow{CH_3CHO} (CH_3CO)_2O + H_2O$$

在生产乙酐的同时会生成乙酸,为防止乙酐水解,生产过程中应保持较低的温度。由乙酸与乙烯酮加成也是工业生产方法之一。

乙酸酐是重要的乙酰化试剂,主要用于制造乙酸纤维素、药物、染料、原料等,也可用于制造引发剂和漂白剂等。

二、顺丁烯二酸酐

顺丁烯二酸酐又称马来酸酐,是无色结晶固体,熔点为60℃,工业上主要由苯催化氧化制得。

$$\underset{}{\bigcirc}+O_2 \xrightarrow[400℃\sim500℃]{V_2O_5} \underset{\text{顺丁烯二酸酐}}{\begin{array}{c}CH-C\\\|\quad\ \ \|\\CH-C\end{array}\!\!\!\!\overset{O}{\underset{O}{\diagdown}}\!\!O}$$

顺丁烯二酸酐在工业上有广泛的用途,如与乙二醇缩合生成不饱和醇酸聚酯。这种不饱和聚酯常用来制造各种涂料和以玻璃纤维为填料的增强塑料(俗称玻璃钢)。

三、邻苯二甲酸酐

邻苯二甲酸酐俗称苯酐,为白色针状晶体,熔点为130.8℃,易升华,工业上用萘或邻苯二甲酸蒸气在钒催化剂存在时由空气氧化制得。

$$\underset{}{\text{萘}} \xrightarrow[400℃\sim500℃]{O_2(\text{空气}), V_2O_5} \underset{\text{邻苯二甲酸酐}}{\text{邻苯二甲酸酐结构}}$$

苯酐广泛用于制染料、药物、聚酯树脂、醇酸树脂、塑料、增塑剂、涤纶等。

四、丙二酸二乙酯

丙二酸二乙酯为无色液体,有芳香气味,沸点为199.3℃,不溶于水,易溶于乙醇、乙醚等有机溶剂。丙二酸二乙酯是以氯乙酸为原料,经过氰解酯化后得到的二元羧酸酯。

$$\underset{Cl}{CH_2COOH} \xrightarrow[NaOH]{NaCN} \underset{CN}{CH_2COOH} \xrightarrow[H^+]{C_2H_5OH} CH_2\!\!\begin{array}{c}COOC_2H_5\\COOC_2H_5\end{array}$$

五、丁二酰亚胺

丁二酸的单酰胺脱水生成环状的丁二酸亚胺，后者也可由丁二酸酐氨解得到：

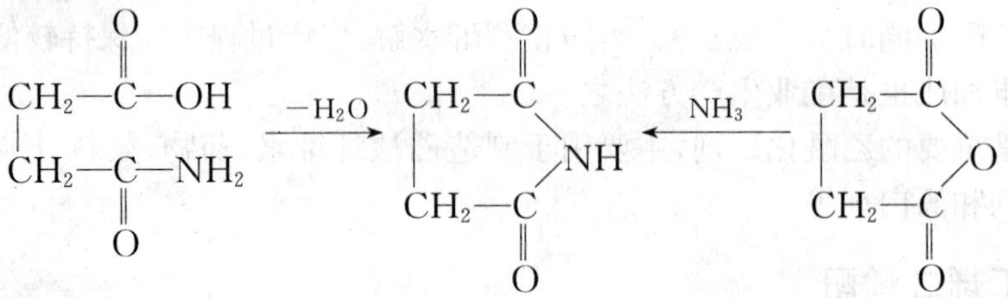

丁二酰亚胺分子中氮原子上的氢原子受到两边两个羰基的影响变得非常活泼，可以与 KOH 作用生成稳定的钾盐，在分离出生成的水之后，于较低温度下与溴作用可得到 N-溴代丁二酰亚胺（NBS），它是一个常用的制备烯丙基型溴代烃的溴化试剂。

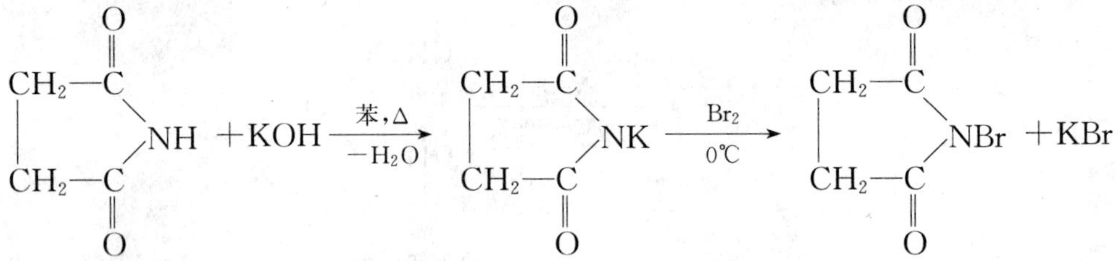

六、邻苯二甲酰亚胺

邻苯二甲酰亚胺是无色固体，熔点为 238℃，它可由邻苯二甲酸酐与 NH_3 在压力下加热制得。

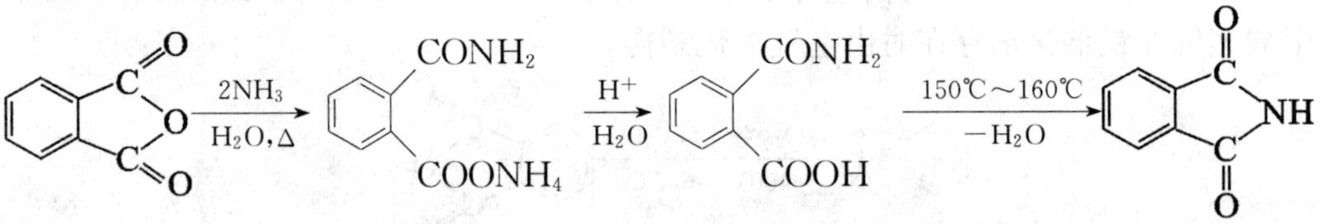

在酰亚胺分子中，由于氮受两边羰基的影响，使氮上的氢变得活泼并显示出一定的弱酸性。

邻苯二甲酰亚胺用于生产农药、染料、香料和医药、橡胶助剂 CTP；另外，还可用于生产高效离子交换树脂、表面活性剂、重金属萃取剂等。

§ 12-10　β-二羰基化合物在合成上的应用

分子中含有两个羰基官能团的化合物称为二羰基化合物，其中两个羰基间隔一个亚甲基的化合物叫做 β-二羰基化合物，如：

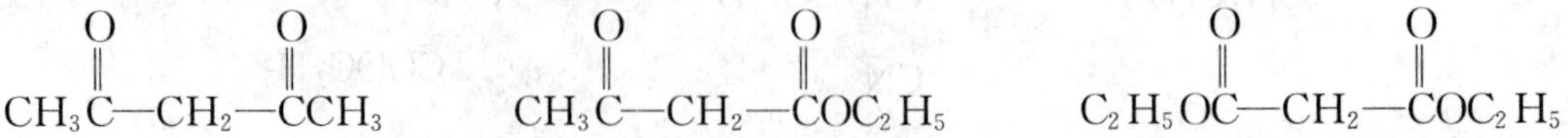

CH_3C—CH_2—CCH_3　　　CH_3C—CH_2—COC_2H_5　　　C_2H_5OC—CH_2—COC_2H_5

2,4-戊二酮　　　　　　乙酰乙酸乙酯　　　　　　　丙二酸二乙酯

亚甲基受两个羰基吸电子的影响，α-碳上的氢原子变得很活泼，因此 β-二羰基化合物也叫做活泼亚甲基化合物。

β-二羰基化合物上的 α-氢原子有较强的酸性，pK_a＝9～13，远比醇和水的酸性强。在碱性作用下，β-二羰基化合物可生成稳定的负离子，因为负电荷可以发生离域而扩展到两个羰基上，如：

$$CH_3\overset{O}{\overset{\|}{C}}-CH_2-\overset{O}{\overset{\|}{C}}CH_3 \xrightleftharpoons{OH^-} CH_3\overset{O}{\overset{\|}{C}}-\overset{-}{C}H-\overset{O}{\overset{\|}{C}}CH_3 + H_2O$$

下面以乙酰乙酸乙酯和丙二酸二乙酯为例，说明 β-二羰基化合物在合成上的应用。

一、乙酰乙酸乙酯

乙酰乙酸乙酯是无色、有水果香味的液体，沸点 180.4℃，在沸点时有分解现象，制备时一般用减压蒸馏的方法提纯。

（一）乙酰乙酸乙酯的制备

通常条件下，乙酰乙酸乙酯是以酮式和烯醇式两种结构以动态平衡而同时存在的互变异构体。

$$\underset{92.5\%(b.p.41℃/266.6Pa)}{CH_3\overset{O}{\overset{\|}{C}}CH_2\overset{O}{\overset{\|}{C}}OC_2H_5} \xrightleftharpoons{室温} \underset{7.5\%(b.p.33℃/266.6Pa)}{CH_2=\overset{OH\cdots\cdots O}{\overset{|}{C}}-CH_2-\overset{\|}{C}-OC_2H_5}$$

乙酰乙酸乙酯通常通过克莱森酯缩合反应，1 mol 有 α-H 的酯在强碱（一般用乙醇钠）的作用下与另 1 mol 酯发生缩合反应，失去 1 mol 醇，生成 β-羰基酯的反应叫做酯缩合反应，又称为克莱森（Claisen）缩合反应。

$$R-CH_2-\overset{O}{\overset{\|}{C}}-OR' \xrightleftharpoons[-H^+]{C_2H_5Na} R-\overset{-}{C}H-\overset{O}{\overset{\|}{C}}-OR' \xrightleftharpoons{R-CH_2-\overset{O}{\overset{\|}{C}}-OR'}$$

$$RCH_2-\overset{OR'}{\overset{|}{C}}-\overset{|}{C}H-\overset{O}{\overset{\|}{C}}-OR' \xrightleftharpoons{-R'O^-} RCH_2-\overset{O}{\overset{\|}{C}}-\overset{|}{C}H-\overset{O}{\overset{\|}{C}}-OR'$$
$$\qquad\quad \overset{|}{O^-}\ \overset{|}{R} \qquad\qquad\qquad\qquad\quad \overset{|}{R}$$

乙酰乙酸乙酯在醇钠等强碱作用下可以生成钠盐。该盐是良好的亲核试剂，能与伯卤代烃、苄卤以及酰卤等发生亲核取代反应，主要生成在亚甲基碳原子上烃基或酰基化的乙酰乙酸乙酯，如：

$$CH_3\overset{O}{\overset{\|}{C}}CH_2\overset{O}{\overset{\|}{C}}OC_2H_5 \xrightarrow{C_2H_5ONa} \left[CH_3\overset{O}{\overset{\|}{C}}\overset{-}{C}H\overset{O}{\overset{\|}{C}}OC_2H_5\right]^- Na^+ \xrightarrow{RX} CH_3\overset{O}{\overset{\|}{C}}CHCOC_2H_5 \atop \underset{R}{|}$$

烃基或酰基乙酰乙酸乙酯分子中还有一个活泼氢，可重复上述反应，得到二烃基或二酰基乙酰乙酸乙酯。

$$CH_3\overset{O}{\overset{\|}{C}}CH\overset{O}{\overset{\|}{C}}OC_2H_5 \xrightarrow{C_2H_5ONa} \left[CH_3\overset{O}{\overset{\|}{C}}\overset{}{\underset{R}{C}}\overset{O}{\overset{\|}{C}}OC_2H_5\right]^- Na^+ \xrightarrow{R'X} CH_3\overset{O}{\overset{\|}{C}}\overset{OR'O}{\overset{\|}{\underset{R}{C}}}\overset{}{C}OC_2H_5$$

（二）乙酰乙酸乙酯在合成上的应用

利用活泼亚甲基上烃基或酰基取代物，通过酮式或酸式分解，可以合成甲基酮、二酮、一元羧酸和酮酸等一系列化合物。

合成一取代丙酮的具体步骤如下：

1. 在醇钠的醇溶液中反应得到烷基碳负离子。

$$CH_3\overset{O}{\overset{\|}{C}}CH_2\overset{O}{\overset{\|}{C}}OC_2H_5 \xrightarrow[C_2H_5OH]{C_2H_5ONa} \left[CH_3\overset{O}{\overset{\|}{C}}CH\overset{O}{\overset{\|}{C}}OC_2H_5\right]^- Na^+$$

2. 与卤代烃反应加上烷基。

$$\left[CH_3\overset{O}{\overset{\|}{C}}CH\overset{O}{\overset{\|}{C}}OC_2H_5\right]^- Na^+ \xrightarrow{RX} CH_3\overset{O}{\overset{\|}{C}}\underset{R}{CH}\overset{O}{\overset{\|}{C}}OC_2H_5$$

3. 碱性条件下水解然后酸化。

$$CH_3\overset{O}{\overset{\|}{C}}\underset{R}{CH}\overset{O}{\overset{\|}{C}}OC_2H_5 \xrightarrow[②H^+,H_2O]{①NaOH,H_2O} CH_3\overset{O}{\overset{\|}{C}}\underset{R}{CH}\overset{O}{\overset{\|}{C}}OH$$

4. 加热脱酸。

$$CH_3\overset{O}{\overset{\|}{C}}\underset{R}{CH}\overset{O}{\overset{\|}{C}}OH \xrightarrow[\Delta]{-CO_2} CH_3\overset{O}{\overset{\|}{C}}\underset{R}{CH_2} \quad (\text{一取代丙酮})$$

此外，还可以合成二取代丙酮：

$$CH_3\overset{O}{\overset{\|}{C}}\underset{R}{CH}\overset{O}{\overset{\|}{C}}OC_2H_5 \xrightarrow[C_2H_5OH]{C_2H_5ONa} \left[CH_3\overset{O}{\overset{\|}{C}}\underset{R}{C}\overset{O}{\overset{\|}{C}}OC_2H_5\right]^- Na^+ \xrightarrow{R'X} CH_3\overset{O}{\overset{\|}{C}}\overset{OR'O}{\underset{R}{\overset{\|}{C}}}\overset{\|}{C}OC_2H_5$$

$$\xrightarrow[②H^+,H_2O]{①NaOH,H_2O} CH_3\overset{O}{\overset{\|}{C}}\overset{OR'O}{\underset{R}{\overset{\|}{C}}}\overset{\|}{C}OH \xrightarrow[\Delta]{-CO_2} CH_3\overset{O}{\overset{\|}{C}}\overset{OR'}{\underset{R}{\overset{\|}{C}}}H \quad (\text{二取代丙酮})$$

需要引入两个不同的烃基时，S_N2反应考虑空间效应，一般是先引入较大的烃基；即使两个烃基相同，也要分次引入。

当乙酰乙酸乙酯碳负离子与二卤代烷或者I_2反应，经水解、脱酸可制得二酮。

$$2\left[\underset{\substack{\ddot{\,}\\}}{CH_3\overset{O}{\overset{\|}{C}}CH\overset{O}{\overset{\|}{C}}OC_2H_5}\right]^- Na^+ \xrightarrow{I_2} \underset{\substack{C_2H_5OOC\quad COOC_2H_5}}{CH_3\overset{O}{\overset{\|}{C}}CH-CH\overset{O}{\overset{\|}{C}}CH_3} \xrightarrow[\text{②}H^+,H_2O]{\text{①}NaOH,H_2O}$$

$$\underset{\substack{HOOC\quad COOH}}{CH_3\overset{O}{\overset{\|}{C}}CH-CH\overset{O}{\overset{\|}{C}}CH_3} \xrightarrow[\Delta]{-CO_2} CH_3\overset{O}{\overset{\|}{C}}CH_2CH_2\overset{O}{\overset{\|}{C}}CH_3$$

二、丙二酸二乙酯

丙二酸二乙酯是无色、有香味的液体,沸点为199℃,微溶于水。它在有机合成中应用很广,是一个重要的合成中间体。

(一)丙二酸二乙酯的制备

由于丙二酸分子中两个羧基间的诱导效应较强,使丙二酸不稳定,加热后容易脱羧生成乙酸,故不用丙二酸直接酯化制取丙二酸酯。通常用乙酸为原料,通过 α-卤代酸与 NaCN 反应后水解酯化来制取。

$$CH_3COOH \xrightarrow[P]{Cl_2} \underset{Cl}{CH_2COOH} \xrightarrow{NaOH} \underset{Cl}{CH_2COONa} \xrightarrow{KCN} \underset{CN}{CH_2COONa}$$

$$\xrightarrow[H_2SO_4]{C_2H_5OH} CH_2\underset{COOC_2H_5}{\overset{COOC_2H_5}{<}}$$

(二)丙二酸二乙酯的性质及其在合成中的应用

丙二酸二乙酯分子能与强碱性的醇钠作用形成钠盐。

$$CH_2\underset{COOC_2H_5}{\overset{COOC_2H_5}{<}} \xrightarrow{C_2H_5ONa} \left[CH\underset{COOC_2H_5}{\overset{COOC_2H_5}{<}}\right]^- Na^+ + C_2H_5OH$$

生成的负离子是一个强亲核试剂,与卤烃(伯或仲)反应时,可发生亲核取代而生成一烃基取代的丙二酸二乙酯,水解后就得到相应的烃基取代的丙二酸。它在加热下即脱羧生成相应的烃基取代乙酸。

$$\left[CH\underset{COOC_2H_5}{\overset{COOC_2H_5}{<}}\right]^- Na^+ \xrightarrow{RX} \underset{H\quad COOC_2H_5}{\overset{R\quad COOC_2H_5}{C}} \xrightarrow[H_2O]{H^+} \underset{H\quad COOH}{\overset{R\quad COOH}{C}} \xrightarrow[-CO_2]{\Delta} RCH_2COOH$$

$$RCH\underset{COOC_2H_5}{\overset{COOC_2H_5}{<}} \xrightarrow{C_2H_5ONa} \left[R-\underset{COOC_2H_5}{\overset{COOC_2H_5}{C}}\right]^- Na^+ \xrightarrow{R'X} \underset{R'\quad COOC_2H_5}{\overset{R\quad COOC_2H_5}{C}}$$

$$\xrightarrow[H_2O]{H^+} \begin{matrix} R & COOH \\ & \diagdown \diagup \\ & C \\ & \diagup \diagdown \\ R' & COOH \end{matrix} \xrightarrow[-CO_2]{\Delta} \begin{matrix} R \\ \diagdown \\ CHCOOH \\ \diagup \\ R' \end{matrix}$$

与乙酰乙酸乙酯合成法类似，当需要引入两个不同的烃基时，S_N2 反应考虑空间效应，一般是先引入较大的烃基，第二次所用的卤代烃也要更活泼一点。

用酰氯或酸酐与丙二酸二乙酯的钠盐反应还可以制取 β-酮酸，如：

$$[CH(COOC_2H_5)_2]^-Na^+ \xrightarrow{RCOCl} R-\overset{O}{\overset{\|}{C}}-CH(COOC_2H_5)_2 \xrightarrow[H_2O]{H^+} \xrightarrow[-CO_2]{\Delta} R\overset{O}{\overset{\|}{C}}CH_2COOH$$

丙二酸二乙酯在有机合成上用途很广。利用丙二酸二乙酯为原料的合成方法，常称为丙二酸二乙酯合成法。

§12-11　蜡与油脂

一、蜡

在不同的场合下对于"蜡"的定义也有所区别。狭义上蜡是指脂肪酸、一价或二价的脂醇和熔点较高的油状物质。但在广义上，蜡通常指植物、动物或者矿物等所产生的某种常温下为固体、加热后容易液化或者气化、容易燃烧、不溶于水、具有一定的润滑作用的物质。

蜡水解可以得到相应的酸和醇，蜡还可以用来制造蜡烛、蜡纸、香纸、软膏等。

二、油脂

油脂的结构可表示如下：

$$\begin{matrix} CH_2-O-\overset{O}{\overset{\|}{C}}-R \\ CH-O-\overset{O}{\overset{\|}{C}}-R' \\ CH_2-O-\overset{O}{\overset{\|}{C}}-R'' \end{matrix} \quad \begin{matrix} R,R',R''可以相同，也可以不相同； \\ 可以饱和的，也可以不饱和的 \end{matrix}$$

从油脂得到的脂肪酸中常见的饱和酸有：

十二酸（月桂酸）　$CH_3(CH_2)_{10}COOH$　　十四酸（豆蔻酸）　$CH_3(CH_2)_{12}COOH$

十六酸（软脂酸）　$CH_3(CH_2)_{14}COOH$　　十八酸（硬脂酸）　$CH_3(CH_2)_{16}COOH$

从油脂得到的脂肪酸中常见的不饱和酸有：

顺-9-十八碳烯酸（油酸）

$$CH_3(CH_2)_7CH=CH(CH_2)_7COOH$$
顺,顺-9,12-十八碳二烯酸(亚油酸)
$$CH_3(CH_2)_4CH=CHCH_2CH=CH(CH_2)_7COOH$$
顺,顺,顺-9,12,15-十八碳三烯酸(亚油酸)
$$CH_3CH_2CH=CHCH_2CH=CHCH_2CH=CH(CH_2)_7COOH$$
顺,反,反-9,11,13-十八碳三烯酸(桐油酸)
$$CH_3(CH_2)_3(CH=CH)_3(CH_2)_7COOH$$

油脂比水轻,其相对密度在 0.90～0.95 之间,不溶于水,易溶于乙醚、汽油、苯等有机溶剂中。

油脂的化学性质主要表现在能发生水解、加成、酸败、干化等方面。

(一)水解

油脂易水解,在人体内某些酶(如胰脂酶)能使油脂水解,生成三分子脂肪酸和一分子甘油。

$$\begin{array}{c}CH_2-O-CO-C_{17}H_{33}\\|\\CH-O-CO-C_{15}H_{31}\\|\\CH_2-O-CO-C_{17}H_{35}\end{array} + 3H_2O \longrightarrow \begin{array}{c}CH_2-OH\\|\\CH-OH\\|\\CH_2-OH\end{array} + \begin{array}{l}C_{17}H_{33}COOH \quad 油酸\\C_{15}H_{31}COOH \quad 硬脂酸\\C_{17}H_{35}COOH \quad 软脂酸\end{array}$$

猪油　　　　　　　　　　　　　甘油

碱性条件下的水解称为皂化。

$$\begin{array}{c}CH_2-O-CO-R\\|\\CH-O-CO-R'\\|\\CH_2-O-CO-R''\end{array} + 3NaOH \longrightarrow \begin{array}{c}CH_2-OH\\|\\CH-OH\\|\\CH_2-OH\end{array} + \begin{array}{l}RCOONa\\R'COONa\\R''COONa\end{array}$$

生成的高级脂肪酸盐就是肥皂。工业上把 1 g 油脂皂化时所需的氢氧化钾毫克数叫做皂化值。

(二)加成

不饱和脂肪酸甘油酯可以发生加成反应。油的催化加氢叫做"油的氢化"或"油的硬化",所得的产品叫做"硬化油"。

利用油脂与碘的加成可以检查油脂的不饱和程度,工业上把 100 g 油脂所吸收的碘的克数叫做碘值。

(三)酸败

油脂久放后会产生异味、臭味,这种现象叫做酸败。这是由于油脂中的不饱和键,在空气或微生物的作用下,被氧化和水解而生成醛、酮或酸等化合物,使油脂产生坏的味道和臭味。

油脂中游离脂肪酸含量,可用 KOH 中和来测定。中和 1 g 油脂所需的氢氧化钾的毫克数称为酸值。

(四)干化

一些油类在空气中可以生成一层具有弹性而坚硬的薄膜,这种现象叫做油的干化。根据各种油的干化程度的不同,可将油类分为干性油、半干性油和不干性油三类。

本章小结

一、制法

1. 脂肪酸的制法:

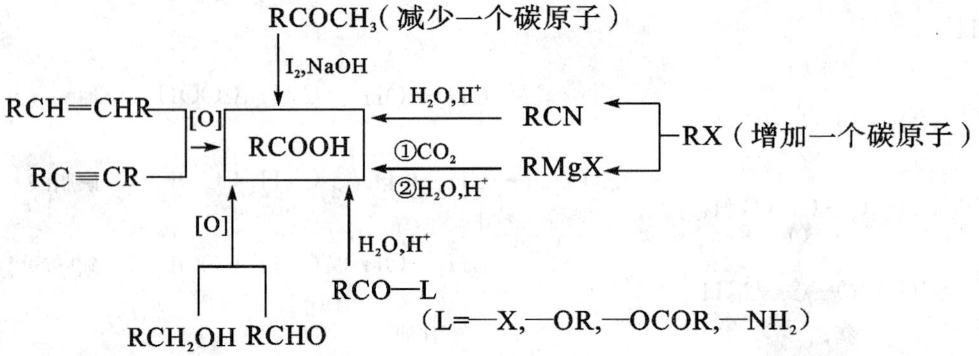

$$
\begin{array}{c}
RCOCH_3（减少一个碳原子）\\
\Big\downarrow I_2,NaOH \\
RCH=CHR \xrightarrow{[O]} \boxed{RCOOH} \xleftarrow{H_2O,H^+} RCN \\
RC\equiv CR \qquad\qquad \xleftarrow[②H_2O,H^+]{①CO_2} RMgX \xleftarrow{} RX（增加一个碳原子）\\
\uparrow [O] \qquad \uparrow H_2O,H^+ \\
RCH_2OH\ RCHO \quad RCO-L \\
(L=-X,-OR,-OCOR,-NH_2)
\end{array}
$$

2. 芳酸的制法:

$$
\begin{array}{c}
C_6H_5CCl_3 \\
\downarrow NaOH,H_2O \\
{}^+N_2-C_6H_4- \xrightarrow{CuCN,KCN} NC-C_6H_4- \xrightarrow{H_3O^+} \boxed{C_6H_5COOH} \xleftarrow[②H_3O^+]{①CO_2} C_6H_5MgBr \xleftarrow{Mg, THF} C_6H_5Br \\
\uparrow HNO_2 \qquad\qquad \uparrow [O]\ KMnO_4,H^+ \qquad\qquad\qquad \uparrow Br_2|Fe \\
C_6H_5NH_2 \qquad\qquad C_6H_5CH_3 \qquad\qquad\qquad\qquad C_6H_6
\end{array}
$$

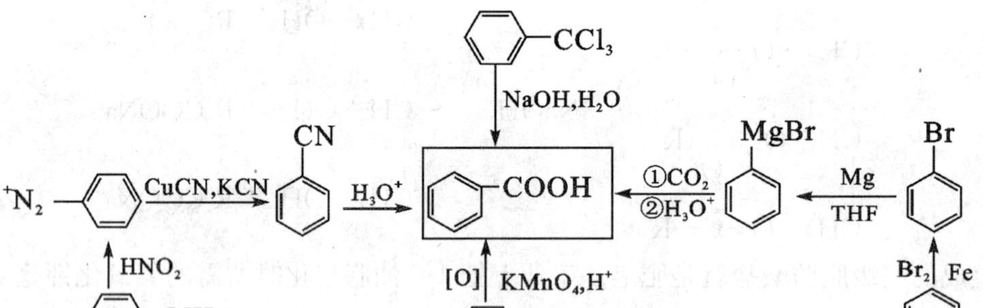

二、化学性质提要

1. 羧酸的化学性质:

第十二章 羧酸及其衍生物

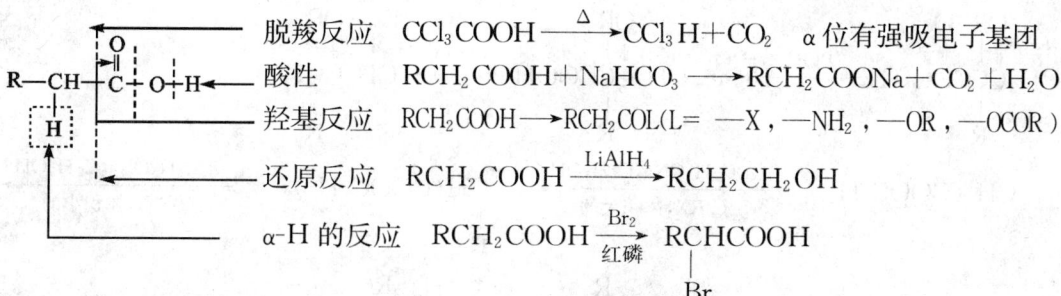

脱羧反应　$CCl_3COOH \xrightarrow{\Delta} CCl_3H + CO_2$　α位有强吸电子基团

酸性　$RCH_2COOH + NaHCO_3 \longrightarrow RCH_2COONa + CO_2 + H_2O$

羟基反应　$RCH_2COOH \longrightarrow RCH_2COL$（L= —X，—$NH_2$，—OR，—OCOR）

还原反应　$RCH_2COOH \xrightarrow{LiAlH_4} RCH_2CH_2OH$

α-H 的反应　$RCH_2COOH \xrightarrow[红磷]{Br_2} RCHCOOH$
　　　　　　　　　　　　　　　　　　　　|
　　　　　　　　　　　　　　　　　　　　Br

2. 羧酸衍生物的生成、性质及它们之间的相互转化关系：

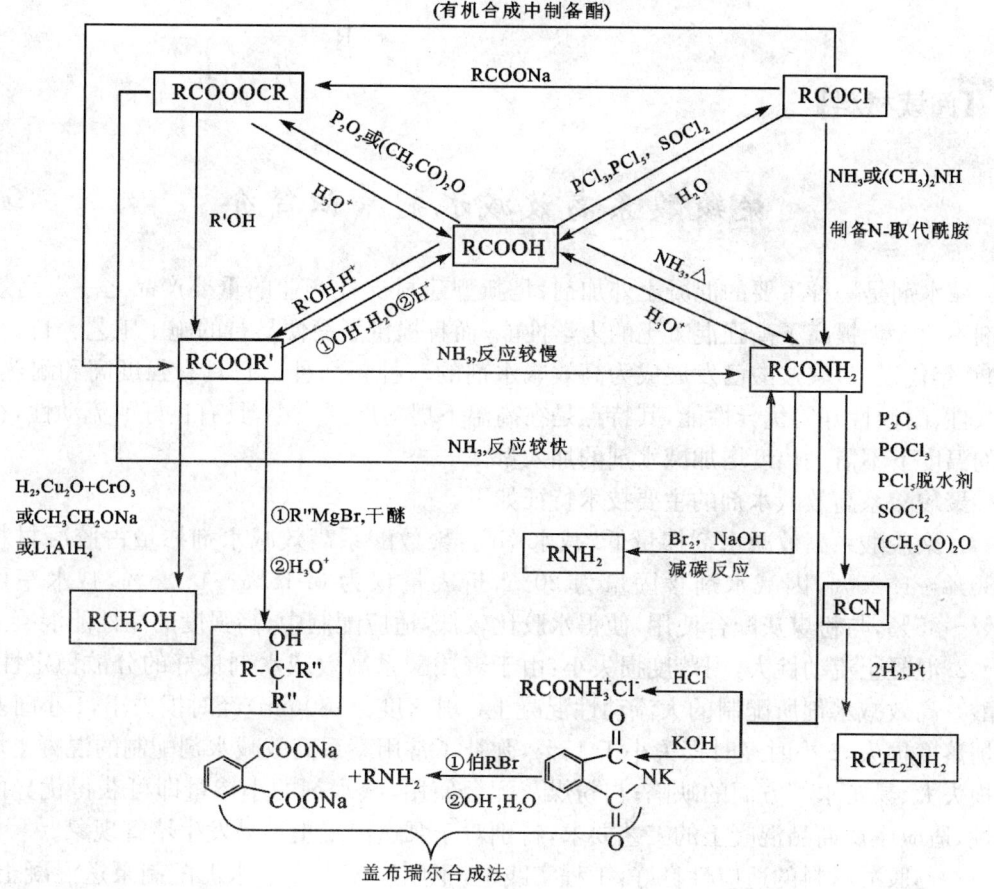

3. β-二羰基化合物在合成上的应用。

$CH_3COCH_2COC_2H_5 \xrightarrow[②RX,体积大的]{①C_2H_5ONa,C_2H_5OH} CH_3COCHCOC_2H_5 \xrightarrow[②R'X,体积小的]{①C_2H_5ONa,C_2H_5OH}$
　　　　　　　　　　　　　　　　　　　　　　　　　　|
　　　　　　　　　　　　　　　　　　　　　　　　　　R

$$\underset{R}{\underset{|}{CH_3\overset{OR'}{\underset{\|}{C}}\overset{O}{\underset{\|}{C}}COC_2H_5}} \xrightarrow[②H^+]{①OH^-, H_2O} \underset{R}{\underset{|}{CH_3\overset{OR'}{\underset{\|}{C}}CCOOH}} \xrightarrow{-CO_2} \underset{R}{\underset{|}{CH_3\overset{OR'}{\underset{\|}{C}}CH}}$$

$$CH_2(COOC_2H_5)_2 \xrightarrow[②RX, 体积大的]{①C_2H_5ONa, C_2H_5OH} \underset{R}{\underset{|}{CH(COOC_2H_5)_2}} \xrightarrow[②R'X, 体积小的]{①C_2H_5ONa, C_2H_5OH}$$

$$\underset{R}{\underset{|}{\overset{R'}{\overset{|}{C}}(COOC_2H_5)_2}} \xrightarrow[②H^+]{①OH^-, H_2O} \underset{R}{\underset{|}{HOOC\overset{R'}{\overset{|}{C}}COOH}} \xrightarrow{-CO_2} \underset{R}{\underset{|}{\overset{R'}{\overset{|}{CH}}COOH}}$$

【阅读材料】

聚羧酸系高效减水剂知识简介

减水剂是一种重要的混凝土外加剂,是新型建材支柱产业的重要产品之一。高效减水剂不但大大提高了高强混凝土的力学性能,而且提供了简便易行的施工工艺。自20世纪90年代以来,聚羧酸已发展成为高效减水剂的一种新品种。它具有强度高和耐热性、耐久性、耐候性好等优异性能,其特点是在高温下坍落度损失小,具有良好的流动性,在较低的温度下不需大幅度增加减水剂的加入量。

聚羧酸系高效减水剂的主要技术特征如下。

1. 聚羧酸系高效减水剂掺量低,减水率高:聚羧酸系高效减水剂掺量占胶凝材料的 $0.80\%\sim1.25\%$,因减水剂含固量为 20%,折固量仅为 $0.16\%\sim0.25\%$,减水率可达 $20\%\sim35\%$,与粉煤灰配合使用,使得水胶比较低,适应配制中、高强度的高性能混凝土。

2. 混凝土流动性大,坍落度损失小:由于聚羧酸系高效减水剂良好的分散稳定性,聚羧酸系高效减水剂所配制的大流动性混凝土(坍落度 $\geq 180mm$)经时损失小,1小时基本无坍落度损失,2小时经时损失小于 15%,弥补了常用萘系高效减水剂配制的混凝土坍落度损失大、易沁水等方面的缺陷;与粉煤灰配合使用,减水剂的小掺量即可获得优异的流动性,适应生产商品混凝土的工艺要求,特别对于泵送混凝土不易发生堵管现象。

3. 与胶凝材料的适应性良好:工程实践中,不同厂家生产的水泥配制泵送混凝土,同时掺有大量的粉煤灰,聚羧酸系高效减水剂掺入后,与不同水泥的相容性较好,无明显沁水离析、阻碍混凝土强度增长的现象产生,并因其高减水率,适应与粉煤灰配合使用,减小了粉煤灰混凝土的收缩幅度,又使混凝土可泵性得到明显改善,而且提高了混凝土的耐久性。混凝土设计强度等级相同时,水泥用量增加,减水剂用量随着少量增加,水胶比下降,混凝土强度提高;不同设计强度等级的混凝土,减水剂用量随着胶凝材料用量增加而少量增加,水胶比下降,混凝土的强度随之提高,但混凝土和易性总体保持稳定,坍落度可达 $180\sim240$ mm。

4. 适应浇筑防水抗渗混凝土,对施工环境温度要求低:聚羧酸系高效减水剂配制泵送商品混凝土,由于混凝土流动性大,易于浇筑密实,加之聚合物对水化产物的聚合活性,生成具有胶凝状态的水化物填充空隙,混凝土密实度、强度大幅度提高,聚合物的填充作用和聚合物膜的密封作用使混凝土抗渗抗裂的性能得到改善;并且粉煤灰掺量大,混凝土水化热小,减水剂的保塑功能明显,适宜大体积混凝土及夏季施工,对于冬季施工,因为水胶比较低,聚合物形成的空间柔性网络,提高了混凝土拌合物的黏聚力,使得混凝土早期抗冻性能增强。

我国聚羧酸系减水剂发展起步较晚,其用量只占减水剂总用量的 2% 左右,但其在国内重特大工程中的应用正逐渐增多。国外不少大的化学建材公司,如德固赛集团、格雷斯建材公司、马贝集团、西卡公司、富斯乐公司和花王公司等,纷纷将自己生产的聚羧酸系减水剂产品通过进口方式引进中国市场,对推动聚羧酸系减水剂在工程中的应用起到了非常重要的作用。值得一提的是,国内少数厂家也开始生产、销售聚羧酸系减水剂产品。目前,我国正在制定聚羧酸系高性能减水剂的标准,相信会促进我国聚羧酸系减水剂工业的快速、健康发展。

习题 7 命名下列化合物。

(1) $CH_3CHCOOH$
      |
      CH_3

(2) $CH_3CHCHCOOH$
       | |
       Br CH_2CH_3

(3) 间-COOH,CHO 苯

(4) 3,5-二硝基苯甲酰氯

(5) 苯甲酸苯酯

(6) $HC(O)N(CH_3)_2$

习题 8 写出下列化合物的结构式。

(1) 乙酸苯酯 (2) 2-甲基丙酰氯 (3) 苯甲酐
(4) 邻苯甲酰苯甲酸 (5) 邻羟基苯甲酸苄酯
(6) 对乙酰氧基苯甲酰氯 (7) N-甲基-N-乙基丁酰胺

习题 9 完成下列反应。

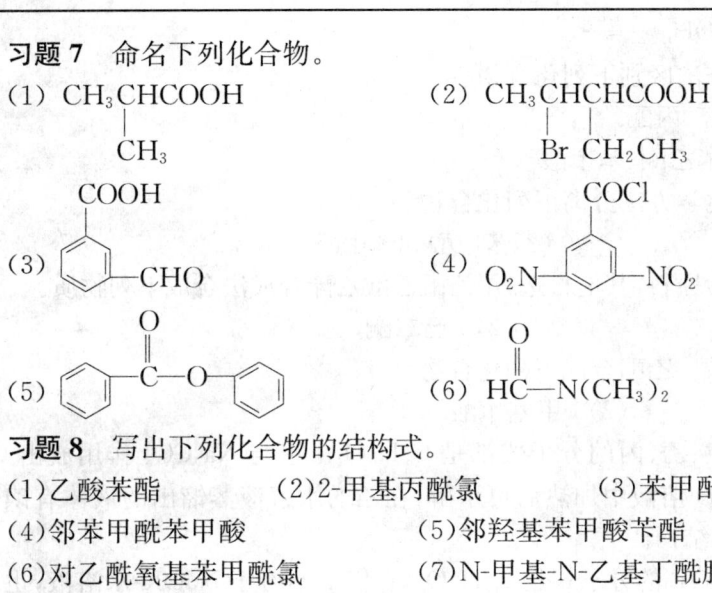

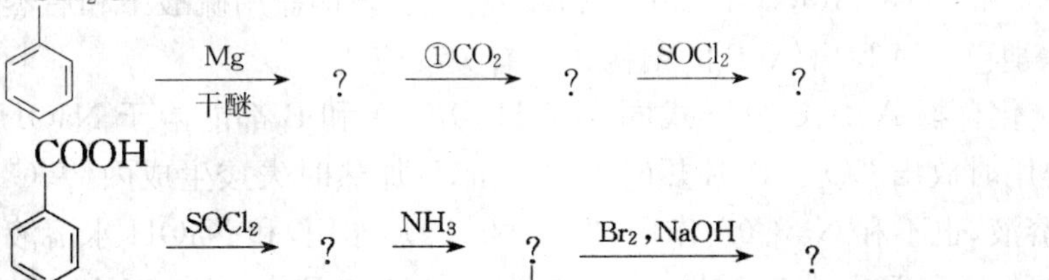

(3) $CH_3-\overset{O}{\underset{\|}{C}}-O-\overset{O}{\underset{\|}{C}}-CH_3$ + $C_6H_5-NH_2 \longrightarrow$?

(4) $CH_3CH_2COOH \xrightarrow{Br_2/P}$? $\xrightarrow[\text{醇溶液}]{NaCN}$? $\xrightarrow{H_2O, H^+}$?

(5) 邻苯二甲酰亚胺钾盐 $\xrightarrow{BrCH(COOC_2H_5)_2}$? $\xrightarrow[C_6H_5CH_2Cl]{①C_2H_5ONa}$? $\xrightarrow[②H^+]{①H_2O, OH^-}$? $\xrightarrow{\Delta}$?

(6) $CH_2=CHCH_2CH_2COOH \xrightarrow[②H^+]{①LiAlH_4, 干醚}$?

(7) 丁二酸酐 $\xrightarrow[1\text{ mol}]{CH_3CH_2OH}$? $\xrightarrow{PCl_3}$? $\xrightarrow{C_6H_5OH}$?

(8) $HOOCCH_2COOH \xrightarrow{\Delta}$

习题 10 用简单方法区别下列化合物。
(1) 甲酸、乙酸、乙醛、丙酮
(2) 苯酚、苯甲醛、苯乙酮、苯甲酸

习题 11 用简单化学方法分离下列化合物。
(1) 苯酚和苯甲酸　　　　　(2) 苯甲醇和苯甲醛

习题 12 以乙醇为原料,其他自选,用乙酰乙酸乙酯合成法合成下列物质。
(1) 3-乙基-2-戊酮　　　　　(2) 2,5-己二酮

习题 13 由丙二酸二乙酯合成下列化合物。
(1) 庚二酸　　　　　(2) 3-甲基丁酸

习题 14 化合物甲、乙、丙的分子式都是 $C_3H_6O_2$。甲与 Na_2CO_3 作用放出 CO_2,乙和丙不能,但在 NaOH 溶液中加热后可水解,在乙的水解液蒸馏出的液体有碘仿反应。试推测甲、乙、丙的结构。

习题 15 化合物 A、B 的分子式是 $C_4H_6O_2$,它们都不溶于 NaOH 水溶液,也不与 Na_2CO_3 作用,但可使溴水褪色,有类似乙酸乙酯的香味。它们与 NaOH 共热后,A 生成 CH_3COONa 和 CH_3CHO,B 生成甲醇和羧酸钠盐,该钠盐用硫酸中和后蒸馏出的有机物可使溴水褪色。试写出 A、B 的结构式和有关反应式。

习题 16 化合物 A、B、C 分子式同为 $C_4H_6O_4$。A 和 B 都能溶于 NaOH 水溶液,和 Na_2CO_3 作用时放出 CO_2。A 加热时失水成酐;B 加热时失羧生成丙酸,C 则不溶于冷的 NaOH 溶液,也不和 Na_2CO_3 作用,但与 Na_2CO_3 作用,和 NaOH 水溶液共热时则生成两个化合物 D 和 F,D 具有酸性,F 为中性。在 D 和 F 中加酸和 $KMnO_4$ 再共热时则都被氧化放出 CO_2。试写出 A、B、C 的结构和相关反应式。

第十三章　含氮有机化合物

学习目标

知识目标

1. 掌握芳香族硝基化合物的制法、性质，理解硝基对苯环邻对位取代基（—X、—OH）性质的影响。
2. 掌握胺的分类、命名和制法。
3. 熟练掌握胺的性质及胺的碱性强弱次序，掌握区别伯、仲、叔胺的方法及氨基保护在有机合成中的应用。
4. 掌握重氮盐的反应及其在有机合成中的应用。
5. 了解季铵盐、季铵碱的性质和应用。

能力目标

1. 能运用电子效应、立体效应分析胺碱性的一般规律。
2. 能将重氮盐的反应应用于有机合成中。
3. 能联系各类官能团的结构特征，利用它们的化学特性进行鉴别、分离、提纯。

含氮化合物是指氮原子与烃基直接相连的化合物。该类化合物种类很多，存在得十分广泛，本章主要讨论硝基化合物、胺、重氮盐和腈的性质。

§13-1　硝基化合物

烃分子中的一个或几个氢原子被硝基取代生成的一类化合物，称为硝基化合物。硝基化合物一般写为 R—NO_2、Ar—NO_2。

一、芳香族硝基化合物的命名

一般是以芳烃为母体，硝基作为取代基来命名，如：

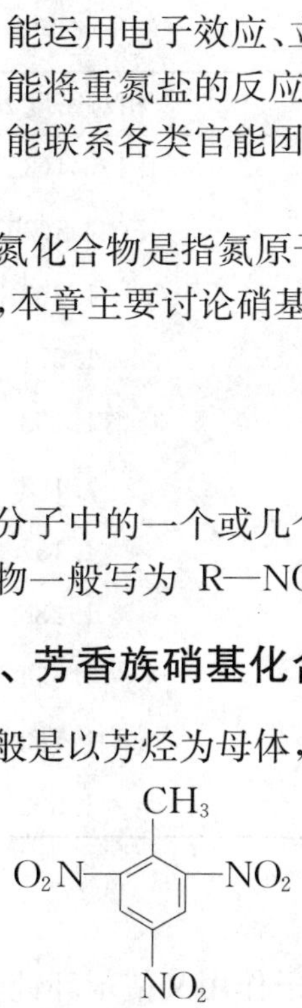

2,4,6-三硝基甲苯 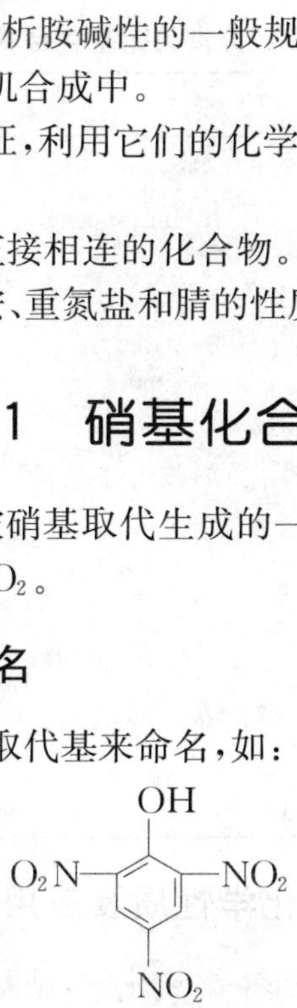　　　　2,4,6-三硝基苯酚 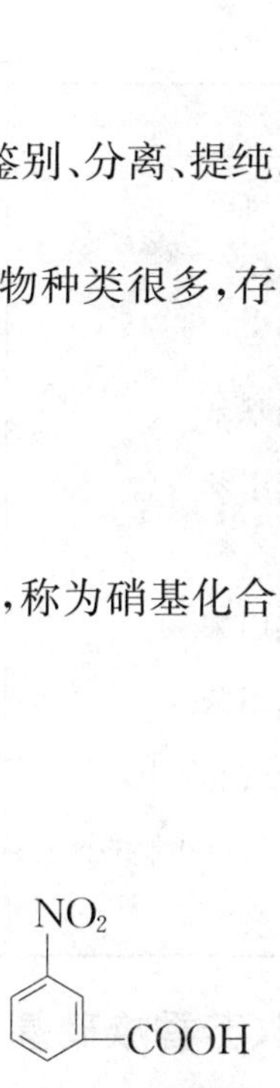　　　　间硝基苯甲酸

二、芳香族硝基化合物的制法

芳香族硝基化合物一般可在芳环上直接硝化而制得。常用混酸做硝化剂，如：

$$\text{C}_6\text{H}_5\text{CH}_3 \xrightarrow[30℃]{\text{HNO}_3, \text{H}_2\text{SO}_4} o\text{-O}_2\text{N-C}_6\text{H}_4\text{-CH}_3 + p\text{-O}_2\text{N-C}_6\text{H}_4\text{-CH}_3$$

$$\text{C}_6\text{H}_5\text{Cl} \xrightarrow[100℃\sim110℃]{\text{HNO}_3, \text{H}_2\text{SO}_4} o\text{-O}_2\text{N-C}_6\text{H}_4\text{-Cl} + p\text{-O}_2\text{N-C}_6\text{H}_4\text{-Cl}$$

三、芳香族硝基化合物的物理性质

芳香族硝基化合物少数为无色或淡黄色液体或黄色固体。多硝基化合物受热易分解，具有爆炸性（如2,4,6-三硝基甲苯），有的具有强烈香味。硝基化合物的相对密度都大于1，难溶于水，易溶于有机溶剂。芳香硝基化合物一般都具有毒性，它的蒸气能透过皮肤被肌体吸收而引起中毒，使用时应注意防护。

常见硝基化合物的物理常数见表13-1。

表13-1 部分常见硝基化合物的物理常数

名称	熔点/℃	沸点/℃	相对密度 d_4^{20}
硝基甲烷	-28.6	101.2	1.135 4(22℃)
硝基乙烷	-90	114	1.044 8(25℃)
硝基苯	5.7	210.8	1.203
间二硝基苯	89.8	303	1.571
邻硝基甲苯	-9.3(α)	222	1.163
	-4(β)	222	1.163
间硝基甲苯	16.1	232.6	1.157
对硝基甲苯	52	238.5	1.286
2,4,6-三硝基甲苯	80.6	分解	1.654
2,4,6-三硝基苯酚	121.8	—	1.763
α-硝基萘	61	304	1.332

四、芳香族硝基化合物的化学性质及应用

芳香族硝基化合物中氮原子处于高氧化态，硝基的强吸电子作用又使苯环钝化，所以芳香族硝基化合物性质比较稳定，其主要化学性质如下。

(一) α-氢原子的酸性

在硝基化合物中，由于硝基（—NO_2）是强的吸电子基（—I 和 —C 效应），从而导致和硝基相连的碳原子上的氢原子（α-氢原子），在硝基的影响下，容易失去α-氢原子显酸性。例如，RCH_2NO_2 的 $pKa \approx 10$，与苯酚（$pKa \approx 10$）基本上相同。所以，不溶于水的这类硝基化合物可以与氢氧化钠作用生成盐而溶于氢氧化钠水溶液。

$$RCH_2NO_2 + NaOH \longrightarrow [R\ddot{C}HNO_2]Na^+ + H_2O$$
钠盐，溶于水

钠盐酸化后，重新生成硝基化合物。

$$[R\ddot{C}HNO_2]Na^+ + HCl \longrightarrow RCH_2NO_2 + NaCl$$

不含 α-氢原子的硝基化合物如硝基苯（$Ph—NO_2$），没有这个性质。

(二) 硝基的还原反应

硝基化合物还原的最终产物是相应的胺。

$$ArNO_2 \text{ 或 } RNO_2 \xrightarrow{\text{还原}} ArNH_2 \text{ 或 } RNH_2$$
芳香胺　　脂肪胺

常用的还原方法是催化加氢、金属与给质子剂还原、络合金属氢化物还原等。

1. 催化加氢：在催化剂的作用下，硝基苯可液相或气相加氢，生成苯胺，如：

$$PhNO_2 \xrightarrow[270℃\sim350℃, 0.2\sim1\ MPa]{H_2, Cu} PhNH_2 \quad (90\%\sim95\%)$$

$$PhNO_2 \xrightarrow[300℃\sim475℃]{H_2, 硫化镍} PhNH_2$$

这是工业上生产苯胺的方法。

催化加氢是在中性条件下进行的，因此对于带有在碱性或酸性条件下水解的基团的化合物可用此法还原。

2. 金属与给质子剂还原：这种还原方法使用最早，应用范围也很广泛。凡是在电动势系列中处于氢以前的金属，如锂、钠、钾、镁、铝、锌、铁、锡等，与给质子剂（酸、碱、醇、水等）组合成还原剂，在一定条件下都可以进行还原反应，如：

$$2,4\text{-}(NO_2)_2C_6H_3CH_3 \xrightarrow[乙醇, \Delta]{Fe+HCl} 2,4\text{-}(NH_2)_2C_6H_3CH_3 \quad (74\%)$$

$$o\text{-}O_2N\text{-}C_6H_4\text{-}NH_2 \xrightarrow[HOC_2H_5\ 回流]{Zn/NaOH, 1\ h} o\text{-}H_2N\text{-}C_6H_4\text{-}NH_2 \quad (93\%)$$

3. 硫化物还原：芳香多硝基化合物用硫氢化铵、硫化铵、多硫化铵（或钠）等还原剂，可选择还原其中的一个硝基变成氨基，如：

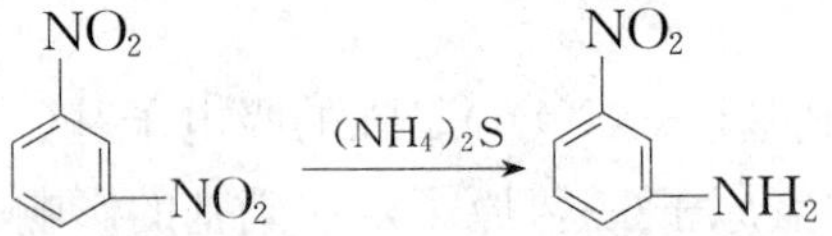

有机化学

$$\underset{NO_2}{\underset{|}{C_6H_4}}-NO_2 \xrightarrow{(NH_4)_2S} \underset{NH_2}{\underset{|}{C_6H_4}}-NO_2$$

4. 氢化铝锂还原：氢化铝锂是很强的还原剂，它能还原羰基、羧基、酯、酰胺、硝基、氰基等，但不能还原碳碳双键和叁键，如：

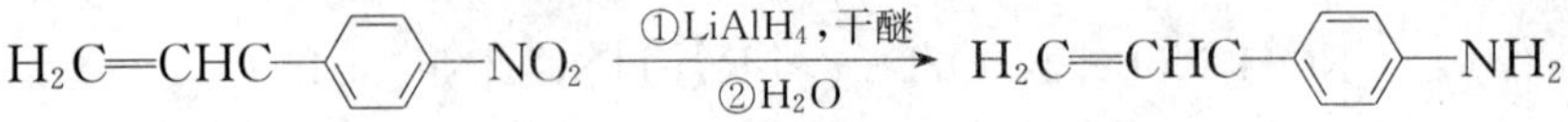

$$H_2C=CH-C_6H_4-NO_2 \xrightarrow[\text{②}H_2O]{\text{①}LiAlH_4,干醚} H_2C=CH-C_6H_4-NH_2$$

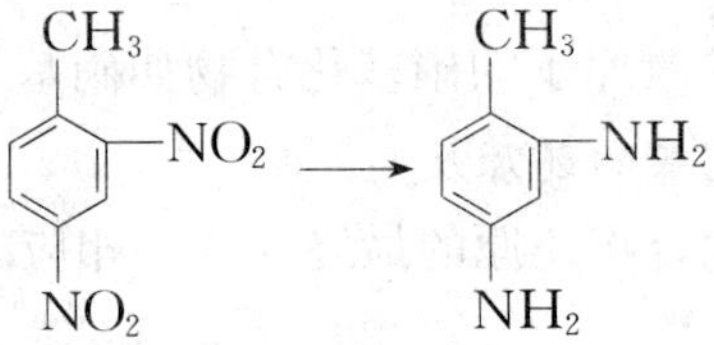

习题 1 完成下列转变。

(1) 甲苯 → 对氨基甲苯

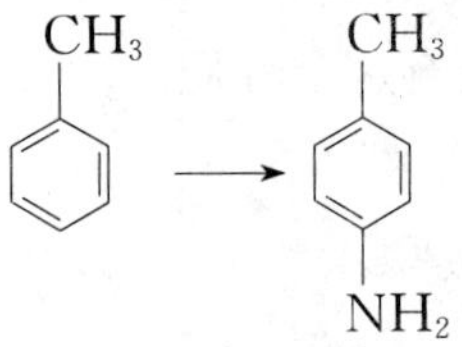

(2) 2,4-二硝基甲苯 → 2,4-二氨基甲苯

(3) 2,4-二硝基甲苯 → 4-氨基-2,3-二硝基甲苯（由图）

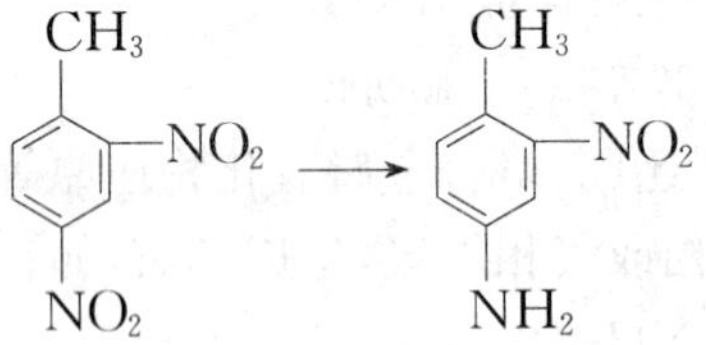

（三）芳环上的取代反应

硝基是间位定位基、强钝化基团。所以，硝基苯的环上取代反应主要发生在间位且只能发生卤代、硝化和磺化，不能发生傅-克(Friedel-Crafts)反应，如：

硝基苯 $\xrightarrow{Br_2,Fe, 140℃}$ 间溴硝基苯

硝基苯 $\xrightarrow{\text{发烟混酸}, 95℃}$ 间二硝基苯

硝基苯 $\xrightarrow{\text{发烟}H_2SO_4, 110℃}$ 间硝基苯磺酸

（四）硝基对芳环上其他基团的影响

硝基不仅钝化苯环，使苯环上的亲电取代反应难于进行，而且对苯环上其他取代基的性质也会产生显著的影响。

1. **使卤原子活化**：在通常情况下，氯苯很难发生水解反应，但当其连有硝基时，由于硝基具有强的吸电作用，使苯环上的电子云密度降低，特别是邻、对位上的电子云密度降低得更多，有利于亲核试剂(OH^-)的进攻，因此，卤原子的亲核取代反应变得容易发生；硝基越多，反应越容易进行，如：

$$\text{C}_6\text{H}_5\text{Cl} \xrightarrow[350℃\sim370℃,20\text{ MPa}]{\text{Cu, NaOH}} \text{C}_6\text{H}_5\text{ONa}$$

$$o\text{-ClC}_6\text{H}_4\text{NO}_2 \xrightarrow[130℃\sim160℃,0.2\sim0.6\text{ MPa}]{10\%\text{NaOH}} o\text{-HOC}_6\text{H}_4\text{NO}_2$$

$$2,4\text{-(NO}_2)_2\text{C}_6\text{H}_3\text{Cl} \xrightarrow[90℃\sim105℃,\text{常压}]{10\%\text{NaOH}} 2,4\text{-(NO}_2)_2\text{C}_6\text{H}_3\text{OH}$$

$$2,4,6\text{-(NO}_2)_3\text{C}_6\text{H}_2\text{Cl} \xrightarrow[35℃]{\text{NaCO}_3/\text{H}_2\text{O}} 2,4,6\text{-(NO}_2)_3\text{C}_6\text{H}_2\text{ONa}$$

2. 使酚的酸性增强：当酚羟基的邻、对位上有硝基时，硝基、苯环和羟基三者形成共轭体系，由于硝基的吸电子作用，使酚羟基氧原子上的电子云密度降低，氧负离子的稳定性增强，对氢原子的吸引力减弱，容易变成质子离去，因而使酚的酸性增强；硝基越多，酸性越强（参见§9-9）。

五、重要的芳香族硝基化合物

（一）硝基苯

硝基苯是淡黄色油状液体，熔点为 5.7℃，沸点为 210.9℃，相对密度为 1.205（25℃），有苦杏仁味，难溶于水，能溶于苯、乙醚及乙醇。它能通过呼吸道和皮肤进入血液中，破坏血红素输送氧的能力，有很大的毒性，空气中最大允许浓度为 $1\ \mu\text{g}\cdot\text{g}^{-1}$。硝基苯在空气中的爆炸极限为1.8%（下限，体积分数）。

硝基苯由苯与混酸直接硝化制得。

硝基苯还原可制苯胺，这是生产苯胺的主要方法之一。

（二）2,4,6-三硝基甲苯

2,4,6-三硝基甲苯简称 TNT，是淡黄色针状晶体，熔点为 80.6℃，几乎不溶于水，微溶于乙醇，溶于苯、甲苯和丙酮；有毒，在空气中最大允许浓度为 $1.5\ \text{mg}\cdot\text{m}^{-3}$。

TNT 由甲苯与混酸经过分步硝化制得。

TNT 是一种重要的炸药，它的熔点较低，熔融方便，易同其他成分混合，易灌注弹壳内，是一种既便宜又安全的猛烈炸药，亦称黄色炸药；也在民用筑路、开山、采矿等爆破工程中使用。

（三）2,4,6-三硝基苯酚

2,4,6-三硝基苯酚又名苦味酸，是黄色针状或块状晶体，熔点为 121.8℃，有毒，味极苦，能溶于热水、乙醇、苯及乙醚，难溶于冷水，水溶液呈酸性。

工业上用2,4-和2,6-二硝基氯苯经氢氧化钠水解后的2,4-和2,6-二硝基苯酚钠,酸化后再用混酸硝化而得。

$$\text{2,4-(NO}_2)_2\text{C}_6\text{H}_3\text{Cl} + 2\text{NaOH} \xrightarrow[100℃]{\text{H}_2\text{O}} \text{2,4-(NO}_2)_2\text{C}_6\text{H}_3\text{ONa} + \text{NaCl} + \text{H}_2\text{O}$$

$$2\,\text{2,4-(NO}_2)_2\text{C}_6\text{H}_3\text{ONa} + \text{H}_2\text{SO}_4 \longrightarrow 2\,\text{2,4-(NO}_2)_2\text{C}_6\text{H}_3\text{OH} + \text{Na}_2\text{SO}_4$$

$$\text{2,4-(NO}_2)_2\text{C}_6\text{H}_3\text{OH} + \text{HNO}_3 \xrightarrow[60℃\sim 65℃]{\text{H}_2\text{SO}_4} \text{2,4,6-(NO}_2)_3\text{C}_6\text{H}_2\text{OH} + \text{H}_2\text{O}$$

苦味酸用来制造硫化染料和炸药,也是检验生物碱的重要试剂。由于它的酸性很强,会腐蚀弹壳,且生成的铁盐对震动和摩擦特别敏感,做炸药使用很不安全,以致在弹药中趋于完全不用。

§13-2　胺的分类和命名法

一、胺的分类

氨分子中的一个或几个氢原子被烃基取代的化合物称为胺。胺根据氮上烃基取代的数目,可分为伯胺(一级胺或1°胺)、仲胺(二级胺或2°胺)和叔胺(三级胺或3°胺)。伯胺指的是一个氢原子被取代、仲胺指的是二个氢原子被取代、叔胺则指的是三个氢原子被取代。

NH_3	RNH_2	R_2NH	R_3N
氨	伯胺(一级胺或1°胺)	仲胺(二级胺或2°胺)	叔胺(三级胺或3°胺)

应注意,这里伯、仲、叔胺的含义和以前卤代烃、醇等的伯、仲、叔含义是不同的,它是由氨中所取代的氢原子的个数决定,而不是由氨基(—NH_2)所连接的碳原子的类型决定的,与氨基所连碳原子的结构无关,如:

$(CH_3)_2CH-NH_2$　　　　　　　　$(CH_3)_2CH-OH$

异丙胺(伯胺)　　　　　　　　　　异丙醇(仲醇)

氨中一个氢原子被取代　　　　　　—OH 与仲碳相连

根据胺分子中烃基的种类不同,胺可以分为脂肪胺和芳香胺。根据分子中氨基的个数,又可以把胺分为一元胺和多元胺,如:

$C_2H_5NH_2$　　　　　　　　　邻-$C_6H_4(NH_2)_2$

乙胺(脂肪胺、一元胺)　　　　邻苯二胺(芳香胺、二元胺)

铵盐分子中的四个氢原子被四个烃基取代后的产物叫做季铵盐,其相应的氢氧化物叫做季铵碱,如:

$[(CH_3)_4N]^+X^-$ $[(CH_3)_4N]^+OH^-$

季铵盐   季铵碱

二、胺的命名

(一)简单的胺

以胺为母体,在烃基名称后面加"胺"字,称为"某胺";若在仲胺或叔胺中,如果氮原子同时连有环基和烷基,命名时烷基作为取代基并在烷基的名称前加符号"N",表示烷基与氮相连,如:

伯胺:

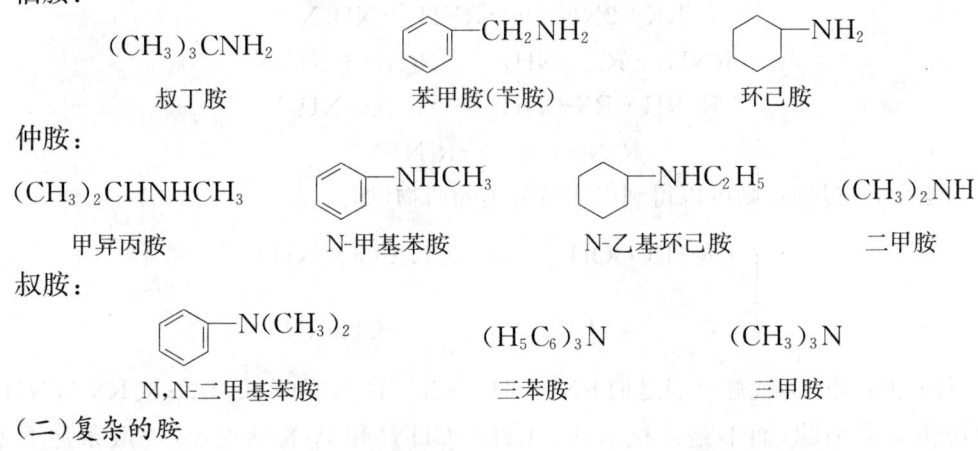

仲胺:

叔胺:

(二)复杂的胺

以烃为母体,氨基及取代氨基作为取代基,如:

(三)胺盐、季铵盐和季铵碱

它们的命名与无机盐、无机碱的命名相似,在铵字前加上每个烃基的名称,如:

$[(CH_3)_4N]^+Br^-$ $[(CH_3CH_2)_2NH_2]^+Cl^-$ 或 $(C_2H_5)_2NH\cdot HCl$ $[(CH_3)_2N(C_2H_5)_2]^+OH^-$

溴化四甲铵   氯化二乙铵(或二乙胺盐酸盐)   氢氧化二甲基二乙铵

习题 2 命名下列化合物。

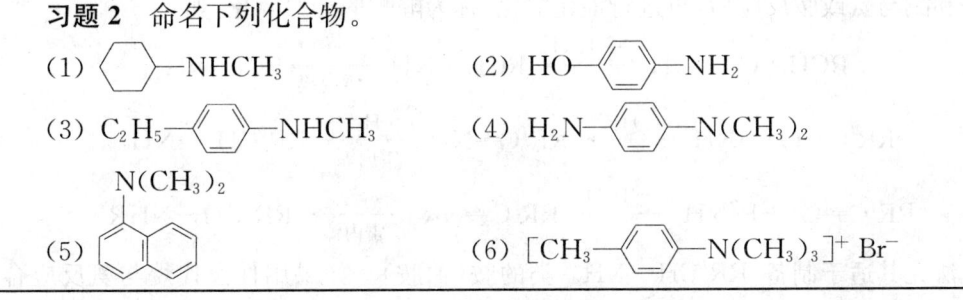

§13-3 胺的制法

胺的制备主要有两种途径：一是用氨做亲核试剂进行亲核取代反应；二是通过含氮化合物的还原制得。

一、氨的亲核取代反应

(一)氨与卤代烃反应

在一定压力下，将卤代烃与氨溶液共热，卤代烃与氨发生取代反应生成胺，最后产物为伯、仲、叔胺以及季铵盐的混合物。

$$RX + 2NH_3 \longrightarrow RNH_2 + NH_4X$$
$$RNH_2 + RX + NH_3 \longrightarrow R_2NH + NH_4X$$
$$R_2NH + RX + NH_3 \longrightarrow R_3N + NH_4X$$
$$R_3N + RX \longrightarrow R_4N^+X^-$$

当氨大大过量时，则可以得到以伯胺为主的产物，如：

$$ClCH_2COOH \xrightarrow[\text{过量}]{NH_3} H_2NCH_2COO^-NH_4^+$$

$$C_6H_5-CH_2Cl \xrightarrow[\text{过量}]{NH_3} C_6H_5-CH_2NH_2$$

反应中使用的卤代烃一般是伯 RX、$CH_2=CHCH_2X$ 和 $ArCH_2X$；叔 RX 与 NH_3 发生反应主要是消除，而不是亲核取代；$CH_2=CHX$ 和 ArX 活性小，一般条件下不与 NH_3 发生反应。

(二)氨与醇或酚反应

在工业生产中常用醇与氨反应制备胺。这是因为醇来源方便，生产过程中对设备腐蚀不大，对生产较为有利；这个反应一般在催化剂的存在下进行，如：

$$CH_3OH + NH_3 \xrightarrow[350\text{℃}\sim400\text{℃},0.5\text{ MPa}]{Al_2O_3} CH_3NH_2 + (CH_3)_2NH + (CH_3)_3N + H_2O$$

改变反应物配比和反应条件，可以调节产物的比例。生成的产物(混合物)通过精馏可以将它们分离。

(三)醛酮的还原氨化

醛和酮与氨或胺反应后，再进行催化氢化，称为醛酮的还原氨化，如：

$$RCH=O + NH_3 \xrightarrow{-H_2O} RCH=NH \xrightarrow[\text{雷内镍}]{H_2} RCH_2NH_2$$

$$RR'C=O + NH_3 \xrightarrow{-H_2O} RR'C=NH \xrightarrow[\text{雷内镍}]{H_2} RR'CH-NH_2$$

$$RR'C=O + R''NH_2 \xrightarrow{-H_2O} RR'C=NR'' \xrightarrow[\text{雷内镍}]{H_2} RR'CH-NHR''$$

此法尤其适于制备 $RR'CH-NH_2$ 类的胺(伯胺)。如果用仲卤代烷与氨反应合成仲胺,则由于发生消除反应而得不到单一的产物,但用此法则可得到纯净的产物。反应时,可在氢化催化剂存在下,同时加入氨(或胺)和氢气一步完成还原氨化反应,如:

$$(CH_3)_2C=O + NH_3 + H_2 \xrightarrow{\text{雷内镍}} (CH_3)_2CH-NH_2 + H_2O$$

$$CH_3CH_2CH=O + CH_3CH_2CH_2NH_2 + H_2 \xrightarrow{\text{雷内镍}} (CH_3CH_2CH_2)_2NH + H_2O$$

二、含氮化合物的还原

(一)硝基化合物还原

将硝基化合物还原可以得到伯胺。这是制备芳胺常用的方法(见§13-1)。

(二)腈的还原

腈用催化加氢或化学还原剂还原可以制得伯胺。

$$R-CN \xrightarrow[\text{雷内镍}]{2H_2} R-CH_2NH_2$$

(三)酰胺的还原

酰胺也可以还原成胺。不同结构的酰胺经还原可以制取伯、仲、叔胺。例如,工业上用 N,N-二乙基乙酰胺经还原制得三乙胺。

$$CH_3-\overset{\overset{O}{\|}}{C}-N(C_2H_5)_2 \xrightarrow{LiAlH_4} \xrightarrow{H_2O} (CH_3CH_2)_3N$$

酰胺经霍夫曼降解反应,可以得到分子中比原来酰胺分子少一个碳原子的伯胺,这是制伯胺的又一种方法,如:

$$R\overset{\overset{O}{\|}}{C}NH_2 \xrightarrow{X_2/NaOH} RNH_2$$
$$\text{伯胺}$$

习题 3 完成下列转变。

(1) $C_2H_5OH \longrightarrow CH_3NH_2$ (2) $C_2H_5OH \longrightarrow H_2N(CH_2)_4NH_2$

(3) 己酸 —→ 戊胺   (4) 己酸 —→ 己胺

习题 4 以苯及其他有机和无机试剂为原料,用还原氨化法制备下列胺。

(1) C₆H₅-CH(NH₂)-CH₃   (2) C₆H₅-NH-CH₂CH₂CH₃

习题 5 完成下列转变。

(1) $CH_3-C_6H_4-NO_2 \longrightarrow H_2N-C_6H_4-NO_2$

(2) $C_6H_5-CH_3 \longrightarrow C_6H_5-CH_2CH_2NH_2$

(3) $CH_3O-C_6H_4-Br \longrightarrow CH_3O-C_6H_4-NH_2$

§13-4 胺的物理性质

低级脂肪胺为气体或易挥发的液体,气味与氨相似,有的有鱼腥味,如腌鱼的臭味就是低级脂肪胺引起的。高级胺为固体,不易挥发,一般没有气味。芳香胺为高沸点的液体或低熔点的固体,具有特殊气味,而且毒性很大,无论吸入其蒸气或皮肤与之接触都能引起中毒。有些芳胺(如萘胺、联苯胺等)还能致癌。

伯胺和仲胺能形成分子间氢键,因此沸点比相对分子量相近的烷烃高。而叔胺的氮原子上无氢原子,不能形成分子间氢键,因此沸点比相对分子质量相近的伯胺和仲胺低。对于相对分子质量相同的胺的沸点大小顺序是:伯胺>仲胺>叔胺>烷烃。氢键的存在,使伯胺和仲胺的沸点比相对分子质量相近的醚的沸点高,但比相对分子质量相近的醇或酸的沸点要低,如:

	CH_3OCH_3	CH_3NHCH_3	$CH_3CH_2NH_2$	CH_3CH_2OH	$HCOOH$
相对分子质量	46	45	45	46	46
沸点/℃	−24	7.5	17	78	101

伯、仲、叔胺与水能形成氢键,因此能溶于水,但随相对分子质量的增加,其溶解度迅速降低。例如,甲胺、二甲胺、乙胺、二乙胺等可与水以任意比例混溶,C_6以上的胺则不溶于水。芳香胺类一般难溶于水。

常见胺的一些物理常数见表13-2。

表13-2 部分常见胺的物理常数

名称	熔点/℃	沸点/℃	溶解度/g·100 g^{-1}水
甲胺	−92	−7.5	易溶
二甲胺	−96	7.5	易溶
三甲胺	−117	3	91
乙胺	−80	17	∞
二乙胺	−39	55	易溶
三乙胺	−115	89	14
正丙胺	−83	49	∞
异丙胺	−101	34	∞
正丁胺	−50	78	易溶
环己胺		134	微溶
苯胺		185	∞

(续表)

名称	熔点/℃	沸点/℃	溶解度/g·100 g^{-1}水
乙二胺	8	117	溶
己二胺	42	204	易溶
苯胺	−6	184	3.7
N-甲基苯胺	−57	196	难溶
N,N-二甲基苯胺	3	194	1.4
二苯胺	53	302	不溶
三苯胺	127	365	不溶
邻苯二胺	104	252	3
间苯二胺	63	287	25
对苯二胺	142	267	3.8
联苯胺	127	401	0.05
α-萘胺	50	301	难溶
β-萘胺	110	306	不溶

§13-5 胺的化学性质

胺的化学反应主要发生在官能团氨基上。对于芳香胺来讲，由于氮原子与苯环直接相连，形成 p-π 共轭体系，使得苯环和氨基的反应活性与苯和脂肪胺有所不同。

一、碱性

胺与氨相似，由于氮原子上有一对未共用电子对，容易接受质子形成铵离子，因而呈碱性。胺的碱性强弱可用 pK_b 值表示；pK_b 值愈小，其碱性愈强。不同胺的碱性强弱的一般规律为：

脂胺（仲＞伯＞叔）＞氨＞芳香胺（苯胺＞二苯胺＞三苯胺）

当芳胺的苯环上连有斥电子基时，可使其碱性增强，而连有吸电子基时，则使其碱性减弱。例如，下列芳胺的碱性强弱顺序为：

对甲苯胺＞苯胺＞对氯苯胺＞对硝基苯胺

胺是弱碱，可与酸发生中和反应生成盐而溶于水中，生成的弱碱盐与强碱作用时，胺又重新游离出来，如：

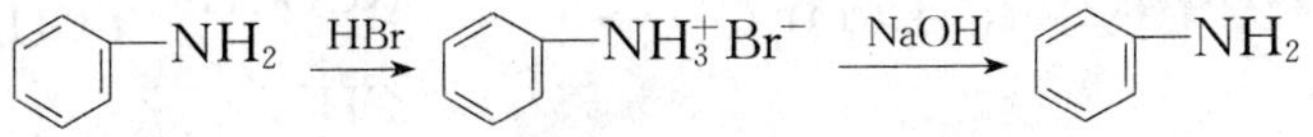

$C_6H_5-NH_2 \xrightarrow{HBr} C_6H_5-NH_3^+Br^- \xrightarrow{NaOH} C_6H_5-NH_2$

利用这一性质可分离、提纯和鉴别不溶于水的胺类化合物。

习题6 用化学方法分离苯胺和甲苯的混合物。

习题7 2,4-二硝基苯胺在稀酸中不溶解,为什么?

习题8 按照碱性由强到弱顺序排列下列化合物。

A. 对甲苯胺　　B. 苯胺　　C. 环己胺　　D. 苯甲酰胺

二、氮上的烷基化反应

胺与卤代烷、醇等烷基化试剂反应时,氨基上的氢原子被烷基取代,这个反应称为胺的烃基化反应。该反应常用于仲胺、叔胺和季铵盐的制备。

$$CH_3NH_2 \xrightarrow{CH_3X} (CH_3)_2NH \xrightarrow{CH_3X} (CH_3)_3N \xrightarrow{CH_3X} [(CH_3)_4N]^+X^-$$
伯胺　　　　　　仲胺　　　　　　叔胺　　　　　　季铵盐

例如,工业上利用苯胺与甲醇在硫酸催化下,加热、加压制取 N-甲基苯胺和 N,N-二甲基苯胺。

$$C_6H_5-NH_2 \xrightarrow[230℃,2.5\sim3.0\text{ MPa}]{H_2SO_4/CH_3OH} C_6H_5-NHCH_3$$

$$C_6H_5-NH_2 \xrightarrow[230℃,2.5\sim3.0\text{ MPa}]{H_2SO_4/2CH_3OH} C_6H_5-N(CH_3)_2$$

当苯胺过量时,主要产物为 N-甲基苯胺;若甲醇过量,则主要产物为 N,N-二甲基苯胺。

三、氮上的酰基化反应

伯胺、仲胺与酰卤、酸酐或酯等酰基化试剂反应时,氨基上的氢原子被酰基取代,生成 N-取代酰胺,这个反应称为酰基化反应,简称酰化。

$$RNH_2 + R'-\underset{O}{\overset{\|}{C}}-L \longrightarrow RNH-\underset{O}{\overset{\|}{C}}-R' + HL$$

$$R_2NH + R'-\underset{O}{\overset{\|}{C}}-L \longrightarrow R_2N-\underset{O}{\overset{\|}{C}}-R' + HL$$

$$L= -Cl,\ -O-\underset{O}{\overset{\|}{C}}-R',\ -OH$$

叔胺氮上没有氢原子,所以不能发生酰基化反应,如:

$$C_6H_5-NH_2 + (CH_3CO)_2O \longrightarrow C_6H_5-NHCOCH_3 + CH_3COOH$$
乙酰苯胺

$$C_6H_5-NHCH_3 + (CH_3CO)_2O \longrightarrow C_6H_5-N(CH_3)COCH_3 + CH_3COOH$$
N-甲基乙酰苯胺

酰胺水解后可生成原来的胺，如：

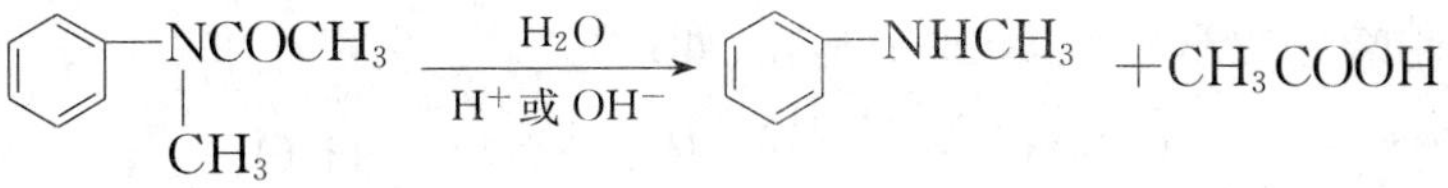

$$\text{C}_6\text{H}_5\text{N(COCH}_3\text{)CH}_3 \xrightarrow[\text{H}^+\text{ 或 OH}^-]{\text{H}_2\text{O}} \text{C}_6\text{H}_5\text{NHCH}_3 + \text{CH}_3\text{COOH}$$

由于苯胺易被氧化，而苯胺的酰基衍生物比较稳定，故在有机合成中常用酰基化反应来保护氨基，如：

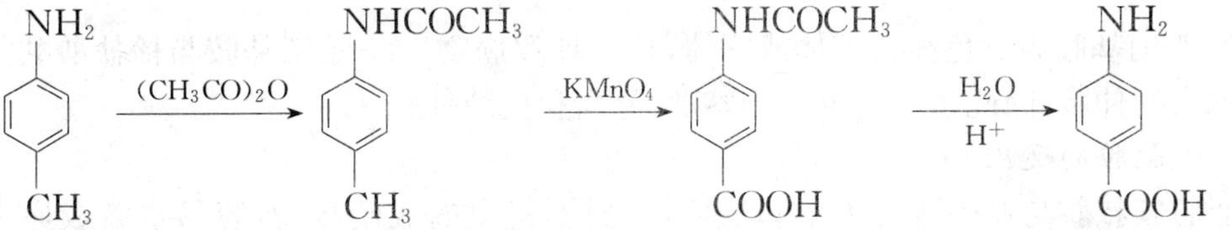

对甲基苯胺 $\xrightarrow{(\text{CH}_3\text{CO})_2\text{O}}$ 对甲基苯甲酰胺 $\xrightarrow{\text{KMnO}_4}$ 对乙酰氨基苯甲酸 $\xrightarrow[\text{H}^+]{\text{H}_2\text{O}}$ 对氨基苯甲酸

四、磺酰化反应

与酰基化反应一样，伯胺或仲胺氮原子上的氢可以被磺酰基（R—SO$_2$—）取代，生成磺酰胺。该反应称为兴斯堡（Hinsberg）反应，常用于合成磺胺类药物。

$$\text{C}_6\text{H}_5\text{—SO}_2\text{Cl} + \text{RNH}_2 \xrightarrow{\text{NaOH}} \text{C}_6\text{H}_5\text{—SO}_2\text{NHR}$$

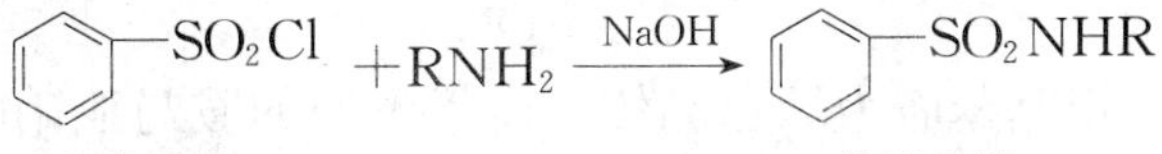

苯磺酰氯　　　　　　　　　　　　苯磺酰胺

常用的磺酰化剂是苯磺酰氯或对甲苯磺酰氯，反应需在氢氧化钠或氢氧化钾溶液中进行。当伯、仲、叔胺混在一起时，可通过磺酰化反应将它们分离。伯胺磺酰化后的产物，能与氢氧化钠生成盐而使磺酰胺溶于碱液中。仲胺生成的磺酰胺，不与氢氧化钠成盐，也就不溶于碱液中而呈固体析出。叔胺的氮原子上没有可与磺酰基置换的氢，故与磺酰氯不起反应。这样，将三种胺与苯磺酰氯反应后的混合液蒸馏，则叔胺被蒸出。将余下的蒸馏液过滤，滤出的固体为仲胺的磺酰胺；滤液酸化后，可得伯胺的磺酰胺，磺酰胺在酸的作用下可水解为原来的胺，从而达到分离和鉴别伯、仲、叔胺的目的。

五、与亚硝酸反应

由于亚硝酸不稳定，易分解，一般用亚硝酸钠与氢卤酸（或硫酸）在反应过程中作用生成亚硝酸。不同的胺与亚硝酸反应的产物不相同，反应如下：

（一）伯胺的反应

脂肪族伯胺与亚硝酸反应，即使在低温下，也放出氮气，同时生成醇、烯烃等混合物，在合成上没有意义，但放氮反应是定量的，可用于某些脂肪族伯胺的定量分析，如：

$$\text{RNH}_2 \xrightarrow[0℃\sim 5℃]{\text{NaNO}_2/\text{HX}} \text{RX} + \text{ROH} + \text{烯} + \text{N}_2$$

芳香伯胺与亚硝酸在低温（0℃～5℃）及强酸溶液中反应，生成重氮盐，若温度升高重氮盐会分解放氮气生成酚；该反应称为重氮化反应，如：

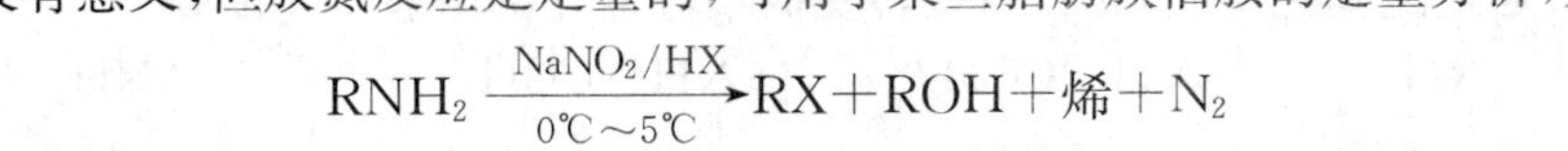

$$\text{C}_6\text{H}_5\text{NH}_2 \xrightarrow[0\sim 5℃]{\text{NaNO}_2/\text{HX}} \text{C}_6\text{H}_5\text{N}_2^+\text{X}^- \xrightarrow[\Delta]{\text{H}_2\text{O}} \text{C}_6\text{H}_5\text{OH} + \text{N}_2\uparrow$$

重氮盐

(二)仲胺的反应

仲胺与亚硝酸反应都生成 N-亚硝基胺,如:

$$R_2NH \xrightarrow{NaNO_2/HX} R_2N-NO + H_2O$$
$$\text{N-亚硝基胺}$$

$$R_2N-NO \xrightarrow[\Delta]{H_2O/H^+} R_2NH + HNO_2$$

N-亚硝基胺为黄色油状液体或固体,是一种致癌物。N-亚硝基胺与稀盐酸共热则分解成原来的仲胺,因此该反应可用于鉴别、分离和提纯仲胺。

(三)叔胺的反应

脂肪族叔胺与亚硝酸发生中和反应,生成不稳定的亚硝酸盐,容易水解成原来的叔胺。因此,向脂肪族叔胺中加入亚硝酸,无明显实验现象发生。

$$R_3N \xrightarrow{HNO_2} [R_3NH]^+ NO_2^- \xrightarrow{H_2O} R_3N$$

芳香族叔胺的反应 芳香叔胺与亚硝酸反应,生成对亚硝基胺,如:

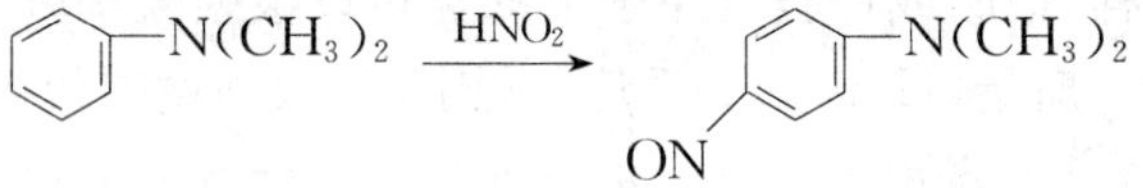

C$_6$H$_5$-N(CH$_3$)$_2$ $\xrightarrow{HNO_2}$ ON-C$_6$H$_4$-N(CH$_3$)$_2$

对亚硝基-N,N-二甲基苯胺为绿色晶体。由于不同的胺与亚硝酸反应现象不同,可用于鉴别脂肪族及芳香族伯、仲、叔胺。

六、芳环上的取代反应

氨基是强的邻对位定位基,它使芳环强烈活化,容易发生亲电取代。

(一)卤化

苯胺与氯和溴发生卤化反应,活性很高,不需要催化剂常温下就能进行,特别是与溴水的反应,会立即生成 2,4,6-三溴苯胺白色沉淀。

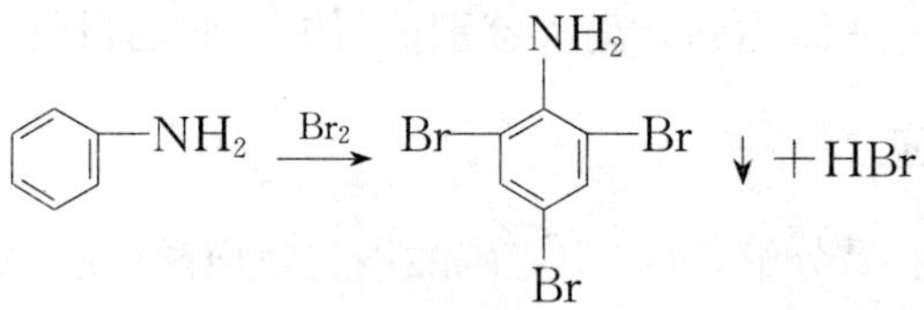

C$_6$H$_5$-NH$_2$ $\xrightarrow{Br_2}$ 2,4,6-三溴苯胺↓ + HBr
白色

此反应非常灵敏并且可定量进行,因此可用于芳胺的鉴别和定量分析。

苯胺的卤化反应很难停留在一元取代阶段。若要制备一卤代苯胺,必须降低苯环的活性。一般通过酰基化反应,先将氨基转变成中等活化的酰胺基,如:

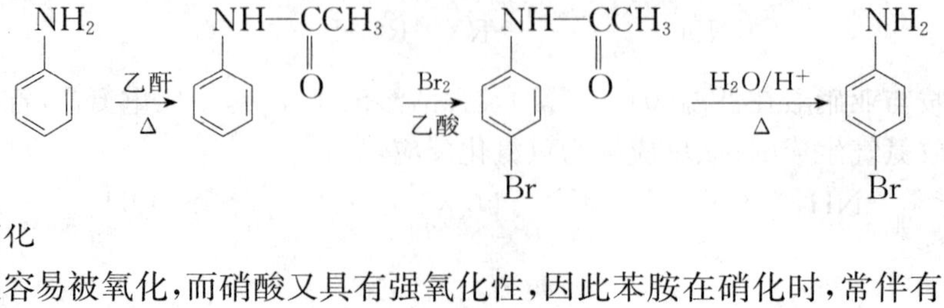

C$_6$H$_5$-NH$_2$ $\xrightarrow[\Delta]{乙酐}$ C$_6$H$_5$-NHCOCH$_3$ $\xrightarrow[乙酸]{Br_2}$ 4-Br-C$_6$H$_4$-NHCOCH$_3$ $\xrightarrow[\Delta]{H_2O/H^+}$ 4-Br-C$_6$H$_4$-NH$_2$

(二)硝化

苯胺很容易被氧化,而硝酸又具有强氧化性,因此苯胺在硝化时,常伴有氧化反应发生。为防止苯胺被氧化,可先将氨基乙酰基化或变成硫酸盐"保护氨基"后,再进行硝化反应,得到不同的硝化产物。

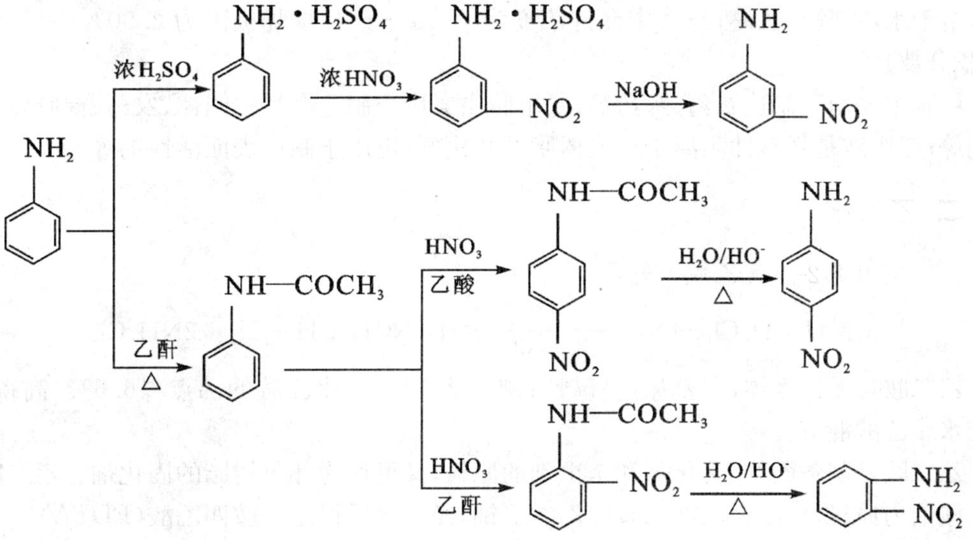

(三) 磺化

苯胺可在常温下与浓硫酸反应,生成苯胺硫酸盐,将其加热到180℃~190℃时,则得到对氨基苯磺酸。这是目前工业上生产对氨基苯磺酸的方法。

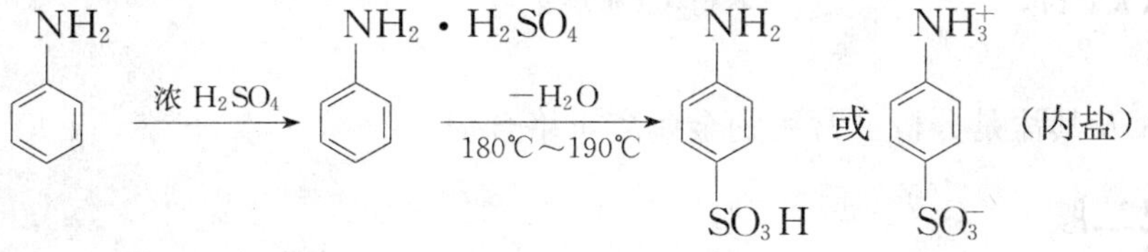

习题 9 用化学方法区别环己烷、苯、苯胺、硝基苯和硝基环己烷。

习题 10 由指定原料合成指定化合物。
(1) 由苯合成对溴苯胺
(2) 由甲苯合成 4-甲基-2-溴苯胺
(3) 由甲苯合成 4-甲基-3-溴苯胺
(4) 由甲苯合成二苄胺

§ 13-6 重要的胺

一、甲胺、二甲胺、三甲胺

甲胺是最简单的脂肪胺。它是无色气体,有氨味,有毒,空气中允许浓度为 10 $\mu g \cdot g^{-1}$;熔点为 $-92℃$,沸点为 $-7.5℃$;溶于水、乙醇和乙醚;可燃,其蒸气能与空气形成爆炸性混合物,爆炸极限为 4.95%~20.75%(体积分数)。

二甲胺是无色可燃气体,有毒,空气中允许浓度为 10 $mg \cdot m^{-3}$;爆炸极限为 2.80% ~14.40%(体积分数);熔点为 $-96℃$,沸点为 $7.5℃$,具有令人不愉快的氨味;溶于水、乙醇和乙醚。

三甲胺是无色气体,高浓度时有氨味,低浓度时有鱼腥味;熔点为$-117℃$,沸点为$3℃$,溶于水、乙醇和乙醚;空气中允许浓度为 $10\ \mu g \cdot g^{-1}$;爆炸极限为 $2.00\%\sim11.60\%$(体积分数)。

甲胺主要用于制造农药、医药等;二甲胺主要用于制造燃料中间体、农药、橡胶硫化促进剂等;三甲胺是强碱性阴离子交换树脂的胺化剂,也用于制造表面活性剂等。

二、乙二胺

乙二胺由 1,2-二氯乙烷与氨作用制备。

$$ClCH_2CH_2Cl + 4NH_3 \xrightarrow[1\ MPa]{110℃\sim150℃} H_2NCH_2CH_2NH_2 + 2NH_4Cl$$

乙二胺是无色液体,有氨味,呈碱性;沸点为 $117℃$,比乙胺的沸点($16.6℃$)高得多;可与水或乙醇混溶。

乙二胺是制备药物、乳化剂和杀虫剂的原料,又可作为环氧树脂的固化剂。乙二胺与氯乙酸钠为原料,可以合成乙二胺四乙酸二钠,经酸化后得乙二胺四乙酸(EDTA)。

$$H_2NCH_2CH_2NH_2 + 4ClCH_2COOH + 2Na_2CO_3 \longrightarrow$$

$$\begin{array}{c}NaOOCCH_2\\ \\NaOOCCH_2\end{array}\!\!NCH_2CH_2N\!\!\begin{array}{c}CH_2COONa\\ \\CH_2COONa\end{array} + 2CO_2 + 4NaCl + 2H_2O$$

EDTA 及其盐是分析上常用的金属离子络合剂。

三、己二胺

工业上己二胺可由己二酸为原料制得。己二酸与氨作用生成铵盐,以磷酸为催化剂,脱水后得到己二腈,再以镍为催化剂,加氢还原己二腈即可制得己二胺。

$$HOOC(CH_2)_4COOH \xrightarrow{NH_3} H_4NOOC(CH_2)_4COONH_4 \xrightarrow[\Delta]{-H_2O}$$

$$H_2NOC(CH_2)_4CONH_2 \xrightarrow[磷酸]{-H_2O} NC(CH_2)_4CN \xrightarrow[雷内镍]{H_2} H_2N(CH_2)_6NH_2$$

也可用 1,3-丁二烯为原料,经过加氯、氰代和加氢等反应而转变为己二胺。

$$CH_2\!\!=\!\!CHCH\!\!=\!\!CH_2 \xrightarrow{Cl_2} ClCH_2CH\!\!=\!\!CHCH_2Cl \xrightarrow{NaCN} NCCH_2CH\!\!=\!\!CHCH_2CN$$

$$\xrightarrow[雷内镍]{H_2} H_2N(CH_2)_6NH_2$$

己二胺是无色片状晶体,熔点为 $40℃$,沸点为 $196℃$,微溶于水,溶于乙醇、乙醚、苯等有机溶剂。

己二胺与己二酸发生缩合反应,生成聚酰胺,商品名称为尼龙-66。等物质的量的己二酸和己二胺先制成己二酸己二胺盐(尼龙-66 盐),然后在氮气、$200℃\sim250℃$下进行缩聚,生成聚己二酰己二胺(尼龙-66)。尼龙-66 是含酰胺基结构的高聚物,具有耐磨、耐碱、抗有机溶剂的特点,常用于制造轮胎帘子线、渔网和日用织物等。

四、苯胺

苯胺是无色油状液体,露置在空气中会逐渐变为深棕色,久之则变为棕黑色;有特殊气味;熔点为 $-6℃$,沸点为 $184℃$;微溶于水,能溶于醇及醚。苯胺有毒,能被皮肤吸收引起中毒,在空气中的允许浓度为 $5\ mg·m^{-3}$;爆炸极限 $1.3\%\sim11\%$(体积分数)。

苯胺主要从硝基苯还原制得。

苯胺是有机化工原料。由苯胺可制备染料和染料中间体;苯胺也用于制造橡胶促进剂、磺胺类药物、农药等。

§13-7 季铵盐和季铵碱

一、季铵盐

叔胺和卤代烃作用,生成季铵盐。

$$R_3N+RX \longrightarrow R_4N^+X^-$$

季铵盐是白色晶体,有盐的性质,能溶于水,不溶于有机溶剂。它与无机盐卤化铵相似,对热不稳定,加热后易分解成叔胺和卤代烃。

$$R_4N^+X^- \xrightarrow{\Delta} R_3N+RX$$

季铵盐的最重要用途是用作阳离子表面活性剂,也可以用作相转移催化剂。

季铵盐和氢氧化钠水溶液作用,生成稳定的季铵碱,但反应是可逆的。这表明季铵碱的碱性与氢氧化钠相当。一般利用氢氧化银或湿的氧化银和季铵盐的醇溶液作用,因生成卤化银沉淀而破坏了可逆平衡,可制得季铵碱。

$$R_4N^+X^- + AgOH \longrightarrow R_4N^+OH^- + AgX$$

季铵盐与碱溶液作用生成季铵碱的性质,与伯胺盐、仲胺盐、叔胺盐与碱溶液作用使相应的胺被游离出来的性质是完全不同的。

二、季铵碱

季铵碱对热也不稳定,加热到 $100℃$ 以上时,季铵碱发生分解,生成叔胺。

$$(CH_3)_4N^+OH^- \xrightarrow{\Delta} (CH_3)_3N+CH_3OH$$

如果季铵碱分子中有碳原子数多于甲基的烷基并含有 β-H 时,其加热分解并同时发生消除反应生成叔胺、烯烃和水,如:

$$[CH_3CH_2N(CH_3)_3]^+OH^- \xrightarrow{\Delta} (CH_3)_3N + CH_2=CH_2 + H_2O$$

此反应是由碱性试剂 OH^- 进攻 β-H,按照 E2 历程进行的 β-消除反应,称为霍夫曼消除反应。

当季铵碱具有两种或多种不同类型饱和烷基的 β-H 时,霍夫曼消除反应的主要方式是消去含氢较多的 β-碳原子上的氢,如:

$$[CH_3CH_2CHCH_3]OH \xrightarrow{\Delta} CH_3CH_2CH=CH_2 + CH_3CH=CHCH_3 + (CH_3)_3N + H_2O$$
$$\quad\quad\quad\quad |\quad\quad\quad\quad\quad\quad\quad\quad\quad 98\%\quad\quad\quad\quad\quad\quad 2\%$$
$$\quad\quad N(CH_3)_3$$

霍夫曼消除反应的产物,主要是生成双键碳原子含取代基较少的烯烃,这种消除方式与卤代烃的扎依采夫规则相反,称为霍夫曼规则。

习题 11 写出 ⟨N—H⟩ 彻底甲基化反应的产物。

§13-8 重氮和偶氮化合物

重氮和偶氮化合物分子中都含有氮氮重键(—N_2—)官能团。

一、重氮和偶氮化合物

(一)重氮化合物

—N_2— 基团的一端与烃基相连、另一端与非碳原子相连的化合物,叫做重氮化合物。命名时,先命名负离子,再命名重氮盐,如:

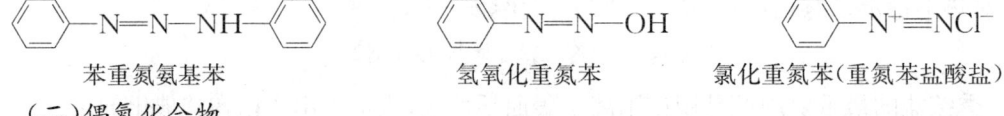

苯重氮氨基苯　　　　　　　氢氧化重氮苯　　　　　　氯化重氮苯(重氮苯盐酸盐)

(二)偶氮化合物

—N_2— 基团以 —N=N— 的形式两端都与碳原子相连的化合物叫做偶氮化合物,如:

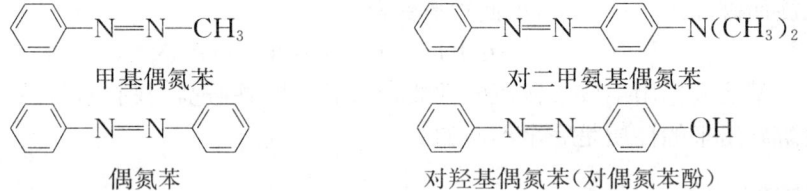

甲基偶氮苯　　　　　　　　　　　对二甲氨基偶氮苯

偶氮苯　　　　　　　　　　　　对羟基偶氮苯(对偶氮苯酚)

二、重氮化反应

芳香族伯胺与亚硝酸在低温、强酸溶液中作用生成重氮盐的反应叫做重氮化反应,如:

$$\text{C}_6\text{H}_5\text{NH}_2 \xrightarrow[0℃\sim 5℃]{NaNO_2/HCl} \text{C}_6\text{H}_5\text{N}_2^+Cl^-$$

重氮化一般是把芳伯胺溶于过量酸中(HCl 和 H_2SO_4),控制在低温下(0℃~5℃)滴加 $NaNO_2$ 溶液至反应完成。

反应应控制一定酸度,以防止重氮盐与未反应的芳伯胺生成重氮氨基化合物。

重氮化反应的终点常用 KI-淀粉试纸测定。因为过量的 HNO_2 可以把 I^- 氧化成 I_2 使淀粉变蓝,表示反应已达终点。

$$2KI + 2HCl + 2HNO_2 \longrightarrow I_2 + 2NO + 2KCl + 2H_2O$$

习题 12 写出下列反应产物。

(1) CH_3—C$_6H_4$—NH_2 $\xrightarrow{NaNO_2/HCl}{0℃\sim 5℃}$? (2) 2,4-二氯苯胺 $\xrightarrow{NaNO_2, H_2SO_4}{0℃\sim 5℃}$?

三、重氮盐的性质及其在有机合成中的应用

重氮盐的化学性质非常活泼,其反应可分为两大类:放氮的反应和保留氮的反应。

(一) 放氮反应

1. **重氮基被卤原子取代**:重氮盐与氯化亚铜的浓盐酸溶液或溴化亚铜的浓氢溴酸溶液共热,重氮基可被氯原子或溴原子取代,生成氯苯或溴苯,同时放出氮气。这样的反应叫做桑德迈尔(Sandmeyer T)反应,如:

$$C_6H_5-N_2^+Br^- \xrightarrow{Cu_2Br_2/HBr}{\Delta} C_6H_5-Br + N_2\uparrow$$

$$C_6H_5-N_2^+Cl^- \xrightarrow{Cu_2Cl_2/HCl}{\Delta} C_6H_5-Cl + N_2\uparrow$$

重氮基被碘取代比较容易。加热重氮盐与碘化钾的混合溶液,就会生成碘苯,同时放出氮气,如:

$$C_6H_5-N_2^+HSO_4^- \xrightarrow{KI}{\Delta} C_6H_5-I + N_2\uparrow$$

重氮盐转换成氟代芳烃的反应要首先制成氟硼酸重氮盐。重氮盐与氟硼酸盐反应,生成水溶性很小的氟硼酸重氮盐;将其干燥后,加热分解,可制得相应的氟代芳烃。此反应称为希曼(Schiemann)反应。

$$ArN_2^+X^- + NaBF_4 \longrightarrow ArN_2^+BF_4^- + NaX$$
$$\downarrow \Delta$$
$$ArF + BF_3 + N_2\uparrow$$

此反应具有操作简便、反应试剂易得、重氮盐分解容易控制、产率一般较高以及应用范围较广等优点。

2. **重氮基被羟基取代**:在酸性条件下,用重氮苯硫酸盐与水发生反应,重氮基被羟基取代生成苯酚,同时放出氮气。这是在有机合成中将硝基或氨基转变为羟基,来制备一些不能用其他方法合成的酚的方法,如:

$$C_6H_5-NH_2 \xrightarrow{NaNO_2/H_2SO_4}{0℃\sim 5℃} C_6H_5-N_2^+HSO_4^- \xrightarrow{H_2O}{\Delta} C_6H_5-OH + N_2\uparrow$$

工业上是利用苯硝化、部分还原、重氮化再水解制得间硝基苯酚,如:

$$C_6H_6 \xrightarrow{混酸}{\Delta} m-C_6H_4(NO_2)_2 \xrightarrow{(NH_4)_2S} m-O_2N-C_6H_4-NH_2 \xrightarrow{NaNO_2/H_2SO_4}{0\sim 5℃} m-O_2N-C_6H_4-N_2^+HSO_4^- \xrightarrow{H_2O}{\Delta} m-O_2N-C_6H_4-OH + N_2\uparrow$$

3. **重氮基被氰基取代**:重氮盐与氰化亚铜的氰化钾溶液共热,重氮基被氰基取代生成苯甲腈,同时放出氮气,如:

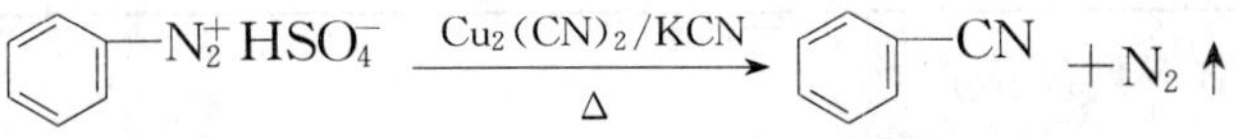

$$\underset{}{\text{C}_6\text{H}_5\text{N}_2^+\text{HSO}_4^-} \xrightarrow[\Delta]{\text{Cu}_2(\text{CN})_2/\text{KCN}} \underset{\text{苯甲腈}}{\text{C}_6\text{H}_5\text{CN}} + \text{N}_2\uparrow$$

4. 重氮基被氢原子取代：重氮盐与次磷酸（H_3PO_2）或乙醇反应，重氮基被氢原子取代，同时放出氮气，如：

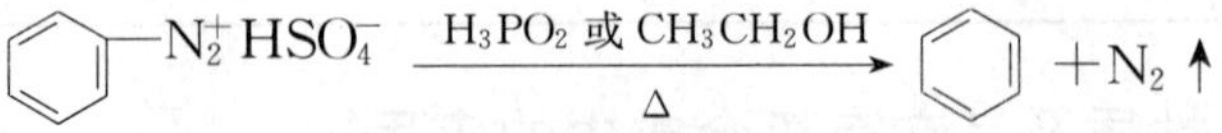

$$\text{C}_6\text{H}_5\text{N}_2^+\text{HSO}_4^- \xrightarrow[\Delta]{H_3PO_2 \text{ 或 } CH_3CH_2OH} \text{C}_6\text{H}_6 + \text{N}_2\uparrow$$

此反应可从芳环上除去硝基和氨基。利用此反应在有机合成中可合成一些用常规方法难以制得的化合物。一般可在芳环上先引入氨基，利用它的定位作用，引进所需要的基团，最后再除去氨基。例如，1,3,5-三溴苯无法由苯直接溴代得到，可由苯胺通过溴代、重氮化再还原制得：

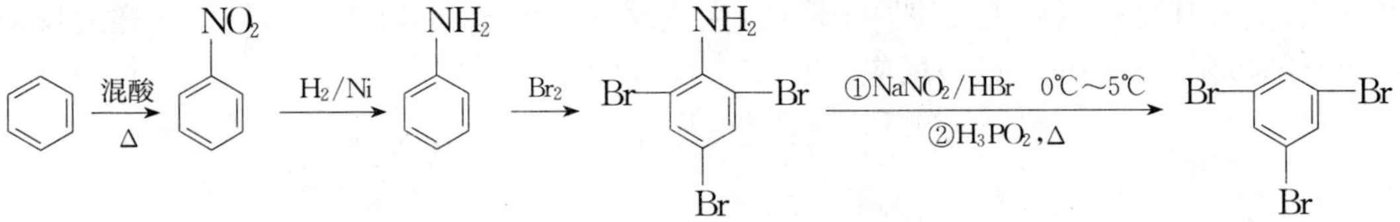

benzene $\xrightarrow[\Delta]{\text{混酸}}$ PhNO$_2$ $\xrightarrow{H_2/Ni}$ PhNH$_2$ $\xrightarrow{Br_2}$ 2,4,6-三溴苯胺 $\xrightarrow[②H_3PO_2, \Delta]{①NaNO_2/HBr \ \ 0℃\sim5℃}$ 1,3,5-三溴苯

习题 13 完成下列转变。

(1) 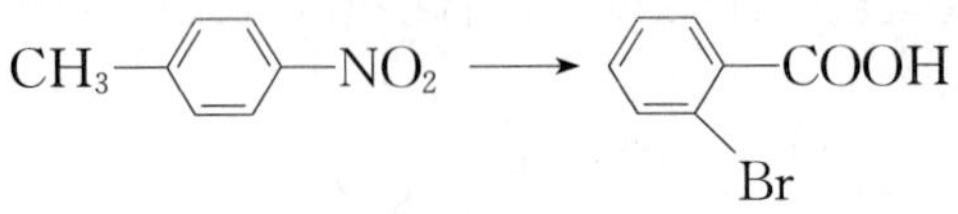 4-硝基甲苯 ⟶ 2-溴苯甲酸

(2) 硝基苯 ⟶ 3-溴苯酚

(3) 硝基苯 ⟶ 3-溴氯苯

(4) 苯 ⟶ 3,5-二溴苯胺

(5) 甲苯 ⟶ 4-羟基苯乙酸

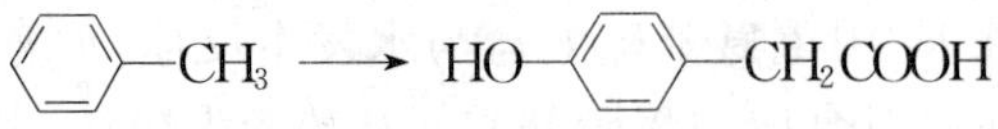

(6) 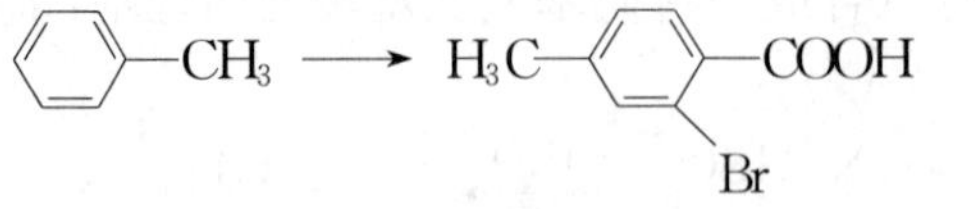 甲苯 ⟶ 4-甲基-2-溴苯甲酸

(7) 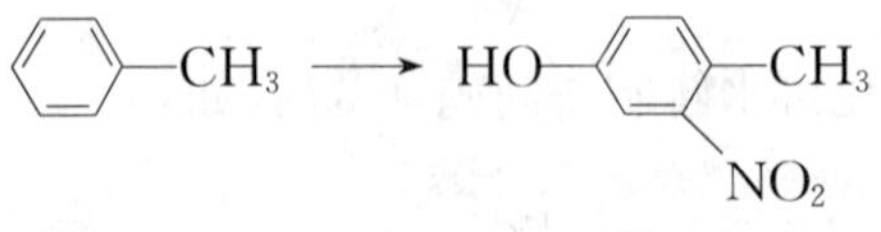 甲苯 ⟶ 4-甲基-3-硝基苯酚

(8) 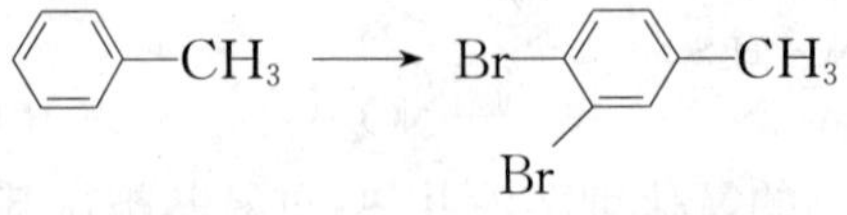 甲苯 ⟶ 3-溴-4-甲基苯（2-溴-4-甲基...）

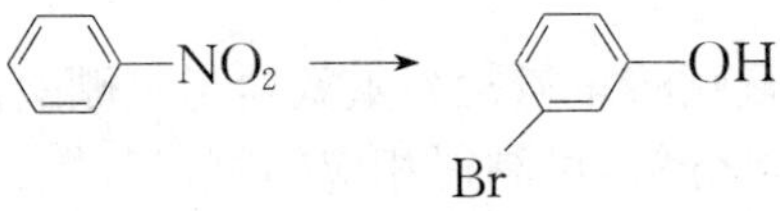

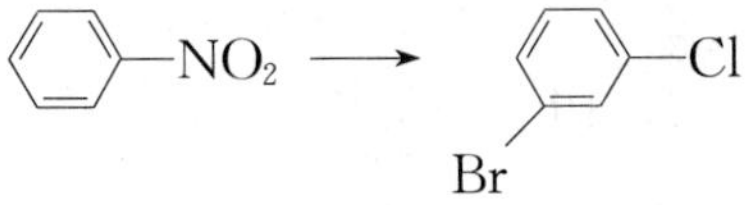

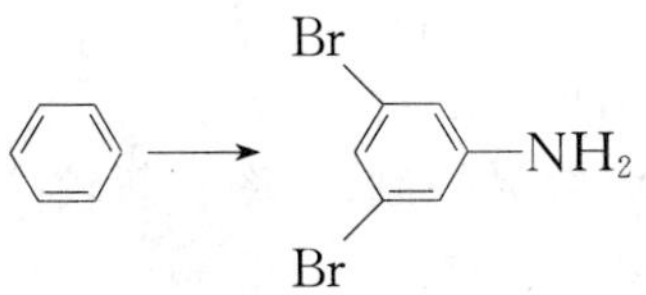

(二)保留氮的反应

1. 重氮盐还原成芳肼：这是制备芳肼及其衍生物的一个方法。所用的还原剂有氯化亚锡、锌粉、亚硫酸盐等。工业上一般采用亚硫酸盐（亚硫酸和亚硫酸氢钠混合物）还原，如：

$$\text{C}_6\text{H}_5\text{-N}_2^+\text{X}^- \xrightarrow{\text{NaHSO}_3, \text{Na}_2\text{SO}_3} \text{C}_6\text{H}_5\text{-NHNHSO}_3\text{Na} \xrightarrow[100℃]{\text{HCl}}$$

苯肼磺酸钠

$$\text{C}_6\text{H}_5\text{-NHNH}_3^+\text{Cl}^- \xrightarrow{\text{OH}^-} \text{C}_6\text{H}_5\text{-NHNH}_2$$

苯肼（80%～84%）

$$\text{C}_6\text{H}_5\text{-N}_2^+\text{X}^- \xrightarrow[0℃]{\text{SnCl}_2 + \text{HCl}} \text{C}_6\text{H}_5\text{-NHNH}_3^+\text{Cl}^- \xrightarrow{\text{OH}^-} \text{C}_6\text{H}_5\text{-NHNH}_2$$

苯肼毒性较强，使用时注意安全。苯环上带有卤原子、烷氧基、硝基、羧基和磺基等取代基的芳伯胺的重氮盐，都可采用亚硫酸盐还原法制得相应的芳肼衍生物。

2. 偶合反应：在一定的条件下，重氮盐与酚或芳胺反应生成偶氮化合物，这个反应称为偶合反应（或偶联反应），如：

$$\text{NaO}_3\text{S-C}_6\text{H}_4\text{-N}^+\equiv\text{NCl}^- + \text{C}_6\text{H}_5\text{-N(CH}_3)_2 \xrightarrow[0℃～5℃]{\text{CH}_3\text{COONa}}$$

$$\text{NaO}_3\text{S-C}_6\text{H}_4\text{-N=N-C}_6\text{H}_4\text{-N(CH}_3)_2$$

偶联反应的实质是芳环上的亲电取代反应，只有环芳上连有强致活基团（如酚和芳胺）时才能与重氮盐发生偶联反应，生成偶氮化合物。其产物符合芳环上亲电取代反应的定位规律，苯酚或苯胺发生偶合反应时主要发生在羟基或氨基的对位；对位被占，则发生在邻位，因为苯偶氮基体积较大，如：

$$\text{C}_6\text{H}_5\text{-N}^+\equiv\text{NCl}^- + \text{HO-C}_6\text{H}_3\text{-OCH}_3 \xrightarrow[0℃～5℃]{\text{NaOH}} \text{C}_6\text{H}_5\text{-N=N-C}_6\text{H}_2(\text{OH})(\text{OCH}_3)$$

偶合反应生成的偶氮化合物都有颜色。许多偶氮化合物是优良的染料，这类染料被称为偶氮染料。偶氮染料是有机染料中品种、数量最多的一大类。选择不同的重氮组分和偶合组分，可以合成一系列不同颜色的染料，如：

碱性菊橙

酸性大红 GR

有的指示剂也是偶氮化合物，如：

$$(\text{CH}_3)_2\text{N-C}_6\text{H}_4\text{-N=N-C}_6\text{H}_4\text{-SO}_3\text{H}$$

甲基橙

以对氨基苯磺酸作重氮组分，N,N-二甲基苯胺作偶合组分，可以生成甲基橙。甲基橙在 pH<3.1 时呈红色，在 pH>4.4 时呈黄色，其结构变化如下：

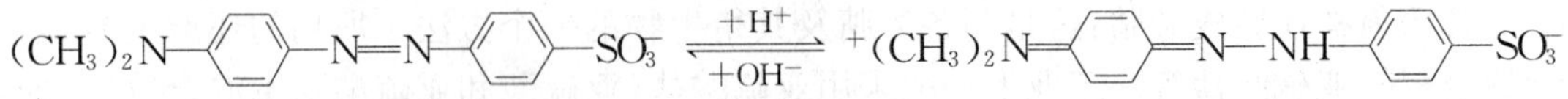

$(CH_3)_2N\text{-}\underset{pH>4.4\ 黄色}{\underline{}}\text{-}N=N\text{-}\underset{}{\underline{}}\text{-}SO_3^- \underset{+OH^-}{\overset{+H^+}{\rightleftharpoons}} {}^+(CH_3)_2N\text{-}\underset{pH<3.1\ 红色}{\underline{}}=N\text{-}NH\text{-}\underset{}{\underline{}}\text{-}SO_3^-$

§13-9　腈　异氰酸酯　三聚氰胺

一、腈的命名

腈是指分子中含有氰基（—CN）官能团的一类有机化合物，它可以看成是氢氰酸分子中的氢原子被烃基取代后的产物，常用通式 R—CN 表示。氰基结构为 —C≡N，可简写成 —CN。腈的命名可采用习惯命名法，根据分子中所含碳原子的数目称其为"某腈"，如：

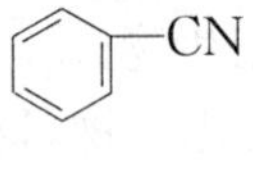

$\underset{苯甲腈}{C_6H_5CN}\qquad \underset{乙腈}{CH_3CN}\qquad \underset{丙烯腈}{CH_2=CHCN}\qquad \underset{异丁腈（或2-甲基丙腈）}{CH_3CHCN\ |\ CH_3}$

腈的命名也可以采用系统命名法，以烃为母体，氰基为取代基，称为"氰基某烃"。例如：

$\underset{3-氰基丙烯}{CH_2=CHCH_2CN}\qquad \underset{2-氰基丙烷}{CH_3CHCN\ |\ CH_3}$

二、腈的性质

（一）物理性质

腈是较强的极性化合物，因此低级腈为无色液体，高级腈为固体。由于腈分子间引力较大，因此其沸点较高，比相对分子质量相近的烃、醚、醛、酮和胺的沸点高，与相对分子质量相近的醇相近，比相对分子质量相近的羧酸的沸点低。低级腈易溶于水，随着碳原子数的增加，在水中溶解度降低。例如，乙腈与水混溶，丁腈以上难溶于水。乙腈可以溶解许多有机物和无机盐类，因此乙腈也是一种良好的溶剂。

（二）化学性质

腈的化学反应主要发生在官能团氰基上。

1. 水解：腈在酸的催化下，加热水解生成羧酸，如：

$CH_3CH_2CN \xrightarrow[\Delta]{H_2O/H^+} CH_3CH_2COOH$

2. 醇解：腈在酸的催化下与醇反应生成酯，如：

$\underset{\underset{CN}{|}}{CH_3\underset{\underset{}{|}}{C}CH_3}\text{（OH）} \xrightarrow[\Delta]{H_2SO_4/CH_3OH} CH_2=C(CH_3)COOCH_3$

合成有机玻璃的单体

3. 还原:腈可催化加氢或用氢化锂铝还原生成伯胺,如:

$$CH_3CH_2CN \xrightarrow{H_2,Ni} CH_3CH_2CH_2NH_2$$

三、重要的腈——丙烯腈

丙烯腈是无色液体,沸点为 78℃,溶于水;有毒,空气中允许最大浓度为 $2\ \mu g \cdot g^{-1}$,爆炸极限为 3.05%~17%(体积分数)。它是合成纤维、合成树脂、合成橡胶的重要原料,也是有机合成中的常用试剂。丙烯腈由丙烯在催化剂存在下,氨氧化制得。

$$CH_2{=}CHCH_3 + NH_3 + O_2 \xrightarrow[370℃]{磷钼酸铋} CH_2{=}CHCN + 3H_2O$$

丙烯腈能聚合生成聚丙烯腈。

$$n CH_2{=}CHCN \longrightarrow {-}[CH_2{-}CH]_n{-}$$
$$\qquad\qquad\qquad\qquad\qquad\ \ |$$
$$\qquad\qquad\qquad\qquad\ \ CN$$

聚丙烯腈

聚丙烯腈的商品名称叫腈纶,俗称"人造羊毛"。它具有强度高、密度小、保暖性好、着色性好、耐光等特性。

四、异氰酸酯

烃分子中的氢原子被异氰酸基(—N=C=O)取代生成的化合物,称为异氰酸酯。异氰酸酯的命名与羧酸酯的命名相似,称为异氰酸某酯,如:

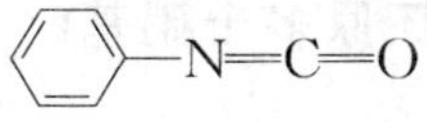

异氰酸苯酯 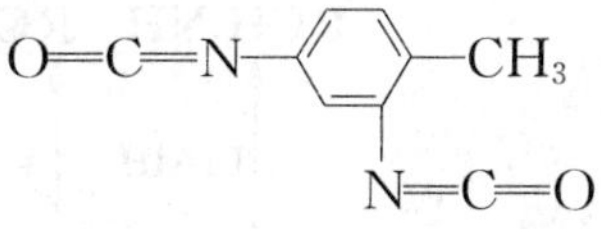　　　　　　　　甲苯-2,4-二异氰酸酯或
　　　　　　　　　　　　　　2,4-二异氰酸甲苯酯

异氰酸酯中用途最广的是甲苯-2,4-二异氰酸酯。它与二元醇反应,生成聚氨基甲酸酯类树脂(简称聚氨酯树脂)。聚氨酯树脂是一类重要的高分子化合物,可用做涂料、黏合剂,也可用于合成橡胶和制造塑料。

五、三聚氰胺

三聚氰胺亦称蜜胺,熔点为 354℃,可升华,溶于热水,微溶于冷水和热乙醇,不溶于乙醚、苯等。

尿素以氨气为载体,在 Al_2O_3 或硅胶催化下加热、加压,先分解成氰酸,进一步缩合生成三聚氰胺。

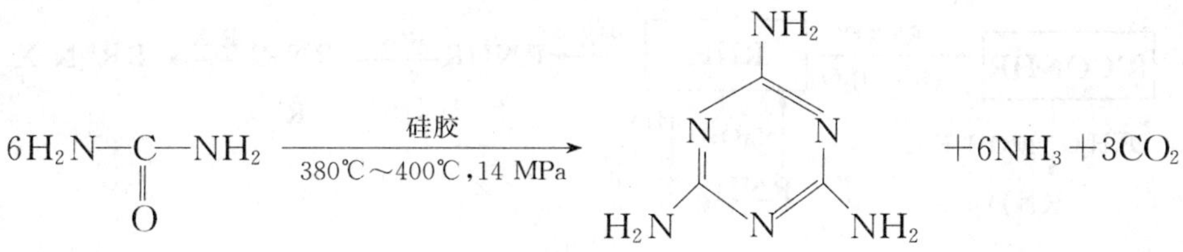

$$6H_2N{-}\underset{\underset{O}{\|}}{C}{-}NH_2 \xrightarrow[380℃\sim 400℃,14\ MPa]{硅胶} \text{(三聚氰胺)} + 6NH_3 + 3CO_2$$

三聚氰胺主要用于制造三聚氰胺—苯酚树脂、氨基树脂漆类涂料、热固性黏合剂、皮革合成鞣剂等。

本章小结

一、制法

1. 硝基化合物：通过硝化反应制备。
2. 胺：

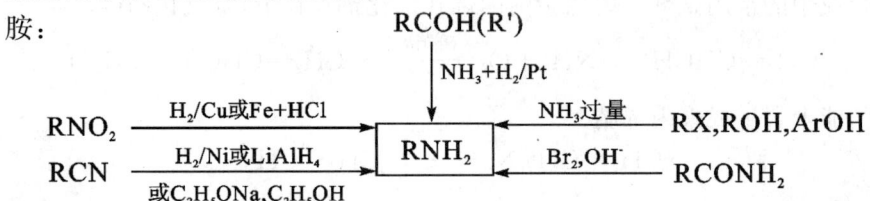

3. 芳香族重氮盐：

$$ArNH_2 \xrightarrow[<5℃]{NaNO_2,\,H^+} ArN_2^+$$

二、含氮有机化合物化学性质提要

1. 碱性：$R_2NH > RNH_2 > NH_3 > ArNH_2 > (Ar)_2NH$
2. 硝基化合物的反应：

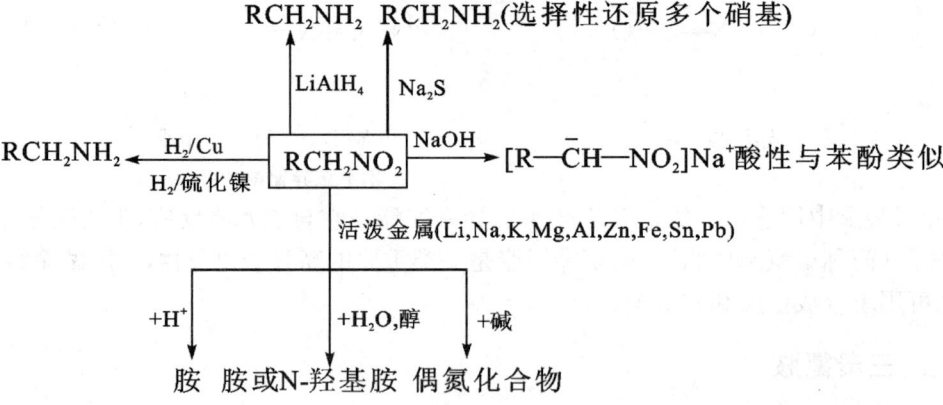

3. 脂肪族伯胺的反应：

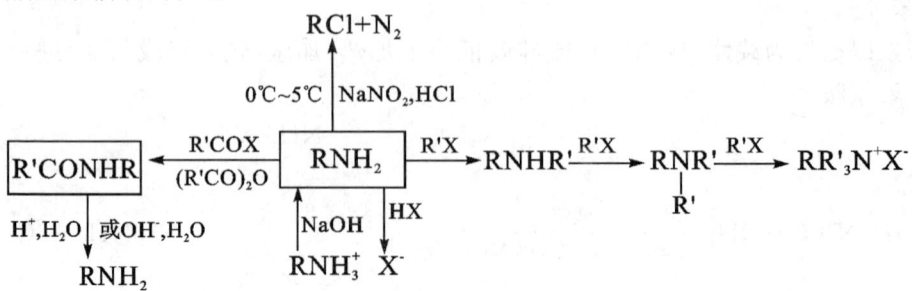

4. 芳香族伯胺的反应：

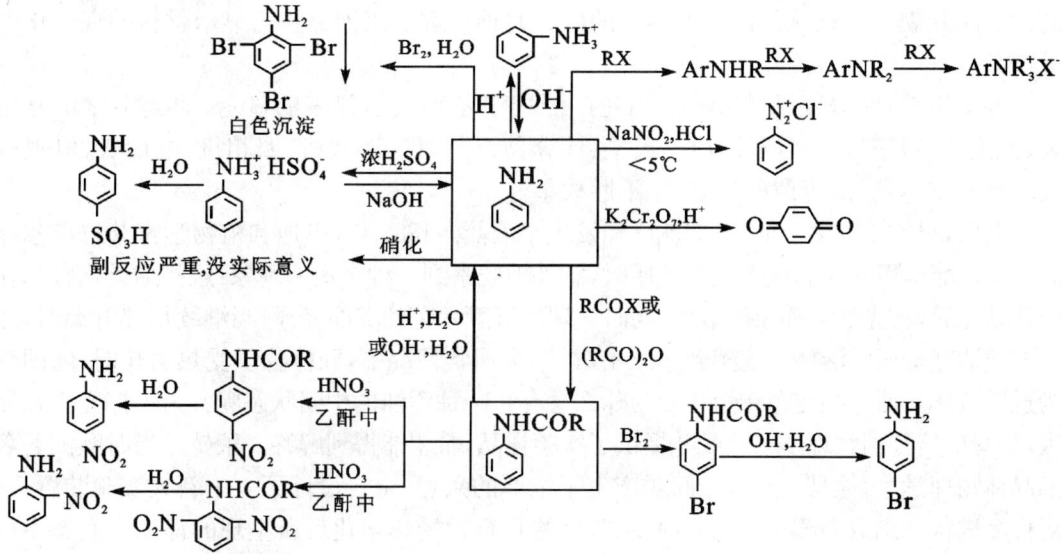

5. 芳香族重氮盐的反应：

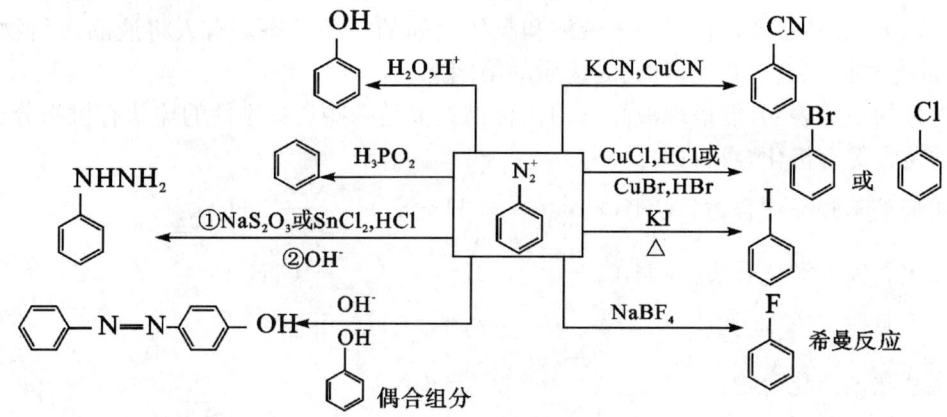

【阅读材料】

含氮化合物与液晶材料

现今，当你走进钟表店时，不难发现许多钟表上的指针和钟摆已经消失，取而代之的是那些不断闪烁变幻的数字，这就是以液晶作为显示材料的新一代电子钟表。与传统的机械钟表相比，电子钟表的液晶显示功能独具风采，表现出特殊的优势。例如，目前市场推出的各种多功能手表，有的可同时显示世界地图和世界各地的时刻；有的可同时显示时、分、秒；有的可轮换显示年、月、日、星期、时刻和生肖；有的具有计算器功能；有的具有竞赛计时功能，等等。由于液晶显示器件的工作电压低、功耗小、质量轻，所以不仅可满足电子钟表小型化和薄型化的要求,而且还适合于制作大型图案显示屏。例如,许多火车站的列车时刻表和北京首都机场大楼里的巨大时钟等都是以液晶作为显示材料的现代化电子产品。

除了用于钟表显示材料外,液晶还广泛用于各种仪器仪表的显示,如数字显示万用表、酸度计、数字显示血压计、电子天平、计算器、计算机、游戏机、照相机、电话机、电视机及各种家用电器等,可谓种类繁多、不胜枚举。

其实,早在100多年前,人们就已经发现了液晶。1888年,奥地利植物学家莱尼茨尔在研究胆甾醇苯甲酸酯和醋酸酯的性质时,意外地观察到一种奇怪的现象:这些酯类化合物在受热熔化后,首先变为浑浊的液体,同时呈现出五颜六色的美丽光泽;当继续加热升温时,才转变成清亮透明的液体。他感到迷惑不解,因为通常情况下,固体物质受热熔化时,随即变为透明液体。而这些化合物熔化后为什么会存在一种浑浊的中间状态呢?为了探究内在原因,他写信给德国物理学家莱曼并提供了实验样品,希望能得到解答。莱曼是当时欧洲著名的晶体物理学家,他马上对这个问题产生了浓厚的兴趣,亲自设计了一个新式实验装置,并对样品进行了细致的测试。结果他发现,这些化合物受热熔化后所呈现的浑浊中间态不仅具有液体的流动性,同时还具有晶体所特有的各向异性。因此,他把这类化合物命名为"液晶",顾名思义,就是"液态晶体",也可以理解为"具有晶体特征的液体"。

实际上,液晶态就是物质介于液体和晶体之间的一种状态。有人将液晶态与物质的气态、液态和固态三态并论,称之为物质的第四态。

大量的研究表明,能呈现液晶态的化合物大多是一些具有刚性的棒状有机物分子,其中有的是含氮有机化合物,如:

亚苄基苯胺类化合物:$CH_3O-\text{⟨⟩}-CH=N-\text{⟨⟩}-C_4H_9$

氧化偶氮苯类化合物:$CH_3O-\text{⟨⟩}-\underset{O}{N=N}-\text{⟨⟩}-C_4H_9$

氰基联苯类化合物:$C_5H_{11}-\text{⟨⟩}-\text{⟨⟩}-CN$

氰基苯环己烷类化合物:$C_5H_{11}-\text{⟨⟩}-\text{⟨⟩}-CN$

聚对苯二甲酰对苯二胺:$\left[\underset{O}{\overset{}{C}}-\text{⟨⟩}-\underset{O}{\overset{}{C}}-NH-\text{⟨⟩}-NH\right]_n$

此外,还有一些液晶材料是芳香族酯类、炔类、冠醚类以及具有奇特性能的胆甾醇类等。

液晶具有控制光波偏振的能力,可使光波偏振面扭转90°,这是液晶重要的光电效应之一,也叫做扭曲效应。利用这种扭曲效应,可以实现白色背景上黑色图案或黑色背景上白色图案的显示。其中,胆甾型液晶对温度、电压甚至气体都十分敏感。这些因素的变化,会导致其对反射光波长的变化,使液晶呈现不同的颜色。例如,当温度升高时,液晶的颜色依次从红色转变为黄、绿、蓝、紫等颜色;当温度降低时,液晶的颜色将逆向依次从紫色转变为红色。显然,液晶的颜色与温度存在着对应关系。胆甾型液晶的这一特性使它在测试显示应用方面具有独特的魅力。液晶温度计就是根据这一原理设计制作的。

现在,只要将液晶测温膜贴在额头上,立即就可测出人的体温。这种测温膜非常适用于不便与医生直接配合的婴幼儿及特殊病人体温的测量。液晶测温膜还可显示人体局部热谱图,用以确定病变部位。在生物体内,由于肿瘤的形成会伴随着血管增生,因此病变部位比正常组织的温度高。过去,医生在检查浅层肿瘤时,需要使用红外线摄影仪来获取热谱图,以确定肿瘤发生的部位,检查费用较高。现在,医生可以方便地利用液晶测温膜粘贴在患者的病变处,通过观察液晶的颜色变化就可以确定病变的确切部位。

由于液晶膜显示热谱图鲜明直观、操作简便,因此除医疗上用于临床检查外,工业上还广泛用于金属热传导无损探伤、重复疲劳的检查等方面。

此外,由于不同的气体能使胆甾型液晶的颜色发生变化,因此,人们自然会想到利用这种液晶来探测大气中的痕量有害气体。目前,胆甾型液晶的这一特性已广泛应用于药厂、化工厂的气体探测器和检漏仪上。

液晶材料是一种正在发展中的新型材料,其中包含着许多物理、化学甚至生物学等方面的知识,它的发展空间非常广阔。虽然液晶材料的开发应用只有短短几十年的时间,但是经过液晶点缀的这个现代世界,已经呈现出十分诱人的五彩缤纷的景色。不难相信,随着人们对液晶认识的不断深入和研究,其应用前景将更为灿烂。

习题 14 命名下列化合物。

(1) $CH_3CH_2CHCH(CH_3)_2$
         $|$
         NO_2

(2) $(CH_3)_2CHNH_2$

(3) ⌬—NHC_2H_5

(4) O_2N—⌬—$N(CH_3)_2$

(5) $CH_2=CH-CN$

(6) $[(CH_3)_2\overset{+}{N}-C_{12}H_{25}]Br^-$
     $\quad\quad\quad |$
     $\quad\quad\quad CH_2C_6H_5$

(7) ⌬—$NH-NH$—⌬

(8) H_3C—⌬—$\overset{+}{N}_2Cl^-$

习题 15 写出下列化合物的结构式。

(1)碘化二甲基二乙基铵　　(2)对氨基苯甲酸乙酯　　(3)4-羟基-4′-溴偶氮苯

(4)N-甲基苯磺酰胺　　(5)乙酰苯胺　　(6)对氨基苯磺酰胺

(7)β-萘胺　　(8)1,6-己二胺

习题 16 将下列各组化合物按碱性强弱次序排列。

(1)苯胺 乙胺 二苯胺 氨和 N-甲基苯胺

(2)苯胺 乙酰苯胺 戊胺 环己胺

(3)甲酰胺 甲胺 苯胺 对硝基苯胺 对甲苯胺 二甲胺

271

习题 17 完成下列反应式。

(1) 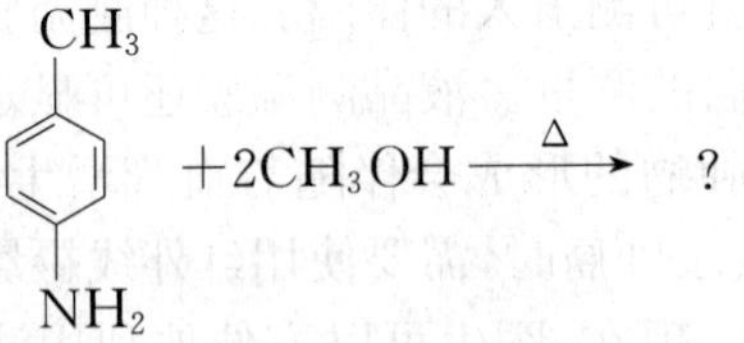 4-CH₃-C₆H₄-NH₂ + 2CH₃OH $\xrightarrow{\Delta}$?

(2) 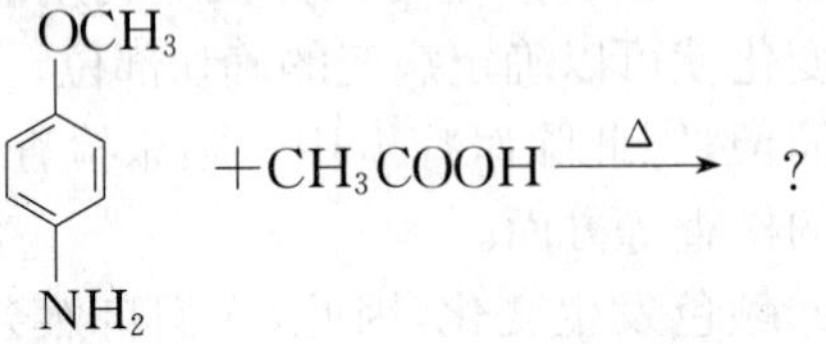 4-CH₃O-C₆H₄-NH₂ + CH₃COOH $\xrightarrow{\Delta}$?

(3) 4-HO-C₆H₄-NH₂ + 2(CH₃CO)₂O ⟶ ?

(4) 2 C₆H₅NH₂ + HOOC—COOH ⟶ ?

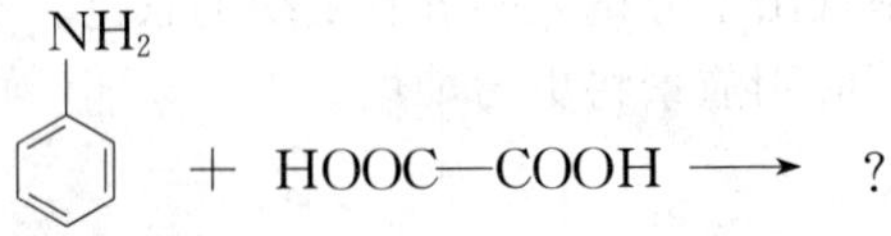

(5) 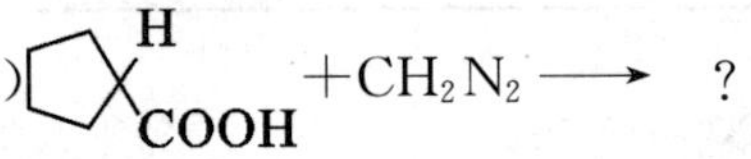 环戊基-CH(H)-COOH + CH₂N₂ ⟶ ?

(6) 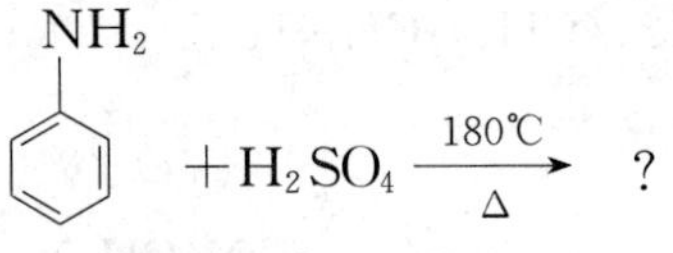 C₆H₅NH₂ + H₂SO₄ $\xrightarrow[\Delta]{180℃}$?

(7) 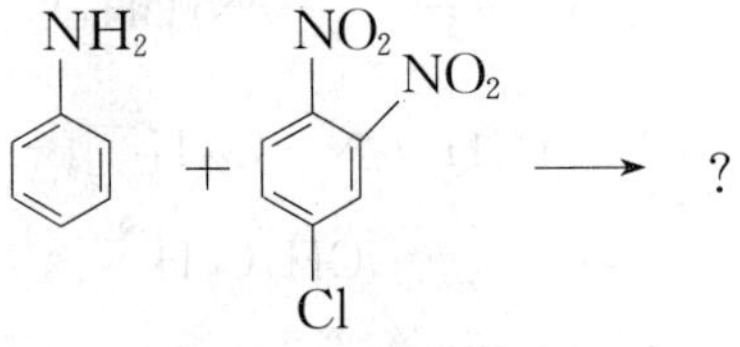 C₆H₅NH₂ + (2,3-二硝基-4-氯苯) ⟶ ?

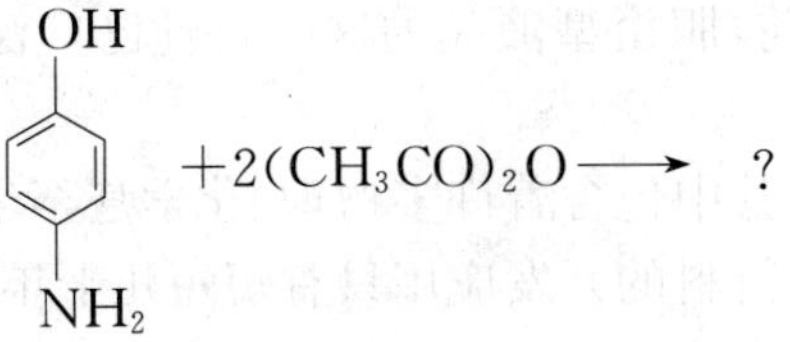

(8) 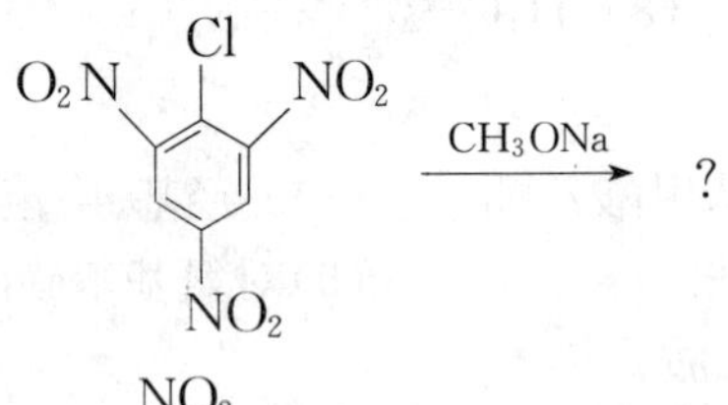 (2-Cl-1,3,5-三硝基苯,带 O₂N 于 2,6 位) $\xrightarrow{CH_3ONa}$?

(9) 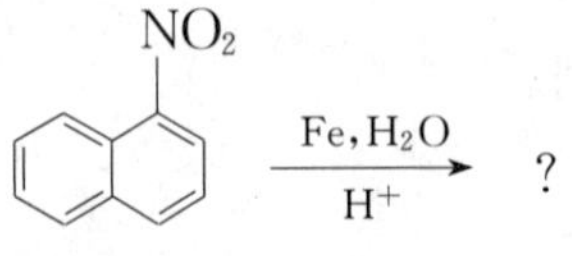 1-硝基萘 $\xrightarrow[H^+]{Fe, H_2O}$?

(10) 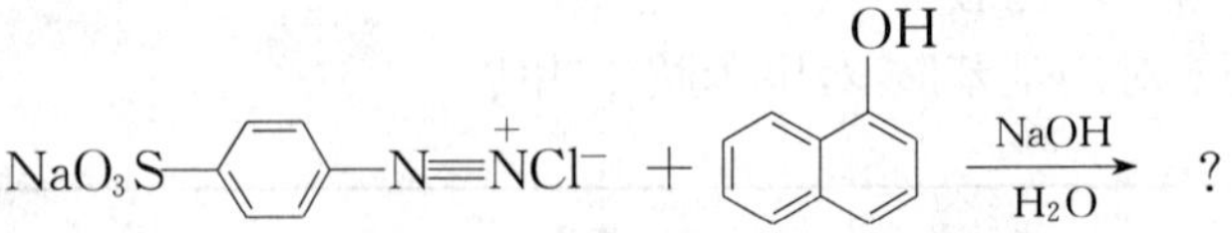 NaO₃S—C₆H₄—N⁺≡NCl⁻ + 1-萘酚 $\xrightarrow[H_2O]{NaOH}$?

· 272 ·

习题 18 用苯,甲苯及四个碳以下的有机化合物为原料合成下列各种胺。

(1) 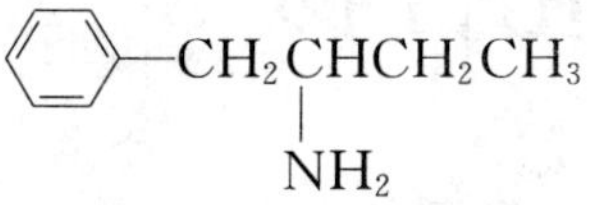 C₆H₅—CH₂CH(NH₂)CH₂CH₃

(2) 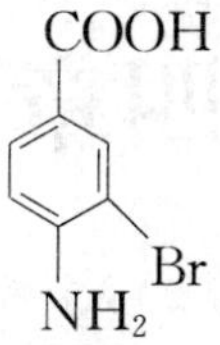 4-氨基-3-溴苯甲酸

习题 19 用化学方法鉴别下列各组化合物。

(1) A. 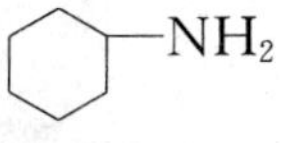 环己胺 B. 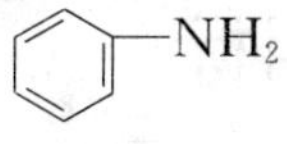 苯胺 C. 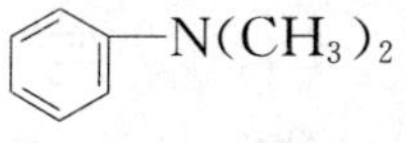 N,N-二甲基苯胺 D. 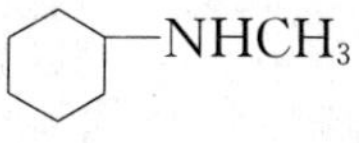 N-甲基环己胺

(2) A. 苯胺   B. N-甲基苯胺   C. N,N-二甲基苯胺

习题 20 试分离苯甲胺、苯甲醇、对甲苯酚的混合物。

习题 21 某化合物 A 的分子式为 $C_6H_{15}N$,能溶于稀盐酸,在室温下与亚硝酸作用放出氮气,而得到 B;B 能进行碘仿反应。B 和浓硫酸共热得到分子式为 C_6H_{12} 的化合物 C;C 臭氧化后再经锌粉还原水解得到乙醛和异丁醛。试推测 A,B,C 的结构式,并写出各步反应式。

习题 22 分子式为 $C_7H_7NO_2$ 的化合物 A,与 Fe+HCl 反应生成分子式为 C_7H_9N 的化合物 B;B 和 $NaNO_2$+HCl 在 0℃~5℃反应生成分子式为 $C_7H_7ClN_2$ 的 C;在稀盐酸中 C 与 CuCN 反应生成化合物 D(C_8H_7N);D 在稀酸中水解得到一个酸 E($C_8H_8O_2$);E 用高锰酸钾氧化得到另一种酸 F;F 受热时生成分子式为 $C_8H_4O_3$ 的酸酐。试推测 A,B,C,D,E,F 的结构式,并写出各步反应式。

第十四章 杂环化合物

学习目标

知识目标

1. 了解杂环化合物的分类、命名，喹啉的制法和性质，嘌呤及其衍生物的性质。
2. 理解杂环化合物的结构和芳香性。
3. 掌握五元杂环化合物（呋喃、吡咯、噻吩）和六元杂环化合物（吡啶）的性质。

能力目标

1. 能根据杂环化合物的结构分析芳香亲电取代反应的活性规律。
2. 能应用电子效应和空间效应总结含氮化合物碱性的一般规律。

§14-1 杂环化合物的分类和命名法

杂环化合物是一大类有机物，占已知有机物的约三分之一。杂环化合物在自然界分布很广、功能很多。例如，中草药的有效成分生物碱大多是杂环化合物；动植物体内起重要生理作用的血红素、叶绿素、核酸的碱基都是含氮杂环；部分维生素、抗菌素、一些植物色素、植物染料、合成染料都含有杂环化合物；90%以上药物为杂环化合物。

杂环化合物是指由碳原子和氧、硫、氮等杂原子共同组成的、具有环状结构的化合物，如：

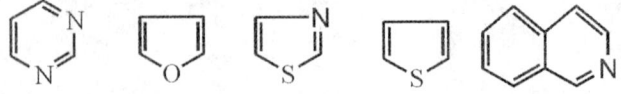

一、分类

杂环化合物根据环的形式可分为单杂环和稠杂环化合物；其中，单杂环化合物按照环的大小又分为五元杂环、六元杂环化合物等，稠杂环化合物又分为芳环并杂环、杂环并杂环化合物等。

杂环化合物根据环中杂原子的数目，可分为分子中含一个杂原子杂环化合物、分子中含两个杂原子杂环化合物等。常见杂环化合物的分类及名称见表14-1。

表 14-1　常见杂环化合物结构、分类及名称

分类		重要的杂环				
单杂环	五元环	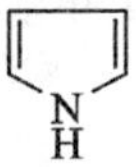 (pyrrole) 吡咯	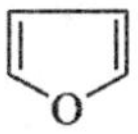 (furan) 呋喃	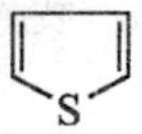 (thiophene) 噻吩	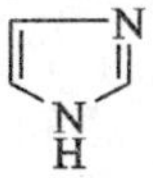 (imidazole) 咪唑	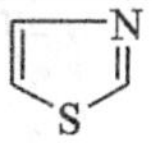 (thiazole) 噻唑
	六元环	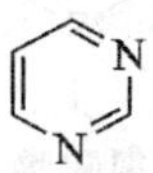 (pyrimidine) 嘧啶	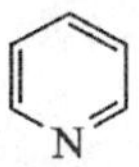 (pyridine) 吡啶	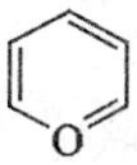 (pyran) 吡喃	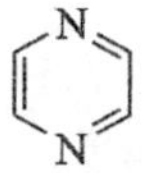 (pyrazine) 吡嗪	
稠杂环		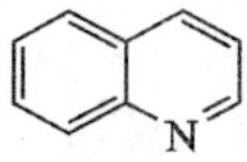 (quinoline) 喹啉	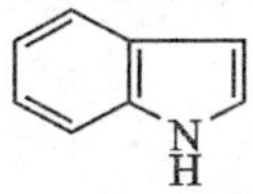 (indole) 吲哚	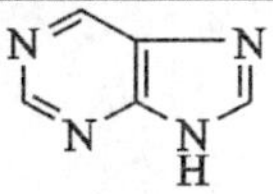 (purine) 嘌呤	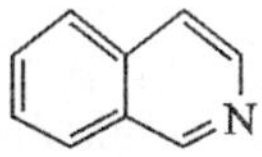 (isoquinoline) 异喹啉	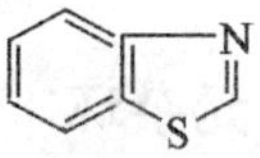 (benzothiazole) 苯并噻唑

二、命名

（一）音译法

根据杂环化合物的英文名称，选择带"口"字偏旁的同音汉字来命名，如：

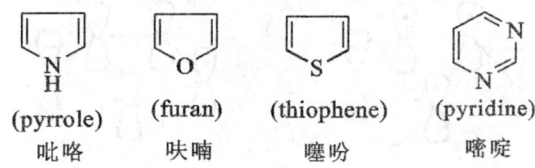

（二）系统命名法

系统命名法适用于杂环衍生物。

1. 选主链：与芳香族化合物命名原则类似，当杂环上连有 —R 、—X 、—OH 、—NH$_2$ 等取代基时，以杂环为母体；如果连有 —CHO 、—COOH 、—SO$_3$H 等基团时，把杂环作为取代基。

2. 编号：杂环上连有取代基时，需要给杂环编号，编号规则如下。

（1）只有一个杂原子，从杂原子开始编号，杂原子位次为 1。当环上只有一个杂原子时，也可把与杂原子直接相连的碳原子称为 α 位，其后依次为 β 位和 γ 位。

（2）若含有多个相同的杂原子，则从连有氢或取代基的杂原子开始编号，并使其他杂原子的位次尽可能小；当环上有不同杂原子时，按 O→S→N 的次序编号。

（3）环上连有不同取代基时，编号时遵守次序规则及最低系列原则。

有机化学

2-甲基呋喃
α-甲基呋喃

2-呋喃甲醛
α-呋喃甲醛

2-甲基-5-乙基呋喃

4-甲基咪唑

4-氯噻唑

§14-2 杂环化合物的结构

一、五元杂环

五元杂环呋喃、噻吩、吡咯结构上的共同点：五元杂环的环上 5 个原子都是 sp^2 杂化的，位于同一平面上，碳原子 p 轨道上有 1 个单电子，杂原子 p 轨道上有 2 个电子，5 个 p 轨道垂直于环所在的平面，侧面交盖形成闭合的共轭体系。

呋喃、噻吩中 O 和 S 的杂化如图 14-1 所示。

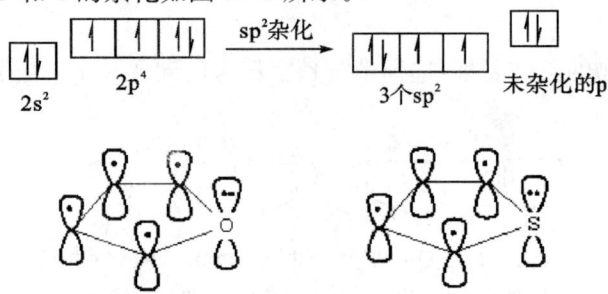

图 14-1　呋喃、噻吩的结构

吡咯中 N 的杂化如图 14-2 所示。

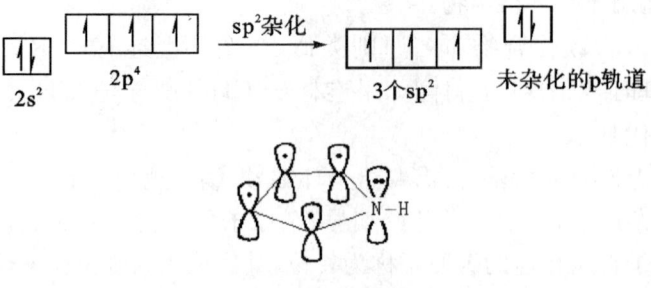

图 14-2　吡咯的结构

呋喃、噻吩、吡咯的结构都符合休克尔规则，具有芳香性。

二、六元杂环

六元杂环的结构和芳香性,以吡啶为例。

吡啶中 N 的杂化如图 14-3 所示。

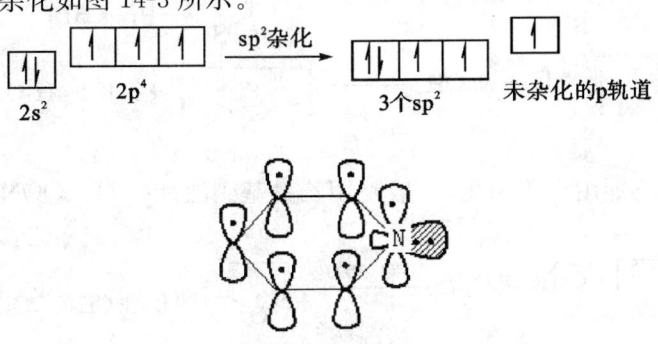

图 14-3 吡啶的结构

吡啶的结构符合休克尔规则,也具有芳香性。

§14-3 杂环化合物的性质

一、呋喃、噻吩、吡咯及其衍生物

呋喃是无色液体,沸点为 31℃,难溶于水,易溶于有机溶剂。呋喃存在于松木焦油中,它的蒸气能使浸过盐酸的松木片显绿色,这个现象可用来检验呋喃的存在。

噻吩主要存在于煤焦油的粗苯中,粗苯中约含 0.05%。噻吩是无色液体,沸点为 84℃,熔点为 −38.2℃,不溶于水,溶于有机溶剂。在浓 H_2SO_4 的存在下,噻吩与靛红一同加热即发生靛吩咛反应,显出蓝色,反应很灵敏,可用来检验噻吩的存在。

吡咯及其同系物主要存在于煤焦油、骨油中,是无色油状液体,沸点为 131℃,微溶于水,易溶于有机溶剂。吡咯的蒸气或其醇溶液能使浸过浓盐酸的松木片显红色,这是鉴别吡咯及其低级同系物的方法。

呋喃、噻吩、吡咯在化学性质上有很多相似之处,如下。

(一)亲电取代反应

呋喃、噻吩、吡咯亲电取代反应很容易进行。这是由于环上 5 个原子共有 6 个 π 电子,故 π 电子出现的几率密度比苯环大。换句话说,环上的杂原子有给电子的共轭效应,能使杂环活化,所以在亲电取代反应中的速度比苯环快得多。

亲电取代反应活泼顺序为:吡咯 > 呋喃 > 噻吩 > 苯,新的取代基主要进入 α 位。但吡咯、呋喃、噻吩的亲电取代反应,对试剂及反应条件必须有所选择和控制。

1.卤化反应:不需要催化剂,在较低温度下进行。

$$\underset{O}{\text{furan}} + Br_2 \xrightarrow[\text{二氧六环}]{25℃} \underset{O}{\text{furan}}\text{—Br} + HBr$$

$$\underset{S}{\text{thiophene}} + Br_2 \xrightarrow{CH_3COOH} \underset{S}{\text{thiophene}}\text{—Br} + HBr$$

$$\underset{N}{\text{pyrrole}} + I_2 + NaOH \longrightarrow \underset{\substack{N\\\text{四碘吡咯}}}{\overset{I\quad I}{\underset{I\quad I}{\text{pyrrole}}}} + NaI + 4H_2O$$

2. 硝化反应：不能用混酸硝化，一般是用乙酰基硝酸酯（CH_3COONO_2）做硝化试剂，在低温下进行。

$$\underset{O}{\text{furan}} + CH_3COONO_2 \xrightarrow{-5℃\sim30℃} \underset{O}{\text{furan}}\text{—}NO_2 + CH_3COOH$$

$$\underset{S}{\text{thiophene}} + CH_3COONO_2 \xrightarrow{0℃} \underset{S}{\text{thiophene}}\text{—}NO_2 + CH_3COOH$$

$$\underset{N}{\text{pyrrole}} + CH_3COONO_2 \xrightarrow{-10℃} \underset{N}{\text{pyrrole}}\text{—}NO_2 + CH_3COOH$$

3. 磺化反应：呋喃、吡咯不能用浓硫酸磺化，要用特殊的磺化试剂——吡啶三氧化硫的络合物，噻吩可直接用浓硫酸磺化。

$$\underset{O}{\text{furan}} + \underset{\text{吡啶三氧化硫}}{\text{Py}}\text{NSO}_3 \xrightarrow{ClCH_2CH_2Cl} \underset{O}{\text{furan}}\text{—}SO_3H + \underset{N}{\text{pyridine}}$$

$$\underset{N}{\text{pyrrole}} + \text{Py-NSO}_3 \longrightarrow \underset{N}{\text{pyrrole}}\text{—}SO_3H + \underset{N}{\text{pyridine}}$$

噻吩在室温下可溶于浓硫酸，并发生磺化反应，生成的 α-噻吩磺酸能溶于浓硫酸，而且易发生水解反应。利用此性质可分离或除去粗苯中的噻吩。

$$\underset{S}{\text{thiophene}} + 浓H_2SO_4 \longrightarrow \underset{S}{\text{thiophene}}\text{—}SO_3H + H_2O$$

$$\underset{S}{\text{thiophene}}\text{—}SO_3H + H_2O \xrightarrow{100℃\sim150℃} \underset{S}{\text{thiophene}} + H_2SO_4$$

（二）加氢反应

用还原剂或者催化加氢，呋喃、噻吩、吡咯可发生加氢反应，生成二氢或者四氢化合物。

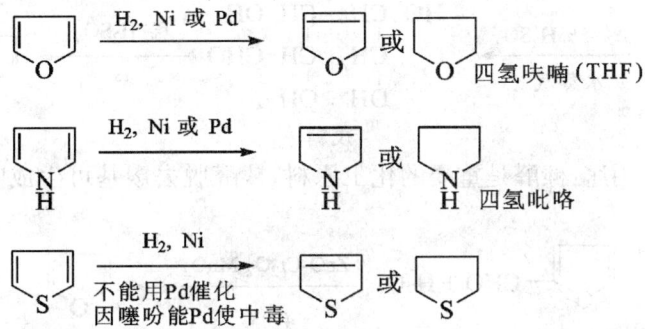

(三)呋喃、吡咯的特性反应

1. 呋喃易发生 D—A 反应，吡咯、噻吩要在特定条件下才能发生 D—A 反应。

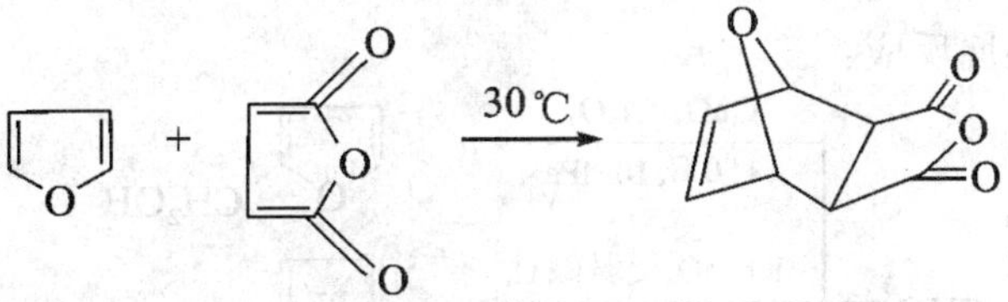

2. 吡咯的弱酸性和弱碱性：吡咯分子中氮原子上虽然带有孤对电子，但是由于其参与了共轭，为整个环状共轭体系所共享，从而使氮上电子云密度降低，孤对电子难以给出去而表现碱性。但是，吡咯的碱性很弱，大大弱于苯胺的碱性。

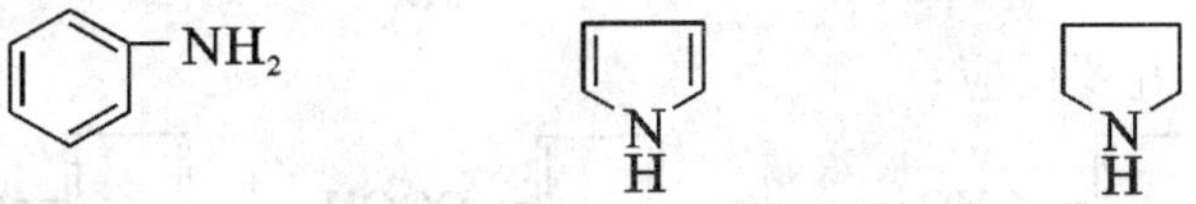

K_b:　　　3.8×10^{-10}　　　2.5×10^{-14}　　　2×10^{-4}

吡咯具有弱酸性，但酸性非常弱，甚至远远小于酚的酸性。

K_a:　　　1.3×10^{-10}　　　1×10^{-15}　　　1×10^{-18}

吡咯具有弱酸性，故吡咯能与固体氢氧化钾加热生成钾盐，与格氏试剂作用生成 RH。

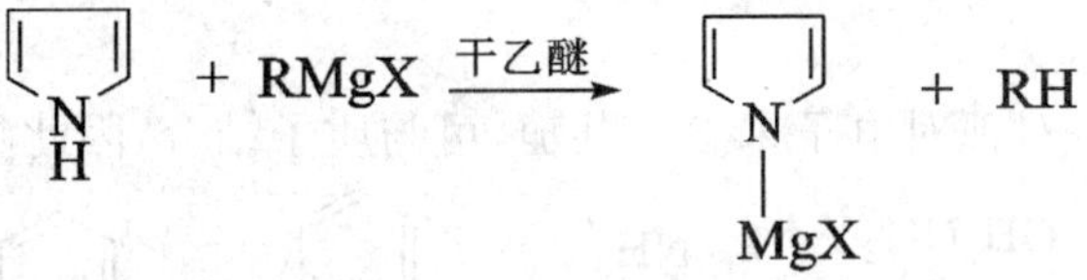

(四)α-呋喃甲醛的性质

1. 来源与制备：呋喃甲醛最初是从米糠中得来，故俗称糠醛。实际上很多农副产品如麦秆、玉米芯、棉子壳、甘蔗渣、花生壳、高粱秆等都可用来制取糠醛。因为这些农副产品中都含有戊聚糖，在稀酸作用下水解成戊醛糖，再进一步脱水环化得到糠醛。

$$(C_5H_8O_4)_n \xrightarrow[\text{水蒸气}]{3\%\sim5\%H_2SO_4} \begin{matrix}\text{HO-CH—CH-OH}\\ |\quad\quad|\\ \text{CH}_2\text{—CH-CHO}\\ |\quad\quad|\\ \text{OH}\quad\text{OH}\end{matrix} \xrightarrow[\Delta]{\text{稀 }H_2SO_4} \text{呋喃甲醛}$$

多聚戊糖　　　　　　　　　　　　　戊糖

2. 化学性质与用途：糠醛是重要的化工原料，糠醛脱去羰基可生成呋喃，这是呋喃的主要来源。

$$\text{〔furyl〕-CHO} + H_2O \xrightarrow[400℃]{ZnO\text{-}Cr_2O_3\text{-}MnO_2} \text{〔furan〕}$$

糠醛是很好的溶剂，也是有机合成原料，其性质与苯甲醛相似，能发生银镜反应、坎尼扎罗反应等。

(1) 发生氧化还原反应：

$$\text{〔furyl〕-CHO} \begin{cases} \xrightarrow[150℃,10\text{MPa}]{CuO,\ Cr_2O_3} \text{〔furyl〕-CH}_2\text{OH} \\ \xrightarrow{KMnO_4,\ 弱碱性} \text{〔furyl〕-COOH} \\ \xrightarrow[O_2,\ 320℃]{V_2O_5\text{-}MoO} \text{〔马来酸酐〕} + CO_2 + H_2O \end{cases}$$

(2) 发生坎尼扎罗反应：

$$\text{〔furyl〕-CHO} \xrightarrow{浓碱} \text{〔furyl〕-COOH} + \text{〔furyl〕-CH}_2\text{OH}$$

(3) 发生羟醛缩合反应：

$$\text{〔furyl〕-CHO} + CH_3CHO \xrightarrow[\Delta]{稀碱,\ -H_2O} \text{〔furyl〕-CH=CHCHO}$$

二、吡啶的性质

吡啶存在于煤焦油页岩油和骨焦油中，吡啶衍生物广泛存在于自然界。例如，植物所含的生物碱不少都具有吡啶环结构，维生素 PP、维生素 B_6、辅酶Ⅰ及辅酶Ⅱ也含有吡啶环。吡啶是重要的有机合成原料（如合成药物）、良好的有机溶剂和有机合成催化剂。

吡啶为有特殊臭味的无色液体，沸点为 115.5℃，相对密度为 0.982，可与水、乙醇、乙醚等任意比例互溶。

(一) 碱性

吡啶氮原子上有一对孤对电子未参与共轭，可与质子结合，因此具有碱性。

	CH_3NH_2	NH_3	吡啶	苯胺
pK_b:	3.38	4.76	8.80	9.42

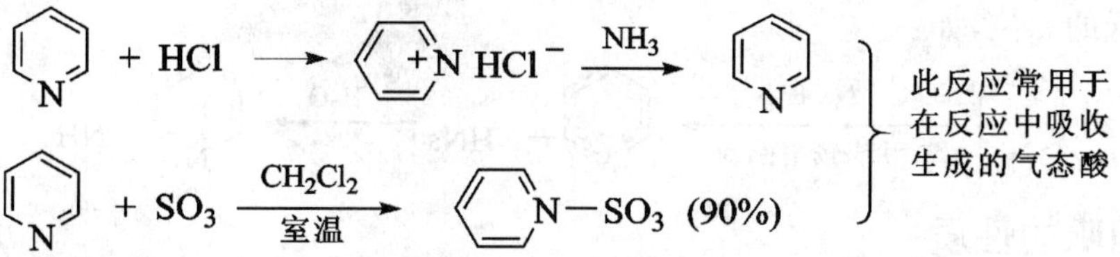

$$\text{吡啶} + HCl \longrightarrow [\text{吡啶-NH}]^+ HCl^- \xrightarrow{NH_3} \text{吡啶} \quad \Big\} \text{此反应常用于在反应中吸收生成的气态酸}$$

$$\text{吡啶} + SO_3 \xrightarrow[\text{室温}]{CH_2Cl_2} \text{吡啶}-N-SO_3 \ (90\%)$$

吡啶三氧化硫络合物
是常用的缓和磺化剂

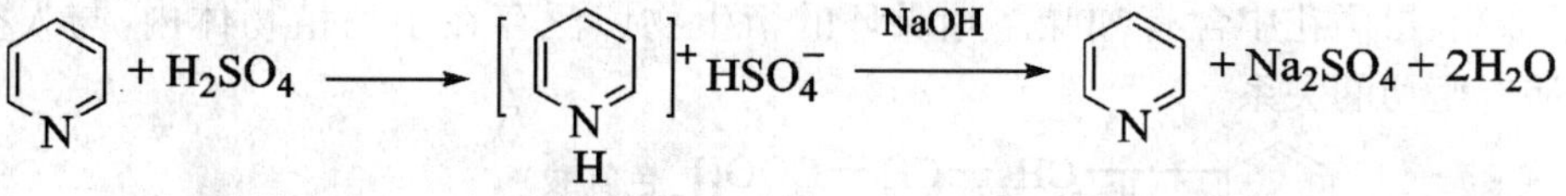

$$\text{吡啶} + H_2SO_4 \longrightarrow [\text{吡啶-NH}]^+ HSO_4^- \xrightarrow{NaOH} \text{吡啶} + Na_2SO_4 + 2H_2O$$

吡啶硫酸盐

利用此反应可分离、提纯吡啶,也可用吡啶吸收反应中所生成的酸。

(二) 亲电取代反应

吡啶环上氮原子为吸电子基,故吡啶环属于缺电子的芳杂环,和硝基苯相似。其亲电取代反应很不活泼,反应条件要求很高,不发生傅-克烷基化和酰基化反应。亲电取代反应主要发生在电荷密度较高的 β 位上。

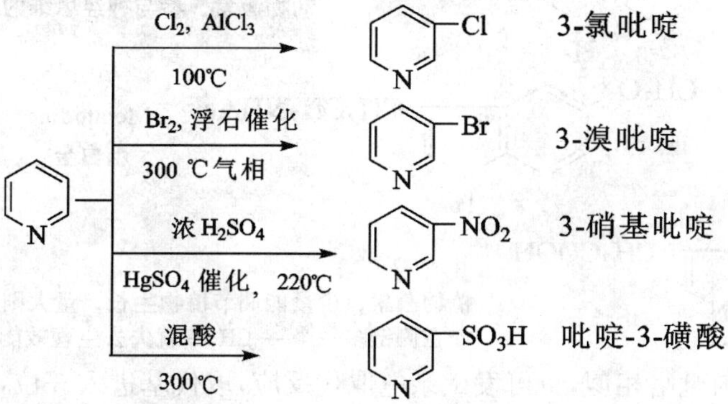

吡啶:
- $Cl_2, AlCl_3$, 100℃ → 3-氯吡啶
- Br_2, 浮石催化, 300℃气相 → 3-溴吡啶
- 浓 H_2SO_4, $HgSO_4$ 催化, 220℃ → 3-硝基吡啶
- 混酸, 300℃ → 吡啶-3-磺酸

(三) 氧化还原反应

吡啶环对氧化剂稳定,一般不被酸性高锰酸钾、酸性重铬酸钾氧化,通常是侧链烃基被氧化成羧酸。

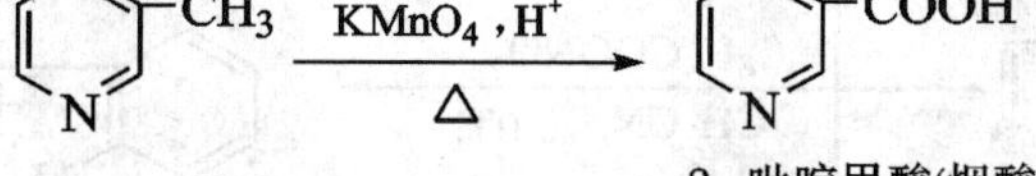

$$\text{3-甲基吡啶} \xrightarrow[\Delta]{KMnO_4, H^+} \text{3-羧基吡啶}$$

β-吡啶甲酸(烟酸)

$$\text{2-苯基吡啶} \xrightarrow[\Delta]{HNO_3} \text{2-羧基吡啶}$$

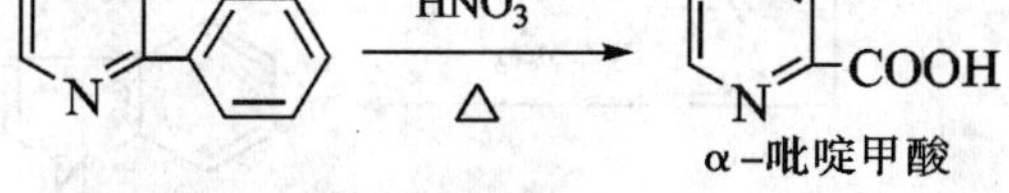

α-吡啶甲酸

吡啶比苯易还原,用钠加乙醇、催化加氢均使吡啶还原为六氢吡啶(即胡椒啶)。

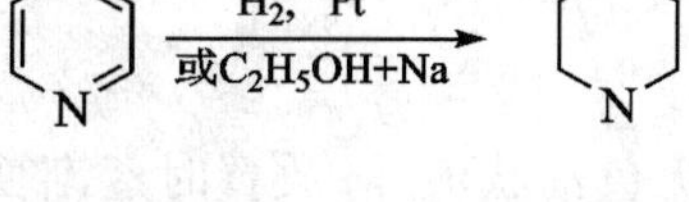

$$\text{吡啶} \xrightarrow{H_2, Pt \text{ 或 } C_2H_5OH+Na} \text{六氢吡啶}$$

(四) 亲核取代反应

由于吡啶环上的电荷密度降低,且分布不均,故可发生亲核取代反应,主要发生在电

荷密度较低的 α 位, 如:

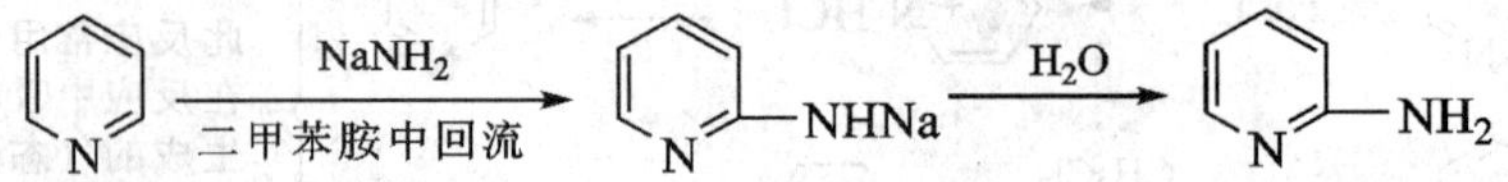

$$\text{吡啶} \xrightarrow[\text{二甲苯胺中回流}]{NaNH_2} \text{2-NHNa-吡啶} \xrightarrow{H_2O} \text{2-氨基吡啶}$$

三、吲哚的性质

吲哚是白色结晶, 熔点 52.5℃。极稀溶液有香味, 可用做香料, 浓的吲哚溶液有粪臭味。素馨花、柑橘花中含有吲哚。吲哚环的衍生物广泛存在于动植物体内, 与人类的生命、生活有密切的关系。

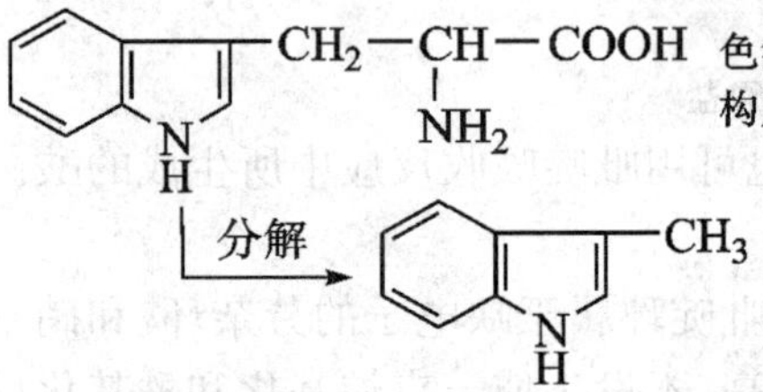

3-吲哚基-CH_2-$CH(NH_2)$-COOH　色氨酸
　　　　　　　　　　　　　　　　构成蛋白质的重要成分

↓ 分解

3-甲基吲哚　β-甲基吲哚 (粪臭素)
　　　　　　　很稀时有茉莉香味

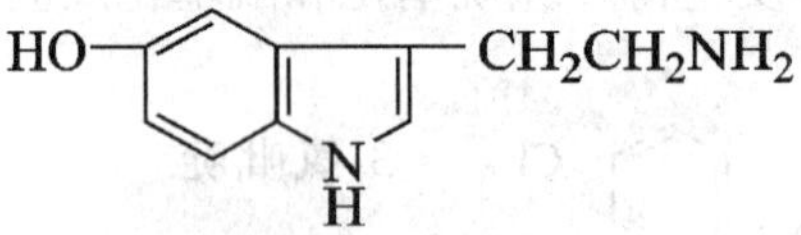

5-羟基-3-($CH_2CH_2NH_2$)-吲哚　5-羟基色氨
　　　　　　　　　　　　　　动物激素, 参与神经思维的物质

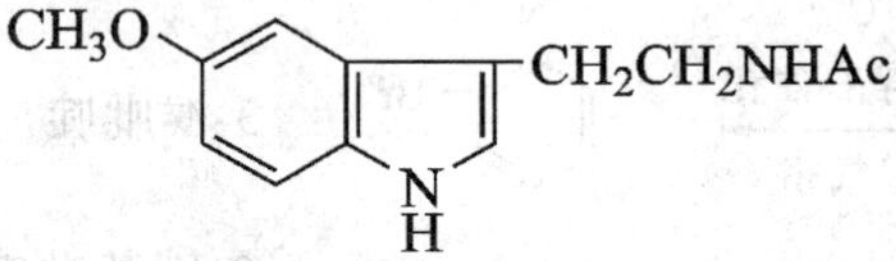

5-CH_3O-3-(CH_2CH_2NHAc)-吲哚　Melatonine
　　　　　　　　　　　　　　脑白金

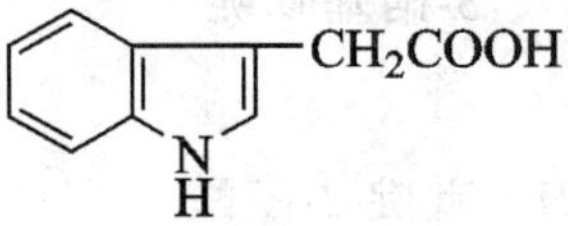

3-(CH_2COOH)-吲哚　β-吲哚乙酸
　　　　　　　　　　植物激素, 少量能调节植物生长, 量大则杀伤植物
　　　　　　　　　　如在侧链多一个 —CH_2— 就失去生理效能

吲哚的性质与吡咯相似, 也可发生亲电取代反应, 取代基进入 β-位, 例如:

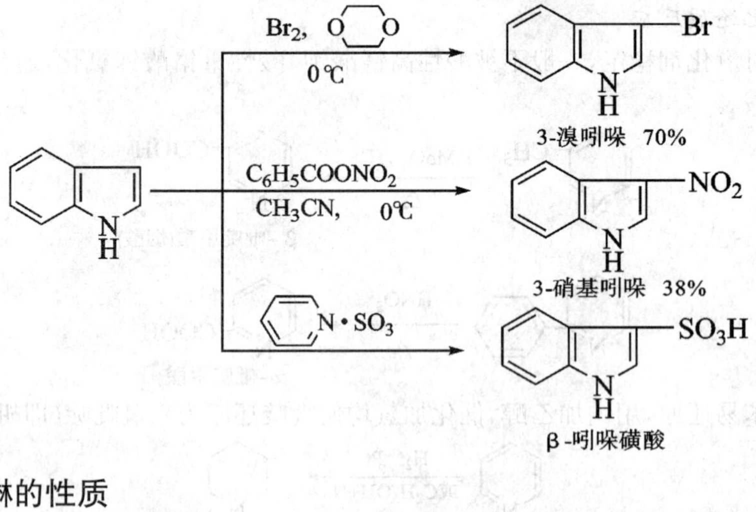

$$\text{吲哚} \xrightarrow[0℃]{Br_2, \text{二氧六环}} \text{3-溴吲哚 } 70\%$$

$$\text{吲哚} \xrightarrow[CH_3CN, 0℃]{C_6H_5COONO_2} \text{3-硝基吲哚 } 38\%$$

$$\text{吲哚} \xrightarrow{\text{吡啶}\cdot SO_3} \text{β-吲哚磺酸}$$

四、喹啉的性质

喹啉存在于煤焦油中, 为无色油状液体, 放置时逐渐变成黄色, 沸点为 238.05℃, 有恶臭味, 难溶于水, 能与大多数有机溶剂混溶, 是一种高沸点溶剂。

(一)化学性质

1. 取代反应:喹啉是由吡啶稠合而成的,由于吡啶环的电子云密度低于与之并联的苯环,所以喹啉的亲电取代反应发生在电子云密度较大的苯环上。取代基主要进入 5 或 8 位,而亲核取代则主要发生在吡啶环的 2 或 4 位。

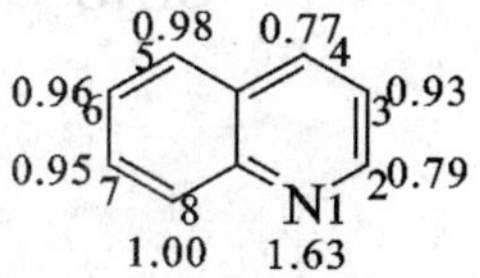

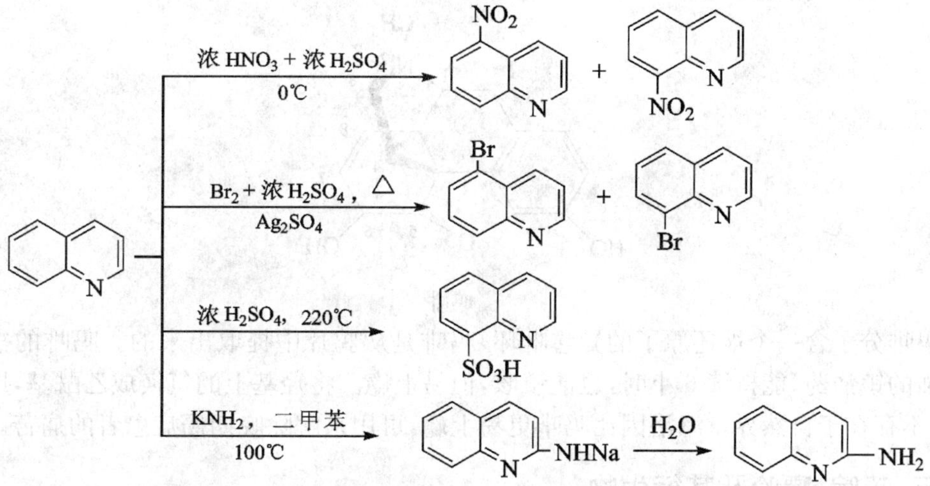

2. 氧化还原反应:喹啉用高锰酸钾氧化时,苯环发生破裂,用钠和乙醇还原时其吡啶环被还原,这说明在喹啉分子中吡啶环比苯环难氧化,易还原。

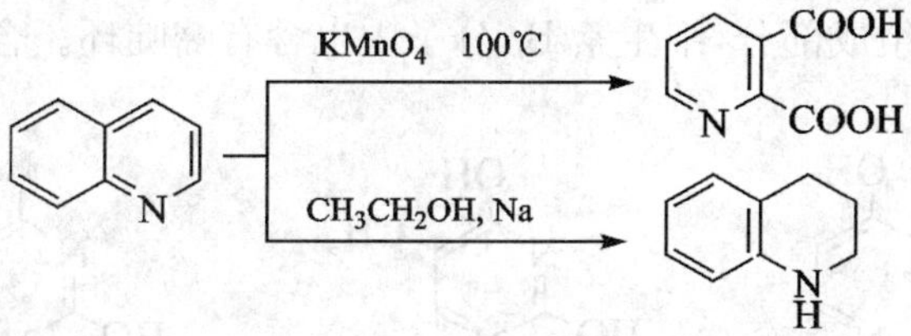

(二)喹啉环的合成法——斯克劳普(Skraup)法

喹啉的合成方法有多种,常用的是斯克劳普法,用苯胺与甘油、浓硫酸及氧化剂如硝基苯共热而生成。

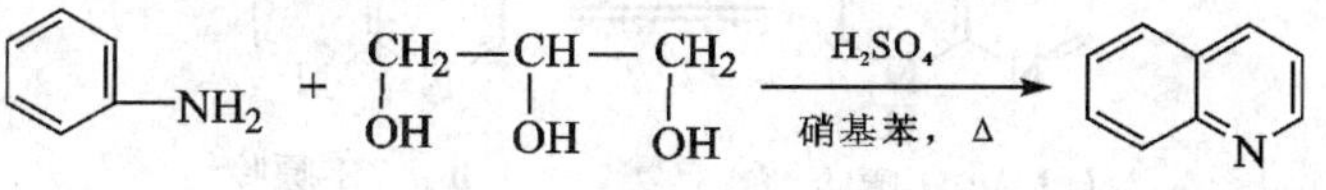

(三)喹啉的衍生物

喹啉的衍生物在自然界存在很多,如奎宁、氯喹、罂粟碱、吗啡等。

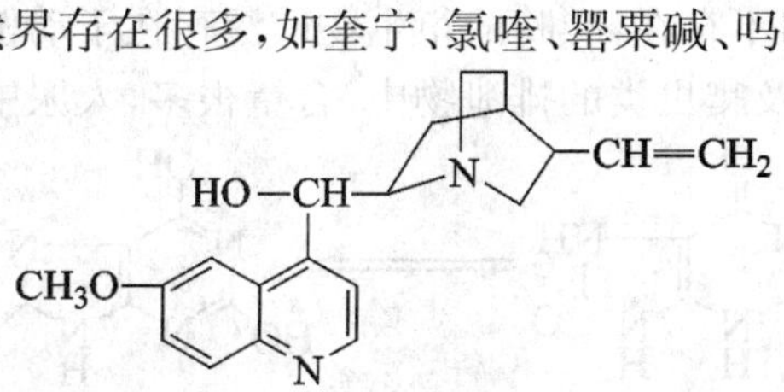

奎宁（金鸡纳碱）存在于金鸡纳树皮中，有抗疟疾疗效。

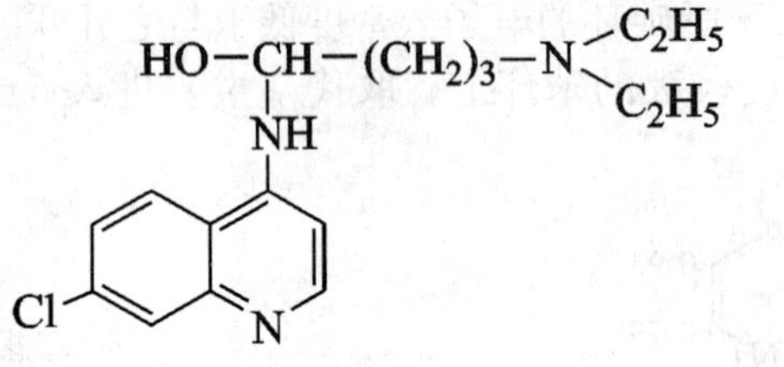

氯喹（合成抗疟疾药）

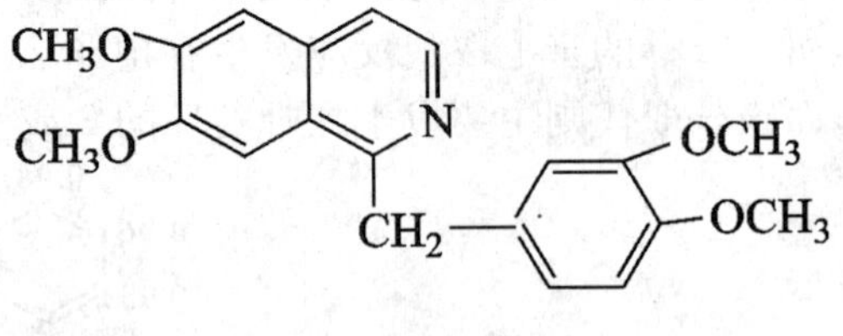

罂粟碱

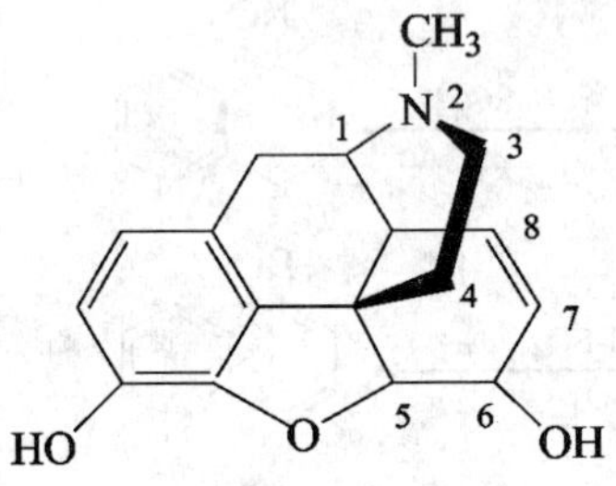

吗啡

吗啡分子含一个被还原了的异喹啉环，吗啡是从鸦片中提取出来的。吗啡的盐酸盐是很强的镇痛药，能持续 6 小时，也能镇咳，但易上瘾。将羟基上的氢换成乙酰基，即为海洛因，不存在于自然界。海洛因比吗啡更易上瘾，可用来解除晚期癌症患者的痛苦。

五、嘧啶、嘌呤及其衍生物

嘧啶本身不存在于自然界，其衍生物在自然界分布很广，脲嘧啶、胞嘧啶、胸腺嘧啶是遗传物质核酸的重要组成部分，维生素 B_1 分子中也含有嘧啶环。合成药物的磺胺嘧啶也含这种结构。

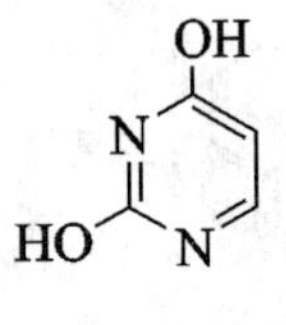

尿嘧啶（U） 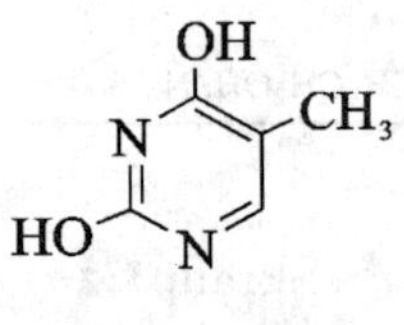   **胸腺嘧啶（T）** 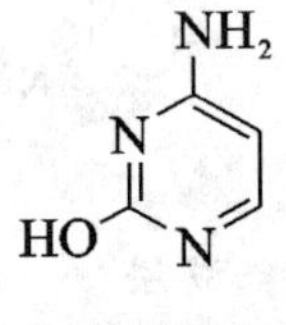   **胞嘧啶（C）**

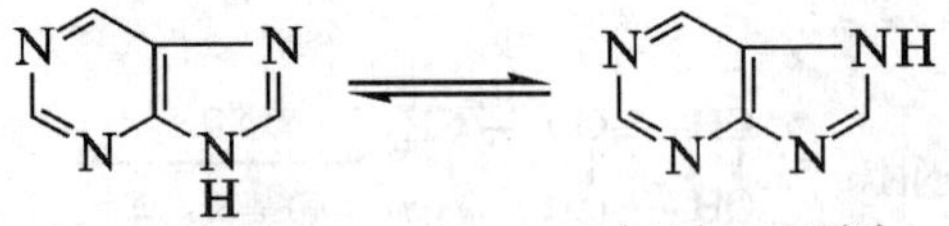

（Ⅰ）9H-嘌呤   **（Ⅱ）7H-嘌呤**

嘌呤为无色晶体，熔点为 216℃～217℃，易溶于水，其水溶液呈中性，但能与酸或碱成盐。纯嘌呤环在自然界不存在，嘌呤的衍生物广泛存在于动植物体内。

1. 尿酸：存在于鸟类及爬虫类的排泄物中，含量很多，人尿中也含少量。

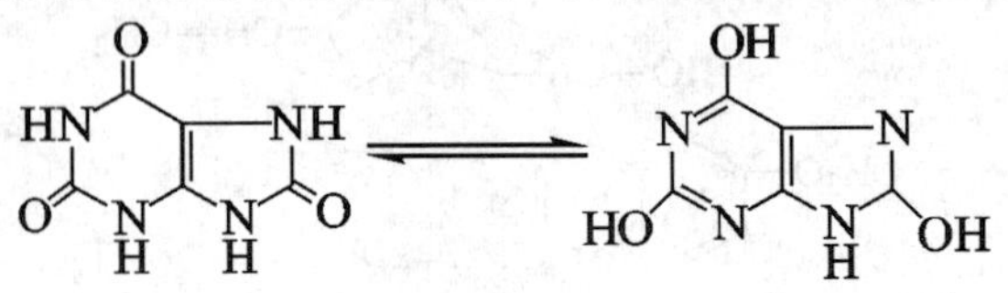

2. 黄嘌呤:存在于茶叶及动植物组织和人尿中。

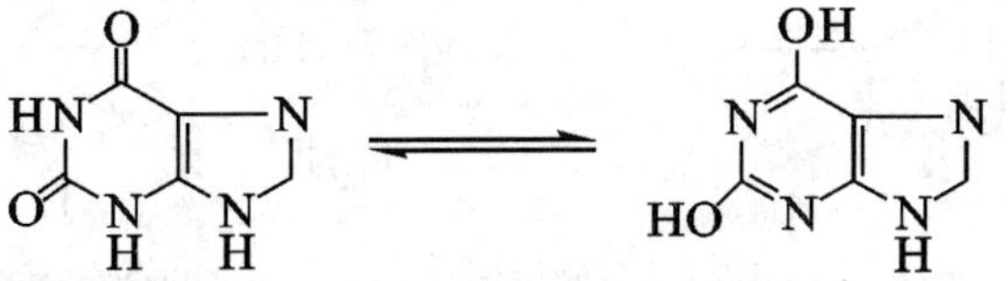

3. 生物碱:生物碱是一类存在于生物体内,对任何动物有强烈生理作用的含氮碱性有机化合物,如烟叶中的主要生物碱组分是尼古丁。

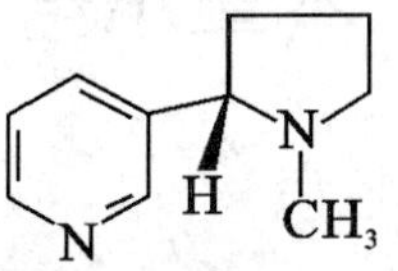

生物碱在植物体内常与有机酸(果酸、柠檬酸、草酸、琥珀酸、醋酸、丙酸等)结合成盐而存在,也有与无机酸(磷酸、硫酸、盐酸)结合的。中草药治病有效成分有生物碱、苷等。生物碱的研究能促进有机合成药物的发展,为合成新药提供线索,如古柯碱化学的研究促进了局部麻醉剂普鲁卡因的合成。

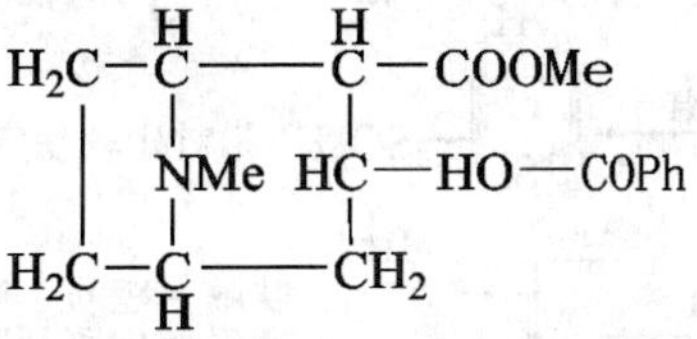

古柯碱

可卡因具有局部麻醉的效能,但可卡因具有毒性大、易产生毒瘾等缺点,于是进行代用品的研究,药学家合成出许多比可卡因分子简单而更有效的麻醉药,如普鲁卡因是良好的局部麻醉药。

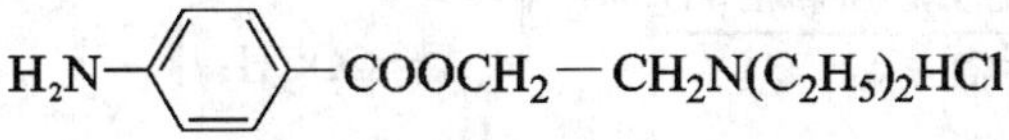

$$H_2N-\text{C}_6H_4-COOCH_2-CH_2N(C_2H_5)_2 \cdot HCl$$

同时归纳出局部麻醉药具有下式的基本结构:

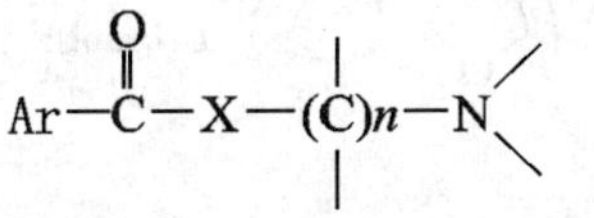

$$Ar-\overset{O}{\underset{}{C}}-X-(\overset{|}{C})_n-N\overset{|}{\underset{|}{}} \quad X=O,S,NH$$

咖啡碱、茶碱和可可碱都是黄嘌呤的甲基衍生物,存在于茶叶、咖啡和可可中,它们有兴奋中枢作用,其中以咖啡碱的作用最强。

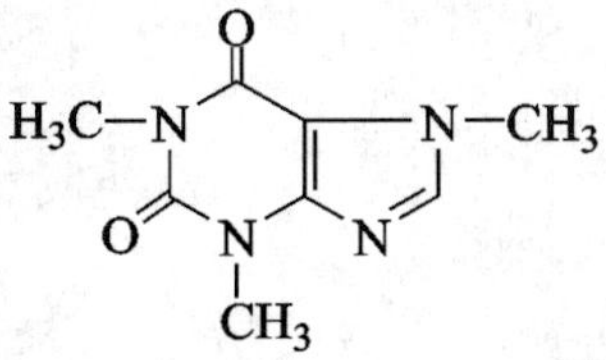

咖啡碱 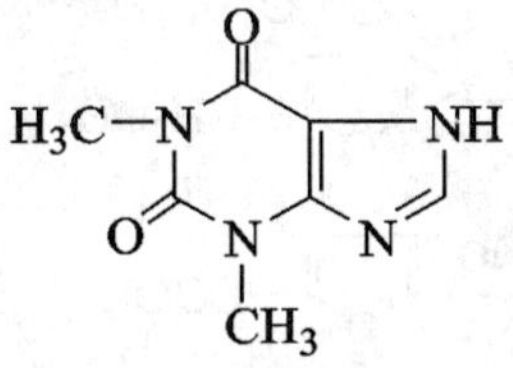　　　　　　茶碱 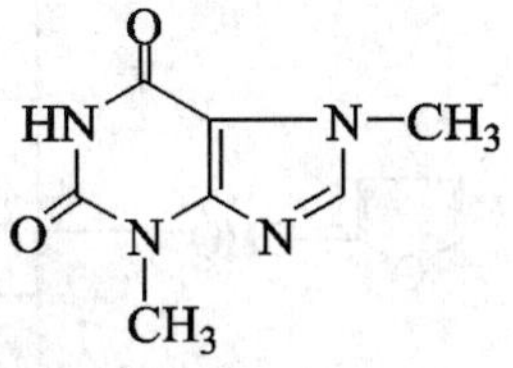　　　　　　可可碱

腺嘌呤和鸟嘌呤是核蛋白中的两种重要碱基。

腺嘌呤（A）　　　　　鸟嘌呤（G）

本章小结

一、呋喃、噻吩、吡咯的化学性质

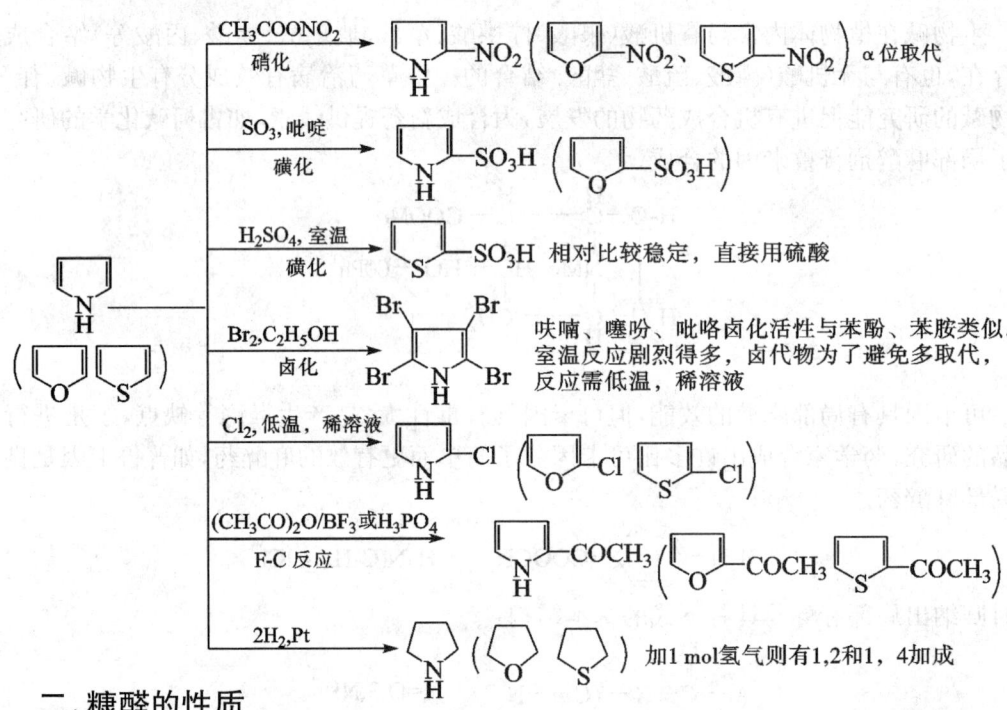

二、糠醛的性质

除发生上述反应外，也可发生醛的系列反应，如银镜反应。

三、吡啶的性质

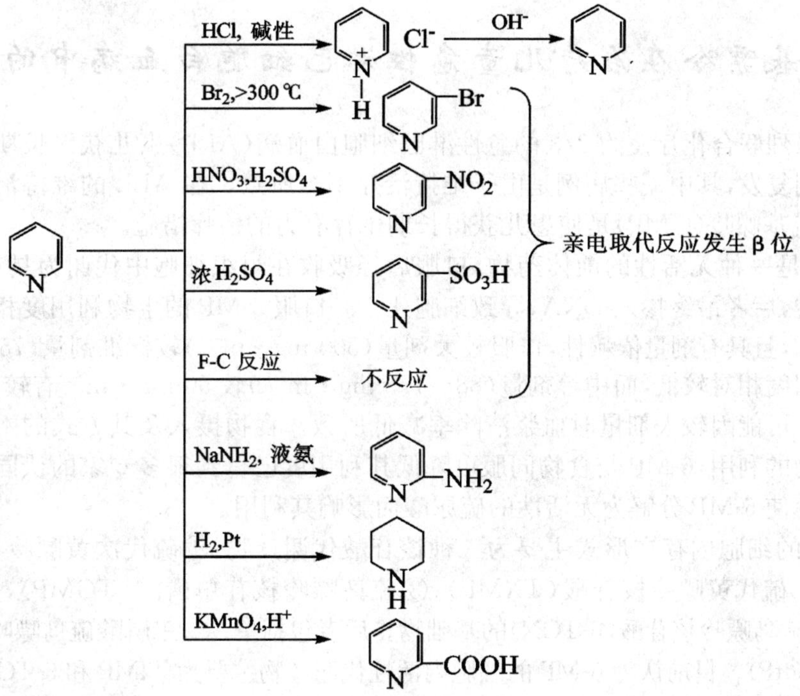

吡啶的反应：
- HCl, 碱性 → 吡啶盐 (N⁺H) Cl⁻ → OH⁻ → 吡啶
- Br₂, >300 ℃ → 3-溴吡啶
- HNO₃, H₂SO₄ → 3-硝基吡啶
- 浓 H₂SO₄ → 3-吡啶磺酸
- F-C 反应 → 不反应

（亲电取代反应发生 β 位）

- NaNH₂, 液氨 → 2-氨基吡啶
- H₂, Pt → 哌啶
- KMnO₄, H⁺ → 吡啶-2-甲酸

四、喹啉的性质

喹啉的反应：
- HNO₃, H₂SO₄ → 8-硝基喹啉 + 5-硝基喹啉
- 浓 H₂SO₄ → 8-喹啉磺酸
- NaNH₂, 液氨 → 2-氨基喹啉
- KMnO₄, H⁺ → 吡啶-2,3-二甲酸
- Sn, HCl → 1,2,3,4-四氢喹啉 → H₂, Pt → 十氢喹啉

N钝化苯环，亲电取代、氧化发生在异环，亲核取代同环的2位

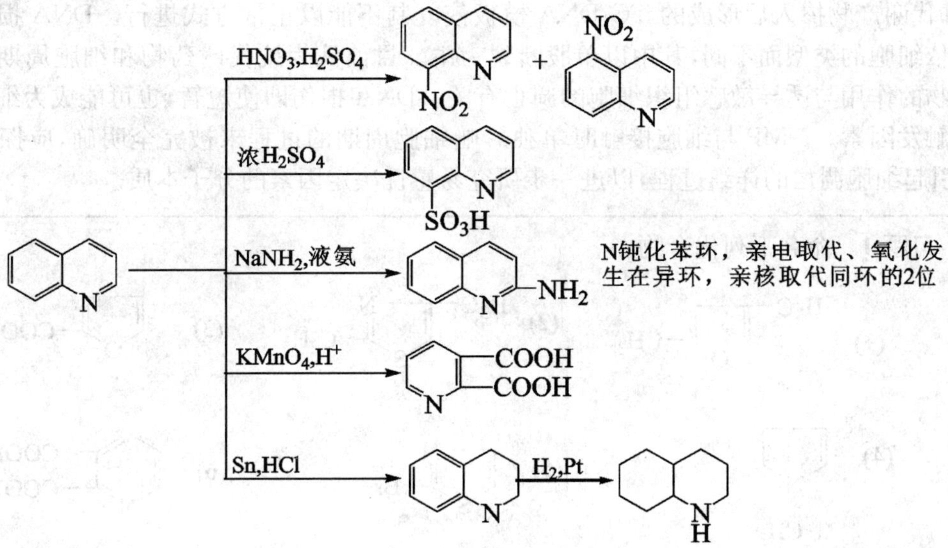

【阅读材料】

6-巯基嘌呤在治疗儿童急性淋巴细胞白血病中的作用

现代强烈联合化疗使约 2/3 的急性淋巴细胞白血病(ALL)患儿获得长期生存,但仍有部分病例复发,其中一些病例是由于维持治疗不当所致。在 ALL 的维持治疗阶段,合理应用 6-巯基嘌呤(6-MP)是使患儿获得长期生存有力的治疗措施。

6-MP 是一种无活性的前体药物,口服后经吸收在组织细胞中代谢为具有细胞毒活性的核苷酸,后者最终掺入 DNA,导致细胞死亡。口服 6-MP 的生物利用度相当低,个体间差异很大,且具有剂量依赖性,口服较大剂量(500 mg·m^{-3})较标准剂量(75 mg·m^{-3})的生物利用度相对较低,而中等剂量(88~175 mg·m^{-3})较 50 mg·m^{-3}有较高比例的生物利用度。可能因较大剂量时血浆清除率减低所致。食物摄入及其方式的不同,极大地影响了药物的利用,6-MP 与食物同服可降低其利用度已得到很多专家的认同;牛奶中的过氧化物酶使 6-MP 分解为无活性的硫尿酸而影响其利用。

6-MP 的细胞内存在形式主要为三种核苷酸代谢产物:①硫代次黄嘌呤核苷单磷酸(TIMP);②硫代黄嘌呤核苷酸(TXMP);③硫鸟嘌呤核苷单磷酸(TGMP),而以 TIMP 量最多,为硫鸟嘌呤核苷酸(6-TGN)的基础物。后者包括单、二、三磷酸硫鸟嘌呤(6-TGmP, TGdP 和 TGtP)。目前认为 6-MP 的细胞内活性代谢产物主要为 TIMP 和 6-TGN。

6-MP 的毒性反应多为骨髓抑制,因造血细胞为易感细胞。它的抗白血病作用很可能为 6-TGN 掺入 DNA,在细胞的分子遗传学方面发挥作用,细胞毒作用与 DNA 损伤有关,即代谢产物掺入后形成的 TG-DNA 模板使复制不能以正常方式进行。DNA 损伤的类型依细胞的类型而不同,其中以单股断裂为主。目前认为抗代谢药物和细胞周期特异性药物的作用与诱导敏感组织细胞的凋亡有关。DNA 损伤即使短暂,也可能成为细胞凋亡的触发因素。6-MP 与细胞接触时单独影响细胞周期的过程未被完全明确,应探讨 6-MP 引起细胞凋亡的详细过程,以进一步研究易感性决定因素的分子本质。

习题 1 命名下列化合物。

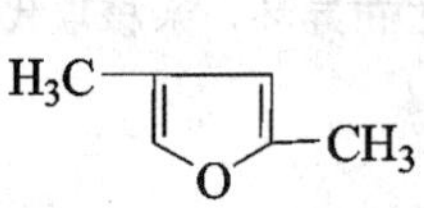

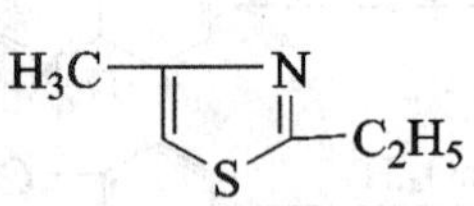

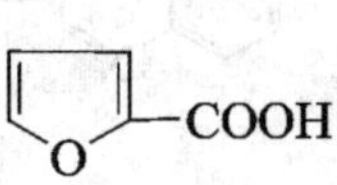

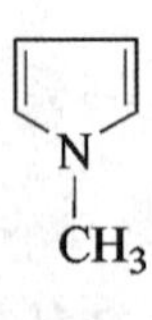

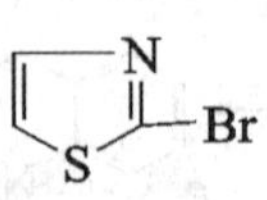

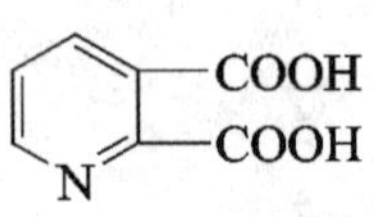

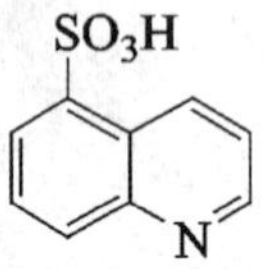

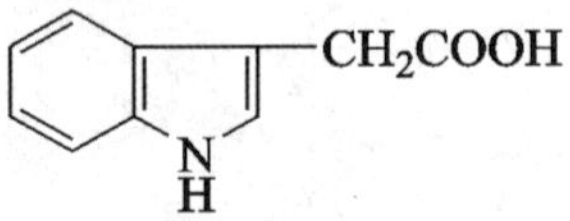

习题 2 写出下列化合物的结构式。
(1)六氢吡啶　　　　　(2)2-溴呋喃　　　　　(3)3-甲基吲哚
(4)2-氨基噻吩　　　　(5)N,N-二甲基四氢吡咯　(6)糠醛

习题 3 区分或分离下列各组物质。
(1)鉴别吡啶和喹啉
(2)除去混在苯中的少量噻吩
(3)除去混在甲苯中的少量吡啶
(4)除去混在吡啶中的六氢吡啶

习题 4 完成下列反应式。

(1)  呋喃 $\xrightarrow{CH_3COONO_2}$?

(2) 呋喃-CHO $\xrightarrow{40\% NaOH}$? + ?

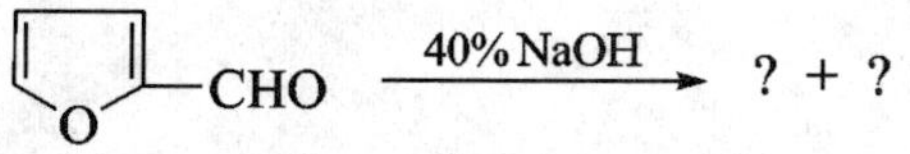

(3) 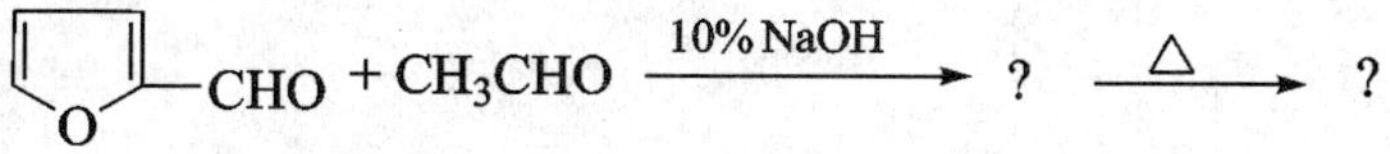 呋喃-CHO + CH_3CHO $\xrightarrow{10\% NaOH}$? $\xrightarrow{\triangle}$?

(4) 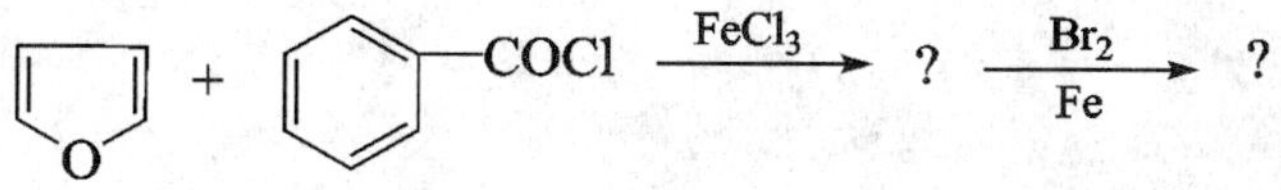 呋喃 + 苯-COCl $\xrightarrow{FeCl_3}$? $\xrightarrow{Br_2/Fe}$?

(5) 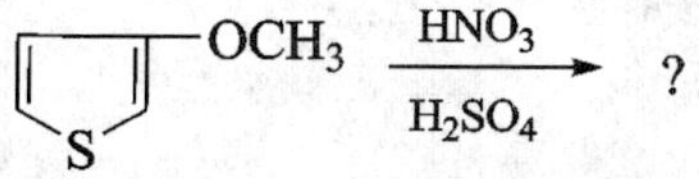 噻吩-OCH$_3$ $\xrightarrow[H_2SO_4]{HNO_3}$?

(6) 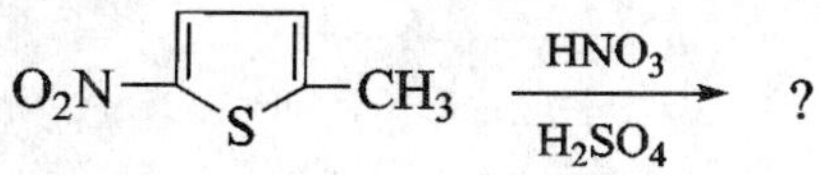 O_2N-噻吩-CH_3 $\xrightarrow[H_2SO_4]{HNO_3}$?

(7) 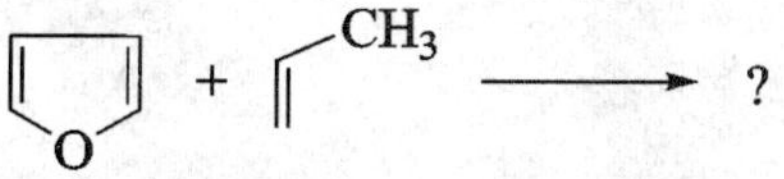 呋喃 + $CH_2=CH-CH_3$ $\longrightarrow$?

(8) 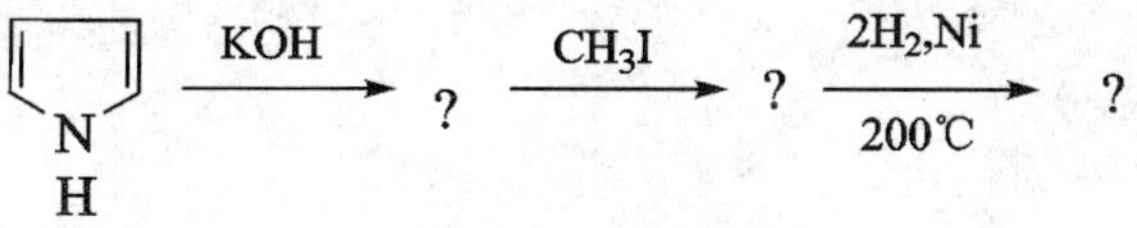 吡咯(NH) $\xrightarrow{KOH}$? $\xrightarrow{CH_3I}$? $\xrightarrow[200℃]{2H_2, Ni}$?

(9) 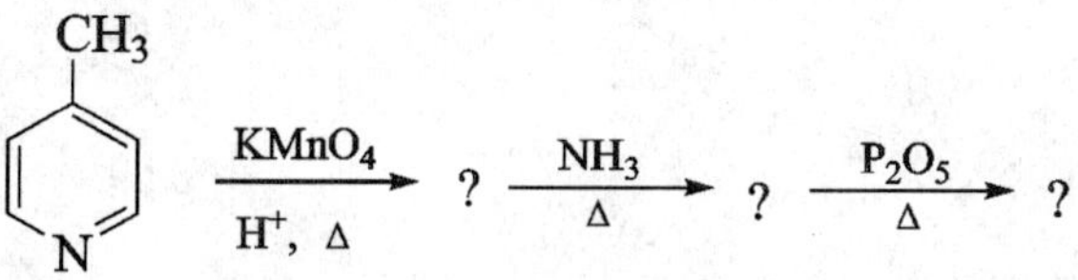 4-甲基吡啶 $\xrightarrow[H^+, \triangle]{KMnO_4}$? $\xrightarrow[\triangle]{NH_3}$? $\xrightarrow[\triangle]{P_2O_5}$?

习题 5 比较吡咯与吡啶两种杂环化合物。从酸碱性、环对氧化剂的稳定性、取代反应等角度加以讨论。

习题 6 将下列化合物按碱性强弱排序。
(1)六氢吡啶　吡啶　吡咯　苯胺
(2)甲胺　苯胺　氨　四氢吡咯

习题 7 杂环化合物 $C_5H_4O_2$，经氧化后生成羧酸 $C_5H_4O_3$，把此羧酸的钠盐与碱石灰作用，转变为 C_4H_4O，后者与钠不起反应，也不具有醛或酮的性质。原来的 $C_5H_4O_2$ 是什么？写出相关的反应式。

*第十五章　对映异构

学习目标

知识目标

1. 了解对映异构与分子结构的关系以及物质产生旋光性的原因。
2. 了解含有一个和两个手性碳原子的化合物的对映异构现象。
3. 理解手性、手性分子、对映体、非对映体、外消旋体、内消旋体等概念。
4. 掌握构型的表示法(透视式、费歇尔投影式)及 R-S 构型标记法。

能力目标

1. 能依据分子结构判断分子是否具有旋光性。
2. 能利用透视式和费歇尔投影式表示分子的构型。
3. 能利用 R-S 构型标记法准确标记化合物的构型。

在有机化合物的同分异构现象中,有一种异构叫做对映异构。对映异构是指分子的空间构型相似但却不能重合,相互间呈实物与镜像对映关系的异构现象。具有对映异构关系的物质能表现出一种特殊的物理性质,即旋光性。

§15-1　物质的旋光性与对映异构体

一、物质的旋光性

(一)偏振光

光是一种电磁波,其振动方向与传播方向互相垂直。普通光的光波在所有与其传播方向垂直的平面上振动。若使普通光通过偏振片时,由于偏振片只允许在某一个平面内振动的光通过,而把在其他平面内振动的光阻挡住,于是,透过偏振片后射出的光就只在一个平面内振动了。这种只在一个片面内振动的光,叫做平面偏振光,简称偏振光或偏光。

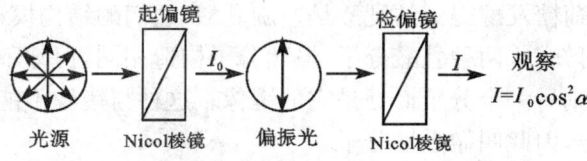

图 15-1　偏振光

(二)旋光性

当偏振光通过水、乙醇等物质时,其振动方向不发生改变,也就是说,水、乙醇等物质对偏振光的振动方向没有影响。而当偏振光通过葡萄糖、乳酸等天然有机化合物的溶液时,其振动方向就会发生一定角度的旋转,如图 15-2 所示。这种使偏振光的振动方向发生旋转的性质叫做物质的旋光性或光学活性,具有旋光性的物质叫做旋光物质或光学活性物质。能使偏振光的振动方向向右旋转的物质叫做右旋性物质;反之,叫做左旋性物质。通常用(+)表示右旋,用(-)表示左旋。

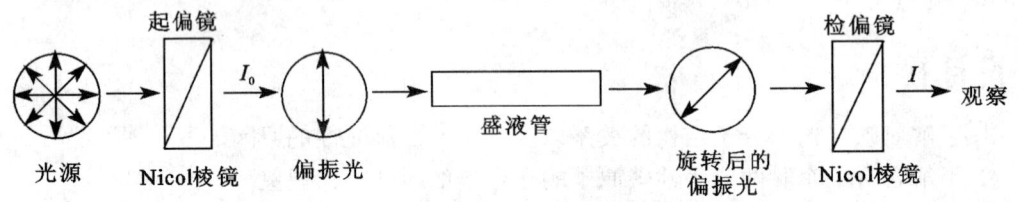

图 15-2 旋光仪示意图

甲醇、乙醇、甲酸、乙酸等有机物不能使偏振光振动平面转动,这些物质称为非旋光物质或非光学活性物质。

(三)旋光度和比旋光度

偏振光通过旋光性物质时,其振动方向旋转的角度叫做旋光度,通常用"α"表示。旋光度及旋光方向可用旋光仪测定。

由旋光仪测得的旋光度与盛液管的长度、被测样品的浓度及测定时的温度和光源的波长都有关系。为了比较不同物质的旋光性,通常把被测样品的浓度规定为 $1\ \mathrm{g \cdot mL^{-1}}$,盛液管的长度规定为 1 dm,这时测得的旋光度叫做比旋光度,用[α]表示。

在表示物质的比旋光度时,需要注明测定温度、光源波长、旋光方向和测定时所用的溶剂(以水为溶剂时也可以不注明)。例如,在 20℃时,用钠光灯(λ=589.3 nm,可用 D 表示)作光源,测得葡萄糖的水溶液是右旋的,其比旋光度为 52.5°,则表示为:

$$[\alpha]_D^{20} = + 52.5°$$

在同样条件下,测得 5% 酒石酸的乙醇溶液,其比旋光度为+3.79°,则表示为:

$$[\alpha]_D^{20} = + 3.79°$$

二、对映异构体

(一)手性分子

实验表明,乳酸($\mathrm{CH_3\underset{\underset{\displaystyle OH}{|}}{CH}COOH}$)是具有光学活性的物质;其中,从肌肉得到的乳酸是右旋乳酸,而从葡萄糖发酵得到的乳酸是左旋乳酸,它们的结构模型如图 15-3 所示。

通过观察模型可知:这两种乳酸分子,虽然分子构造相同,但却不能重叠;如果把其中一个分子看成实物,则另一个分子恰好是它的镜像。这种与镜像不能重合的分子,就好像人的左手和右手一样,因此叫做手性分子。

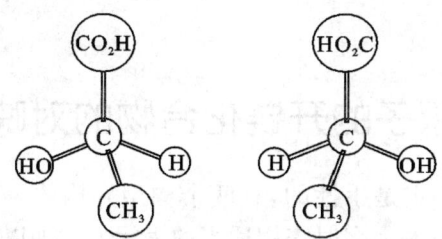

其中—COOH和—CH₃这两个基团的棒应插入手性碳原子内

图 15-3 乳酸分子的模型

在乳酸分子中,有一个碳原子连接了—OH、—CH₃、—H、—COOH 四个不同的原子或基团。这种连有四个不同的原子或基团的碳原子,叫手性碳原子,通常用 C* 表示。具有手性的分子一定是含有手性碳原子的分子。

(二)对映异构体

凡是手性分子,必有互为镜像关系的两种构型,这种互为镜像关系的构型异构体叫做对映异构体,简称对映体。对映体中一个是左旋物质,称为左旋体;另一个是右旋物质,称为右旋体。左旋体和右旋体使偏振光旋转的角度一样,只是方向相反。例如,乳酸的一对对映体比旋光度为:

$$左旋乳酸[\alpha]_D^{15} = -2.6°$$
$$右旋乳酸[\alpha]_D^{15} = +2.6°$$

由于生物体内存在许多手性物质,它们可造成手性环境,因此不同的对映体在生物体内的生理功能也不同。例如,左旋氯霉素具有抗菌作用,而右旋氯霉素就没有这种功能。

(三)外消旋体

若将左旋体和右旋体等量混合,其旋光性就会消失。由等量的左旋体和右旋体组成的无旋光性的混合物叫做外消旋体,用(±)表示。外消旋体不仅没有旋光性,而且其他的物理性质与对映体也有差异。例如,用化学方法合成或从酸奶中分离出的乳酸都是外消旋体,其熔点为 18℃;而左旋乳酸和右旋乳酸的熔点为 53℃。

外消旋体与对映体的化学性质基本相同,但在生物体内,左、右旋体保持并发挥各自的功效。值得注意的是,有些左、右旋体的作用是相反的。一对对映体中,一个是治疗疾病的药物,一个则可能是导致疾病的物质。所以,如何拆分外消旋体以及制备单一的对映体是药物合成中重要的研究课题。

习题 1 说明下列各名词的意义。
(1)旋光性　　(2)比旋光度　　(3)对映异构体
(4)非对映异构体　　(5)外消旋体

习题 2 下列化合物有无手性 C(用 * 表示手性 C)。

(1) CH₃—CH—CH₂—CH₃
　　　　|
　　　　CH₃

(2) CH₃—CH—CH₂—CH₃
　　　　|
　　　　OH

(3) CH₃CHClCH₂CH₂Cl

(4) CH₃CHClCHClCH₃

(5) CH₃CCH₂CH₃
　　　‖
　　　O

(6) HOOC—CH—CH—COOH
　　　　　|　　|
　　　　　OH　OH

§15-2 含有一个手性碳原子的开链化合物的对映异构

含有一个手性碳原子的开链化合物必定是手性的,有两个构型异构体——对映体。对映异构体的结构相同,在书写其不同构型及命名时需用适当的表示方法加以区别。

一、构型的表示法

分子的构型是三维的,而纸面是二维的。在二维的纸面上表示三维的分子构型,通常是用模型、透视式和费歇尔投影式。

(一)模型

图 15-4 所示的是乳酸的模型。在这种表示方法中,手性碳原子是在纸面上,用棒表示原子或基团与手性碳原子之间的共价键。共价键伸入手性碳原子内,表示处在纸平面前面;共价键连在手性碳原子周边上,表示处在纸平面后面。这种表示方法比较形象直观,但是书写较麻烦。

其中—COOH、—CH₃这两个基团的棒应插入手性碳原子内

图 15-4 乳酸分子的模型

(二)透视式

图 15-5 所示的是乳酸两种构型的透视式。在这种表示方法中,手性碳原子也是在纸面上,用实线相连的碳原子或基团表示处在纸面上,用楔形线(▬)相连的原子或基团表示处在纸平面的前面,用虚线(┄┄┄)相连的原子或基团表示处在纸面的后面。这种表示式清晰直观,但书写仍较麻烦。

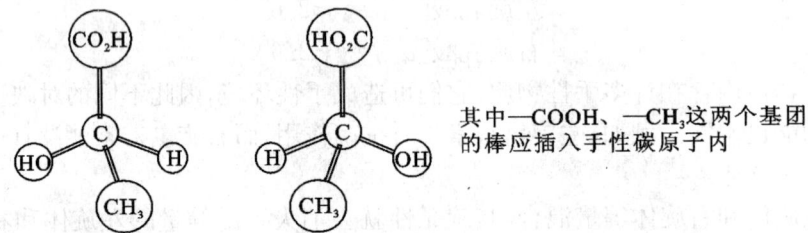

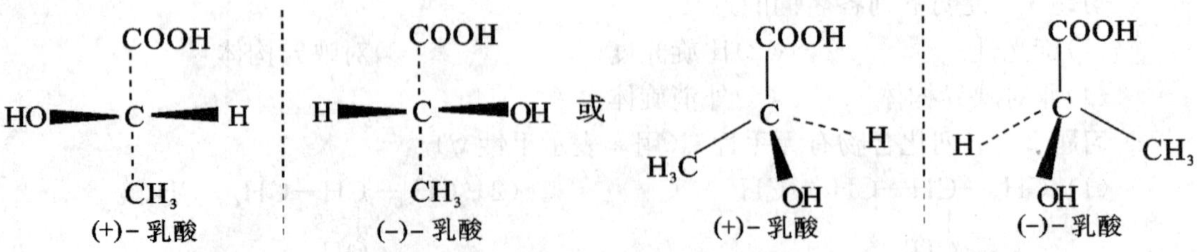

(+)-乳酸   (-)-乳酸   (+)-乳酸   (-)-乳酸

图 15-5 乳酸两种构型的透视式

(三)费歇尔投影式

费歇尔投影式是利用模型在纸面上投影得到的表达式,其投影原则如下。

1. 以手性碳原子为投影中心,画十字(+),十字线的交叉点表示手性碳原子。
2. 把含手性碳原子的主链写在竖线上,且把命名时编号最小的碳原子放在上端;其他两个基团写在横线上。
3. 竖线上的两个基团表示伸向纸面的后方,横线上的两个基团表示伸向纸面的前方。例如,乳酸分子的一对对映体用模型和费歇尔投影式分别表示如下:

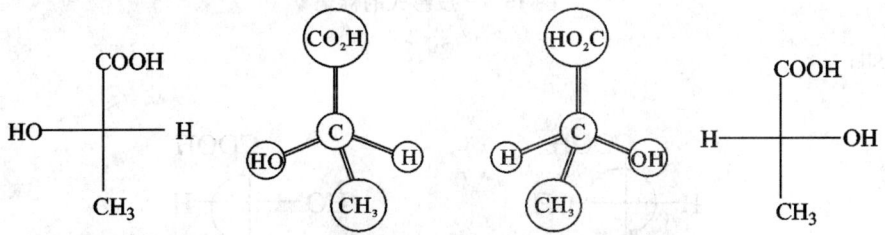

其中—COOH、—CH₃这两个基团的棒应插入手性碳原子内

图 15-6　乳酸两种构型的费歇尔投影式

二、构型的标记法

不同构型对映体的标记,一般采用 R,S-标记法。R,S-标记法的原则如下:

(1) 首先将手性碳原子上所连的四个原子或基团 a、b、c、d,按照优先次序规则排列。

(2) 若它们的优先次序为 a>b>c>d,则将次序最小的原子或基团 d 放在离观察者最远的位置,观察其余三个原子或基团。

(3) 如果 a→b→c 为顺时针方向,则其构型用 R 表示,称为 R 型;如果 a→b→c 为逆时针方向,则其构型用 S 表示,称为 S 型,如图 15-7 所示。

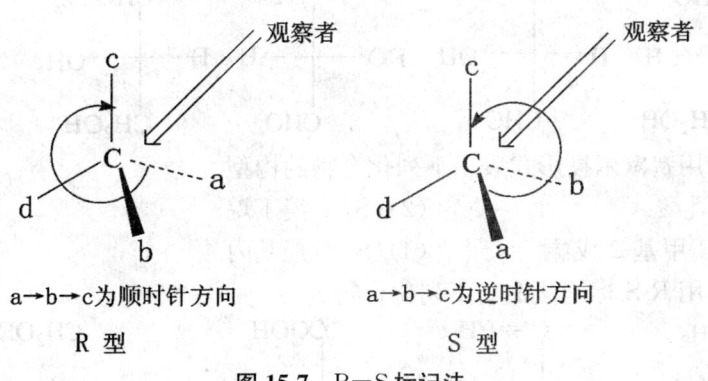

图 15-7　R-S 标记法

对于一个给定的费歇尔投影式,可以按下述方法标记其构型。如果按次序规则排列在最后的原子或基团 d 位于投影式的竖线上,而其余原子或基团 a→b→c 为顺时针方向,则此投影式代表的构型为 R 型;反之,a→b→c 为逆时针方向,则为 S 型。如果 d 在横线上,其余三个原子或基团 a→b→c 为顺时针方向,则此投影式代表的构型为 S 型,反之,a→b→c 为逆时针方向,则为 R 型。

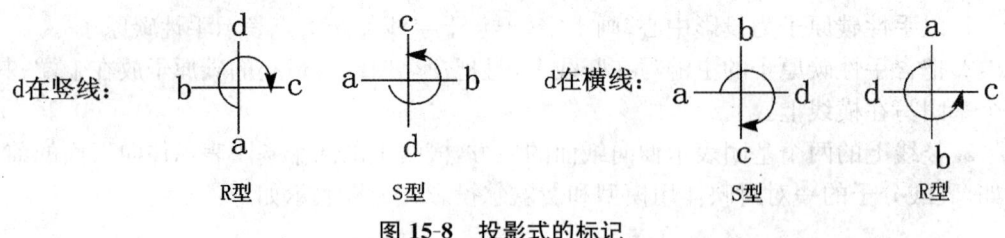

图 15-8 投影式的标记

例如：

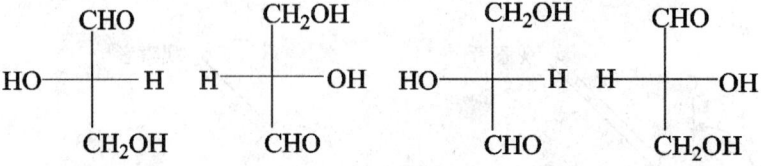

(R)-乳酸　　　　　　　(S)-乳酸

应该指出，构型和旋光方向之间无必然联系。也就是说，R 构型的化合物可能是右旋，也可能是左旋；S 构型的化合物可能是左旋，也可能是右旋。

旋光化合物的完整系统命名法，应该标出构型和旋光方向。例如，右旋乳酸应写作 (S)-(＋)-2-羟基丙酸，左旋乳酸应写作 (R)-(－)-2-羟基丙酸，外消旋体应写作 (±)-2-羟基丙酸。

习题 3　下列费歇尔投影式中，哪些代表同一种化合物？哪些是对映体？

习题 4　用费歇尔投影式表示下列化合物的构型。

(1) (R)-乳酸　　　　　　(2) (S)-2-溴丁烷

(3) (R)-3-甲基-2-戊酮　　(4) (S)-2-羟基丙酸

习题 5　用 R-S 标记法命名下列化合物。

§15-3 含有两个手性碳原子的开链化合物的对映异构

根据化合物中两个手性碳原子所连接的四个原子或基团是否相同，可分为下列两种情况。

一、含有两个不相同手性碳原子的对映异构

含有一个手性碳原子的化合物有两个对映异构体（一对对映体）。含有两个不同的手性碳原子的化合物就有四个立体异构体（两对对映体）。例如，2-羟基-3-氯丁二酸（氯代苹果酸），就有四个立体异构体（两对对映体）。

```
    COOH         COOH         COOH         COOH
HO──┼──H     H──┼──OH     HO──┼──H     H──┼──OH
 Cl──┼──H     H──┼──Cl     H──┼──Cl    Cl──┼──H
    COOH         COOH         COOH         COOH
    (1)          (2)          (3)          (4)
```

（1）和（2）、（3）和（4）互为对映体；等量的（1）和（2）、（3）和（4）分别组成两种外消旋体；（1）和（3）或（4）、（2）和（3）或（4）之间，不互为实物和镜像的关系，称之为非对映体（两个不是对映体的立体异构体称为非对映异构体，简称非对映体）。在一般情况下，对映体除旋光方向相反外，其他物理及化学性质相同。但非对映体的旋光方向可能相同，也可能不同，而比旋光度则不相同；其他物理性质如熔点等，也不相同。分子中所含手性碳原子数越多，立体异构体的数目也越多，其数目与手性碳原子数有如下关系：

立体异构体数 $= 2^n$　　　（n 为不相同的手性碳原子数）

二、含有两个相同手性碳原子的对映异构

2,3-二羟基丁二酸（酒石酸）分子中的两个手性碳原子是相同的，从两个手性碳原子来考虑，它也应该有两对对映体：

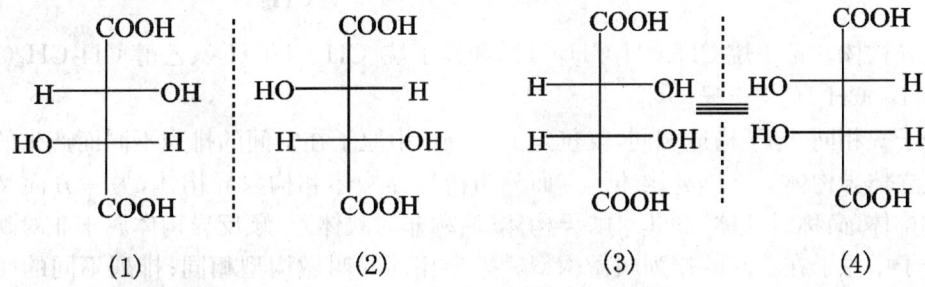

（1）和（2）互为对映体；等量的（1）和（2）组成外消旋体。（3）和（4）似乎也是一对对映体，但是，将（3）在纸面上旋转180°以后，正好和（4）完全重合，说明（3）和（4）是同一种分子（同一个化合物）。在这个分子中有一个对称面。它没有旋光性，称为内消旋体，用 m 表示。因

此，分子中含有两个相同的手性碳原子的酒石酸，仅有三个立体异构体——左旋体、右旋体和内消旋体。内消旋体和左旋体或右旋体为非对映异构体。

凡分子中含有相同的手性碳原子的化合物，其立体异构体数目都小于 2^n（n 是手性碳原子数）。

外消旋体和内消旋体都没有旋光性，但有本质上的区别。内消旋体是一个单纯的非手性分子，不能拆分；而外消旋体一般是混合物，可以用特殊的方法把它拆分成左旋体和右旋体。

从内消旋酒石酸这个例子可以看出，化合物分子中含有不止一个手性碳原子时，该分子有可能不是手性分子。所以，分子中是否含有手性碳原子并不是分子是否具有手性的必要和充分条件。

习题 6 (A)、(B)、(C) 三种化合物在下述哪种情况下可以测出是旋光的？

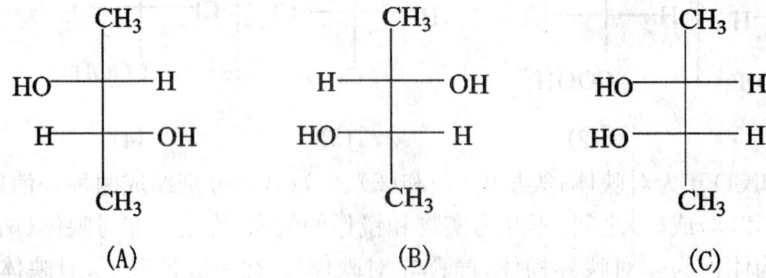

(1) (A) 单独存在　　　(2) (B) 单独存在　　　(3) (C) 单独存在
(4) (A) 和 (B) 等量混合　(5) (A) 和 (C) 等量混合　(6) (A) 和 (B) 不等量混合

§15-4　异构体的分类

分子式相同的不同化合物叫做异构体。

分子中原子间互相连接的顺序和方式叫做结构。分子式相同、结构不同的化合物叫做构造异构体。正丁烷 $CH_3CH_2CH_2CH_3$ 和异丁烷 $CH_3\overset{\underset{\mid}{CH_3}}{C}HCH_3$、乙醇 CH_3CH_2OH 和甲醚 CH_3OCH_3 是构造异构体。

分子式相同，分子构造相同，仅仅是由于分子中原子在空间的排列不同而产生的异构体叫做立体异构体。立体异构体一方面分为构型异构体和构象异构体，另一方面又分为对映异构体（简称对映体）和非对映异构体（简称非对映体）。顺反异构体属于非对映体。

分子中原子在空间的排列叫做构型。排列相同的叫做构型相同；排列不同的叫做构型不同。分子构造相同，构型不同的化合物叫做构型异构体。例如，(R)−(−)−乳酸和 (S)−(+)−乳酸是乳酸的两个构型异构体，顺-2-丁烯和反-2-丁烯是 2-丁烯的两个构型异构体，等等。

（R）-（-）-乳酸　　（S）-（+）-乳酸　　顺-2-丁烯　　反-2-丁烯

绕着分子内一个或几个单键转动而引起的分子在空间的不同排列叫做构象。构型一定的分子可以有无穷多个构象。在能量-转动角曲线上能量极小的构象叫做构象异构体。例如，丁烷绕着 C^2—C^3 单键转动有三个构象异构体。

(1)邻位交叉式　　(2)对位交叉式　　(3)邻位交叉式

立体异构体中，互为物像关系的叫做对映体，不是物像关系的叫做非对映体。例如，（+）-酒石酸和（-）-酒石酸是对映体，（+）-酒石酸和内消旋酒石酸是非对映体，（-）-酒石酸和内消旋酒石酸是非对映体。顺反异构体是非对映体的一部分。例如，顺-2-丁烯和反-2-丁烯也是非对映体。此外，上述丁烷三个构象异构体中的(1)和(3)互为物像关系，是构象对映体；(1)和(2)、(3)和(2)不是物像关系，是构象非对映体。

异构体的分类总结如下：

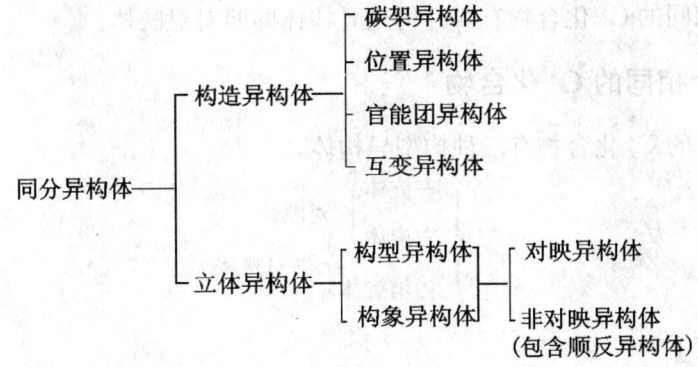

本章小结

一、物质的旋光性

1. 旋光性与比旋光度：旋光性是指能使偏振光振动方向旋转的性质，这种光学性质用物理常数及比旋光度$[\alpha]$表示。

2. 分子的手性：物质产生旋光性的原因是分子具有手性，分子的手性是产生对映异构的必要条件。

3. 对映异构：含一个手性碳原子的化合物一定是手性分子，存在一对对映体。其中一个是左旋体,另一个是右旋体,等量混合后组成无旋光性的外消旋体。

二、构型的表示法

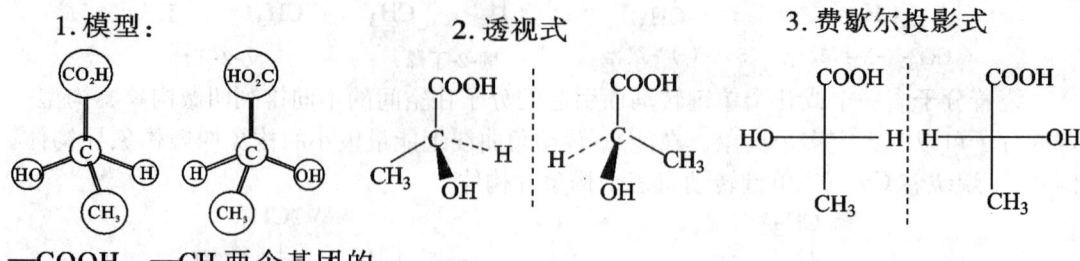

1. 模型：

—COOH、—CH₃两个基团的棒应插入手性碳原子内

2. 透视式

3. 费歇尔投影式

三、构型的标记法——R,S 标记法

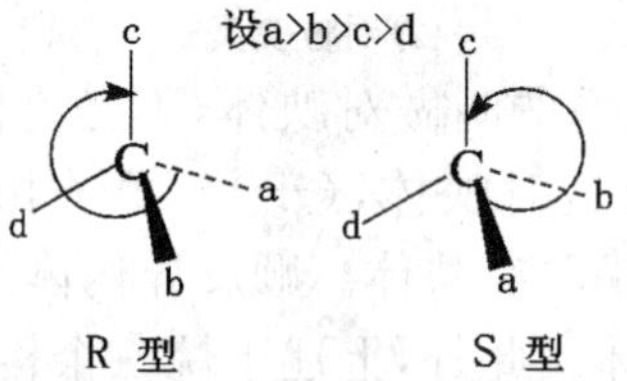

设 a>b>c>d

R 型　　　S 型

四、含两个不相同的 C* 化合物

含两个不相同的 C* 化合物有四种构型异构体即两对对映体。

五、含两个相同的 C* 化合物

含两个相同的 C* 化合物有三种构型异构体。

左旋体 ┐
右旋体 ┘ 对映体
内消旋体 ┘ 非对映体

【阅读材料】

手性药物

在生物体中存在的许多化合物都是手性的。手性分子的性质有时差不多,有时差别极大,一些昆虫激素就存在手性选择性,某种手性的只能吸引雄性,其对映体则只能吸引雌性。手性分子的差异对人体而言甚至是一种有利,一种有害。有这样一个引起严重副作用的一个例子:20 世纪 50 年代,德国一家制药公司曾经开发出一种治疗孕妇早期不适的药物——反应停,药效很好,但医生很快发现,服用了"反应停"的孕妇生出来的婴儿很多四肢残缺。虽然各国立即停止了"反应停"的销售,但已经造成了数以千计的儿童畸形。

科学家后来研究发现,"反应停"的 S 构型体具有镇静作用,能缓解孕期妇女恶心、呕吐等妊娠反应,而 R 构型体非但没有这种功能,反而能导致胎儿畸形。由于旋光性物质的左、右旋体有不同类型的生理作用,所以在临床医学上有不同的应用。例如,右旋四咪唑为抗抑郁药,其左旋体则是治疗癌症的辅助药物;右旋苯丙胺是精神兴奋药,其左旋体则具有抑制食欲作用。临床医学还须考虑对映体之一的毒副作用。

近年来,手性药物的临床意义已引起了人们的注意。人体对药物有很高的选择性。药物进入人体后与酶、核酸等相互作用才能产生效用。但是,人的各种酶有识别和选择性,要选择与之相匹配的药物的立体结构。这些药是消旋体,好像人的左右手一样,它的左旋与右旋共生在同一分子结构中。如果只有左旋有治疗作用,而右旋没有甚至有相反的作用,那么,科学家们把没有作用的一部分剔除,只利用有效用的一部分,就像分开人的左右手一样,分开左旋体和右旋体,再把有效的对映体作为新的药物,这种药物的疗效是原来药物的几倍甚至几十倍,这就是国际药物学家都在研究的课题——手性药物及其开发。

一、手性药物的分类

通常可根据其药理作用将手性药物分为三种类型。

1. 对映体的药理作用不同:有些药物的对映异构体具有完全不同的药理作用。例如,曲托喹酚(速喘宁)的 S 构型体是支气管扩张剂,而 R 构型体则有抑制血小板凝聚的作用。"反应停"也属这类药物。生产该类药物时,应严格分离并清除有毒性的构型体,以确保用药安全。

2. 对映体的药理作用相似:有些药物的对映异构体具有类似的药理作用。例如,异丙嗪的两个异构体具都具有抗组织胺活性,其毒副作用也相似。这类药物的对映异构体不必分离便可直接使用。

3. 单一对映体有药理作用:有些药物的对映异构体中,只有一个具有药理活性,而另一个则没有。例如,抗炎镇痛药萘普生的 S 构型体有疗效,而 R 构型体则基本上没有疗效,但也无毒副作用。生产该类手性药物时,要注意提高有药理活性的异构体的产量。

二、手性药物的制法

手性药物的制取方法主要有两种:一种是手性合成法,另一种是手性拆分法。

1. 手性合成法。

(1)化学合成:化学合成主要是以糖类化合物为起始原料,经不对称反应,在分子的适当部位,引进新的活性官能团,合成各种有生物活性的手性化合物。近年来新开发了不对称催化合成法,这一方法是用手性催化剂催化药物合成反应制取新的手性化合物。一个好的手性催化剂分子可以产生 10 万个手性产物。

(2)生物合成:生物合成包括发酵法和生物酶法。发酵法就是利用细胞发酵合成手性化合物。生物酶法是通过酶促反应将潜手性的化合物转化为单一对映体。

2. 手性拆分法。

手性拆分就是将消旋体拆分成单一的对映体。这是制取手性药物最省事的方法,主要有结晶拆分、动力学拆分、包结拆分、酶拆分和色谱拆分等方法。

目前,手性药物的开发已成为国际热点。2001 年诺贝尔化学奖获得者正是在人工合成具有新特性的手性分子领域取得了突破性的进展。而世界上正在开发的 1 200 种新药中,有 1/3 是手性药物。

对目前我国手性药物研究的重点,专家认为,手性药物新分离制备技术的研究是我国目前亟须加大力度进行研究的领域,该技术的进展能极大促进我国手性药物研究的总体水平。目前,国内药企大都是通过手性转换技术或者手性拆分技术,在消旋体的基础上做一些修饰,便能够节约临床试验和人体试验的大量成本,这对目前资金不足的我国药企来讲可谓是一条捷径。不过,手性制药作为一种重要的新药研发方式,其真正的创新意义在国内仍未有效开启,手性技术本身的发展将对制药企业日后的市场创新具有决定性作用。

习题 7 解释下列名词。
(1)旋光性　　　(2)比旋光度　　　(3)手性碳原子　　　(4)手性分子
(5)对映异构体　(6)非对映异构体　(7)外消旋体　　　　(8)内消旋体

习题 8 下列化合物分子中,如有手性碳原子,请用 * 标出。
(1)$CH_3CH_2CH(CH_3)CH_2CH_2CH_3$　　(2)$CH_3CH_2CH(CH_3)CHCH_2CH_2OH$
(3)$CH_3CHBrCOOH$　　　　　　　　　　(4)$CH_3CH_2CHBrCH_2CHCHBrCH_2CH_3$
(5)CH_2BrCH_2COOH　　　　　　　　　　(6)$CH_3CHDCH(CH_3)CH_2CH_3$
(7)$CH_3CHOHCH_2CHClCH_3$　　　　　　(8)$C_2H_5CH=CHCH(CH_3)CH=CHC_2H_5$

习题 9 用 R-S 标记下列化合物分子中每一个手性碳原子的构型。

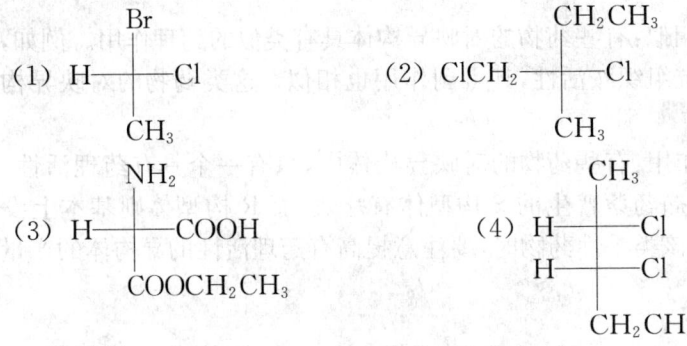

习题 10 下列化合物中,哪些是相同的?哪些是对映体?

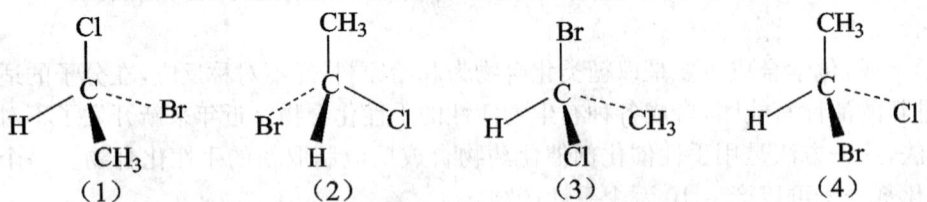

习题 11 写出最简单的有旋光性的烷烃可能的结构式。

习题 12 某醇 $C_5H_{10}O$(A)具有旋光性,催化加氢后生成的醇 $C_5H_{12}O$(B)没有旋光性,试写出 A 和 B 的结构式。

习题 13 旋光化合物 C_6H_{10}(A),能与硝酸银氨溶液生成白色沉淀 C_6H_9Ag(B).将 A 催化加氢生成 C_6H_{14}(C),C 没有旋光性。写出 A、B、C 的结构式。

*第十六章 碳水化合物

学习目标

知识目标

1. 了解单糖的结构；蔗糖、麦芽糖的结构。
2. 理解碳水化合物的定义、分类及在自然界的存在及重要意义。
3. 掌握单糖的化学性质，直链淀粉、支链淀粉及纤维素的结构特点。

能力目标

1. 能利用糖的还原性鉴别还原糖、醛糖和酮糖。
2. 能应用成脎反应鉴定糖及确定糖的构型。
3. 能分析淀粉、纤维素结构上的不同，以及导致它们性质上的差异和不同的用途。

§16-1 碳水化合物的定义和分类

碳水化合物又称糖，是广泛存在于动、植物体内非常重要的一类有机化合物。碳水化合物主要由碳、氢和氧三种元素组成。通式为 $C_m(H_2O)_n$，形式上像碳和水的化合物，故称碳水化合物，如葡萄糖、果糖等的分子式为 $C_6H_{12}O_6$，蔗糖的分子式为 $C_{12}H_{22}O_{11}$。但后来发现，有些化合物如鼠李糖($C_6H_{12}O_5$)，按其结构和性质属于碳水化合物，但其组成却不符合上述通式；而有些化合物如乙酸($C_2H_4O_2$)，虽然分子式符合上述通式，但就结构、性质而言又与碳水化合物不同。然而，"碳水化合物"这个名称沿用已久，所以至今仍普遍使用。

按有机化合物的分类，碳水化合物是一类多羟基醛或多羟基酮以及水解产物为多羟基醛或多羟基酮的一类有机化合物。碳水化合物可分为三类：

(1) 单糖：最简单的碳水化合物，不能再被水解成为更简单糖分子的糖，如葡萄糖、果糖等。

(2) 低聚糖：一分子碳水化合物可水解生成 2～10 个单糖分子的糖，如蔗糖、麦芽糖等。

(3) 多糖：一分子碳水化合物可水解产生很多分子单糖的糖，如淀粉、纤维素等。

§ 16-2 单糖

单糖可根据分子中所含碳原子的数目分为戊糖、己糖等。根据分子结构特点可分为醛糖和酮糖。二者结合起来，常使用俗名。单糖中最重要，分布最广的是己醛糖中的葡萄糖和己酮糖中的果糖。

一、单糖的结构

单糖有开链结构，也有环状结构。

(一) 单糖的链状结构

葡萄糖是开链的五羟基己醛糖，其结构式和费歇尔投影式为：

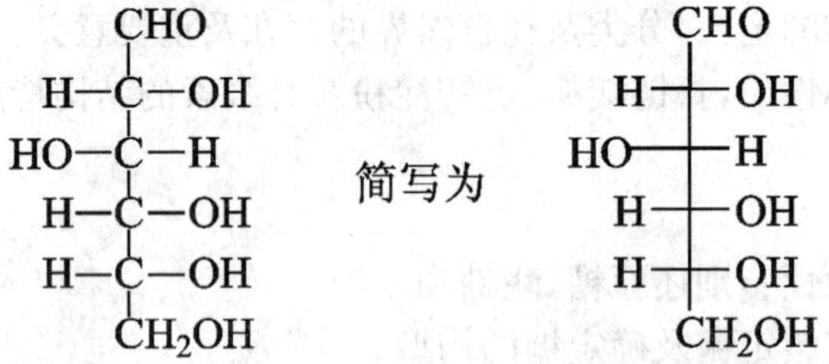

$$\begin{array}{c} CHO \\ H-C-OH \\ HO-C-H \\ H-C-OH \\ H-C-OH \\ CH_2OH \end{array} \quad 简写为 \quad \begin{array}{c} CHO \\ H{-}{-}OH \\ HO{-}{-}H \\ H{-}{-}OH \\ H{-}{-}OH \\ CH_2OH \end{array}$$

费歇尔投影式

在书写单糖的开链结构时，一般将碳链竖写，羰基写在上端。碳链的编号从靠近羰基的一端开始。

单糖的名称可用 R/S 标记法，表示时需要把每一个手性碳原子标记出来，如天然葡萄糖的名称是：(2R,3S,4R,5R)-2,3,4,5,6-五羟基己醛。单糖的名称还可以用 D/L 标记法表示，就是凡分子中离羰基最远的手性碳原子的构型，与 D-甘油醛的构型（羟基在右侧）相同的碳水化合物，其构型属于 D 型；反之，则属于 L 型。

天然存在的单糖大多数是 D 型的，如天然的葡萄糖和果糖都是 D 型糖。

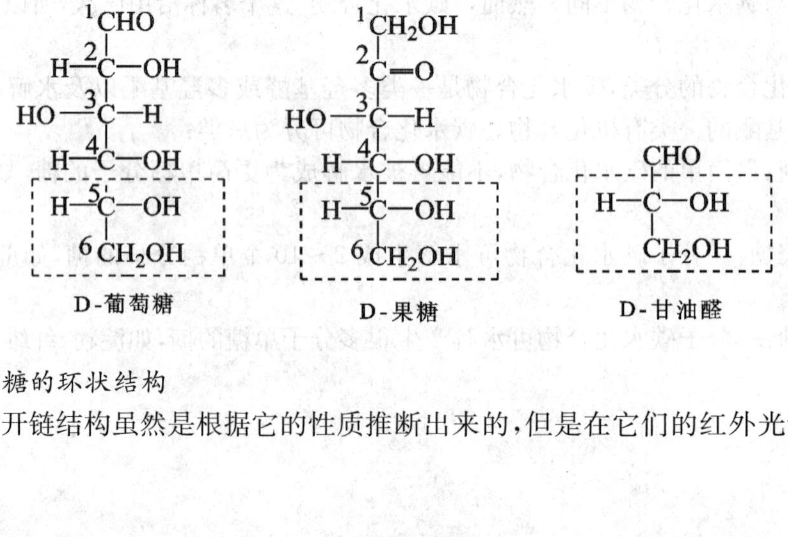

$$\begin{array}{c} {}^1CHO \\ H-{}^2C-OH \\ HO-{}^3C-H \\ H-{}^4C-OH \\ \boxed{H-{}^5C-OH} \\ {}^6CH_2OH \end{array} \quad \begin{array}{c} {}^1CH_2OH \\ {}^2C=O \\ HO-{}^3C-H \\ H-{}^4C-OH \\ \boxed{H-{}^5C-OH} \\ {}^6CH_2OH \end{array} \quad \begin{array}{c} CHO \\ \boxed{H-C-OH} \\ CH_2OH \end{array}$$

D-葡萄糖　　　　　D-果糖　　　　　D-甘油醛

(二) 单糖的环状结构

单糖的开链结构虽然是根据它的性质推断出来的，但是在它们的红外光谱分析中却找不到羰基的特殊峰值。经过物理及化学方法证明,开链结构并不是单糖的唯一结构,结晶状态的单糖不是像前面结构式表示的链状化合物,而是以环状结构存在的。这是由于单糖中同时存在羰基和羟基,在单糖分子中发生了羟醛缩合反应,因而在分子内便能生成半缩醛(或半缩酮),进而构成环。

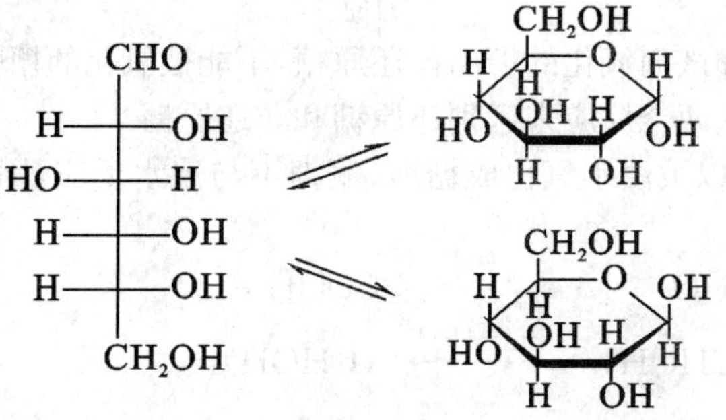

D-葡萄糖　　哈沃斯式　　α-D-葡萄糖　　β-D-葡萄糖

二、单糖的物理性质

单糖都是无色结晶,极易溶于水,可溶于乙醇,不易溶解于乙醚、丙酮、苯等有机溶剂。单糖(除丙酮糖外)都有旋光性及变旋现象。单糖和二糖都有甜味,各种糖的甜度不同,果糖是目前已知的甜度最大的糖。

由于单糖溶于水后,即产生环式与链式异构体的互变,所以新配成的单糖溶液在放置过程中其旋光度会逐渐改变,经过一段时间后,各种异构体达到平衡,旋光度才能趋于稳定,这种现象叫做变旋现象。例如,新配成的 α-D-葡萄糖溶液的比旋光度为 $+112°$,在放置一段时间后,其比旋光度降至 $+52.7°$ 以后才不再改变;而新配成的 β-D-葡萄糖的水溶液的比旋光度为 $+18.7°$,经放置后旋光度逐渐上升至 $+52.7°$ 后才不再变化。

三、单糖的化学性质

单糖分子中的醇羟基显示醇的一般性质。单糖在水溶液中是在链式和环式平衡中进行的反应,如与托伦试剂、苯肼作用,是链式异构体参与反应,而环式异构体就连续不断地变为链式,最后全部生成链式异构体。

(一)氧化反应

单糖用不同的试剂氧化生成氧化程度不同的产物。

1. 与托伦试剂、费林试剂的反应:醛与酮的主要区别在于后者不被托伦试剂氧化,但当酮的 α-碳原子上连有羟基时,也能与托伦试剂作用,所以醛糖与酮糖都能还原托伦试剂。

$$\begin{array}{c} CHO \\ | \\ (CHOH)_4 \\ | \\ CH_2OH \end{array} + 2[Ag(NH_3)_2]OH \longrightarrow \begin{array}{c} COONH_4 \\ | \\ (CHOH)_4 \\ | \\ CH_2OH \end{array} + 2Ag + 3NH_3 + H_2O$$

葡萄糖酸铵

$$\begin{array}{c}\text{CHO}\\|\\(\text{CHOH})_4\\|\\\text{CH}_2\text{OH}\end{array} + 2\text{Cu}(\text{OH})_2 + \text{NaOH} \longrightarrow \begin{array}{c}\text{COONa}\\|\\(\text{CHOH})_4\\|\\\text{CH}_2\text{OH}\end{array} + \text{Cu}_2\text{O} + 3\text{H}_2\text{O}$$

葡萄糖酸钠

凡是能被托伦试剂和费林试剂氧化的糖叫做还原糖,不能被氧化的糖叫做非还原糖。单糖都是还原糖。可以利用这两个反应来区别还原糖和非还原糖。

2. 与溴水的反应:醛糖可以被溴水氧化成糖酸,酮糖不与溴水反应,因此可用溴水来区别醛糖和酮糖。

$$\begin{array}{c}\text{CHO}\\|\\(\text{CHOH})_4\\|\\\text{CH}_2\text{OH}\end{array} \xrightarrow{\text{Br}_2-\text{H}_2\text{O}} \begin{array}{c}\text{COOH}\\|\\(\text{CHOH})_4\\|\\\text{CH}_2\text{OH}\end{array}$$

葡萄糖酸

3. 与稀硝酸的反应:在温热的稀硝酸作用下,醛糖可被氧化成糖二酸,酮糖易发生碳链断裂,生成小分子的二元酸。

$$\begin{array}{c}\text{CHO}\\|\\(\text{CHOH})_4\\|\\\text{CH}_2\text{OH}\end{array} \xrightarrow[100℃]{\text{HNO}_3,\text{H}_2\text{O}} \begin{array}{c}\text{COOH}\\|\\(\text{CHOH})_4\\|\\\text{COOH}\end{array}$$

葡萄糖二酸

(二)还原反应

单糖可经催化加氢或用还原剂(NaBH₄、Na-Hg 齐)还原得到糖醇,如:

$$\begin{array}{c}\text{CHO}\\|\\(\text{CHOH})_4\\|\\\text{CH}_2\text{OH}\end{array} \xrightarrow{\text{NaBH}_4} \begin{array}{c}\text{CH}_2\text{OH}\\|\\(\text{CHOH})_4\\|\\\text{CH}_2\text{OH}\end{array}$$

葡萄糖醇(山梨醇)

(三)成脎反应

单糖与过量的苯肼作用,会生成难溶于水的黄色结晶物质,叫做糖脎,如:

$$\begin{array}{c}\text{CHO}\\|\\\text{CHOH}\\|\\(\text{CHOH})_3\\|\\\text{CH}_2\text{OH}\end{array} \xrightarrow{\text{C}_6\text{H}_5-\text{NHNH}_2(\text{过量})} \begin{array}{c}\text{CH}=\text{N}-\text{NH}-\text{C}_6\text{H}_5\\|\\\text{C}=\text{N}-\text{NH}-\text{C}_6\text{H}_5\\|\\(\text{CHOH})_3\\|\\\text{CH}_2\text{OH}\end{array}$$

葡萄糖　　　　　　　　　　　葡萄糖脎

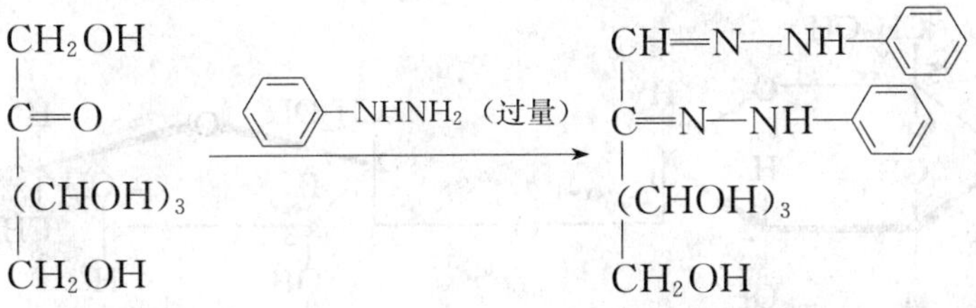

$$\underset{\text{果糖}}{\begin{array}{c}CH_2OH\\|\\C=O\\|\\(CHOH)_3\\|\\CH_2OH\end{array}}\xrightarrow{\text{—NHNH}_2\text{（过量）}}\underset{\text{果糖脎（葡萄糖脎）}}{\begin{array}{c}CH=N-NH-\!\!\!\bigcirc\\|\\C=N-NH-\!\!\!\bigcirc\\|\\(CHOH)_3\\|\\CH_2OH\end{array}}$$

糖脎都是不溶于水的亮黄色结晶体，不同的糖脎具有不同的结晶形态和熔点，因此可用糖脎的生成对糖进行鉴定。

（四）成苷反应

在酸的催化下，单糖的环状结构中的半缩醛羟基可与其他含羟基的化合物（醇或酚）反应，生成的化合物称为苷。

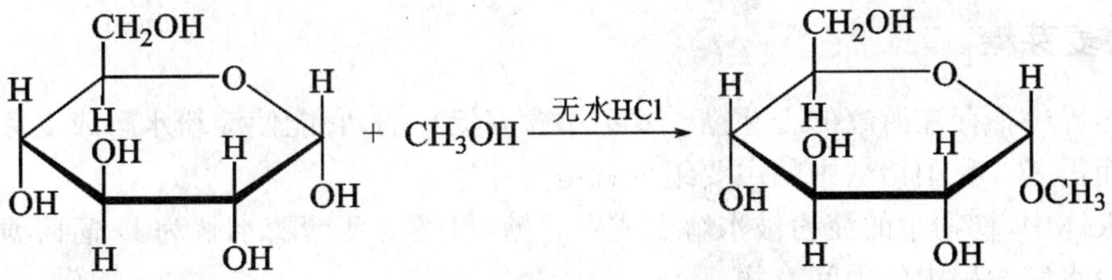

α-D-葡萄糖 + CH$_3$OH $\xrightarrow{\text{无水HCl}}$ α-D-葡萄糖甲苷

苷由糖和非糖部分组成，非糖部分叫做糖苷配基。糖和糖苷配基之间连接的键（如—O—）称为苷键。

（五）颜色反应

在糖的水溶液中加入 α-萘酚的乙醇溶液，然后沿试管壁小心地注入浓硫酸，不要摇动试管，则在两层液面之间能形成一个紫色环。所有的糖都有这种反应，这是鉴别糖类与其他物质的方法，叫做糖的颜色反应。

§16-3 二糖

二糖又叫双糖，是由两分子单糖脱水而生成的化合物。常见的二糖有蔗糖、麦芽糖、纤维二糖和乳糖等，它们的分子式都是 $C_{12}H_{22}O_{11}$。二糖的物理性质和单糖相似：能形成结晶，易溶于水，并有甜味。

一、蔗糖

蔗糖又名甜菜糖。为白色晶体，易溶于水，熔点为 180℃；其分子由一个分子的 α-D-葡萄糖的 C_1 上的半缩醛羟基与另一个 β-D-果糖的 C_2 上的半缩醛羟基，脱去一个分子水，通过 α-1,2-苷键连接而成。

蔗糖具有旋光性,天然蔗糖是右旋糖。其甜味超过葡萄糖,但不及果糖。

蔗糖既不能被托伦试剂及费林试剂氧化,也不能与苯肼作用生成糖脎,属于非还原性糖。蔗糖也无变旋现象。

$$C_{12}H_{22}O_{11} + H_2O \xrightarrow{\text{转化酶}} C_6H_{12}O_6 + C_6H_{12}O_6$$
$$\text{蔗糖} \qquad\qquad\qquad \text{葡萄糖} \quad\;\; \text{果糖}$$

由于转化糖中含有果糖,所以它比蔗糖甜。蜂蜜中大部分是转化糖,所以很甜。

二、麦芽糖

自然界中不存在游离的麦芽糖。麦芽中含有淀粉酶,它能使淀粉水解成麦芽糖,麦芽糖由此而得名。我国饴糖中的主要组分就是麦芽糖。

在人体中,食物中的淀粉被水解生成麦芽糖,再经麦芽糖酶水解为 D-葡萄糖,故麦芽糖是淀粉水解过程中的中间产物。

麦芽糖分子由一分子 α-D-葡萄糖 C_1 上的半缩醛羟基与另一个 D-葡萄糖 C_4 上的非半缩醛羟基脱水后,通过 α-1,4-苷键连接而成。

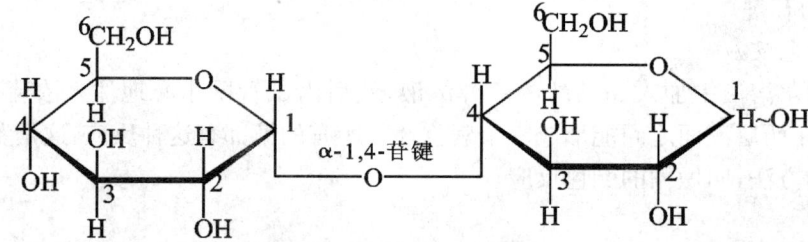

麦芽糖具有变旋现象,被弱氧化剂氧化,并能与苯肼成脎,属于还原性糖。

§ 16-4 多糖

多糖是一类天然高分子化合物,是由许多单糖脱水缩合而成的高聚体,可用通式 $(C_6H_{10}O_5)_n$ 表示。多糖的性质与单糖、二糖差别较大,一般为无定形固体,没有甜味,不溶于水,没有还原性和变旋现象。

多糖在自然界中的分布很广泛。植物的骨架——纤维素,植物体内储藏的养分——淀粉,动物体内储藏的养分——糖元,以及昆虫的甲壳、植物的黏液等许多物质,都是由多糖构成的。

一、淀粉

淀粉是无臭、无味的白色无定形粉末,广泛存在于植物的种子、茎和块根中,谷类植物中含淀粉较多。淀粉是人类三大营养素之一,也是重要的工业原料。

从结构上看,淀粉含有直链淀粉和支链淀粉两大类。直链淀粉相对分子质量比支链淀粉小,它是由葡萄糖以 α-1,4-糖苷键连接在一起的链状化合物,可被 β-淀粉酶水解为麦芽糖。

直链淀粉并不是直线形分子,而是呈逐渐弯曲的形式,并借分子内氢键卷曲成螺旋状。直链淀粉遇碘变蓝色,这是由于碘进入到淀粉的螺旋状空隙中,借助于范德华力联系在一起,形成一种配合物,这种配合物呈深蓝色。

支链淀粉也是由葡萄糖为基本单元组成的,但在连接方式上与直链淀粉有所区别,葡糖糖分子之间除了以 α-1,4-苷键连接外,还有以 α-1,6-苷键连接。

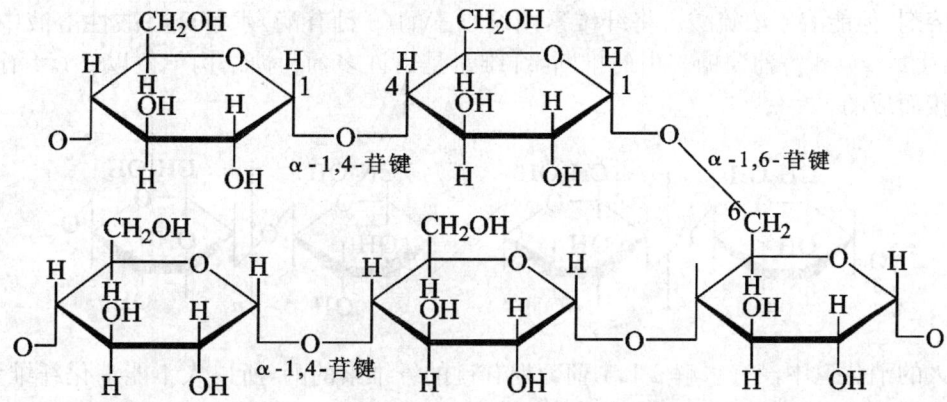

所以,支链淀粉是有分支的,大约每相隔 20 个葡萄糖单位就有一个分支。用 β-淀粉酶水解时,只有外围的支链可被水解为麦芽糖。

直链淀粉又称可溶性淀粉,在淀粉中占 10%~20%,在玉米、马铃薯中直链淀粉含量较高,含 20%~30%。直链淀粉是由 1 000 个以上的葡萄糖脱水缩合而成的直链多糖,相对分子质量为 150 000~600 000,能溶于热水而成为透明的胶体溶液。直链淀粉遇碘呈蓝色。

支链淀粉又称胶淀粉或淀粉精,在淀粉中占 80%~90%,是由 6 000~37 000 个葡萄糖分子脱水缩合而成含有支链的多糖,相对分子质量为 100 万~600 万,不溶于冷水,在热水中形成糨糊。支链淀粉遇碘呈紫红色,常利用此性质鉴别直链淀粉和支链淀粉。

直链淀粉和支链淀粉完全水解都生成 D-葡萄糖,部分水解都可生成麦芽糖。水解过程如下:

$$(C_6H_{10}O_5)_n \xrightarrow[\text{淀粉酶}]{H_2O} C_{12}H_{22}O_{11} \xrightarrow[\text{麦芽糖酶}]{H_2O} C_6H_{12}O_6$$

　　淀粉　　　　　　　　　麦芽糖　　　　　　　　D-葡萄糖

淀粉没有还原性,不发生银镜反应、费林反应,也不能与苯肼生成脎。

淀粉不溶于水、醇和醚等有机溶剂,能吸收空气中的水分;在冷水中容易膨胀,干燥后又收缩为粒状,工业上利用这一性质来分离淀粉。

以淀粉为原料生产酒精时,先将淀粉水解成葡萄糖,葡萄糖受酒化酶的作用转变成酒精,同时放出二氧化碳。

$$C_6H_{12}O_6 \xrightarrow{\text{消化酶}} 2C_2H_5OH + CO_2$$

　葡萄糖

二、纤维素

纤维素是自然界中分布最广的有机化合物。它是植物细胞壁的主要成分,木材中含纤维素 50%～70%,亚麻约含纤维素 80%,棉花含 92%～95%。这三种物质是工业上纤维素的主要来源。此外,已经发现某些动物体内也有动物纤维素。

(一)纤维素的物理性质和结构

纤维素纯品是无色、无味、无臭的纤维状物质,不溶于水、稀酸或稀碱,也不溶于一般有机溶剂,但能溶于浓硫酸。将纤维素用纤维素酶(β-糖苷酶)水解或在酸性溶液中完全水解,生成 D-(+)-葡萄糖。由此推断,纤维素是由许多葡萄糖结构单位以 β-1,4 苷键互相连接而成的。

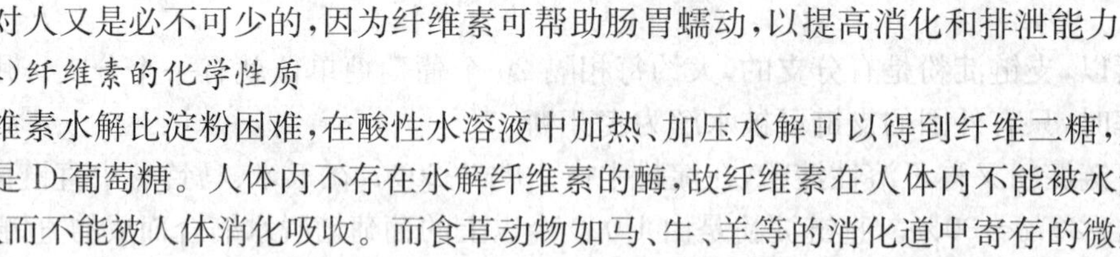

人的消化道中没有水解 β-1,4 葡萄糖苷键的纤维素的酶,所以人不能消化纤维素,但纤维素对人又是必不可少的,因为纤维素可帮助肠胃蠕动,以提高消化和排泄能力。

(二)纤维素的化学性质

纤维素水解比淀粉困难,在酸性水溶液中加热、加压水解可以得到纤维二糖,完全水解产物是 D-葡萄糖。人体内不存在水解纤维素的酶,故纤维素在人体内不能被水解成葡萄糖,从而不能被人体消化吸收。而食草动物如马、牛、羊等的消化道中寄存的微生物能分泌水解纤维素的酶,使之转化为 D-葡萄糖,所以纤维素可以作为它们的食物。

在一定条件下,纤维素中的部分羟基发生酯化反应生成纤维素酯,从而使纤维素转化成多种有用的衍生物。常用的纤维素酯有纤维素硝酸酯、纤维素醋酸酯和纤维素黄原酸酯。

纤维素与浓硝酸和浓硫酸的混合物反应得到纤维素的三硝酸酯,俗称硝化纤维。硝化纤维易燃且有爆炸性,可作为制造无烟火药的原料。若硝化不完全,只能得到单硝酸酯和二硝酸酯,二者的混合物叫做胶棉。胶棉易燃烧但无爆炸性,是制造火胶棉和赛路珞等的原料。

在硫酸的催化下,纤维素与乙酐和乙酸的混合物反应得到三醋酸纤维素。随试剂的浓度和反应条件的不同,酯化程度不同,工业上一般使用的是二醋酸酯,又叫做纤维素醋酸酯,俗称醋酸纤维。醋酸纤维可用来制造人造丝、胶片、塑料等,其优点是不易着火。它还具有选择性过滤能力,可滤出烟中有毒成分,是制作香烟过滤嘴的材料。

在氢氧化钠存在下,纤维素与二硫化碳反应生成纤维素黄原酸酯的钠盐,后者溶于碱得到黏稠液体,叫做黏胶。将黏胶通过喷丝头的细孔,进入由硫酸、硫酸钠、硫酸锌等组成的凝固浴中,黄原酸酯的钠盐即分解成丝状的纤维素,称为黏胶纤维。黏胶纤维有长纤维和短纤维两种,长纤维称作人造丝,短纤维称作人造棉或人造毛。黏胶纤维广泛用于纺织工业,制成各类纺织品,也可用于制轮胎帘子线等。纤维素的最大用途是能直接用于纺织、造纸工业。

本章小结

一、分类

单糖、低聚糖和多糖。

二、单糖

1. 分类:醛糖和酮糖。
2. 构型:D-L 构型标记。自然界中的单糖大多为 D 型。
3. 结构:开链式和氧环式。
4. 化学性质:
(1) 氧化反应:

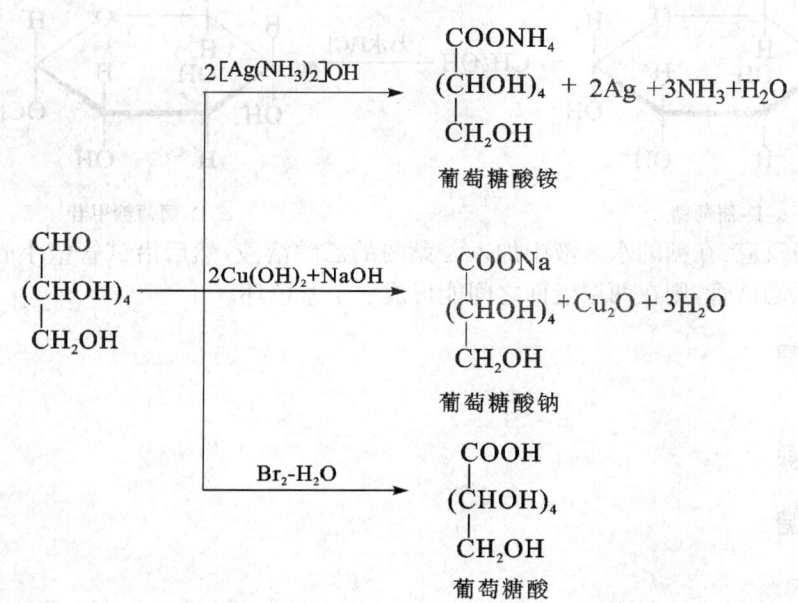

(2) 还原反应：

$$\begin{array}{c}\text{CHO}\\|\\(\text{CHOH})_4\\|\\\text{CH}_2\text{OH}\end{array} \xrightarrow{\text{NaBH}_4} \begin{array}{c}\text{CH}_2\text{OH}\\|\\(\text{CHOH})_4\\|\\\text{CH}_2\text{OH}\end{array}$$

葡萄糖醇（山梨醇）

(3) 成脎反应：

$$\begin{array}{c}\text{CHO}\\|\\\text{CHOH}\\|\\(\text{CHOH})_3\\|\\\text{CH}_2\text{OH}\end{array} \xrightarrow{\text{C}_6\text{H}_5\text{NHNH}_2\text{（过量）}} \begin{array}{c}\text{CH}=\text{N}-\text{NH}-\text{C}_6\text{H}_5\\|\\\text{C}=\text{N}-\text{NH}-\text{C}_6\text{H}_5\\|\\(\text{CHOH})_3\\|\\\text{CH}_2\text{OH}\end{array}$$

葡萄糖　　　　　　　　　　　　　　　葡萄糖脎

$$\begin{array}{c}\text{CH}_2\text{OH}\\|\\\text{C}=\text{O}\\|\\(\text{CHOH})_3\\|\\\text{CH}_2\text{OH}\end{array} \xrightarrow{\text{C}_6\text{H}_5\text{NHNH}_2\text{（过量）}} \begin{array}{c}\text{CH}=\text{N}-\text{NH}-\text{C}_6\text{H}_5\\|\\\text{C}=\text{N}-\text{NH}-\text{C}_6\text{H}_5\\|\\(\text{CHOH})_3\\|\\\text{CH}_2\text{OH}\end{array}$$

果糖　　　　　　　　　　　　　　　果糖脎（葡萄糖脎）

(4) 成苷反应：

α-D-葡萄糖 + CH_3OH $\xrightarrow{\text{无水HCl}}$ α-D-葡萄糖甲苷

(5) 颜色反应：在糖的水溶液中加入 α-萘酚的乙醇溶液，然后沿试管壁小心地注入浓硫酸，不要摇动试管，则在两层液面之间能形成一个紫色环。

三、二糖

1. 蔗糖。
2. 麦芽糖。

四、多糖

1. 淀粉。

(1)分类。

直链淀粉:直链淀粉是由 1 000 个以上 α-D-葡萄糖通过 α-1,4-苷键连接在一起;

支链淀粉:直链之间以 α-1,4-苷键连接的,支链之间以 α-1,6-苷键连接。

(2)性质:与碘作用;水解。

2.纤维素

(1)结构:由许多葡萄糖结构单位以 β-1,4 苷键互相连接而成的高聚物。

(2)性质:水解;纤维素酯的生成。

【阅读材料】

德国化学家 E·费歇尔(Emil Fischer)

德国化学家费歇尔(Hermann Emil Fischer,1852－1919),1852 年 10 月 9 日出生于德国,他的父亲是一位商人。费歇尔 1869 年进入波恩大学预科,1871 年入读波恩大学,一年后又转到斯特拉斯堡大学学习。1874 年,他在著名化学家拜耳指导下完成了论文《有色物质的荧光和苔墨素》而获得博士学位,当时年仅 22 岁,成为该校创立以来最年轻的博士。费歇尔获得博士学位后任慕尼黑大学助教,成为拜耳的助手。1881 年后曾任埃郎很大学、维尔茨堡大学教授,1892 年被聘为柏林大学教授。

1874 年,费歇尔在研究染料的过程中发现了苯肼。1875～1877 年,他合成了多种芳基肼和烷基肼,发现苯基肼和醛、酮反应可以失去一分子水生成腙,进一步研究发现用苯肼可以鉴别醛和酮,这为他后来研究糖类化合物提供了有力的工具。

$$\begin{matrix} R \\ \diagdown \\ C=O \\ \diagup \\ R' \end{matrix} + PhNHNH_2 \xrightarrow{-H_2O} \begin{matrix} R \\ \diagdown \\ C=NNHPh \\ \diagup \\ R' \end{matrix}$$

费歇尔开始对糖类化合物进行研究时,科学界仅知道有四种分子式为 $C_6H_{12}O_6$ 的单糖(葡萄糖、果糖、半乳糖和山梨糖)以及两种分子式为 $C_{12}H_{22}O_{11}$ 的二糖(蔗糖和乳糖);还知道淀粉、纤维素水解的最终产物也是糖类,但并不清楚这些糖分子的结构。从 1884 年起,费歇尔用了 10 年的时间,系统地研究了各种糖类化合物。他还发现并总结出将糖类还原为多元醇、将醛糖氧化为碳酸等研究糖类的新方法,在此基础上他得心应手地合成了 50 多种糖分子。通过研究,费歇尔确定了许多糖类的构型。例如,己醛糖的 16 种旋光异构体中,有 12 种是他鉴定的。由于费歇尔的努力,终于探明了单糖类的本性及其相互间的关系。

费歇尔根据他所掌握有关糖类的丰富知识,还提出了一个有关发酵机理的著名假说。他认为,糖类物质由于酶的存在而发生分解,而不同的糖需要有不同的酶的作用才能分解,这可能因为糖和酶的分子结构有某些共同点,犹如锁头与钥匙的关系。

对双糖类的研究,费歇尔也取得了很大成绩,但是对于淀粉、纤维素等多糖类化合物的研究,他却没有如愿地进行下去。在实验中常使用苯肼,这使他慢性中毒,不得不停止接触这一试剂。

1899 年开始,费歇尔选择了一个更难的课题,即对氨基酸、多肽及蛋白质的研究。由于他的辛勤劳动,人们认识了 19 种氨基酸。自然界中有几十万种蛋白质,而它们都是由 20 种氨基酸以不同数量比例和不同排列方式结合而成的。在进一步探索蛋白质的组成和结构及合成方法时,他发现将氨基酸合成,首先得到的不是蛋白质,而是他命名为多肽的一类化合物。将蛋白质进行分解首先得到的也是多肽一类化合物。随后,他合成了 100 多种多肽化合物。1907 年,他制取由 18 种氨基酸分子组成的多肽,成为当时的重要科学新闻。

他由于发现了苯肼,对糖类、嘌呤类有机化合物的研究取得了突出的成就,因而荣获 1902 年的诺贝尔化学奖。

习题 1 对下列糖分类。
(1)果糖 (2)葡萄糖 (3)麦芽糖 (4)蔗糖

习题 2 下列糖中哪一个不与费林试剂反应?为什么?
(1)D-核糖 (2)D-果糖 (3)纤维二糖 (4)蔗糖

习题 3 写出下列反应的主要产物或反应物。

(1) 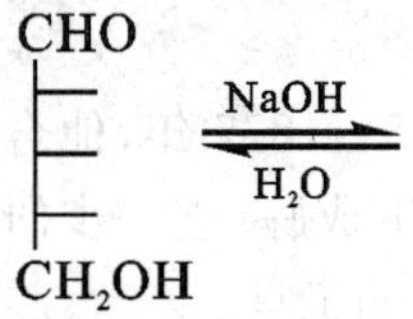
$$\begin{array}{c} CHO \\ | \\ \vdots \\ | \\ CH_2OH \end{array} \xrightarrow[H_2O]{NaOH}$$

(2)
$$\begin{array}{c} OH \\ | \\ \vdots \\ | \\ O \\ | \\ CH_2OH \end{array} \xrightarrow{Ag(NH_3)_2^+}$$

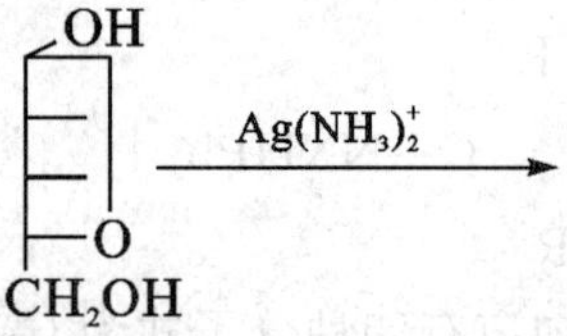

(3) 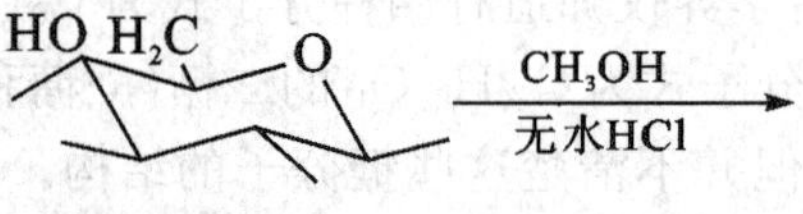 [吡喃糖结构] $\xrightarrow[\text{无水 HCl}]{CH_3OH}$

(4) β-麦芽糖 $\xrightarrow{Br_2-H_2O}$

习题 4 用化学方法鉴别下列化合物。
(1)葡萄糖、果糖和蔗糖 (2)麦芽糖、淀粉和纤维素
(3)蔗糖和淀粉 (4)直链淀粉和支链淀粉

习题 5　解释下列名词。
(1)变旋现象　　　(2)D、L　　　(3)多糖

习题 6　指出 D-葡萄糖与下列试剂反应的主要产物。
(1)Br_2-H_2O　　(2)HNO_3　　(3)$Ag(NH_3)_2^+$　　(4)$NaBH_4$

习题 7　有三个单糖和过量苯肼作用后,得到相同的脎,其中一个单糖的费歇尔投影式为:

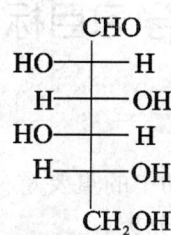

写出其他两个立体异构体的费歇尔投影式。

*第十七章 氨基酸 蛋白质 核酸

学习目标

知识目标

1. 了解氨基酸、蛋白质在生命活动中的重要意义,氨基酸的分类与命名法,多肽的命名;多肽的结构特征,蛋白质的组成和分类。
2. 理解多肽的结构,蛋白质的一级结构、二级结构、三级结构和四级结构,核酸的组成和分类;DNA 复制。
3. 掌握 α-氨基酸、蛋白质的性质。

能力目标

1. 能分析、比较蛋白质肽链上的 R-侧基以及核酸的糖-磷酸酯主链上的碱基对它们各自的二级结构所起的作用。
2. 能应用显色反应、络合性能鉴别氨基酸、蛋白质。

氨基酸是组成蛋白质的基本单位,蛋白质、糖类和脂类是人类生命必需的三大营养物质。不论哪种蛋白质,在酸、碱或酶的作用下都水解成 α-氨基酸的混合物,可以说,α-氨基酸是构筑蛋白质的砖石,要讨论蛋白质的结构和性质,首先要研究 α-氨基酸的结构和性质。

§17-1 氨基酸

分子中含有氨基(—NH_2)的羧酸叫做氨基酸。

目前已分离出的氨基酸近百种,但组成天然蛋白质的氨基酸仅有 20 余种。蛋白质水解生成的各种氨基酸在结构上有一个共同点,即都是 α-氨基酸。其结构通式如下:

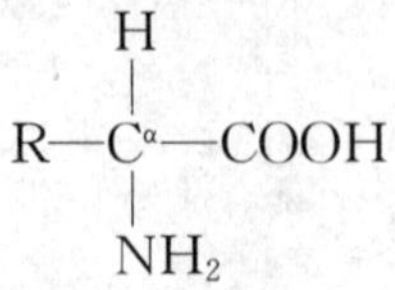

$$R-\overset{H}{\underset{NH_2}{C^{\alpha}}}-COOH$$

一、氨基酸的分类

$$\underset{\text{α-氨基丙酸}}{CH_3\overset{NH_2}{\underset{|}{C}}HCOOH} \qquad \underset{\text{β-氨基丙酸}}{CH_2\overset{NH_2}{\underset{|}{C}}H_2COOH} \qquad \underset{\text{γ-氨基丁酸}}{CH_2\overset{NH_2}{\underset{|}{C}}H_2CH_2COOH}$$

分子中既含有氨基又含有羧基的化合物称为氨基酸。根据烃基不同,氨基酸可分为脂肪族氨基酸和芳香族氨基酸。根据氨基和羧基的相对位置不同,氨基酸又可分为 α-氨基酸、β-氨基酸、γ-氨基酸等,例如 α-氨基丙酸、β-氨基丙酸和 γ-氨基丁酸。其中,α-氨基酸在自然界中存在最多,它是构成蛋白质分子的基础。根据分子氨基和羧基的相对数目不同,氨基酸还可分为中性氨基酸(氨基和羧基的数目相等)、酸性氨基酸(氨基的数目小于羧基的数目)和碱性氨基酸(氨基的数目大于羧基的数目),如:

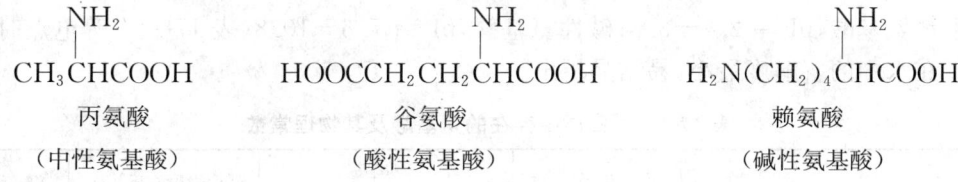

丙氨酸　　　　　　　谷氨酸　　　　　　　赖氨酸

(中性氨基酸)　　　　(酸性氨基酸)　　　　(碱性氨基酸)

二、氨基酸的命名

氨基酸的系统命名法是以羧基为母体,氨基为取代基。天然 α-氨基酸通常使用俗名,即根据其来源或性质命名。例如,具有微甜味的称甘氨酸,最初从蚕丝中得到的称丝氨酸,从天门冬的幼苗中发现的称天门冬氨酸。例如:

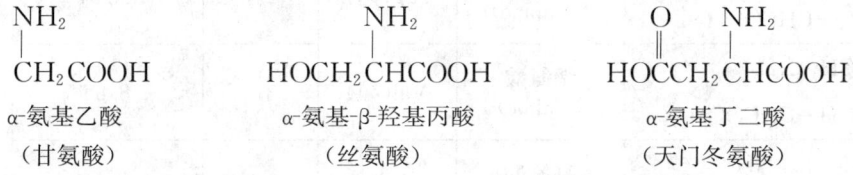

α-氨基乙酸　　　　　α-氨基-β-羟基丙酸　　　α-氨基丁二酸

(甘氨酸)　　　　　　(丝氨酸)　　　　　　(天门冬氨酸)

三、氨基酸的构型

组成蛋白质的 α-氨基酸,除甘氨酸外,都含有一个手性碳原子,具有旋光性。α-氨基酸习惯上采用 D-L 标记法,其 α-碳原子的构型都与 L-(−)-甘油醛相同,都属 L-型。

$$\underset{\text{L-丙氨酸}}{\begin{array}{c}COOH\\H_2N-|-H\\CH_3\end{array}} \qquad \underset{\text{L-甘油醛}}{\begin{array}{c}CHO\\HO-|-H\\CH_2OH\end{array}} \qquad \underset{\text{L-脯氨酸}}{\begin{array}{c}COOH\\\underset{CH_2}{\overset{NH}{|}}-H\\CH_2-CH_2\end{array}}$$

四、氨基酸的性质

大多数天然氨基酸是高熔点的无色晶体,少数为黏稠液体,在水中都有一定的溶解度,难溶于非极性有机溶剂,有些氨基酸在熔融前分解。

(一) 两性和等电点

氨基酸分子中既有碱性的氨基,又有酸性的羧基,可以和酸反应生成铵盐,又可以和碱反应生成羧酸盐,所以具有两性,是两性化合物。晶体时氨基酸是以偶极离子或内盐的形式存在;氨基酸在水溶液中,形成下列平衡体系:

$$\underset{\text{负离子}}{\text{RCHCOO}^-\text{NH}_2} \underset{\text{HO}^-}{\overset{\text{H}^+}{\rightleftharpoons}} \underset{\text{偶极离子}}{\text{RCHCOO}^-\text{\overset{+}{N}H}_3} \underset{\text{OH}^-}{\overset{\text{H}^+}{\rightleftharpoons}} \underset{\text{正离子}}{\text{RCHCOOH}\text{\overset{+}{N}H}_3}$$

究竟哪一种形式占优势,取决于溶液的 pH 和氨基酸的结构。调节溶液的 pH 至一定数值时,氨基酸以偶极离子存在,其所带正、负电荷相等,在电场中既不向阴极移动也不向阳极移动,此时溶液的 pH 就是该氨基酸的等电点(以 pI 表示)。等电点为电中性而不是中性(即 pH=7),在溶液中加入电极时其电荷迁移为零。中性氨基酸,pI = 4.8~6.3;酸性氨基酸,pI = 2.7—3.2;碱性氨基酸,pI = 7.6—10.8(表 17-1)。等电点时,偶极离子在水中的溶解度最小,易结晶析出。

表 17-1 蛋白质中存在的氨基酸及其物理常数

结构式	名称(英文名称)	缩写	分解点/℃	溶解度(25℃)/g·100 g^{-1}水	等电点
H—CHCOOH 上NH$_2$	甘氨酸(Glycine)	Gly(甘)	236	25	5.97
CH$_3$—CHCOOH 上NH$_2$	丙氨酸(Alanine)	Alg(丙)	297	16.51	6.02
CH$_3$CH—CHCOOH CH$_3$ NH$_2$	缬氨酸(Valine)	Val(缬)	315	8.85	5.96
CH$_3$CHCH$_2$—CHCOOH CH$_3$ NH$_2$	亮氨酸(Leucine)	Leu(亮)	295	2.19	5.98
CH$_3$CH$_2$CH—CHCOOH CH$_3$ NH$_2$	异亮氨酸(Isoleucine)	Ile(异亮)	284	4.12	6.02
CH$_3$SCH$_2$CH$_2$—CHCOOH NH$_2$	蛋氨酸(Methionine)	Met(蛋)	283	5.14	5.74
⬠NH—CHCOOH	脯氨酸(Proline)	Pro(脯)	222	162.3	6.30
⌬—CH$_2$—CHCOOH NH$_2$	苯丙氨酸(Phenylalanine)	Phe(苯丙)	283	2.96	5.48

(续表)

结构式	名称 (英文名称)	缩写	分解点/℃	溶解度(25℃) /g·100 g^{-1}水	等电点
色氨酸结构 (吲哚-CH₂-CH(NH₂)COOH)	色氨酸 (Tryptophan)	Trp(色)	289	1.14	5.89
HOCH₂—CH(NH₂)COOH	丝氨酸 (Serine)	Ser(丝)	228	25	5.68
CH₃CH(OH)—CH(NH₂)COOH	苏氨酸 (Threonine)	Thr(苏)	225	20.5	6.53
HSCH₂—CH(NH₂)COOH	半胱氨酸 (Cysteine)	Cys(半胱)	240	易溶	5.02
HO—C₆H₄—CH₂—CH(NH₂)COOH	酪氨酸 (Tyrosine)	Try(酪)	344	0.046	5.66
H₂NCOCH₂—CH(NH₂)COOH	天冬酰胺 (Asparagine)	Asn(天冬)(NH₂)	234	3.5	5.41
H₂NCOCH₂CH₂—CH(NH₂)COOH	谷氨酰氨 (Glutamine)	Glu(谷氨)(NH₂)	185	3.7	5.65
HOOCCH₂—CH(NH₂)COOH	天冬氨酸 (Asparticacid)	Asp(天冬)	270	0.5	2.77
HOOCCH₂CH₂—CH(NH₂)COOH	谷氨酸 (Glutamicacid)	Glu(谷)	247	0.84	3.22
H₂N(CH₂)₄—CH(NH₂)COOH	赖氨酸 (Lysine)	Lys(赖)	225	66.16	9.74
H₂NC(O)NH(CH₂)₃—CH(NH₂)COOH	精氨酸 (Arginine)	Arg(精)	238	71.8	10.76
咪唑-CH₂—CH(NH₂)COOH	组氨酸 (Histidine)	His(组)	288	4.29	7.59

(二)与亚硝酸反应

氨基酸中的氨基可以与亚硝酸反应放出氮气。这和伯氨的反应相同。

$$RCH(NH_2)-COOH + HNO_2 \xrightarrow{\Delta} RCH(OH)-COOH + N_2 + H_2O$$

这个反应是定量完成的,根据反应所得氮气的体积,可计算氨基酸和蛋白质分子中氨基的含量。这一方法叫做范斯莱克(Van Slyke)氨基测定法。

(三) 与茚三酮反应

α-氨基酸在碱性溶液中与茚三酮作用,生成显蓝色或紫红色的有色物质,是鉴别 α-氨基酸的灵敏方法。

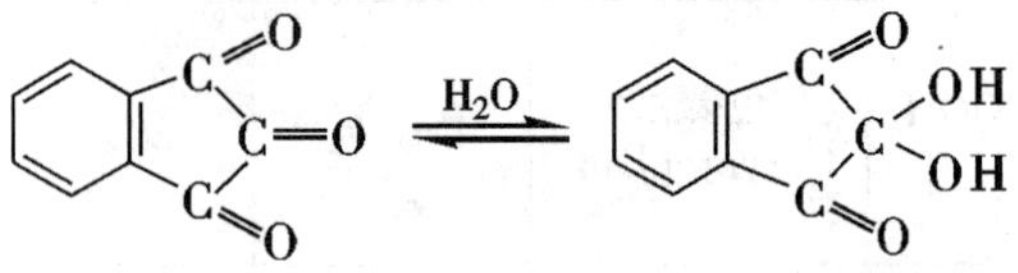

茚三酮 ⇌ 水合茚三酮（H_2O）

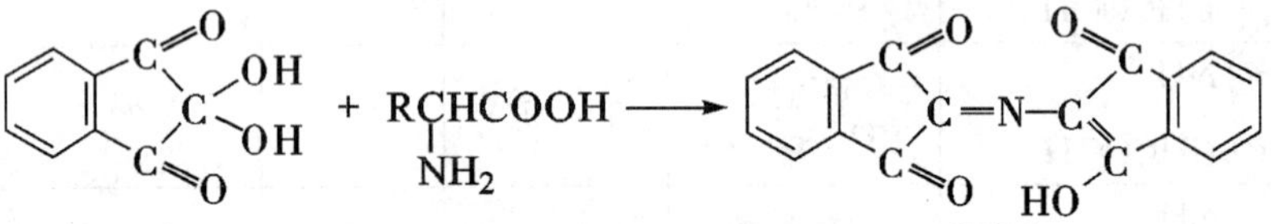

水合茚三酮 + $RCHCOOH\atop NH_2$ → 蓝紫色产物

(四) 成肽

α-氨基酸分子中的氨基与另一个 α-氨基酸分子中的羧基,发生分子间脱水生成的以酰胺键（—CONH₂—）相连接的缩合产物称为肽。肽分子中的酰胺键称为肽键。由两个 α-氨基酸缩合形成的肽称为二肽。例如:

$$CH_3CH(NH_2)CO\text{—}OH + H\text{—}NHCH_2COOH \xrightarrow{-H_2O} CH_3CH(NH_2)CO\text{—}NHCH_2COOH$$

丙氨酸　　　　　甘氨酸　　　　　　　　丙氨酰甘氨酸（二肽）

五、氨基酸的制备

氨基酸的合成方法主要有三种。

(一) 由醛制备

醛在氨存在下加氢氰酸生成 α-氨基腈,后者水解生成 α-氨基酸。

$$C_6H_5CH_2CHO \xrightarrow{NH_3, HCN} C_6H_5CH_2\underset{NH_2}{CH}CN \xrightarrow[(2)H_3O^+]{(1)NaOH, H_2O} C_6H_5CH_2\underset{+NH_3}{CH}COO^-$$

苯丙氨酸 74%

(二) α-卤代酸的氨化

$$R\underset{X}{CH}COOH + NH_3 \longrightarrow R\underset{NH_2}{CH}COOH + HX$$

此法有副产物仲胺和叔胺生成,不易纯化。因此,常用盖伯瑞尔法代替上法。

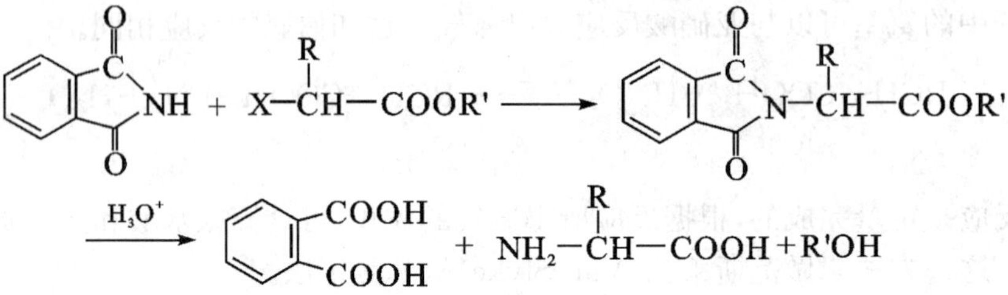

邻苯二甲酰亚胺 + $X\text{—}\underset{}{\overset{R}{CH}}\text{—}COOR' \longrightarrow$ N-取代邻苯二甲酰亚胺

$$\xrightarrow{H_3O^+} \text{邻苯二甲酸} + NH_2\underset{}{\overset{R}{CH}}COOH + R'OH$$

盖伯瑞尔法生成的产物较纯，适用于实验室合成氨基酸。

(三)由丙二酸酯法合成

此法应用的方式多种多样，其基本合成路线如下：

$$\underset{CH_2}{\overset{COOC_2H_5}{\diagup}}\underset{COOC_2H_5}{\diagdown} \xrightarrow[CCl_4]{Br_2} Br-CH\underset{COOC_2H_5}{\overset{COOC_2H_5}{\diagup}} \xrightarrow{\text{邻苯二甲酰亚胺钾}} \text{PhthN-CH}\underset{COOC_2H_5}{\overset{COOC_2H_5}{\diagup}}$$

$$\xrightarrow[(2)\ PhCH_2Br]{(1)\ C_2H_5ONa} \text{PhthN-C}\underset{CH_2Ph}{\overset{COOC_2H_5}{\underset{COOC_2H_5}{|}}} \xrightarrow[(2)\ CO_2]{(1)\ H_3O^+} \text{PhthN-CH-CO}\underset{CH_2Ph}{\overset{}{|}}$$

$$\xrightarrow{NH_2NH_2} \text{邻苯二甲酰肼} + \underset{CH_2Ph}{\overset{NH_2-CH-COOH}{|}}$$

D, L-苯丙氨酸

氨基酸的化学合成1850年就已实现，但氨基酸的发酵法生产在100年后的1957年实现了用糖类(淀粉)发酵生产谷氨酸。

§ 17-2 多肽

一、肽和肽键

一分子氨基酸中的羧基与另一分子氨基酸分子的氨基脱水而形成的酰胺叫做肽，其形成的酰胺键称为肽键。

$$\underset{}{\overset{R\ \ \ O}{\underset{|\ \ \ \ \ |}{NH_2-CH-C-OH}}} + \underset{}{\overset{R'}{\underset{|}{NH_2-CH-COOH}}} \xrightarrow{-H_2O} \underset{}{\overset{R\ \ \ \ \ \ \ \ \ \ \ \ \ \ \ \ R'}{\underset{|\ \ \ \ \ \ \ \ \ \ \ \ \ \ \ \ \ |}{NH_2-CH-\boxed{C-NH}-CH-COOH}}}$$

肽键

由 n 个 α-氨基酸缩合而成的肽称为 n 肽，由多个 α-氨基酸缩合而成的肽称为多肽。一般把含100个以上氨基酸的多肽(有时是含50个以上)称为蛋白质。

无论肽链有多长，在链的两端一端有游离的氨基(—NH$_2$)，称为N端；链的另一端有游离的羧基(—COOH)，称为C端。

$$\boxed{NH_2}-\overset{R}{\underset{|}{CH}}-\overset{O}{\underset{||}{C}}-[NH-\overset{R'}{\underset{|}{CH}}-\overset{O}{\underset{||}{C}}]_n-NH-\overset{R''}{\underset{|}{CH}}-\boxed{COOH}$$

N端 　　　　　　　　　　　　　　　　　C端

二、肽的命名

根据组成肽的氨基酸的顺序称为某氨酰某氨酰……某氨酸(简写为某、某、某)。

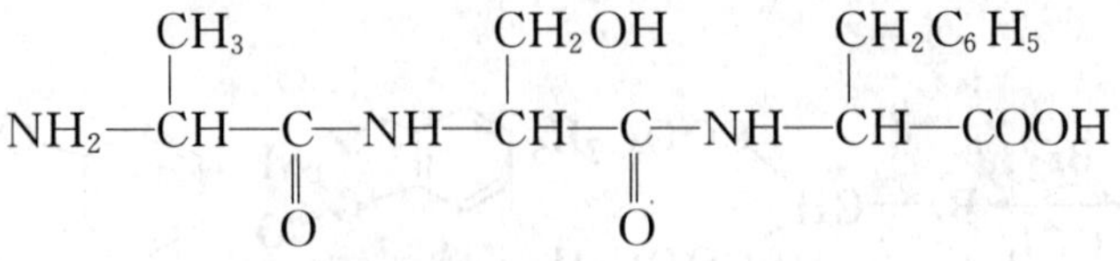

$$NH_2-CH(CH_3)-C(=O)-NH-CH(CH_2OH)-C(=O)-NH-CH(CH_2C_6H_5)-COOH$$

丙氨酰丝氨酰苯丙氨酸(丙-丝-苯丙)

很多多肽都采用俗名,如催产素、胰岛素等。

§17-3 蛋白质

一、蛋白质的组成

蛋白质是一类很重要的生物高分子化合物,是各种生命现象不可缺少的物质,不但种类繁多,而且结构较为复杂。蛋白质主要有碳、氢、氧、氮和硫 5 种元素组成,有些还含有微量的磷、铁、锰、锌、和碘等元素。一般干燥蛋白质的元素组成为:

C	H	O	N	S
50%～55%	6%～7%	20%～23%	15%～17%	0.5%～2.5%

与多肽相比,蛋白质的肽链更长,其相对分子质量更大,在 1 万以上到数百万不等,有的甚至高达数千万。

二、蛋白质的性质

(一)两性和等电性

蛋白质与氨基酸相似,也是两性物质,能与酸和碱反应生成盐并且具有等电点。在水溶液中,蛋白质的两性解离可用下式表示:

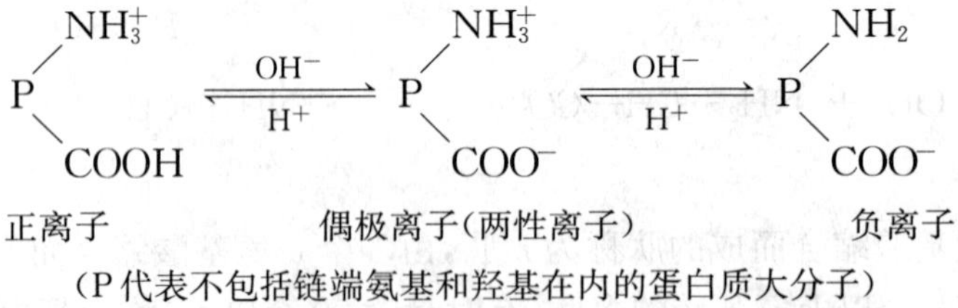

$$P\binom{NH_3^+}{COOH} \xrightleftharpoons[H^+]{OH^-} P\binom{NH_3^+}{COO^-} \xrightleftharpoons[H^+]{OH^-} P\binom{NH_2}{COO^-}$$

正离子   偶极离子(两性离子)   负离子
(P 代表不包括链端氨基和羟基在内的蛋白质大分子)

不同蛋白质的等电点不同。在等电点时,蛋白质在水中的溶解度最小,最易析出沉淀。利用此性质,通过调节溶液的 pH,使不同的蛋白质从混合溶液中分离出来。

(二)盐析

在蛋白质的水溶液中加入某些中性盐,如氯化钠、硫酸钠、硫酸铵等,可使蛋白质从溶液中沉淀出来,这种作用称为盐析。盐析是一个可逆过程,被沉淀出来的蛋白质分子结构基本无变化,只要消除沉淀因素,沉淀会重新溶解。不同蛋白质盐析时所需盐的最低浓度不同，利用这一性质可以分离不同的蛋白质。

(三)蛋白质的变性

蛋白质的性质与它们的结构密切相关。而某些物理或化学因素，能够破坏蛋白质结构状态，引起蛋白质理化性质改变并导致其生理活性丧失，这种现象称为蛋白质的变性。引起变性的因素主要是热、紫外光、强酸和强碱等。蛋白质变性是不可逆的。这正是高温灭菌、酒精消毒的依据，因为在这些条件下，细菌(蛋白质)变性而死亡。

(四)显色反应

蛋白质也能与水合茚三酮溶液反应，呈现蓝紫色。与硫酸铜的碱性溶液反应呈红紫色，此反应称缩二脲反应。含有芳环的蛋白质遇浓硝酸显黄色，叫做黄蛋白反应。以上蛋白质的显色反应用于蛋白质的鉴别。

三、蛋白质的结构

各种蛋白质的特定结构，决定了各种蛋白质的特定生理功能。蛋白质种类繁多，结构极其复杂。通过长期研究确定，蛋白质的结构可分为一级结构、二级结构、三级结构和四级结构。

(一)蛋白质的一级结构

由各氨基酸按一定的排列顺序结合而形成的多肽链(50个以上氨基酸)称为蛋白质的一级结构。

对某一蛋白质，若结构顺序发生改变，则可引起疾病或死亡。例如，血红蛋白是由两条 α-肽链(各为141肽)和两条 β-肽链(各为146肽)四条肽链(共574肽)组成的。

在 β 链，N-6 为谷氨酸，若换为缬氨酸，则造成红血球附聚，即由球状变成镰刀状；若得了这种病(镰刀形贫血症)，不到十年就会死亡。

(二)蛋白质的二级结构

多肽链中互相靠近的氨基酸通过氢键的作用而形成的多肽在空间排列(构象)称为蛋白质的二级结构。

蛋白质的二级结构主要有三种形式：α-右手螺旋(图 17-1)、β-折叠和 β-转角(图 17-2)、无规则卷曲。

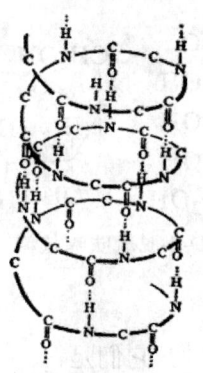 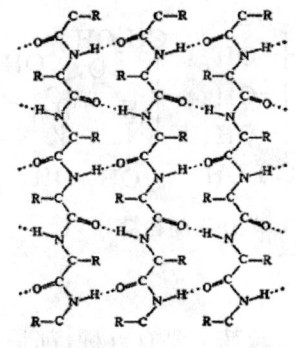

图 17-1　右手型 α 螺旋及氢键示意图　　图 17-2　β-折叠结构

(三)蛋白质的三级结构

由蛋白质的二级结构在空间盘绕、折叠、卷曲而形成的更为复杂的空间构象称为蛋白质的三级结构。

维持三级结构的作用力有共价键(—S—S—)、静电键(盐键)、氢键憎水基(烃基等)形成三级结构后,亲水基团在结构外,憎水基团在结构内,故球状蛋白溶于水。

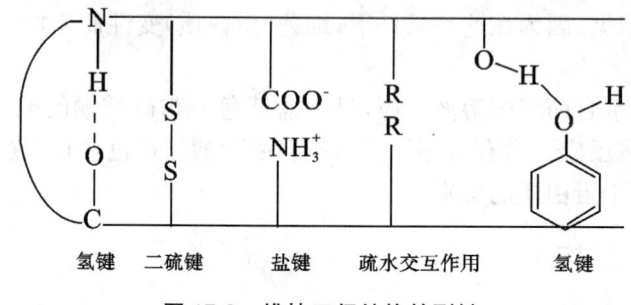

图 17-3 维持三级结构的副键

(四)蛋白质的四级结构

由一条或几条多肽链构成蛋白质的最小单位称为蛋白质亚基,由几个亚基借助各种副键的作用而构成的一定空间结构称为蛋白质的四级结构。

§17-4 核酸

核酸是控制生物遗传和支配蛋白质合成的模型。没有核酸,就没有蛋白质。因此,核酸是最根本的生命的物质基础。对核酸的研究是现代科学研究领域最吸引人的课题。

一、核酸的组成

核酸和蛋白质一样,是由许多核苷酸结合而成的高分子化合物。核苷酸是由磷酸、核糖及碱基组成的。

(一)核糖和 2-脱氧核糖

β-D-呋喃核糖   β-D-2-脱氧呋喃核糖

(二)碱基

核苷酸中的碱基主要有五种,都是嘧啶或嘌呤的衍生物,它们是:

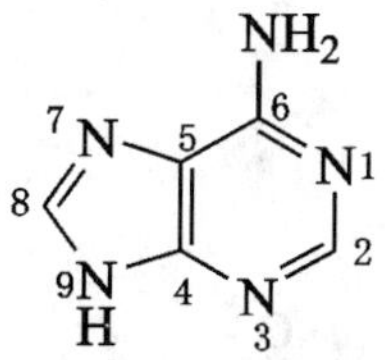

腺嘌呤 adenine(A) DNA RNA

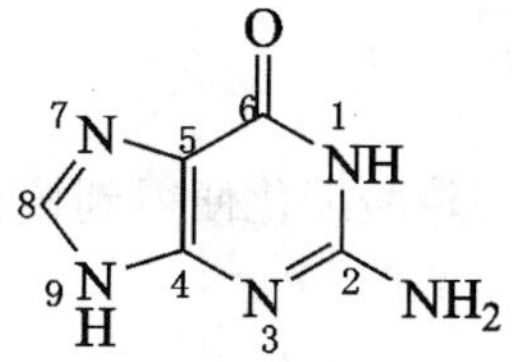

鸟嘌呤 guanine(G) DNA RNA

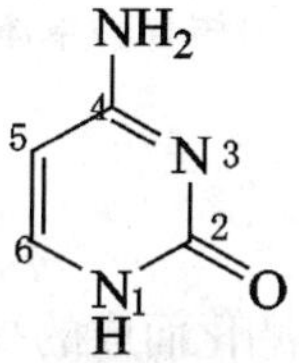

胞嘧啶 cytosine(C) DNA RNA

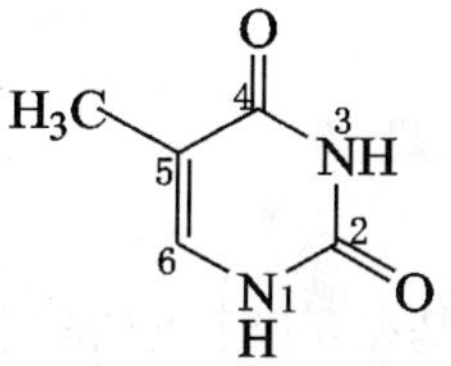

胸腺嘧啶 thynine(T) DNA

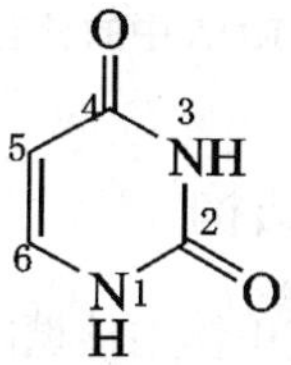

尿嘧啶 uracil(U) RNA

(三) 核苷

核苷是核糖的 β-苷羟基与碱基氮原子上的氢脱水而形成的苷,根据核糖的不同,核苷有两类。

1. 核苷(由 RNA 水解而得)。

核糖	核苷	碱基	核苷名称
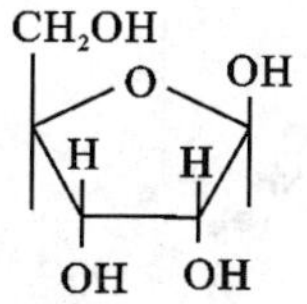 (CH₂OH, OH, OH, OH)	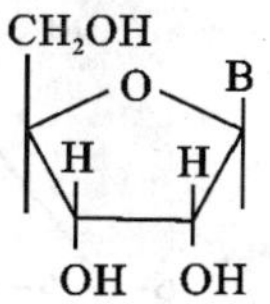 (CH₂OH, B, OH, OH)	B=U A C G	脲嘧啶核苷[脲苷(U)] 腺嘌呤核苷[腺苷(A)] 胞嘧啶核苷[胞苷(C)] 鸟嘌呤核苷[鸟苷(G)]

2. 2-脱氧核苷(由 DNA 水解而得)。

2-脱氧核糖	核苷	碱基	核苷名称
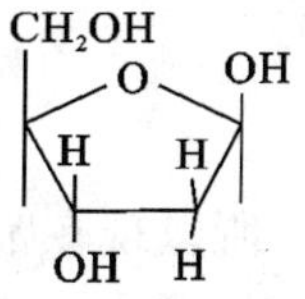 (CH₂OH, OH, OH, H)	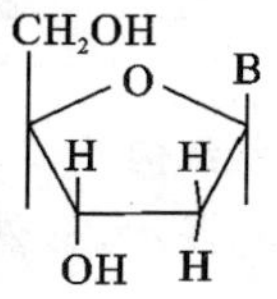 (CH₂OH, B, OH, H)	B=T A C G	2-脱氧胸腺苷(dT) 2-脱氧腺苷(dA) 2-脱氧胞苷(dC) 2-脱氧鸟苷(dG)

(四)核苷酸

核糖 C_5 上的羟基与磷酸酯化便得到核苷酸。

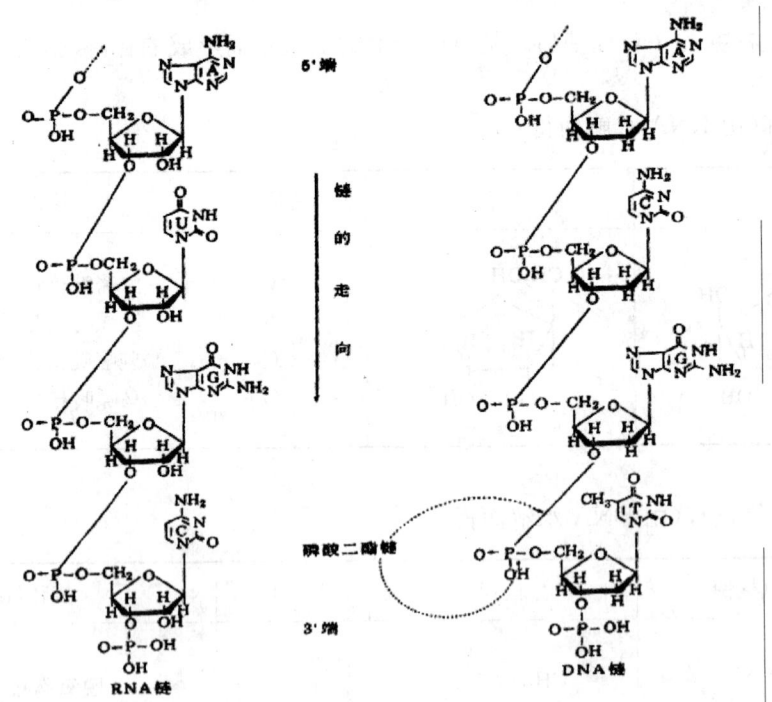

RNA 中的核苷酸单体　　　　DNA 中的核苷酸单体

二、核酸的结构

核酸是核苷酸单体中核糖的 $3'$ 位羟基和 $5'$ 位上的磷酸基酯化而成的高分子化合物。

核酸和蛋白质一样,也有单体排列顺序和空间关系问题,因此,核酸也有一级结构、二级结构和三级结构的问题。

(一)核酸一级结构

核苷酸的顺序组成了核酸的一级结构。

图 17-4　核酸的一级结构

RNA 或 DNA 中的多核苷酸链,都按上图方式表示,显然太繁杂了,所以现在都用简化了的示意法来表示。例如,上图可简化如下:

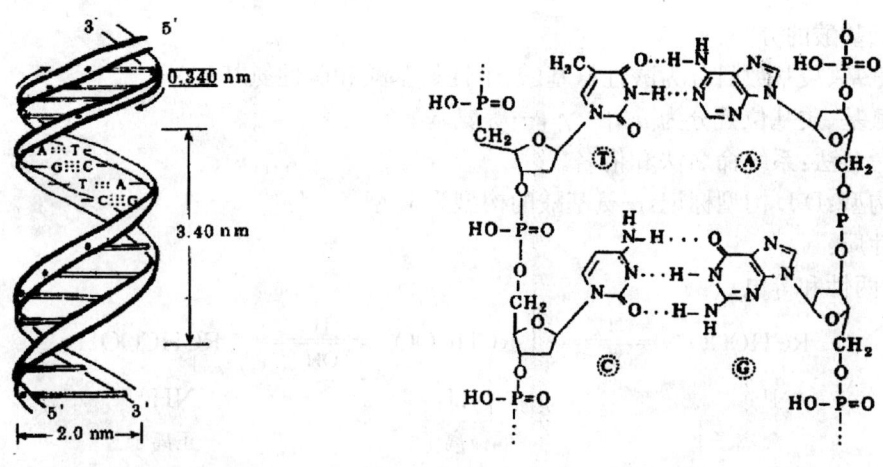

其中，R_1，R_2，R_3，R_4 表示碱基；P 表示磷酸基；一竖表示糖分子；$2'$、$3'$、$5'$ 表示糖中 C 原子编号。

还可以进一步简化成 PA-C-G-UP。

RNA 与 DNA 的区别在于 RNA 中为核糖，DNA 中为 2-脱氧核糖。而 RNA 中的碱基为 A，U，C，G；DNA 中为 A，T，C，G。

(二)核酸的二级结构

DNA 的二级结构为右手双股螺旋结构(图 17-5)。

两条螺旋链以相反的走向，通过一条链的碱基和另一条链的碱基配对(以氢键结合)交织起来形成相当稳定的双螺旋结构，像螺旋式的梯子。

碱基配对只能是 A 与 T(RNA 中是 A 与 U)配对，G 与 C 配对。

图 17-5　DNA 双股螺旋结构示意图　　　　图 17-6　成对碱基

RNA 的二级结构的规律性不如 DNA。有些 RNA 的多核苷酸链，可以形成螺旋结构，其二级结构是和 DNA 相似的双螺旋。但多数 RNA 的分子是由一条弯曲的多核苷酸链所构成，其中有间隔着的双股螺旋与单股非螺旋体结构部分。

(三)核酸的三级结构

核酸的三级结构是在二级结构的基础上进一步紧缩、扭曲成闭链状环或开链状环以及麻花状的一定空间关系的结构。

三、核酸的生物功能

核酸在生物的遗传变异、生长发育及蛋白质的合成中起着重要作用。DNA 为遗传基因,转录副本,将遗传信息传到子代,是蛋白质合成的模板。RNA 决定蛋白质的生物合成(合成蛋白质的工厂)。根据在蛋白质合成中所起的作用,RNA 分为三类:信使核糖核酸(mRNA)——传递 DNA 的遗传信息,合成模板;核糖体核糖核酸(rRNA)——合成蛋白质的场所;转移核糖核酸(tRNA)——搬运工具。

在蛋白质的合成中 tRNA 按照 mRNA 传递的指令,将某一氨基酸搬运到指定的位置进行合成。tRNA 的专一性很高,一种 tRNA 只能搬运一种氨基酸。

在核苷酸分子中,每三个核苷酸组成一个联体,决定着生物体内合成蛋白质中的一种氨基酸,即遗传密码。

在多肽链的合成中,氨基酸是基本原料,mRNA 是模板,tRNA 是运载工具,rRNA 是合成肽链的现场(工作台)。合成中所需能量由 GTP(鸟苷三磷酸)、ATP(腺苷三磷酸)供应。

本章小结

一、氨基酸

1. 氨基酸的分类:
按氨基、羧基数目分为酸性氨基酸、中性氨基酸和碱性氨基酸。
按氨基、羧基位置分为 α-、β-、γ-、⋯等氨基酸。
2. 命名法:系统命名法和俗名。
3. 构型:D-L 构型标记,α-氨基酸的构型为 L 型。
4. 性质:
(1) 两性和等电点:

$$\underset{\underset{\text{负离子}}{}}{\text{RCHCOO}^-\atop |\text{NH}_2} \underset{\text{OH}^-}{\overset{\text{H}^+}{\rightleftharpoons}} \underset{\underset{\text{偶极离子}}{}}{\text{RCHCOO}^-\atop |\overset{+}{\text{NH}}_3} \underset{\text{OH}^-}{\overset{\text{H}^+}{\rightleftharpoons}} \underset{\underset{\text{正离子}}{}}{\text{RCHCOOH}\atop |\overset{+}{\text{NH}}_3}$$

(2) 与亚硝酸反应:

$$\underset{|\text{NH}_2}{\text{RCH—COOH}} + \text{HNO}_2 \xrightarrow{\Delta} \underset{|\text{OH}}{\text{RCH—COOH}} + \text{N}_2 + \text{H}_2\text{O}$$

(3) 与茚三酮反应:

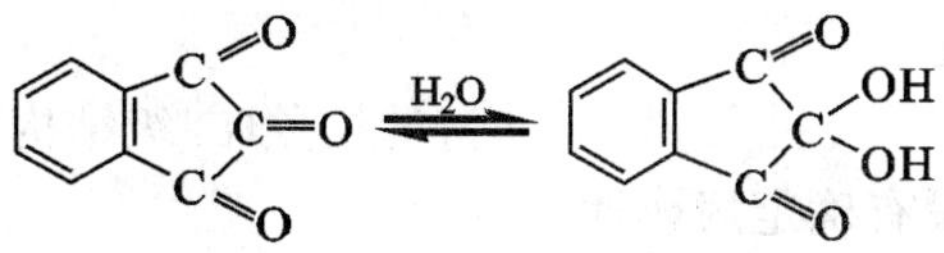

$$\text{茚三酮} \underset{}{\overset{H_2O}{\rightleftharpoons}} \text{水合茚三酮}$$

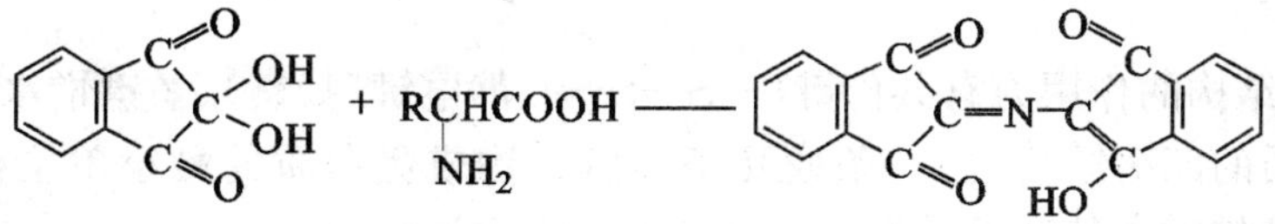

茚三酮 + RCH(NH$_2$)COOH ⟶ [产物]

(4) 成肽：

$$CH_3CH(NH_2)CO\boxed{-OH + H-}NHCH_2COOH \xrightarrow{-H_2O} CH_3CH(NH_2)CO-NHCH_2COOH$$

丙氨酸　　　　　甘氨酸　　　　　　　丙氨酰甘氨酸（二肽）

二、多肽

一分子氨基酸中的羧基与另一分子氨基酸分子的氨基脱水而形成的酰胺叫做肽，其形成的酰胺键称为肽键。

三、蛋白质

1. 组成：由 20 余种 α-氨基酸通过肽键按一定顺序结合而成的生物高分子化合物。

2. 性质。

(1) 两性和等电性：

$$P\begin{pmatrix}NH_3^+\\COOH\end{pmatrix} \underset{H^+}{\overset{OH^-}{\rightleftharpoons}} P\begin{pmatrix}NH_3^+\\COO^-\end{pmatrix} \underset{H^+}{\overset{OH^-}{\rightleftharpoons}} P\begin{pmatrix}NH_2\\COO^-\end{pmatrix}$$

正离子　　　　偶极离子（两性离子）　　　　负离子

（P 代表不包括链端氨基和羟基在内的蛋白质大分子）

(2) 盐析：在蛋白质的水溶液中加入某些中性盐，如氯化钠、硫酸钠、硫酸铵等，可使蛋白质从溶液中沉淀出来。

(3) 蛋白质的变性：某些物理或化学因素，能够破坏蛋白质结构状态，引起蛋白质理化性质改变并导致其生理活性丧失。

(4) 显色反应：茚三酮溶液反应；缩二脲反应；黄蛋白。

3. 结构：

(1) 蛋白质的一级结构：由各氨基酸按一定的排列顺序结合而形成的多肽链（50 个以上氨基酸）。

(2) 蛋白质的二级结构：多肽链中互相靠近的氨基酸通过氢键的作用而形成的多肽在空间排列（构象）。

蛋白质的二级结构主要有三种形式：

1° α-螺旋——右螺旋
2° β-折叠和 β-转角 ｝肽链的构象（二级结构）
3° 无规则卷曲——没有确定规律性

(3)蛋质的三级结构：由蛋白质的二级结构在空间盘绕、折叠、卷曲而形成的更为复杂的空间构象。

维持三级结构的作用力有共价键（—S—S—）、静电键（盐键）、氢键憎水基（烃基等）。

(4)蛋白质的四级结构：由一条或几条多肽链构成蛋白质的最小单位称为蛋白质亚基，由几个亚基借助各种副键的作用而构成的一定空间结构。

四、核酸

1. 核酸的组成：

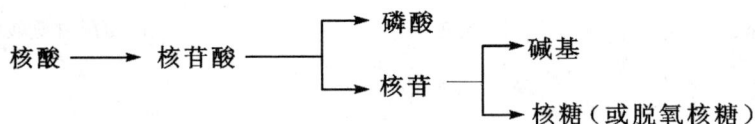

2. 核酸的结构：

(1)核酸一级结构：核苷酸的顺序。

(2)核酸的二级结构：DNA 的二级结构为右手双股螺旋结构。RNA 的二级结构的规律性不如 DNA。多数 RNA 的分子由一条弯曲的多核苷酸链构成，其中有间隔着的双股螺旋与单股非螺旋体结构部分。

(3)核酸的三级结构是在二级结构的基础上进一步紧缩、扭曲成闭链状环或开链状环以及麻花状的一定空间关系的结构。

3. 核酸的生物功能：DNA 为遗传基因；RNA 决定蛋白质的生物合成。RNA 分为三类：信使核酸（mRNA）——传递 DNA 的遗传信息，合成模板；核糖体核酸（rRNA）——合成蛋白质的场所；转移核糖核酸（tRNA）——搬运工具。

【阅读材料】

美国生物化学家保罗·伯格(Paul Berg)

保罗·伯格出生于美国纽约市鲁克莱一个商人家庭。中学毕业后进入宾夕法尼亚州立大学攻读生物化学。1948 年，从宾夕法尼亚大学毕业，获生物化学学士学位。1952 年，获凯斯西部大学生物化学博士学位。

保罗·伯格 1959 年以后到斯坦福大学任教，并开始对细菌体内蛋白质的合成和氨基酸与转移核糖核酸（tRNA）的相互作用进行研究。他阐述了 DNA 和 RNA 在遗传和转移过程中所起的作用，并发现一种可将 DNA 转录成 RNA 的核酸酶。1968 年开始研究一种猴肿瘤病毒 SV40 的基因,运用一种限制性内切酶(ECORI)把两种不同属的 DNA 分子连接,形成新的杂种 DNA 分子。这是人类第一次将基因片段切割下来,并用人工方法将不同种的 DNA 组合在一起。1957 年,他在分子遗传学的基础上发展成称之为遗传基因工程的 DNA 重组技术。1980 年后培养出 SV40 缺损变异株,对研究基因功能有很大价值,为外来基因引入动物细胞奠定了基础。这对于分子生物学是一个重大突破,人们可以用人工方法造出适合人类需要,具有新性质的遗传物质。

"由于伯格是世界上第一位操纵基因重组 DNA 分子的学者,并开创了这一对人类未来极有影响的新领域—现代基因工程学",从而与桑格和吉尔伯特共同荣获 1980 年诺贝尔化学奖。

习题 1 命名或写出下列化合物的结构式。
(1)$CH_3CH_2CH(CH_3)CH(NH_2)COOH$ (2)$HOOCCH_2CH_2CH(NH_2)COOH$
(3)胞嘧啶 (4)$5'$-AMP

习题 2 在下列化合物的溶液中,各氨基酸主要带何种电荷。如何调节溶液的 pH 使它们达到等电点?
(1)甘氨酸在 pH 为 8.0 的溶液中 (2)赖氨酸在 pH 为 6.0 的溶液中
(3)丝氨酸在 pH 为 7.0 的溶液中 (4)天门冬氨酸在 pH 为 1.5 的溶液中

习题 3 怎样才能从甘氨酸中分离出赖氨酸?

习题 4 苏氨酸有两个手性 C,写出它的立体异构体的费歇尔投影式。

习题 5 写出下列二肽、三肽的结构式,并指出立体异构体的数目。
(1)甘氨酰亮氨酸 (2)脯氨酸丝氨酸
(3)谷-半胱-苷肽 (4)赖氨酰丙氨酰半胱氨酸

习题 6 核酸完成水解后都生成哪几种物质?核酸中的含氮有机碱有哪些?RNA 和 DNA 在化学组成上有何区别?

参考文献

[1] 徐寿昌. 有机化学[M]. 2版. 北京:高等教育出版社,1997
[2] 高职高专化学教材编写组. 分析化学[M]. 3版. 北京:高等教育出版社,2008
[3] 袁红兰,金万祥. 有机化学[M]. 北京:化学化工出版社,2004
[4] 邬瑞斌. 有机化学[M]. 北京:科学出版社,2006
[5] 信颖,王欣,等. 有机化学[M]. 武汉:华中科技大学出版社,2011